Laboratoriumsdiagnose
hämatologischer Erkrankungen 2

Klaus Lechner

Blutgerinnungsstörungen

Mit 22 Abbildungen

Springer-Verlag
Berlin Heidelberg New York 1982

Professor Dr. KLAUS LECHNER
I. Medizinische Universitätsklinik
Lazarettgasse 14
A-1090 Wien

Dieses Buch ist hervorgegangen aus:
Huber/Pastner/Gabl, Laboratoriumsdiagnose hämatologischer und immunologischer
Erkrankungen, © Springer-Verlag Berlin Heidelberg 1972

ISBN-13: 978-3-540-11530-4   e-ISBN-13: 978-3-642-68578-1
DOI: 10.1007/978-3-642-68578-1

CIP-Kurztitelaufnahme der Deutschen Bibliothek
Laboratoriumsdiagnose hämatologischer Erkrankungen.-
Berlin; Heidelberg; New York: Springer
2. Lechner, Klaus: Blutgerinnungsstörungen
    Lechner, Klaus:
    Blutgerinnungsstörungen / Klaus Lechner.- [Neuaufl.].-
    Berlin; Heidelberg; New York: Springer, 1982.
    (Laboratoriumsdiagnose hämatologischer Erkrankungen; 2)

2127/3130-543210

Geleitwort

Mein langjähriger Mitarbeiter und Nachfolger in der Leitung des Zentralen
Gerinnungslaboratoriums der I. Medizinischen Universitätsklinik in Wien
setzt die alte Tradition der Wiener medizinischen Schule in hervorragender
Weise fort. Er verbindet in diesem eigentlich der Laboratoriumsdiagnostik
gewidmeten Buch die alte klinische Diagnostik am Krankenbett mit der
naturwissenschaftlichen Laboratoriumsdiagnostik in einer Form, aus der eindeutig der Primat der Klinik hervorgeht. Lechner stellt daher zunächst als
Basis die Symptomatologie der hämorrhagischen Diathesen in knapper, prä-
ziser, aber vollkommener Weise dar, gibt in ausgezeichneten Tabellen eine
Übersicht über die Möglichkeiten, die das Laboratorium zur Unterstützung
der Diagnostik bietet, und stellt erst im dritten Teil die Laboratoriumsmetho-
den selbst in einer Form dar, die nicht nur die Nacharbeitung ohne Schwierigkeiten ermöglicht, sondern gibt eine Interpretation der Ergebnisse und
eine ausgezeichnete Darstellung der Fehlermöglichkeiten und ihrer Vermeidung. So erkennt man in der gesamten Konzeption des Buches den Kliniker,
der über die entsprechenden Laboratoriumskenntnisse verfügt. Das Buch,
das sicherlich für lange Zeit von grundlegender Bedeutung im deutschen
Sprachraum sein wird, setzt ein kaum übersehbares Signal für die künftige
Entwicklung: Die Betreuung des Fachgebietes „Blutgerinnung" ist nicht aus
dem Blickpunkt der Laboratoriumsmedizin möglich, sondern nur durch den
im Laboratorium erfahrenen Kliniker, da die Kenntnis der klinischen Symptomatologie des zu betreuenden individuellen Falles bei Kenntnis der im
Laboratorium gegebenen Möglichkeiten eine rationelle Durchführung der
Untersuchung gewährleistet und die Voraussetzung für eine erfolgreiche
Diagnostik ist, wie Lechner in diesem Buch klar vor Augen führt. So ist dieses Buch gerade im richtigen Zeitpunkt geschrieben, in dem an vielen Stellen
im Rahmen der Neuorganisation der Krankenanstalten und Kliniken grundlegende Entscheidungen über die Abgrenzung gewisser Disziplinen und für
die Zukunftsentwicklung der Medizin getroffen werden.

Wien, im Juli 1982   E. Deutsch

Vorwort

Störungen der Hämostase sind ein interdisziplinäres Problem, mit dem vor allem Internisten und Chirurgen, aber auch Vertreter anderer medizinischer Fachdisziplinen konfrontiert sind. Während der praktisch-klinisch tätige Arzt meist gut in der Lage ist zu entscheiden, welche Befunde er in bestimmten klinischen Situationen vom klinisch-chemischen Laboratorium anfordern soll und meist auch fähig ist, sie richtig zu interpretieren, ist dies bei Hämostasetests häufig nicht der Fall. Der Grund mag darin liegen, daß nur eine relativ kleine Zahl von Hämostasetests allgemein bekannt ist und die meisten Ärzte über keine ausreichenden Kenntnisse über das große Repertoire von Hämostasetests verfügen, die zur Abklärung bestimmter Blutungsstörungen unter Umständen erforderlich sind. Bei der Interpretation hämostaseologischer Befunde ergibt sich häufig das Problem, daß das Testergebnis, insbesondere bei Globaltests, von einer Vielzahl von Variablen beeinflußt werden kann und eine sinnvolle Interpretation nur bei Kenntnis dieser verschiedenen Einflüsse möglich ist.

Die Hauptaufgabe des vorliegenden Buches sollte daher darin bestehen, dem klinisch tätigen Arzt Hinweise darauf zu geben, welche Hämostasetests in der gegebenen Situation für diagnostische Zwecke am geeignetsten sind und ihm zu helfen, die Ergebnisse im Zusammenhang mit der klinischen Situation richtig zu beurteilen. Das Buch richtet sich aber auch an den Kliniker und Laboratoriumsmediziner, der ein Gerinnungslaboratorium leitet. Es soll ihm helfen, die für die Abklärung von Hämostasestörungen relevanten Tests zu wählen, sie richtig durchzuführen und eine für den Zuweiser brauchbare Interpretation des Gesamtresultates zu geben. Entsprechend dem genannten Zweck des Buches wurden Biochemie und Physiologie der Hämostase nur soweit abgehandelt, als sie für das Verständnis der Tests erforderlich sind, und der Schwerpunkt auf Probleme der praktischen Diagnostik gelegt. Die im praktischen Teil im Detail beschriebenen Hämostasetests sind Methoden, die im Zentralen Gerinnungslaboratorium der 1. Medizinischen Universitätsklinik routinemäßig verwendet werden und mit denen der Autor persönliche Erfahrungen sammeln konnte. Methoden, für die Testkits kommerziell erhältlich sind (Radioimmunoassays und Methoden mit chromogenen Substraten), wurden nicht im Detail beschrieben, da die den Testkits beigegebene methodische Beschreibung in der Regel eine ausreichende Information bietet.

Wenn auch das Buch nur einen Autor hat, hätte es ohne die fortwährende Hilfe und Unterstützung meiner Lehrer und Mitarbeiter nicht zustande kommen können.

Mein besonderer Dank gilt Prof. D.Dr. E. Deutsch, Vorstand der 1. Medizinischen Universitätsklinik Wien, der in mir das Interesse für die Probleme der Blutgerinnung geweckt und mir die praktischen und wissenschaftlichen Grundlagen dieses Gebietes vermittelt hat. Er war mir auch später bei meiner wissenschaftlichen und klinischen Tätigkeit stets ein freundschaftlicher und kritischer Diskussionspartner.

Mein Dank gilt auch meinen langjährigen Mitarbeitern Prof. Dr. H. Niessner, Doz. Dr. E. Thaler und Dr. Ch. Korninger, die mir bei wesentlichen Kapiteln dieses Buches durch kritische Durchsicht und Anregungen wesentlich geholfen haben. Hilfe bei der Ausarbeitung, vor allem der praktischen Kapitel, haben mir die technischen Assistentinnen des Zentralen Gerinnungslaboratoriums, insbesondere meine langjährige Mitarbeiterin Brigitte Krinninger, geleistet. Frau I. Mellitzer und Frau E. Glasner haben mit großem Einsatz einen großen Teil der notwendigen Sekretariatsarbeiten durchgeführt. Dem Springer-Verlag, vor allem Herrn Dr. J. Wieczorek und Frau M. Kreisel, danke ich für die rasche Drucklegung und Hilfe bei der Gestaltung des Buches.

Wien, im Juli 1982   Klaus Lechner

Inhaltsverzeichnis

Kapitel 3
Hämostasestörungen bei Erkrankungen verschiedener Organe oder Organsysteme

Kapitel 4
Immunkoagulopathien

Kapitel 5
Disseminierte intravaskuläre Gerinnung (DIG)

Kapitel 6
Plättchenstörungen

Kapitel 7
Fibrinolyse

Kapitel 8
Methoden: Allgemeines

Kapitel 9
Gerinnungstests: Global- und Suchtests

Kapitel 10
Gerinnungstests: Bestimmung der Aktivität oder Konzentration der Gerinnungsfaktoren

Kapitel 11
Tests zur Erfassung der Thrombozytenzahl und -funktion

Kapitel 12
Fibrinolysetests und Tests zum Nachweis von löslichem Fibrin

Kapitel 1

Physiologie der Hämostase

A. Ablauf der Hämostase

1. Primäre Hämostase
(Adhäsion, Freisetzungsreaktion und Aggregation der Plättchen) (Abb. 1)

Übersichten: Sixma u. Wester 1977, Bloom 1980, Zucker 1980, Murano 1980

Die Innenfläche intakter Blutgefäße ist von Endothelzellen bedeckt, die sich überlappen, so daß der Gefäßinhalt nicht mit dem Subendothel in Berührung kommen kann. Wird ein Gefäß verletzt oder werden Endothelzellen abgelöst, kommen Blutplättchen mit dem darunter liegenden Kollagen und/oder der Basalmembran in Kontakt und haften dort. Diesen Vorgang nennt man Adhäsion. Für diese Reaktion ist Willebrand-Faktor erforderlich (Tschopp et al. 1974). Willebrand-Faktor hat einen Rezeptor (Glykoprotein I) an der Plättchenoberfläche und einen weiteren Rezeptor am Kollagen. Dadurch bildet Willebrand-Faktor eine Brücke, die das Plättchen mit dem Subendothel verbindet.

Als Folge der Adhäsion kommt es zu einer Formveränderung der Plättchen, die einen Teil ihrer Inhaltsstoffe in die Umgebung abgeben (Freisetzungsreaktion).

Das dabei freigesetzte ADP beeinflußt andere Plättchen in der Weise, daß sie Fortsätze ausbilden und anschwellen, so daß die Plättchen wie stachelige Kugeln aussehen. An der Oberfläche solcher aktivierter Plättchen werden Rezeptoren für Fibrinogen exponiert. Fibrinogen bindet sich an die entsprechenden Rezeptoren zweier Plättchen, was eine Bindung Plättchen-Plättchen (Aggregation) herbeiführt.

Die Reaktion des Kollagens mit Plättchen führt jedoch auch zu einer Freisetzung von Arachidonsäure aus der Plättchenmembran. Arachidonsäure wird durch Cyclooxygenase zu Endoperoxiden und schließlich zum stark plättchenaggregierenden Thromboxan A_2 umgewandelt. Thromboxan A_2 bewirkt, daß die Plättchen wiederum ADP freisetzen.

Neben ADP setzen die Plättchen auch Serotonin, Plättchenfaktor 4, β-Thromboglobulin, einen Wachstumsfaktor, Fibrinogen und Ca frei, sowie eine aktive Form von Faktor V.

Adhäsion, Freisetzungsreaktion und Aggregation der Plättchen sind Vorgänge, die unabhängig vom Gerinnungssystem ablaufen und daher auch bei schweren Gerinnungsstörungen normal funktionieren.

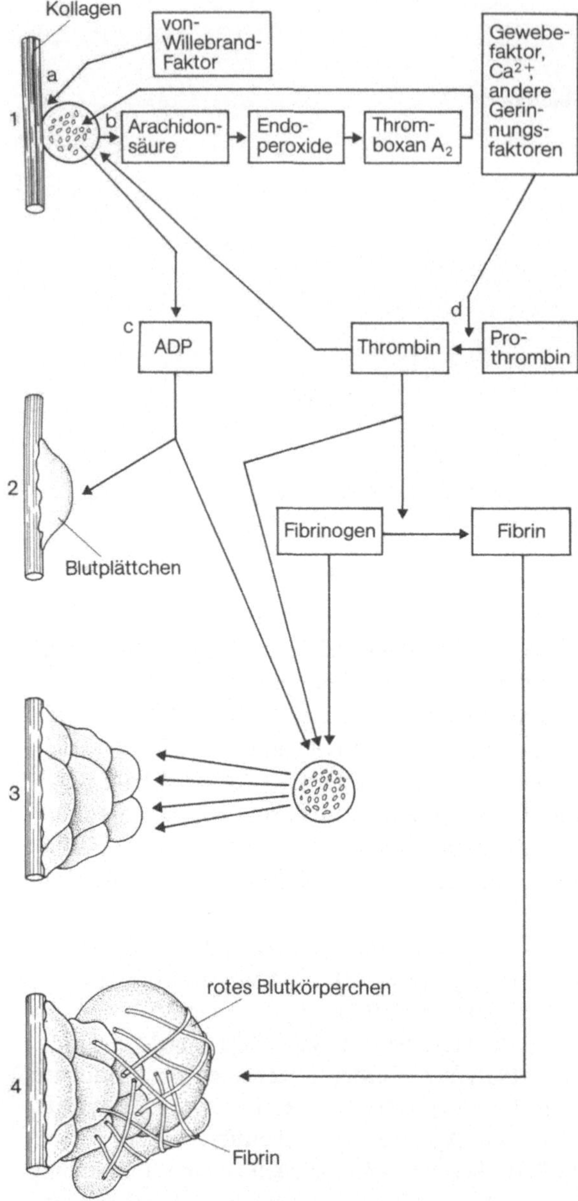

Abb. 1. Ablauf der Hämostase (nach Zucker)

2. Aktivierung der Gerinnung (Abb. 2)

Parallel mit den oben beschriebenen Plättchenveränderungen kommt es auch zu einer Aktivierung der Gerinnung. Diese kommt über verschiedene Mechanismen zustande:

– Die Gefäßwand enthält Gewebsthromboplastin, das bei einer Schädigung freigesetzt wird und das exogene Gerinnungssystem aktiviert.

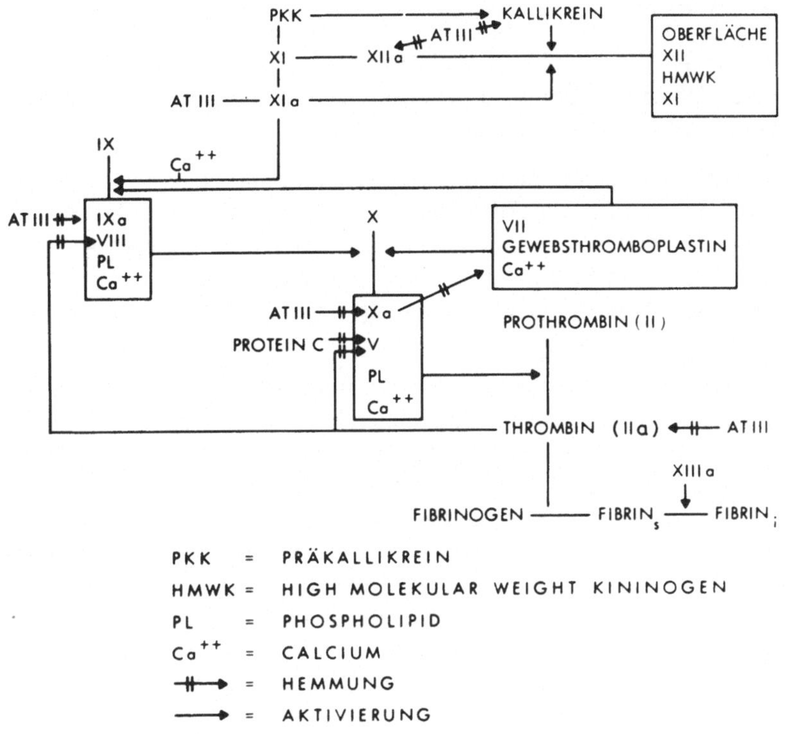

Abb. 2. Ablauf der Gerinnung (modifiziert nach Murano)

— Faktor XII wird durch Kollagen aktiviert.
— Plättchen bekommen nach ADP-Einwirkung Faktor XII-aktivierende, nach Einwirkung von Kollagen Faktor XI-aktivierende Eigenschaften. Aktivierte Plättchen haben auch Faktor Xa-Aktivität.
— Nach Einwirkung von Kollagen, ADP und Thrombin werden an der Plättchenoberfläche Phospholipide (Plättchenfaktor 3) verfügbar, die eine Oberfläche darstellen, an der Gerinnungsfaktoren adsorbiert werden können, wodurch günstige Bedingungen für die Interaktion von Gerinnungsfaktoren entstehen.
— Aktivierte Plättchen bieten Bindungsstellen für Faktor V, VIII, Xa und XIa (Mayerus u. Miletich 1978).
— Plättchen setzen bei der Freisetzungsreaktion Calcium, Faktor V, VIII, Fibrinogen und F XIII frei.

Das Gerinnungssystem wird somit über verschiedene Wege aktiviert, so daß schließlich, vor allem in der Umgebung der Plättchen, Thrombin entstehen kann. Thrombin führt wiederum direkt und über Freisetzung von ADP zu einer weiteren Aggregation von Plättchen. Es setzt aus den Plättchen Fibrinogen frei, wodurch die Gerinnung weiter gefördert wird. Aus Plasma- und Plättchenfibrinogen entsteht schließlich durch Einwirkung von Thrombin Fibrin, das zur Verfestigung des Plättchenpfropfs führt.

3. Regulationsmechanismen der Hämostase

Neben diesen Reaktionen, die die Bildung des Plättchenpfropfs und die Fibrinbildung fördern, gibt es eine Reihe regulatorischer Mechanismen, die verhindern, daß dieser Prozeß über das notwendige Maß hinausgeht.

a) Durch die Blutströmung werden plättchenaggregierende Substanzen und aktivierte Gerinnungsfaktoren vom Ort der Entstehung weggeschwemmt und verdünnt.

b) Die Aggregation der Plättchen wird durch die Freisetzung einer aggregationshemmenden Substanz aus dem Endothel, Prostacyclin, gehemmt.

c) Einer ungehemmten Ausdehnung der Gerinnung steht eine Reihe inhibierender Mechanismen gegenüber

- In Plasma und Plättchen ist ein potenter Inhibitor der Gerinnung, Antithrombin III, vorhanden, der alle bei der Gerinnungsaktivierung entstehenden Enzyme hemmt. In der Gefäßwand enthaltene heparinartige Substanzen, wie Heparansulfat, potenzieren die Wirkung von Antithrombin III.
- Thrombin fördert zwar zunächst durch Aktivierung von F V und F VIII die Gerinnung, bei höherer Konzentration und längerer Einwirkung werden diese Faktoren jedoch inaktiviert, wodurch eine Hemmung des Gerinnungsablaufes eintritt. Aktivierter Faktor X aktiviert zunächst Faktor VII, inaktiviert ihn jedoch bei längerer Einwirkung sehr rasch.
- Aktivierungsprodukte, wie Prothrombinfragment 1, wirken hemmend auf weitere Prothrombinaktivierung.
- Thrombin-modifiziertes Protein C inaktiviert Faktor V.

d) Endothelzellen enthalten einen Fibrinolyseaktivator (Gefäßaktivator), der eine hohe Affinität zu Fibrin hat und dieses rasch auflösen kann. Die entstehenden Fibrinspaltprodukte wirken ihrerseits aggregationshemmend und hemmen auch die Fibrinpolymerisation.

Diese und wahrscheinlich noch andere Mechanismen sind dafür verantwortlich, daß bei einer Aktivierung des Hämostasesystems die Reaktionen lokalisiert bleiben. Störungen dieser Mechanismen können zu Thromboseneigung oder zu hämorrhagischer Diathese führen.

B. Biochemie der Gerinnungsfaktoren (Tabelle 1)

Übersichten: Henrikson u. Jackson 1975, Baugh u. Hougie 1977, 1979, Esnouf 1977, Gaffney 1977, Williams 1977, Suttie 1977, Murano 1980

Faktor I (Fibrinogen)

1. Biochemie (Gaffney 1977)

Menschliches Fibrinogen ist ein Glykoprotein mit einem Molekulargewicht von 340.000. Die höchstgereinigten Präparationen von menschlichem Fibrinogen haben eine Gerinnbarkeit von 98%. Auch höchstgereinigtes Fibrinogen ist hinsichtlich Löslichkeit, Molekulargewicht, elektrophoretischer Mobilität und Verhalten bei Chromatographie heterogen (Gaffney 1977). Fibrinogen ist ein symmetrisches Dimer, das aus je drei Paaren von Peptidketten aufgebaut ist, die als Aα, Bβ und γ bezeichnet werden (Blombäck u. Johnson 1972). Die 6 Ketten werden an ihrem N-terminalen Ende durch Disulfidbrücken zusammengehalten und bilden auf diese Weise den sogenannten „Disulfidknoten" des Fibrinogens. Im Disulfidknoten befindet sich das Fibrinopeptid A und B.

2. Einwirkung von Thrombin auf Fibrinogen

Die Einwirkung von Thrombin auf Fibrinogen führt zur Abspaltung von je 2 Molekülen Fibrinopeptid A (von der Aα-Kette) und Fibrinopeptid B (von der Bβ-Kette) (Blombäck et al. 1966), während die γ-Kette durch Thrombin nicht angegriffen wird. Thrombin spaltet spezifisch eine Arginyl-Glycin-Bindung (welche in den synthetischen Substraten zur Bestimmung von Thrombin nachgeahmt wird). Die Abspaltung von Fibrinopeptid A erfolgt wesentlich schneller als die von Fibrinopeptid B. Die Aminosäurezusammensetzung von Fibrinopeptid A und B ist bekannt. Fibrinopeptid A ist heterogen (A, AY und AP), während Fibrinopeptid B homogen ist.

Thrombinähnliche Enzyme, wie Reptilase (Gift der *Bothrops jararaca* oder *Bothrops atrox*) und Arwin (Gift der Malayischen Grubenotter) spalten vorwiegend Fibrinopeptid A und fast kein Fibrinopeptid B ab. Die Abspaltung von Fibrinopeptid A genügt jedoch, um Fibrinogen zur Gerinnung zu bringen. Arwin spaltet zusätzlich die α- und β-Kette des Fibrins. Die Abspaltung von Fibrinopeptid B allein (z.B. durch das Gift von *Agkistrodon contortrix*) führt hingegen zu keiner Gerinnung.

Durch die Abspaltung der Fibrinopeptide entsteht aus dem Fibrinogen Fibrinmonomer. Fibrinmonomer besteht aus α-, β- und γ-Ketten und polymerisiert End zu End und Seit zu Seit zu Fibrin$_s$ (soluble, löslich). Die Stellen, an denen die Polymerisation stattfindet, sind einerseits das C-terminale Ende der Fibrinketten, andererseits das N-terminale Ende nach Abspaltung von Fibrinopeptid A (End-zu-End-Polymerisation), bzw. das N-terminale Ende nach Abspaltung von Fibrinopeptid B (Seit-zu-Seit-Polymerisation).

3. Fibrinstabilisierung

Während polymerisiertes Fibrin noch instabil ist und z.B. in 5 mol-Harnstoff auflösbar ist (Fibrin$_s$), kommt es unter der Einwirkung von thrombinaktiviertem F XIII (F XIII$_a$) und Calcium zur Bildung von Peptidbindungen zwischen den γ-Carboxyamidgruppen von Glutamin und den ϵ-Aminogruppen von Lysin unter Freisetzung von Ammoniak (s. Faktor XIII) und dadurch zur Stabilisierung von Fibrin (Fibrin $_i$). Die Bindung (cross-linking) erfolgt zuerst zwischen den γ-Ketten unter Bildung eines γ-γ-Dimers und später auch zwischen den α-Ketten.

Tabelle 1. Biochemie der Gerinnungsfaktoren

Gerinnungsfaktor oder Enzym	Plasma-konzentration	Zahl der Ketten	Molekulargewicht			Gla	Kohlenhydratgehalt
			Gesamt	H-chain	L-chain		
Faktor I (Fibrinogen)	300 mg/dl	6 (3 × 2)	340.000	–	–	0	3 %
Faktor II (Prothrombin)	10 mg/dl	1	72.000	–	–	10	10 %
Fragment 1.2	–	1	36.000	–	–		
Fragment 1	–	1	17.700 (h)	–	–	10	
Fragment 2	–	1	12.850 (h)	–	–		
Thrombin	–	2	37.000 (b)	32.000 (b)	5.700 (b)		
Faktor V	3 mg/dl	1 (2)	350.000	–	–	0	20 %
Faktor VII	0.1 mg/dl	1	53.000 (b) 48.000 (h)	– –	– –	10	10 %
Faktor VIIa	–	2	53.000	29.500	23.500		
Faktor VIII Komplex	1 mg/dl		2×10^6	–	–		6 % (h) 20 % (b)
Faktor IX	0.3 mg/dl	1	60.000 80.000 (h)	–	–	8–10	17 % (h)
Faktor IXa	–	2	63.000	45.000 (h)	18.000 (h)		
Faktor IXaβ	–	2	46.000	28.000	18.000		
Faktor Xa	0.8 mg/dl	2	56.000 (b)	39.000 (b)	17.000 (b)	12	15 %
Faktor Xaα	–	2		29.000 (b)	16.500 (b)		
Faktor Xaβ	–	2		26.000 (b)	16.500 (b)		

Faktor XI	0.6 mg/dl	2	160.000 (2 × 80.000)	–	–	0	5 % (h)
Faktor XIa	–		160.000	50.000 (× 2)	30.000 (× 2)		
Faktor XII	3 mg/dl	1	80.000 (h)	–	–	0	13.5 %
Faktor α XIIa	–	2	80.000 (h)	52.000 (h)	28.000		
Faktor β XIIa	–	2	28.000 (h)				
Präkallikrein	5 mg/dl	1	85.000 (h)	–	–	0	
Kallikrein	–	2	85.000 (h)	52.000 (h)	33.000 (h)		
HMW-Kininogen	7 mg/dl	1	110.000 (h)	–	–	0	13 %
Faktor XIII	–	4	320.000 (h)	80.000 (× 2)	75.000 (× 2)	0	

h = human
b = bovin
Gla = γ-Carboxyglutaminsäurereste

Faktor II (Prothrombin)

1. Biochemie

Menschliches Prothrombin ist ein Glykoprotein mit einem Molekulargewicht von etwa 69.000 (Downing et al. 1975) und besteht aus einer Aminosäurekette mit Alanin als N-terminaler Aminosäure. Ein unikales biochemisches Charakteristikum des Prothrombins, wie auch der anderen Vitamin K-abhängigen Gerinnungsfaktoren, ist ihr Gehalt an γ-Carboxyglutaminsäureresten (Stenflo 1974). Die biologische Vorstufe des Prothrombins, das Präprothrombin, enthält an den entsprechenden Positionen Glutaminsäure. Durch Einwirkung einer Vitamin K-abhängigen Carboxylase erfolgt die Carboxylierung der Glutaminsäurereste, wodurch das Prothrombin seine charakteristischen biologischen Eigenschaften erhält. Die γ-Carboxyglutaminsäurereste stellen die Bindungsstelle für Calcium dar, über die das Prothrombinmolekül an Phospholipid gebunden wird. Bei Fehlen von Vitamin K (z.B. bei Behandlung mit Vitamin K-Antagonisten) wird nur die Vorstufe von Prothrombin gebildet, die infolge ihrer fehlenden Calcium-Bindungsstellen biologisch langsam oder überhaupt nicht aktiviert werden kann (Suttie 1977), während die antigenen Determinanten vorhanden sind. Die Aktivierbarkeit von Prothrombin steht in direkter Beziehung zur Zahl der γ-Carboxyglutaminsäurereste (Malhotra 1979). Die Gegenwart des abnormen Prothrombins (Cumarin-Prothrombin oder Decarboxyprothrombin) kann durch Elektrophorese in calciumhaltigen Puffern nachgewiesen werden, da es schneller als normales Prothrombin wandert. Decarboxyprothrombin wird auch schlecht am Bariumsulfat adsorbiert. Durch nichtphysiologische Aktivatoren, wie das Gift von *Echis carinatus* (Nelsestuen 1972) kann das Decarboxyprothrombin jedoch normal aktiviert werden.

2. Aktivierung von Prothrombin

Die physiologische Aktivierung des Prothrombins erfolgt durch den Prothrombinasekomplex (Faktor Xa-, V-, Phospholipid-Calcium), wobei Faktor Xa als Enzym, Faktor V, Phospholipid und Ca^{++} als Cofaktoren wirken. Dieser Komplex spaltet zunächst das N-terminale Ende des Prothrombins, das die γ-Carboxyglutaminsäurereste und damit die Calcium-Lipidbindungsstelle enthält (Fragment 1.2, Molekulargewicht 35.000) ab (Esmon u. Jackson 1974). Anschließend erfolgt durch eine weitere Spaltung die Bildung des zweikettigen Thrombins. Das Fragment 1.2 kann durch Thrombin weiter in Fragment 1 (enthält die Calcium-Lipidbindungsstelle) und Fragment 2 (enthält wahrscheinlich die Faktor V-Bindungsstelle) gespalten werden (Esmon et al. 1974).

Prothrombin kann auch durch verschiedene Schlangengifte und Staphylokoagulase aktiviert werden. Das Taipan snake venom spaltet die gleichen Bindungen wie F Xa und benötigt für seine Wirkung Ca^{++} und Phospholipide, aber nicht Faktor V (Denson et al. 1971). Das Gift der *Echis carinatus* (Ecarin) spaltet nur eine Peptidbindung an einer anderen Stelle (Morita et al. 1976) und benötigt für seine Wirkung weder Ca^{++}, Phospholipid noch Faktor V. Das durch Ecarineinwirkung entstehende Thrombin wird durch Antithrombin III nicht inaktiviert, solange Ecarin im System ist (Fulton et al. 1979). Auch Staphylocoagulase braucht für die Aktivierung von Prothrombin keine Cofaktoren (Josso et al. 1968) und Staphylocoagulasethrombin wird ebenfalls durch Antithrombin III (+ Heparin) nicht inaktiviert.

3. Thrombin

Thrombin ist ein zweikettiges Protein mit einem Molekulargewicht von 39.000 mit einer kleineren A-Kette (Molekulargewicht 6000) und einer größeren B-Kette (Molekulargewicht 33.000), die das aktive Zentrum enthält. Es existieren mehrere Formen von Thrombin, die verschiedenes Molekulargewicht und verschiedene Substratspezifitäten haben.

Faktor V (Proakzelerin)

Faktor V ist ein hochmolekulares Protein mit einem geschätzten Molekulargewicht von 400.000. Wegen seiner Instabilität ist Faktor V schwer zu reinigen und daher noch nicht gut charakterisiert. Faktor V wird durch Thrombin inaktiviert, wobei seine Aktivität vorübergehend um ein Vielfaches zunimmt. Durch die Thrombineinwirkung entstehen mehrere noch nicht gut charakterisierte Spaltprodukte. Faktor V kann auch durch 2 Proteasen des Russel viper venom aktiviert werden.

Aktivierter Faktor V bildet mit Phospholipid Calcium und Faktor X_a einen Komplex, wobei die Rolle von Faktor V möglicherweise darin besteht, daß er die Spaltung von Prothrombin durch Faktor X_a erleichtert.

Faktor VII (Proconvertin)

1. Biochemie

Faktor VII ist ein einkettiges Glykoprotein mit einem Molekulargewicht von 45.000–53.000, das γ-Carboxyglutaminsäurereste enthält. Faktor VII unterscheidet sich von anderen Gerinnungsfaktoren dadurch, daß er selbst eine geringe proteolytische Aktivität hat.

2. Aktivierung

Durch Faktor Xa und XIIa wird Faktor VII zu einer zweikettigen Form (α VIIa) aktiviert, wobei die schwere Kette das aktive Zentrum enthält. Faktor Xa spaltet eine weitere Bindung in der schweren Kette, wodurch β VIIa entsteht, der nur Esterase, aber keine Gerinnungsaktivität mehr hat (Nemerson et al. 1980). Faktor VII kann zu Faktor VIIa auch durch Kallikrein, Faktor IXa und Faktor VIIa-Gewebsthromboplastin aktiviert werden. Faktor VIIa aktiviert Faktor X, wobei die maximale Aktivität nur in Gegenwart von Gewebsthromboplastin erreicht wird.

Faktor IX (Christmas Factor, antihämophiles Globulin B)

1. Biochemie

Faktor IX ist ein einkettiges Glykoprotein mit einem Molekulargewicht von 60.000–80.000 (human) bzw. 55.000 (bovin). Wie alle Vitamin K-abhängigen Gerinnungsfaktoren enthält auch Faktor IX γ-Carboxyglutaminsäurereste.

Die Faktor IX-Aktivität ist im Plasma bei Zimmertemperatur relativ stabil. Faktor IX wird an $BaSO_4$, $Al(OH)_3$ und Calciumphosphat adsorbiert und kann mit Lösungen hoher Ionenstärke (z.B. 5%-Zitrat) wieder eluiert werden.

2. Aktivierung von Faktor IX

Die Aktivierung von Faktor IX erfolgt durch Spaltung einer Peptidbindung, wodurch zunächst ein inaktives zweikettiges Intermediärprodukt entsteht. Durch Abspaltung eines Glykopeptides von MG 10.000 entsteht Faktor IXa. Die schwere Kette entspricht im Aufbau Faktor Xa und Thrombin und enthält das aktive Zentrum.

Die Aktivierung von Faktor IX kann auf drei Wegen erfolgen:

— durch F XIa und Calcium
— durch F VII, Gewebsthromboplastin und Calcium (Radcliffe et al. 1977)
— durch Leukozytensubstanzen in Gegenwart von Calcium und kleiner Mengen von normalem Humanplasma (Kingdon et al. 1978).

Faktor X (Stuart-Prower-Faktor)

1. Biochemie

Faktor X ist ein Glykoprotein mit einem Molekulargewicht von 55.000, das aus zwei Polypeptidketten besteht, die durch Disulfidbindungen zusammengehalten werden. Die leichte Kette hat ein Molekulargewicht von 16.000, die schwere von 38.000. Mittels DEAE-Sephadex-Chromatographie können zwei Formen von Faktor X isoliert werden (X_1 und X_2). Die leichte Kette enthält die γ-Carboxyglutaminsäurereste, die schwere Kette den Kohlenhydratanteil.

2. Aktivierung von Faktor X

Die Aktivierung von Faktor X zu Xa kann im endogenen System durch Faktor IXa, Faktor VIII, Phospholipid und Ca^{++}, im exogenen System durch Gewebethromboplastin und Faktor VII sowie durch Schlangengift (Russel's viper venom) oder Trypsin erfolgen. Der Aktivierungsmodus dürfte bei allen Aktivatoren gleich sein. Es wird eine einzige Arginyl-Isoleuzin-Bindung in der schweren Kette gespalten, wodurch Faktor Xaα entsteht. Durch Abspaltung eines weiteren Glykopeptids (Fragment 4) entsteht Faktor Xaβ. Faktor Xaα und Faktor Xaβ haben die gleiche biologische Aktivität. Das aktive Zentrum ist in der schweren Kette.

Faktor VIII (Antihämophiles Globulin = AHG, antihämophiler Faktor = AHF)

1. Nomenklatur

Unter Faktor VIII verstand man ursprünglich jenes Plasmaprotein, das imstande ist, den Gerinnungsdefekt bei der klassischen Hämophilie (Hämophilie A) zu korrigieren.

Durch die Untersuchungen von Zimmermann et al. (1971) und Howard u. Firkin (1971) hat man jedoch erkannt, daß das Faktor VIII-Molekül neben dieser gerinnungsfördernden Eigenschaft noch andere biologische Eigenschaften hat (Faktor VIII-assoziierte Aktivitäten, factor VIII related activities).

Es ist allerdings derzeit noch nicht klar, ob die gerinnungsfördernde Aktivität und die Faktor VIII-assoziierten Aktivitäten durch verschiedene Moleküle ausgeübt werden oder durch verschiedene Anteile des gleichen Moleküls. Basierend auf der Untersuchung von Faktor VIII-Qualitäten mit verschiedenen biologischen und immunologischen Methoden bei Patienten mit Störungen des Faktor VIII lassen sich folgende Faktor VIII-Qualitäten unterscheiden:

a) Faktor VIII:C (factor VIII coagulant activity) ist jene Aktivität des Faktor VIII-Moleküls, die in der Lage ist, die verlängerte Gerinnungszeit des Plasmas eines Patienten mit Hämophilie A zu korrigieren.

b) Faktor VIII:Cag (factor VIII coagulant antigen) ist jener Anteil des Faktor VIII-Moleküls, der mit einem gegen den gerinnungsaktiven Anteil des Faktor VIII-Moleküls gerichteten Antikörper reagiert (Peake u. Bloom 1978). Faktor VIII:C ist wahrscheinlich identisch mit Faktor VIII:INA (inhibitor neutralisation activity), welcher in der Lage ist, die Aktivität eines natürlichen, gegen Faktor VIII gerichteten humanen Antikörpers zu neutralisieren. Faktor VIII:C und Faktor VIII:Cag korrelieren bei Normalpersonen und bei den meisten Faktor VIII-Mangelzuständen gut, doch gibt es Varianten der Hämophilie A, bei denen Faktor VIII:Cag und Faktor VIII:INA deutlich höher sind als Faktor VIII:C (CRM$^+$-Hämophilie, Hämophilie A$^+$).

c) Faktor VIII R:Ag (factor VIII related antigen, Faktor VIII-assoziiertes Protein): Mit diesem Ausdruck bezeichnet man die Fähigkeit des Faktor VIII-Moleküls, mit heterologen Antikörpern, die durch Immunisierung mit dem Faktor VIII-Komplex oder dessen hochmolekularem Anteil erzeugt wurden, zu reagieren.

d) Faktor VIII:RCF (Ristocetin-Cofaktor-Aktivität) bezeichnet jene Aktivität des Faktor VIII-Moleküls, die für die Aggregation von Blutplättchen durch Ristocetin sowie für die Adhäsion von Blutplättchen an Glasperlen und Subendothel erforderlich ist. Diese Aktivität wird gelegentlich auch als Faktor VIII:vWF (von Willebrand-Faktor) bezeichnet, wobei allerdings noch unklar ist, ob die Verminderung von Faktor VIII:RCF alle beim Willebrand-Syndrom nachweisbaren Abnormalitäten erklären kann. Es wurde nämlich beobachtet, daß trotz Normalisierung der Ristocetin-Cofaktor-Aktivität die Blutungszeit bei Patienten mit vWS noch verlängert sein kann, weshalb ein zusätzlicher Blutungszeit-korrigieender Faktor (Faktor VIII R:BT) postuliert wurde.

2. Biochemie (Austen 1979)

Die nachfolgenden Angaben beziehen sich auf das Faktor VIII-Molekül (oder Molekülkomplex), das alle genannten Faktor VIII-Eigenschaften besitzt. Menschlicher Faktor VIII ist ein Glykoprotein mit einem Molekulargewicht von 1–12 Millionen, das aus Untereinheiten von 200–240.000 Dalton zusammengesetzt ist, die durch Disulfidbrücken zusammengehalten werden. Der Kohlenhydratanteil ist wichtig für die plättchenaggregierende Aktivität, jedoch nicht für die Gerinnungsaktivität und biochemisch ähnlich den Blutgruppensubstanzen (Sodetz et al. 1979). Durch Gel-Chromatographie bei hoher Ionenstärke (0,25 mol Calciumchlorid oder 1 mol Natriumchlorid) kann das Faktor VIII-Molekül in einen kleinmolekularen Anteil mit Faktor VIII:C-Aktivität und einen großmolekularen Anteil, der Faktor VIII R:Ag und Faktor VIII: RCF enthält, zerlegt werden (Rick u. Hoyer 1973). Auch mit Hilfe von humanen Antikörpern gegen Faktor VIII:C oder Faktor VIII:RCF läßt sich Faktor VIII:C von Faktor VIII R:Ag und Faktor VIII:RCF trennen (Lazarchik u. Hoyer 1977, Koutts et al. 1977).

Die Frage, ob die verschiedenen Faktor VIII-Eigenschaften durch ein Molekül ausgeübt werden oder mehrere Moleküle mit verschiedenen Eigenschaften vorhanden sind, ist noch nicht geklärt. Die wahrscheinlichste Hypothese ist, daß der Faktor VIII ein Komplex ist, der aus einem kleinmolekularen, gerinnungsaktiven Anteil und einem großmolekularen Anteil mit Ristocetin-Cofaktor-Aktivität (vWF-Aktivität) besteht, wobei die beiden Teile durch nicht-kovalente Bindungen zusammengehalten werden. Der großmolekulare Anteil dürfte aus Oligomeren mit verschiedenem Aggregationsgrad (MG $0.85-12 \times 10^6$ Dalton) bestehen (Hoyer u. Shainoff 1980). Nur die hochmolekularen Aggregate haben vWF-Faktor-Aktivität.

Der Faktor VIII-Komplex wird durch Alkohol (Cohn-Fraktion I), Äther, Glycin und Polyäthylenglycol und Kälte präzipitiert. Die Präzipitation der verschiedenen Anteile erfolgt jedoch nicht immer gleichmäßig. So werden durch Cryopräzipitation nur die hochaggregierten Teile des Faktor VIII R:Ag präzipitiert, während die wenigen aggregierten Teile im Überstand bleiben (Bloom 1980).

Faktor VIII:C ist im Plasma, jedoch nicht im Serum vorhanden. Er ist thermolabil und verliert bei Inkubation bei 37°C innerhalb einer Stunde etwa 50% der Aktivität. Weitere Inkubation bei 37°C führt zu einem langsameren Aktivitätsverlust. Faktor VIII:C ist stabiler im Zitratplasma als in Oxalat- oder EDTA-Plasma. Reptilase und Arvin verändern die Faktor VIII-Aktivität nicht. Plasmin führt zu einer raschen Inaktivierung. Lysin und Manganchlorid stabilisieren Faktor VIII:C.

Faktor VIII wird durch Plasmin rasch in drei Bruchstücke von 300.000 Dalton und ein Bruchstück von 34.000 Dalton gespalten, während Thrombin zu keinen gelelektrophoretischen Veränderungen des Faktor VIII-Moleküls führt. Thrombin und Plasmin inaktivieren die prokoagulatorische Wirkung von Faktor VIII (Thrombin nach vorübergehender Aktivierung). Faktor VIII R:Ag und Faktor VIII:RCF bleiben nach Thrombineinwirkung jedoch voll, nach Plasmineinwirkung zu 70% erhalten (Switzer u. McKee 1979).

Faktor VIII-Komplex und seine Untereinheiten werden durch neutrale Proteasen (Elastase-like protease und Chymotrypsin-like protease) aus Leukozyten abgebaut, wobei Faktor VIII:C sehr rasch, vor Auftreten elektrophoretischer Veränderungen, Faktor VIII:RCF langsam inaktiviert wird (Kopec et al. 1980).

Faktor VIII:Cag ist im Plasma, in etwas geringerer Menge auch im Serum nachweisbar. Es ist wesentlich stabiler als Faktor VIII:C und wird durch Thrombin nicht beeinflußt. Faktor VIII R:Ag aund Faktor VIII:RCF sind im Plasma und Serum nachweisbar und sind bei 37°C über Stunden, bei − 20°C Wochen stabil. Elektrophoretisch ist Faktor VIII R:Ag heterogen und besteht aus Populationen mit unterschiedlicher Wanderungsgeschwindigkeit.

3. Wirkungsweise von Faktor VIII

Faktor VIII:C ist zusammen mit Faktor IXa, Phospholipid und Calcium ein potenter Faktor X-Aktivator. Es wird angenommen, daß Faktor IXa das Enzym ist und Faktor VIII die Schnelligkeit der Reaktion bestimmt (Davie u. Fujikawa 1975).

Faktor VIII R:Ag (bzw. Faktor VIII:RCF) dürfte eine große Bedeutung bei der primären Hämostase haben. Er ist für die Haftung von Plättchen an Subendothel erforderlich (Weiss et al. 1974).

Kontaktphase der Gerinnung (Griffin u. Cochrane 1979, Davie et al. 1979)

1. Biochemie der Proteine der Kontaktaktivierung

Für die Kontaktaktivierung spielen Faktor XII (Hagemann-Faktor), Faktor XI (Plasmathromboplastin antecedent, PTA), Präkallikrein (Fletcher-Faktor) und HMW-Kininogen (Fitzgerald, Flaujeac, Williams-Faktor) eine Rolle.

Humaner Faktor XII ist ein einkettiges Protein mit einem Molekulargewicht von 80.000 und wandert elektrophoretisch als β-Globulin.

Faktor XI hat ein Molekulargewicht von 160.000 und besteht aus zwei identischen Ketten von 80.000, die durch Disulfidbrücken miteinander verbunden sind. Präkallikrein ist ein einkettiges Protein mit einem Molekulargewicht von 85.000 (Mandle u. Kaplan 1977), HMW-Kininogen ein einkettiges Protein mit einem Molekulargewicht von 110.000 (Kerbiriou u. Griffin 1979). Hageman-Faktor, Faktor XI und Präkallikrein können durch limitierte Proteolyse zu Serinproteasen aktiviert werden, während HMW-Kininogen keine enzymatischen Eigenschaften hat und auch nicht zu einem Enzym aktivierbar ist.

2. Mechanismus der F XII-Aktivierung

Der erste Schritt im endogenen Gerinnungssystem ist die Bindung von Faktor XII, HMW-Kininogen, Präkallikrein (PKK) und Faktor XI an negativ geladene Oberflächen. In vivo stellen Kollagen, die Basalmembran, Phospholipide oder Plättchen potentielle Oberflächen dar. In vitro sind Glas, Kaolin, Celit und Ellagsäure stark oberflächenaktiv.

Danach erfolgt eine Aktivierung von F XII, F XI und PKK durch proteolytische Spaltung. Wie es zur Bildung der auslösenden proteolytischen Aktivität kommt, ist nicht geklärt.

Drei verschiedene Hypothesen werden diskutiert:

— Nach Davie et al. (1979) führt die Bindung von F XII an negativ geladene Oberflächen (z.B. Kaolin) zu einer Konformationsänderung des F XII-Moleküls und zur Ausbildung einer enzymatischen Aktivität gegenüber F XI und Präkallikrein. Durch Einwirkung von F XII-Kaolin oder F XIIa auf PKK kommt es zur Bildung von Kallikrein, welches seinerseits ein potenter F XII-Aktivator ist.

— Im Gegensatz dazu meinen Wiggins u. Cochrane (1979), daß nativer Hageman-Faktor eine innere proteolytische Aktivität besitzt, die nach Oberflächenbindung des F XII eine Autoaktivierung startet.

— Sieverberg et al. (1980) favorisieren ebenfalls eine Autoaktivierung des oberflächengebundenen F XII, die jedoch ihrer Meinung nach durch Spuren zirkulierender aktiver Enzyme ausgelöst wird.

Während der Aktivierung wird der einkettige native F XII durch limitierte proteolytische Spaltung in den zweikettigen α-F XIIa (MG 80.000) umgewandelt. Die beiden Ketten sind durch Disulfidbrücken verbunden. Die schwere Kette enthält die Oberflächenbindungsstelle, die leichte Kette das aktive Zentrum. α-XIIa bleibt oberflächengebunden und ist in dieser Form ein potenter Aktivator von F XI und Präkallikrein. Neben α-XIIa entsteht durch weitere Proteolyse β-F XIIa oder HF-Fragment (MG 28.000), welches auch ohne Oberfläche aktiv ist. β-F XIIa ist ein potenter Präkallikreinaktivator, besitzt jedoch nur sehr schwache Gerinnungsaktivität. Ein wichtiger Cofaktor im Kontaktaktivierungssystem ist HMW-Kininogen, während niedermolekulares Kininogen nicht gerinnungsaktiv ist. HMW-Kininogen enthält am C-terminalen Ende eine histidinreiche Region, die für die gerinnungsfördernde Wirkung von HMW-Kininogen bedeutsam ist und die Oberflächenbindungsstelle darstellt. HMW-Kininogen beschleunigt einerseits die Aktivierung von oberflächengebundenem Faktor XII durch Kallikrein, fördert die Aktivierung von Präkallikrein durch oberflächengebundenen α-F XIIa und die Aktivierung von F XII durch oberflächengebundenen α-F XIIa.

HMW-Kininogen zirkuliert im Plasma als Komplex mit Faktor XI, welcher über HMW-Kininogen an negativ geladene Oberflächen gebunden werden kann. Durch diese Bindung an die Oberfläche kann F XI durch α-F XIIa zu XIa aktiviert werden, welcher an die Oberfläche gebunden bleibt. Die Aktivierung von Faktor XI kommt durch eine Spaltung von zwei Peptidbindungen zustande, die zur Bildung von je zwei schweren Ketten (MG 50.000) und zwei leichten Ketten (MG 33.000) führt. Das aktive Zentrum ist an den leichten Ketten. Da einerseits Kallikrein Faktor XII zu XIIa aktiviert, andererseits XIIa Präkallikrein zu Kallikrein, kommt es zu einem positiven Feed-back (reziproke Proteolyse). Während α-F XIIa und F XIa an der Oberfläche gebunden bleiben, werden Kallikrein und β-F XIIa in die flüssige Phase abgegeben, wodurch es auch zu einer Aktivierung des Kontaktsystems an anderen Stellen kommt. Auf welche Weise diese Amplifier-System in Gang gebracht wird, ist allerdings noch nicht ganz klar. In Frage kommen Plasmin, Plättchen, Endothelzellen, Basophile oder andere Zellen, die entsprechende Proteasen zur Verfügung stellen.

Neben der Aktivierung von XI zu XIa vermag aktivierter Faktor XII auch Plasminogen zu Plasmin zu aktivieren. Auch die Aktivierung von Faktor XII durch gereinigten β-F XIIa wurde nachgewiesen. Kallikrein aktiviert F XII indirekt über die Aktivierung von F XII zu XIIa oder über die Aktivierung von IX zu IXa.

Während eine Aktivierung des Kontaktsystems bei Fehlen von Hageman-Faktor und HMW-Kinonogen überhaupt nicht erfolgen kann, wird durch die Präkallikreinkonzentration nur die Geschwindigkeit der Kontaktaktivierung reguliert.

Faktor XIII (Fibrinstabilisierender Faktor, Fibrinoligase)

Faktor XIII läßt sich aus Plasma, Plättchen und Plazenta isolieren. Menschlicher Plasmafaktor XIII hat ein Molekulargewicht von etwa 300.000 und ist ein Tetramer, bestehend aus zwei Paaren von Polypeptidketten (2 a- und 2 b-Ketten) (Bohn et al. 1972). Die a-Ketten haben ein Molekulargewicht von 75.000, die b-Ketten von 88.000.

Menschlicher Plättchenfaktor XIII besteht nur aus zwei a-Ketten und hat ein Molekulargewicht von 150.000–160.000. Die a-Ketten von Plasma- und Plättchenfaktor XIII sind identisch (Bohn et al. 1972).

Faktor XIII wird durch Thrombin zu XIIIa aktiviert, indem Thrombin am N-terminalen Ende der a-Kette durch Spaltung einer Arginyl-Glycinbindung ein 4.000 Dalton-Polypeptid abspaltet. Für diese Reaktion ist Calcium erforderlich. Unter Einwirkung von Calcium kommt es anschließend zu einer Dissoziation der Ketten mit der Bildung eines a_2- und b_2-Dimers. Das a_2-Dimer ist enzymatisch aktiv, während das b_2-Dimer inaktiv ist. Faktor XIII wird auch durch Reptilase, Trypsin und Papain, nicht aber durch Arwin aktiviert.

Plättchenfaktor XIII liegt nach Einwirkung von Thrombin bereits als a_2-Dimer vor, auch in Abwesentheit von Calcium. Die Wirkung von Faktor XIIIa besteht in der Bildung von Peptidbindungen zwischen einer Glutaminseitenkette eines Fibrinmonomers und einer Lysinseitenkette eines zweiten Monomers, wobei diese Bindung vor allem zwischen den α-Ketten des Fibrinmonomers erfolgt (Lorand et al. 1968), im geringeren Ausmaß auch zwischen den α-Ketten des Fibrinmonomers.

Kälteunlösliches Globulin. Dieses hochmolekulare Glykoprotein, welches sich in Plasma, Bindegewebe und der Basalmembran findet, ist wahrscheinlich identisch mit dem Fibronektin oder Zell-Surfaceprotein. Es wurde gezeigt, daß kälteunlösliches Globulin durch die Wirkung von XIIIa an sich selbst, die α-Kette des Fibrins und an Kollagen gebunden wird (Mosher et al. 1979).

Faktor III (Gewebsthromboplastin)

Gewebsthromboplastin ist ein großer Lipoproteinkomplex. Der Lipidanteil besteht aus Phosphatidylserin, Phosphatidylcholin und Phosphatidyläthanolamin, im Verhältnis 022:1:1 (Deutsch et al. 1964). Der Eiweißanteil ist ein einkettiges Glykoprotein mit einem MG von 50.000 (Bjorklid). Für die volle Wirkung im exogenen System sind beide Bestandteile erforderlich, ihre Trennung führt zum Wirkungsverlust, eine Rekombination stellt die Wirkung wieder her (Deutsch et al. 1964). Die Wirkung von Gewebsthromboplastin ist speziesspezifisch, wobei der Eiweißanteil für die Spezifität verantwortlich ist (Irsigler et al. 1965).

Gewebsthromboplastin ist in vielen Geweben vorhanden. Hirn, Lunge und Plazenta enthalten die größten Mengen. Die Thromboplastinaktivität wurde in den mikrosomalen Fraktionen gefunden. Substanzen mit Gewebsthromboplastinwirkung wurden auch im Harn (Urothromboplastin) gefunden und werden auch in normalen Monozyten und Leukämiezellen produziert. Urothromboplastin scheint wirkungsmäßig und immunologisch identisch mit dem Gewebsthromboplastin zu sein (Mitterstieler et al. 1980).

Phospholipide

Phospholipide haben eine wichtige Funktion in der Gerinnung, wahrscheinlich dadurch, daß sie eine negativ geladene Oberfläche darstellen, an der die Gerinnungsvorgänge ablaufen können. Phospholipide sind für jene Reaktionen des Gerinnungssystems wichtig, an denen Faktor V und VIII beteiligt sind. Die optimale gerinnungsbeschleunigende Wirkung haben Mischungen von Phospholipiden, wobei der Gehalt an Phosphatidylserin und Phosphatidyläthanolamin wichtig ist. Von großer Bedeutung für die Wirkung ist die Größe der Micellen und die Beschaffenheit der Fettsäuren. In vivo dienen Plättchen und Gewebsbestandteile als Quelle für Phospholipide. In vitro sind jedoch auch Phospholipide pflanzlicher Herkunft wirksam.

C. Biosynthese von Gerinnungs- und Fibrinolysefaktoren

Übersichten: Workmann u. Lundblad 1977, Deutsch u. Gabl 1975,
Gallop et al. 1980, Bloom 1980

Die meisten Proteine des Gerinnungs- und Fibrinolysesystems werden in der Leber synthetisiert, zum geringeren Teil auch in anderen Geweben (Tabelle 2). Die einzige große Ausnahme bildet der großmolekulare Anteil des Faktor VIII (F VIII R:Ag bzw. F VIII:RCF), der in den Endothelzellen gebildet wird.

Tabelle 2. Synthese und Abbau von Gerinnungsfaktoren

Faktor	Syntheseort	Art des Konzentrations- (bzw. Aktivitäts-)abfalls	1. Phase	2. Phase
I	Leberzelle Megakaryozyt	biphasisch		3–4 d [a]
II	Leberzelle	biphasisch	8 h [a]	2.8–4.4 d
V	Leberzelle	einphasig	12–36 h [b]	
VII	Leberzelle, Niere	biphasisch	18–35 min [b]	100–300 min [b]
VIII:C	Leber?	biphasisch evtl. dreiphasig	3.8 h [a]	2.9 d [a] 9–18 h [b]
IX	Leberzelle	biphasisch	15 h [a] 3–8 h [b]	8.4 d [a] 20–52 h [b] 20–24 h [c]
X	Leberzelle	biphasisch	1.7–9 h [b]	12–24 h [b]
XI	Leber?	Plateaubildung		40–84 h [b]
XII	?			48–52 h [b]
XIII	Leber? Megakaryozyten	biphasisch		4.5–11.5 d [b]

[a] Studie mit radioaktiv markiertem Protein
[b] Transfusion bei Patienten mit schwerem Mangel
[c] Blockade der Synthese

Die Kenntnise über den Ort der Biosynthese von Gerinnungs- und Fibrinolyseproteinen stammen einerseits aus Perfusionsexperimenten an isolierten Organen, aus
dem direkten Nachweis der Proteine in Organschnitten mit Hilfe der Immunfluoreszenz und aus dem Verhalten des Plasmaspiegels verschiedener Gerinnungs- und Fibrinolysefaktoren bei Organerkrankungen, insbesondere Erkrankungen der Leber.

Genauere Vorstellungen sind über die Synthese der Vitamin K-abhängigen Gerinnungsfaktoren und des Faktor VIII-Antigens vorhanden.

1. Synthese der Vitamin K-abhängigen Gerinnungsfaktoren

Es kann als gesichert gelten, daß die Leberzelle der Syntheseort der Vitamin K-abhängigen Faktoren II, VII, IX und X ist. Die Leber synthetisiert zunächst ein Protein,
das zwar die antigenen Determinanten dieser Proteine besitzt, jedoch noch nicht
funktionell aktiv ist. Zur Bildung der in der Gerinnung aktiven Proteine ist Vitamin K
erforderlich. Dieses bewirkt die Carboxylierung von Glutaminsäureresten zu γ-Carbo-
xyglutaminsäureresten, die für die Kalziumbindungsfähigkeit dieser Proteine erforderlich sind. Über Kalziumbrücken werden die Proteine an Phospholipid gebunden,
wodurch sie ihre spezifische Gerinnungsaktivität entfalten können. Durch die Nahrung
zugeführtes Vitamin K wird zunächst zu Vitamin KH_2 reduziert. Vitamin KH_2 wird
dann stufenweise zu Vitamin K-Epoxyd oxydiert, wobei es in Gegenwart von CO_2
zur Carboxylierung der Glutaminsäurereste kommt. Vitamin K-Epoxyd wird schließlich wiederum in Gegenwart von SH-Gruppen zu Vitamin K reduziert. Diese Reduktion wird durch Cumarine blockiert, woraus die Vitamin K-antagonistische Wirkung
dieser Substanzen resultiert. Diese Prozesse finden im rauhen endoplasmatischen
Retikulum der Leberzelle statt.

2. Biosynthese von Faktor VIII R:Ag

Faktor VIII R:Ag wird höchstwahrscheinlich durch Gefäßendothelien aller Blutgefäße synthetisiert und gespeichert, wie durch Immunfluoreszenzuntersuchungen
nachgewiesen wurde. Endothelzellenkulturen produzieren Faktor VIII-Antigen und
Faktor VIII R:RCF (Jaffe et al. 1973). Auch Plättchen und Megakaryozyten enthalten Faktor VIII R:Ag , und es ist wahrscheinlich, daß ein Teil von F VIII R:Ag in
den Megakaryozyten synthetisiert wird und so in die zirkulierenden Plättchen gelangt.
Ein Teil des Plättchen-F VIII R:Ag dürfte jedoch aus dem Plasma stammen. Die Bildung von Plasma-VIII C erfolgt wahrscheinlich in der Leber.

Kapitel 2

Quantitative und qualitative Störungen der Gerinnungsfaktoren

A. Quantitative und qualitative Störungen des Fibrinogens

Übersichten: Mammen 1974, Ratnoff u. Forman 1976, Flute 1977,
Gralnick 1977, Beck 1979

1. Fibrinogenmangel (Hypo- und Afibrinogenämie)

Bei der Afibrinogenämie läßt sich mit konventionellen Methoden kein Fibrinogen nachweisen, bei der Hypofibrinogenämie ist Fibrinogen nachweisbar, aber vermindert.

a) Hereditäre Hypo- und Afibrinogenämie

Etwa 130 Patienten mit kongenitaler Afibrinogenämie (Mammen 1974) und 30 Patienten mit kongenitaler Hypofibrinogenämie wurden bisher beschrieben (Gralnick 1977).

Die Vererbung ist autosomal, beide Geschlechter sind in gleicher Weise betroffen. Konsanguinität wurde bei über der Hälfte der Familien nachgewiesen. Die Eltern von Patienten mit Afibrinogenämie können entweder eine normale oder eine verminderte Fibrinogenkonzentration haben.

Klinisch (Egbring et al. 1971) manifestiert sich die Afibrinogenämie bereits in den ersten Lebenstagen, nicht selten in Form einer Nabelschnurblutung, einer gastrointestinalen oder zerebralen Blutung. Etwa 1/4 der Patienten hat Hämathrosen, bei Frauen kann die Menstruationsblutung verstärkt sein. Charakteristisch für die Afibrinogenämie ist die lange Nachblutung nach Venenpunktionen. Die Blutungsneigung nach chirurgischen Eingriffen ist stark erhöht. Nach Substitution mit Fibrinogen wurden Thrombosen beobachtet. Patienten mit Hypofibrinogenämie haben meist keine Blutungsneigung.

Bei Durchführung der globalen Gerinnungstests wie Vollblutgerinnungszeit, APTT, Prothrombinzeit, Thrombinzeit und Reptilasezeit ist bei Afibrinogenämie Blut bzw. Plasma ungerinnbar. Mit den üblichen Methoden läßt sich im Plasma kein Fibrinogen nachweisen, bei Anwendung sehr empfindlicher Methoden wie dem Hämagglutinationshemmtest sind meist jedoch Spuren von Fibrinogen oder fibrinogenähnlichem Material nachweisbar.

Die Blutungszeit ist bei einem Teil der Patienten mit Afibrinogenämie verlängert. Die Plättchenadhäsivität ist vermindert, die Plättchenaggregation, induziert durch ADP, Kollagen, Adrenalin und Thrombin ist gestört (Gugler u. Lüscher 1965). Zusatz von Fibrinogen korrigiert diesen Defekt. Bei 25% der Patienten besteht eine milde Thrombozytopenie.

b) Erworbene Hypo- oder Afibrinogenämie

Bei erworbenen Fibrinogenmangelzuständen besteht meistens nur eine Hypofibrinogenämie, eine Afibrinogenämie wird nur bei schwerer Hyperfibrinolyse beobachtet. Erworbene Fibrinogenmangelzustände können infolge intravaskulärer Proteolyse von Fibrinogen durch Thrombin (Verbrauchskoagulopathie), Schlangengifte (Arvin, Defibrase) oder durch Plasmin zustandekommen. Mäßige Hypofibrinogenämien können auch durch Verlust von Fibrinogen in den extravaskulären Raum entstehen (Verbrennung, Schock, Aszites). Die häufigsten Ursachen erworbener Hypofibrinogenämien sind in Tabelle 3 zusammengestellt.

Tabelle 3. Ursachen, klinische Folgen und Labordiagnose erworbener Hypofibrinogenämien

Erkrankung oder Zustand	Pathomechanismus	Klinische Bemerkungen	Methodologische Bemerkungen
Akute oder chronische Lebererkrankungen	Verminderte Synthese (evtl. zusätzliche Verminderung durch intravasale Gerinnung. Verlust in den extravaskulären Raum, z.B. Aszites oder akute Blutung)	Fibrinogenverminderung nur bei schwerer Lebererkrankung, am deutlichsten beim akuten Leberversagen. Niedriges Fibrinogen selten Blutungsursache	Gute Übereinstimmung bei Verwendung aller Fibrinogenbestimmungsmethoden (außer bei Vorliegen einer erworbenen Dysfibrinogenämie)
Asparaginasetherapie	Proteinsynthesehemmung in der Leber	Die Fibrinogenverminderung erreicht selten kritische Werte	”
Hyperfibrinolyse 1. Primäre Hyperfibrinolyse Streptokinase-, Urokinase-, Plasmintherapie 2. Sekundäre Hyperfibrinolyse bei oder nach diffuser intravasaler Gerinnung	Proteolyse durch Plasmin	Die Kombination von schwerer Hypofibrinogenämie und hoher Spaltproduktkonzentration führt häufig zu schwerer Blutungsneigung	In Gegenwart hoher Spaltproduktkonzentrationen werden mit der Methode nach Clauss zu niedrige, mit der Hitzemethode, der Ammonsulfatmethode zu hohe Werte erhalten
Schlangenbisse oder Therapie mit defibrinierenden Substanzen (Arvin, Defibrase)	Abspaltung von Fibrinopeptid A und Proteolyse der α-Kette des Fibrinogens und anschließende fibrinolytische Spaltung des defekten Monomers	Relativ geringe Blutungsneigung auch bei niederen Fibrinogenspiegeln	”
Diffuse intravasale Gerinnung ohne ausgeprägte sekundäre Hyperfibrinolyse	Intravasale Spaltung von Fibrinogen durch Thrombin	Fibrinogenverminderung meist nicht hochgradig	Gute Übereinstimmung bei Verwendung aller Fibrinogenbestimmungsmethoden

2. Dysfibrinogenämien

Als Dysfibrinogenämien bezeichnet man Erkrankungen, bei denen Plasmafibrinogen (zumeist) in normaler Konzentration vorhanden ist, jedoch eine qualitative Abnormalität besteht, die in einer gestörten Freisetzung der Fibrinopeptide und/oder einer gestörten Aggregation der Fibrinmonomere besteht. Ähnlich wie bei den Hämoglobinanomalien wurden die verschiedenen abnormalen Fibrinogene nach dem Ort der Entdeckung benannt.

a) Kongenitale Dysfibrinogenämien

In den meisten bisher beschriebenen Fällen war die Vererbung autosomal dominant. Bei zwei Fällen (Detroit und Metz) ist eine autosomal rezessive Vererbung anzunehmen.

Klinische Symptomatologie. Die meisten Patienten mit Dysfibrinogenämie sind klinisch asymptomatisch, die Störung wurde meist durch Zufall entdeckt. In einigen Fällen wurde über eine leichte Blutungsneigung berichtet, wobei jedoch keine Korrelation zwischen der Schwere der Gerinnungsstörung und der Schwere der Blutungsneigung bestand. Eine erhöhte Neigung zu Aborten wurde bei Fibrinogen Metz und Vienna angegeben. Eigentümlicherweise wurde bei einer Reihe von Dysfibrinogenämien (Baltimore, Paris II, Marburg, Paris III, New York, Wien III) thrombotische Ereignisse beobachtet. Der pathogenetische Zusammenhang zwischen der Dysfibrinogenämie und der Thromboseneigung ist nicht klar.

Die Laboratoriumsabklärung der Dysfibrinogenämie. Routinegerinnungsbefunde:
Die folgende Befundkonstellation spricht für das Vorliegen einer Dysfibrinogenämie:

α) Verlängerte Prothrombinzeit bei normaler Aktivität der Faktoren II, V, VII und X.

β) Verlängerte Thrombinzeit, Reptilasezeit bzw. Thrombinkoagulasezeit.

γ) Verminderung von Fibrinogen bei Bestimmung mit einer chronometrischen Methode (Clauss), während bei immunologischer Bestimmung (Laurelltechnik, Manzini, Hämagglutinationshemmtest) die Fibrinogenkonzentration normal oder zumindest deutlich höher als bei der chronometrischen Methode ist.

Während in den meisten Fällen alle drei Abnormalitäten vorhanden sind, wurden in einigen Fällen normale oder nur gering verlängerte Prothrombinzeiten beschrieben, auch die Thrombinzeit und Reptilasezeit kann gelegentlich nur geringfügig verlängert oder sogar normal sein (Flute 1977). Während in den meisten Fällen das immunologisch bestimmte Fibrinogen normal oder sogar erhöht war, wurde bei einer Reihe von Fällen auch mit immunologischen Methoden ein verminderter Wert gefunden. Dies wird auf einen erhöhten Katabolismus des abnormalen Moleküls zurückgeführt.

δ) Das Thrombelastogramm zeigt häufig eine Verminderung der maximalen Amplitude oder ein Abbruchphänomen.

Die fibrinolytische Aktivität ist normal, häufig lassen sich im Serum jedoch erhöhte Spiegel von Fibrinogen-Fibrin-Abbauprodukten nachweisen. Plättchenzahl, Blutungszeit, Adhäsivität und Plättchenaggregation sind in der Regel normal. Für die definitive Diagnose einer Dysfibrinogenämie ist der Nachweis erforderlich, daß die Thrombinzeit des gereinigten Patientenfibrinogens verlängert ist.

Zusätzliche Untersuchungen zur Abklärung der Art des Fibrinogendefekts

α) Beeinflussung der verlängerten Thrombinzeit durch Veränderung der Kalzium-chloridkonzentration, Temperatur, Zusatz von Protaminsulfat und Natriumzitrat.

β) Feststellung eines eventuellen Hemmeffektes des pathologischen Fibrinogens.

γ) Photometrische Analyse des Gerinnungsvorganges von verdünntem Plasma oder gereinigtem Fibrinogen nach Zusatz von Thrombin. Bei Vorliegen einer Dysfi-brinogenämie können folgende Muster beobachtet werden (Samama et al. 1977):

    a) Ungerinnbarkeit

    b) Gerinnung, aber keine Änderung der optischen Dichte

    c) Verzögerte Zunahme der optischen Dichte, wobei letzten Endes jedoch eine optische Dichte entsprechend der Fibrinogenkonzentration erreicht wird.

δ) Zur weiteren Charakterisierung des abnormalen Fibrinogens können folgende Methoden herangezogen werden:
Kinetik der Fibrinopeptid A- und B-Abspaltung, Testung der Fibrinstabilisierung, elektrophoretische Mobilität, Chromatographie an DEAE-Zellulose, Polyacrylgel-elektrofokusierung, Bestimmung des Kohlenhydratanteils, Aminosäureanalyse. Für Fibrinogen Detroit konnte nachgewiesen werden, daß in der Aα-Kette Arginin in Position 19 durch Serin ersetzt ist (Blombäck et al. 1968).

Detaillierte Angaben über die verschiedenen beschriebenen hereditären Dysfibrinogen-ämien finden sich in den Übersichtsarbeiten von Mammen (1974), Samama et al. (1977), Flute (1977) und Gralnick (1977).

b) Erworbene Dysfibrinogenämien

Erworbene Dysfibrinogenämien wurden bei schwerer Hepatitis, bei Leberzirrhose und bei primären Hepatomen beschrieben. Die Befunde in diesen Fällen sind ähnlich wie bei der kongenitalen Dysfibrinogenämie.

3. Erhöhung der Fibrinogenkonzentration

Eine kongenitale Hyperfibrinogenämie ist nicht bekannt. Fibrinogen verhält sich wie ein „akutes Phase-Protein". Transitorische Hyperfibrinogenämien kommen daher nach Operationen, Traumen, Myokardinfarkt und bei akut entzündlichen Erkrankun-gen vor. Länger bestehende Hyperfibrinogenämien finden sich bei neoplastischen und chronisch entzündlichen Erkrankungen, sowie physiologischerweise in der Schwan-gerschaft.

B. Quantitative und qualitative Störungen von Prothrombin

1. Prothrombinmangel

a) Angeborener Prothrombinmangel (Kongenitale Hypoprothrombinämie)

Der angeborene isolierte Prothrombinmangel ist außerordentlich selten. Bei einem Teil der Fälle liegt eine echte Synthesestörung des Prothrombinmoleküls vor (echter Prothrombinmangel, CRM-negativ), während in anderen Fällen ein funktionell abnormales Prothrombin nachgewiesen werden konnte (Dysprothrombinämie, CRM^+).

Die Vererbung ist autosomal rezessiv. Klinisch findet sich eine mäßige Blutungsneigung in Form von Schleimhautblutungen, Hämatomneigung und bei Frauen Menorrhagien.

Laboratoriumsbefunde. Die Prothrombinzeit ist auch bei deutlicher Prothrombinverminderung nur geringgradig, die APTT mäßig verlängert. Bei der Bestimmung von Prothrombin unter Verwendung physiologischer Aktivatoren (Thromboplastin) fanden sich bei den bisher beschriebenen Fällen Werte zwischen 6% und 52%, niemals jedoch ein schwererer Mangel. Mit Hilfe der Prothrombinzeitbestimmung mit nichtphysiologischen Aktivatoren (Staphylokoagulase, *Echis carinatus*-Gift) und immunologischen Methoden läßt sich ein echter Prothrombinmangel (CRM^-) (Montgomery et al. 1978) von einer Dysprothrombinämie (CRM^+) unterscheiden (Tabelle 4). Ein kombinierter kongenitaler Mangel der Faktoren II, VII, IX und X, der auf das Fehlen der γ-Carboxylierung zurückgeht, wurde von Chung et al. (1979) beschrieben. Ein ähnlicher angeborener Defekt wurde auf eine nur partielle γ-Carboxylierung von Prothrombin (und F X?) zurückgeführt (Johnson et al. 1980).

b) Erworbener Prothrombinmangel

Ein isolierter erworbener Prothrombinmangel wird gelegentlich bei Patienten mit Lupus erythematodes gefunden (Lechner 1974), wobei in solchen Fällen häufig auch gleichzeitig ein sogenannter Lupusinhibitor vorhanden ist. Es handelt sich hier um einen echten Prothrombinmangel (Tabelle 4), dessen Genese jedoch nicht bekannt ist.

Da Prothrombin zu den Vitamin K-abhängigen Faktoren gehört, ist es, wie auch Faktor VII, IX und X, beim Vitamin K-Mangel vermindert. Als Folge des Vitamin K-Mangels wird ein funktionell minderwertiges Prothrombin gebildet, dem die Kalziumbindungsstelle fehlt. Als Folge davon ist die Aktivität bei der üblichen Gerinnungsbestimmung mit Thromboplastin im Einstufentest stark vermindert Im Zweistufentest erfolgt die Aktivierung verzögert, letzten Endes werden jedoch normale Thrombinmengen gebildet. Wird Prothrombin mit Hilfe der Staphylokoagulase oder immunologisch bestimmt, findet sich eine nur leicht verminderte Konzentration. Bei der Elektrophorese in kalziumhaltigem Puffer wandert das unter Vitamin K-Mangel gebildete Prothrombin schneller (s. S. 8).

Ein echter Prothrombinmangel, kombiniert mit einem Mangel anderer, in der Leber gebildeter Faktoren, findet sich bei schwerer Leberfunktionsstörung (Lechner et al. 1975).

Tabelle 4. Ergebnisse der Prothrombinbestimmung mit verschiedenen Methoden bei Prothrombinmangelzuständen

Aktivator bzw. Antiserum	Methode	Angeborener Prothrombinmangel		Erworbener Prothrombinmangel		
		CRM⁻	CRM⁺ (Dysprothrombinanämie)	Vitamin K-Mangel	Synthesestörung (Lebererkrankungen)	bei Lupus-inhibitor
Gewebsthromboplastin	1-Stufen	↓ – ↓↓	↓↓ ↓ (Ba, Mo, Me, Ma, H) (C, P)	↓ – ↓↓	↓ – ↓↓	↓ – ↓↓
	2-Stufen	↓ – ↓↓ [a]	↓↓ ↓ (Mo, Ma) (Ca, P)	verzögerte Aktivierung [a]	↓ – ↓↓ [a]	↓ – ↓↓
Taipan viper-Gift	1-Stufen	↓ – ↓↓ [a]	↓↓ (Mo, Ma) [a] ↓ (P) [a]	↓ – ↓↓ [a]	↓ – ↓↓ [a]	–
Staphylokoagulase	1-Stufen	↓ – ↓↓ [a]	↓ – ↓↓ (Br, Mo, Me) ⊥ (Ba, P) [b]	↓ [b]	↓ – ↓↓ [a]	↓ – ↓↓ [a]
Echis carinatus-Gift	1-Stufen	↓ – ↓↓ [a]	↓ – ↓↓ (Mo, H) ⊥ (P, Me) [b]	↓ [b]	↓ – ↓↓ [a]	–
Heterologer Antikörper	RID, EID	↓ – ↓↓ [a]	↓ (Br, Mo, Me) [b] ⊥ (C, Ba, P, Ma) [b]	↓ [b]	↓ – ↓↓ [a]	↓ – ↓↓ [a]
Elektrophoretische Mobilität	zweidim. El.-phor.	normal	normal (C, P, Br, Mo, Me, Ma, H) abnormal (Ba)	abnormal [c] ↓	normal	

[a] Aktivität oder Antigen im Vergleich zur Einstufenbestimmung mit Thromboplastin proportional vermindert
[b] Aktivität oder Antigen im Vergleich zur Einstufenbestimmung mit Thromboplastin höher
[c] In Gegenwart von Kalzium

C = Prothrombin Cardeza (Shapiro et al. 1969)
B = Prothrombin Barcelona (Benarous et al. 1974)
Br = Prothrombin Brüssel (Kahn u. Govaerts 1974)
P = Prothrombin Padua (Girolami et al. 1974)

Mo = Prothrombin Molise (Girolami et al. 1978)
Me = Prothrombin Meth (Josso et al. 1978)
Ma = Prothrombin Madrid (Bezeaud et al. 1979)
H = Prothrombin Houston (Weinger et al. 1980)

⊥ = normal; ↓ = leicht vermindert; ↓↓ = stark vermindert

C. Quantitative und qualitative Störungen des Faktor V

1. Faktor V-Mangel

a) Angeborener isolierter Faktor V-Mangel (Parahämophilie)

Der kongenitale Mangel an Faktor V wird als Parahämophilie bezeichnet und wurde erstmals von Owren (1947) beschrieben. Die Erkrankung betrifft beide Geschlechter in gleicher Weise und wird autosomal rezessiv vererbt.

Klinik. Spontanblutungen treten nur bei schwerem Faktor V-Mangel auf und sind im Vergleich zur schweren Hämophilie verhältnismäßig gering. Nasenbluten und Schleimhautblutungen sowie posttraumatische Hämatome sind die häufigsten Manifestationen. Bei Frauen können Menorrhagien im Vordergrund stehen. Wenn keine Substitutionstherapie durchgeführt wird, kommt es zu Nachblutungen nach chirurgischen Eingriffen. Heterozygote mit Faktor V-Werten zwischen 20 und 60% haben keine Blutungsneigung (Mitterstieler et al. 1978).

Laboratoriumsbefunde. Beim schweren Mangel sind Gerinnungszeit, Reaktionszeit im Thrombelastogramm, Prothrombinzeit und APTT deutlich verlängert. Im Gegensatz dazu ergeben modifizierte Prothrombinzeitbestimmungen, bei denen das Reagens Faktor V enthält (Normotest und Thrombotest) normale Ergebnisse. Der Thromboplastinbildungstest ist abnormal, wenn Patientenplasma in der Inkubationsmischung oder als Substratplasma verwendet wird. Immunologische Bestimmungen von Faktor V bei Patienten mit schwerem Faktor V-Mangel mit Hilfe eines menschlichen oder Kaninchenantikörpers gegen Faktor V haben bei den bisher untersuchten Fällen eine der Gerinnungsaktivität äquivalente Verminderung des Antigens ergeben (Giddings et al. 1975, Brockhaus u. Lechner 1978). Plättchen von Patienten mit schwerem Faktor V-Mangel enthalten an der Oberfläche keinen Faktor V (Deutsch 1955).

Hereditärer kombinierter Faktor V- und VIII-Mangel (s. Kapitel Faktor VIII-Verminderung.

b) Erworbener Faktor V-Mangel

- Spontaner Antikörper gegen Faktor V (siehe Immunkoagulopathien).
- Andere Zustände, bei denen es mehr oder weniger regelmäßig zu einer erworbenen Faktor V-Verminderung kommt, sind in Tabelle 5 zusammengefaßt.

2. Erhöhung der Faktor V-Aktivität

Die Faktor V-Aktivität ist postoperativ (Brozovic 1977) erhöht und wird auch bei Patienten mit ausgeprägter Cholostase, insbesondere bei primär biliärer Zirrhose (Lechner et al. 1975) häufig erhöht gefunden.

Tabelle 5. Ursachen eines erworbenen Faktor V-Mangels

Erkrankung	Ursache	Bemerkungen
Akute und chronische Lebererkrankungen (Lechner et al. 1977)	Synthesestörung in der Leber	Reduktion der Faktor V-Aktivität im gleichen Ausmaß wie von Faktor II, VII und X Bei primärer biliärer Zirrhose Faktor V erhöht
Akute Verbrauchs-koagulopathie	Proteolyse von Faktor V durch Thrombin	Faktor V-Verminderung besonders ausgeprägt bei Promyelozytenleukämie
Hyperfibrinolyse	Proteolyse von Faktor V durch Plasmin	Am Beginn einer Streptokinasetherapie oder bei akuter geburtshilflicher Hyperfibrinolyse
Thrombozytose	Bindung von Faktor V an Thrombozyten?	Bei ess. Thrombozythämie und Polyzythämie
Asparaginasetherapie (Deutsch et al. 1970)	Synthesestörung in der Leber	Andere in der Leber gebildete Gerinnungsfaktiren ebenfalls vermindert
Massentransfusion	Blutersatz durch Faktor V-armes Konservenblut	

D. Qualitative und quantitative Störungen des Faktor VII

1. Faktor VII-Mangel

a) Angeborener Faktor VII-Mangel (Hypoproconvertinämie)

Der isolierte angeborene Faktor VII-Mangel wurde von Alexander et al. (1951) beschrieben. Er ist sehr selten (1 auf 500.000). Die Vererbung ist autosomal rezessiv.

Die klinischen Symptome hängen von der Schwere des Defektes ab. Bei schwerem Mangel finden sich Schleimhautblutungen und Gastrointestinalblutungen und bei Frauen Menorrhagien. Zerebrale Blutungen und Hämarthrosen kommen vor.

Die Laboratoriumsdiagnose des Faktor VII-Mangels ergibt sich aus einer mehr oder weniger stark verlängerten Prothrombinzeit bei normaler Stypvenzeit, APTT und Gerinnungszeit. Die quantitative Bestimmung von Faktor VII erfolgt unter Zuhilfenahme eines Plasmas eines Patienten mit bekanntem schwerem Faktor VII-Mangel. Mit Hilfe von Antiseren gegen Faktor VII konnte gezeigt werden, daß bei einem Teil der Patienten mit hereditärem Faktor VII-Mangel ein abnormaler Faktor VII produziert wird (CRM$^+$) (Goodnight et al. 1971, Briet et al. 1976, Girolami et al. 1977, 1978). Mariani et al. (1978) beschrieben drei genetische Varianten des schweren ($<$ 3%) kongenitalen Faktor VII-Mangels: CRM$^-$ (kein Antigen) bei 2/3 der Patienten, CRM$^+$ (normales Antigen) und CRM^R (reduziertes Antigen). Weiter äußert sich die Heterogenität des Faktor VII-Mangels darin, daß Faktor VII bei verschiedenen Mangelzuständen eine unterschiedliche Empfindlichkeit gegenüber Thromboplastinen verschiedener Spezies zeigt (Girolami et al. 1979).

b) Erworbener Faktor VII-Mangel

Eine Verminderung von Faktor VII findet sich bei Vitamin K-Mangel (s. dort) und Lebererkrankung. In diesen Fällen ist der Faktor VII-Mangel mit der Verminderung anderer Vitamin K-abhängiger oder in der Leber synthetisierter Gerinnungsfaktoren verbunden. Ein isolierter Faktor VII-Mangel findet sich gelegentlich bei Patienten mit Dubin-Johnson-Syndrom (Levanon et al. 1972).

2. Erhöhung der Faktor VII-Aktivität

- Die Faktor VII-Aktivität ist in der Schwangerschaft und bei akuten Beinvenenthrombosen erhöht. Einnahme von oralen Kontrazeptiva führt ab dem 3. Monat zur Erhöhung der Faktor VII-Aktivität.
- Die Kälteaktivierung von Faktor VII ist bei Frauen, die orale Kontrazeptiva einnehmen, verstärkt (Gjonaess u. Stormorken 1970).
- Eine erhöhte Faktor VII-Aktivität dürfte ein bedeutender Risikofaktor für koronare Herzkrankheit sein (Meade et al. 1980).

E. Quantitative und qualitative Störungen des Faktor X

1. Faktor X-Mangel

a) Angeborener Faktor X-Mangel

Der angeborene Faktor X-Mangel wurde unabhängig voneinander durch Telfer et al. (1956) in der Familie Prower und durch Hougie et al. (1957) in der Familie Stuart entdeckt und vom Faktor VII-Mangel abgetrennt.

Die Erkrankung wird autosomal rezessiv vererbt, die homozygote Form ist extrem selten (1:500.000), Heterozygote sind hingegen häufig (1:500).

Klinische Befunde. Bei der klassischen Form des angeborenen Faktor X-Mangels (Stuart-Prower-Defekt) haben Homozygote eine schwere Blutungsneigung, charakterisiert durch Hämatomneigung, Schleimhautblutungen und bei Frauen Menorrhagien. Eine Nabelschnurblutung kann die erste klinische Manifestation sein. Zerebrale Blutungen und Hämarthrosen sind nicht selten. Bei den Varianten kann die Blutungsneigung trotz hochpathologischer Laborbefunde sehr gering sein.

Laboratoriumsdiagnose. Die Laboratoriumsbefunde können je nach der Art des Defekts am Faktor X-Molekül variieren. Eine Unterteilung des Defekts kann einerseits nach der Aktivierbarkeit im endogenen, exogenen und RVV-System, andererseits nach dem Ergebnis der immunologischen Faktor X-Bestimmung erfolgen. Bei klassischem schwerem Faktor X-Mangel (Stuart-Prower-Defekt) ist Faktor X in allen drei Systemen nicht aktivierbar, dementsprechend sind Prothrombinzeit, Stypvenzeit

Tabelle 6. Laborbefunde bei den verschiedenen Formen des angeborenen und erworbenen Faktor X-Mangels

Bezeichnung des Defektes	Prothrombin-zeit	Stypvenzeit	APTT	Ergebnis der Faktor X-Bestimmung mit			F X:INA F X:Ag	Elektropho- ret. Mobilität
				Gewebsthrom- boplastin	Russel's Viper venom	Endogenes System		
Stuart-Defekt	stark verlängert	stark verlängert	stark verlängert	stark vermindert	stark vermindert	stark vermindert	fehlt (CRM$^-$)	
Prower-Defekt	stark verlängert	stark verlängert	stark verlängert	stark vermindert	stark vermindert	stark vermindert	vorhanden (CMR$^+$)	
Denson et al. (1970)	gering verlängert	gering verlängert	gering verlängert	mäßig vermindert	mäßig vermindert	stark vermindert	fehlt (CRM$^-$)	
F X-Friauli (Girolami et al. 1971)	stark verlängert	normal	verlängert	stark vermindert	normal	stark vermindert	vorhanden (CRM$^+$)	normal
F X-Vorarlberg (Lechner et al. 1979)	stark verlängert	gering verlängert	gering verlängert	fehlend	mäßig vermindert	leicht vermindert	vorhanden, aber subnormal (CMR^R)	
Vitamin K-Mangel	verlängert	verlängert	verlängert	in gleicher Weise vermindert			subnormal, aber höher als Aktivität	abnormal (in Gegenwart von Ca^{++})
Akute und chronische Lebererkrankungen	verlängert	verlängert	verlängert	in gleicher Weise vermindert			Antigen gleich stark wie Aktivi- tät vermindert	
Faktor X-Mangel bei Amyloidose	verlängert	verlängert	verlängert	—	—	—		

und APTT stark verlängert. Gerinnungszeit und Reaktionszeit im Thrombelastogramm sind stark verlängert. Im spezifischen Faktor X-Test bei Verwendung von
künstlichem oder artifiziellem Faktor X-Mangel ist die Aktivität stark vermindert,
gleichgültig ob RVV, Thromboplastin oder das endogene System zur Aktivierung
benützt wird. Bei den Varianten des Faktor X-Mangels hängen die Laboratoriumsbefunde von der Art des Defekts ab (Tabelle 6).

b) Erworbener Faktor X-Mangel

Ein isolierter erworbener Faktor X-Mangel wurde bei Patienten mit primärer Amyloidose beschrieben. Die biologische Halbwertszeit von infundiertem Faktor X ist stark
verkürzt (Furie et al. 1977). Faktor X wird möglicherweise an Amyloidfibrillen
gebunden (Glenner 1977).

Faktor X ist zusammen mit anderen Gerinnungsfaktoren beim Vitamin K-Mangel,
Lebererkrankungen und bei Asparaginasetherapie vermindert.

2. Erhöhung der Faktor X-Aktivität

Langdauernde Behandlung mit bestimmten Östrogenpräparaten (bzw. Kombinatio-
nen) führt zu einem Anstieg von Faktor X (und Faktor VII, IX und VIII) (Davies
et al. 1976).

F. Quantitative und qualitative Veränderungen von Faktor VIII

1. Faktor VIII-Mangel

a) Angeborener Faktor VIII-Mangel (Hämophilie A, klassische Hämophilie)

Definition. Die Hämophilie A ist eine nahezu ausschließlich bei Männern auftretende,
angeborene Verminderung der Faktor VIII-Aktivität (Faktor VIII:C) bei normaler
Konzentration oder Aktivität der übrigen Faktor VIII-Molekülqualitäten (Faktor
VIII R:Ag, Faktor VIII:RCF).

Geschichte. Die Erkrankung ist schon seit dem Altertum bekannt und wurde erstmals
im Talmud erwähnt. Die erste exakte klinische Beschreibung stammt von Otto, der
schon die wesentlichen Charakteristika dieser Erkrankung erkannt hat. Weitere
Schritte in der Aufklärung des Defektes bei der Hämophilie waren die Beobachtung
von Wright, daß die Gerinnungszeit verlängert ist, die Experimente von Patek und
Taylor, die zeigten, daß ein Globulin im Plasma dieser Patienten fehlt, das als anti-
hämophiles Globulin bezeichnet wurde, und der Befund von Brinkhous, daß bei
Patienten mit Hämophilie die Überführung von Prothrombin in Thrombin verlang-
samt ist. Schließlich konnten Pavlovski und Aggeler zeigen, daß das klinische Bild der
Hämophilie durch einen Mangel an Faktor VIII oder Faktor IX hervorgerufen sein kann.

Häufigkeit. In Europa und Amerika wird die Häufigkeit mit 1:10.000 angegeben, wobei alle Schweregrade der Hämophilie berücksichtigt sind.

Pathophysiologie. Die klinischen Symptome der Hämophilie sind durch die Verminderung der gerinnungsfördernden Eigenschaften von Faktor VIII (funktioneller Faktor VIII, Faktor VIII:C) bedingt. Faktor VIII:C hat eine Schlüsselrolle im endogenen System, so daß bei seiner Verminderung der Gerinnungsablauf in diesem System gestört ist. Die gerinnungsfördernde Aktivität ist wahrscheinlich mit dem niedermolekularen Anteil des Faktor VIII-Moleküls assoziiert (s. Biochemie von Faktor VIII).

Es wird heute allgemein angenommen, daß die Verminderung von Faktor VIII:C auf eine verminderte oder fehlende Synthese des kleinmolekularen Anteils von Faktor VIII oder die Bildung eines funktionell abnormen kleinmolekularen Anteils zurückgeht. Hingegen werden F VIII R:Ag und F VIII R:RCF normal gebildet. Die mangelnde oder defekte Bildung von F VIII:C hat ihre Ursache in einem Defekt im X-Chromosom, das die Bildung von F VIII:C reguliert.

Immunologische Untersuchungen mit homologen oder bestimmten heterologen Antikörpern gegen Faktor VIII:C haben gezeigt, daß die Hämophilie A im Hinblick auf den zugrundeliegenden Moleküldefekt heterogen ist. Mit Hilfe des Antikörperneutralisationstests konnte gezeigt werden, daß bei etwa 10% der Patienten mit Hämophilie A, und zwar ausschließlich bei solchen mit mittelschwerer oder leichter Hämophilie A, mehr immunreaktiver Faktor VIII (F VIII:INA) als Faktor VIII:C vorhanden ist, wobei Faktor VIII:INA normal oder subnormal ist (Denson et al. 1969, Feinstein et al. 1969, Lechner 1972). Diese Form der Hämophilie A wurde als CRM$^+$ (CRM = cross reactive material) oder Hämophilie A$^+$ bezeichnet, im Gegensatz zur Hämophilie A$^-$ (CRM$^-$), bei der Faktor VIII:C und Faktor VIII:INA etwa gleich stark vermindert sind. Durch die Entwicklung des wesentlich genaueren und empfindlicheren Radioimmunassays für F VIII coagulant antigen (F VIII:Cag) wurde schließlich erkannt, daß die Heterogenität noch wesentlich größer ist, da F VIII:Cag bei einem Teil der Patienten mit Faktor VIII:C unter 0.1% zwischen 1–6% lag, während bei manchen Patienten mit F VIII:C zwischen 3–27% F VIII:Cag unter 0.1% war (Peake et al. 1979). Diese Befunde sprechen dafür, daß bei der Hämophilie A Moleküldefekte verschiedenster Art vorkommen können.

Genetik. Die Vererbung der Hämophilie A ist geschlechtsgebunden rezessiv. Abgesehen von seltenen Ausnahmen erkranken nur Männer. Die Erkrankung wird durch Frauen (Konduktorinnen) übertragen, die selbst meist keine oder nur eine geringe Blutungsneigung haben. Bei etwa 30% der Patienten mit Hämophilie A ist die Familienanamnese negativ (sporadische Hämophilie). Bei einem großen Teil dieser Patienten wurde gezeigt, daß die Mütter Überträgerinnen sind (Biggs u. Rizza 1976).

Es können genetisch folgende Konstellationen auftreten, die praktisch bei der genetischen Beratung eine große Rolle spielen:

A. Kinder eines Hämophilen und einer gesunden Frau: Alle Söhne sind gesund, alle Töchter sind obligate Überträgerinnen der Hämophilie.

B. Kinder eines gesunden Mannes und einer sicheren Überträgerin der Hämophilie: Statistisch gesehen wird die Hälfte der Söhne gesund sein, die andere Hälfte eine Hämophilie haben. 50% der Töchter werden Überträgerinnen der Hämophilie sein, die Hälfte der Töchter gesund sein.

C. Kinder eines Hämophilen und einer sicheren Überträgerin der Hämophilie: In diesem Fall wird die Hälfte der Söhne Bluter sein, die andere Hälfte gesund sein. Die Hälfte der Töchter werden Konduktorinnen sein, die andere Hälfte der Töchter werden Bluter sein (weibliche Hämophilie).

D. Die größten Probleme bei der genetischen Beratung ergeben sich, wenn ein gesunder Mann eine genetisch gesehen wahrscheinliche oder potentielle Konduktorin der Hämophilie A heiratet und Kinderwunsch besteht. Durch Laboruntersuchungen kann zwar die Voraussage bezüglich der Wahrscheinlichkeit einer Hämophilie bei den Kindern verbessert werden, eine sichere Voraussage ist jedoch niemals möglich (s. später).

Erkennung von Überträgerinnen (Konduktorinnen) der Hämophilie A

Die Feststellung, ob eine Frau Überträgerin der Hämophilie A ist, kann entweder durch Analyse des Stammbaums allein oder in Kombination mit dem Ergebnis von Laboratoriumsdaten erfolgen.

1. Aufgrund der genetischen Information allein kann eine Frau als Überträgerin klassifiziert werden (obligatorische Überträgerin), wenn sie
   a) die Tochter eines Hämophilen ist,
   b) die Mutter von zwei Hämophilen ist,
   c) die Mutter eines Hämophilen ist und ein weiteres Familienmitglied mit gesicherter Hämophilie vorhanden ist.

In diesen Fällen ist eine zusätzliche Laboratoriumsuntersuchung für die genetische Beratung nicht erforderlich, die Bestimmung von F VIII:C ist jedoch nützlich, um ein eventuelles Blutungsrisiko bei der Konduktorin zu erkennen.

2. Bei allen anderen genetischen Konstellationen ergibt sich aus der Stammbaumanalyse ein Wahrscheinlichkeitskoeffizient von weniger als 1,0, d.h. daß aus der genetischen Information allein eine sichere Diagnose nicht möglich ist. Die sich auf Grund der genetischen Information ergebende primäre Wahrscheinlichkeit kann jedoch durch Laboratoriumsuntersuchungen verbessert werden.

a) Primäre Wahrscheinlichkeit durch die Stammbaumanalyse.

Die primäre Wahrscheinlichkeit, daß eine Frau Überträgerin der Hämophilie ist, ist bei den verschiedenen genetischen Konstellationen wie folgt (Graham 1979):

Mutter eines sporadischen Hämophilen	0,67
Tochter einer sicheren Überträgerin	0,50
Tochter einer Überträgerin mit einem normalen Sohn	0,33
Enkelin einer sicheren Überträgerin	0,25
Urenkelin einer sicheren Überträgerin	0,125

b) Verbesserung der Wahrscheinlichkeitsberechnung durch Laboratoriumstests.

Zahlreiche Untersuchungen (Deutsch u. Kock 1962, Veltkamp et al. 1968, u.a.) haben gezeigt, daß Überträgerinnen der Hämophilie A im Mittel etwa 50–60% Faktor VIII:C haben. Die Streuung der Werte ist jedoch sehr groß und die Überlappung mit dem Normalkollektiv erheblich, so daß nur bei etwa 50% der Überträgerinnen durch die F VIII:C-Bestimmung allein die Diagnose mit ausreichender Sicherheit gestellt werden kann. Eine wesentliche Verbesserung der Diagnostik ist durch gleichzeitige Bestimmung von Faktor VIII:C und Faktor VIII R:Ag möglich. Zimmermann et al. (1971) haben gezeigt, daß durch gleichzeitige Bestimmung von Faktor VIII:C und Faktor VIII R:Ag unter Verwendung einer Regressionsanalyse 92% der Überträgerinnen mit 99% Wahrscheinlichkeit erkannt werden können. Spätere Untersucher (Meyer et al. 1975, Rizza et al. 1975, Hoyer u. Rick 1975) konnten zwar die Überlegenheit der kombinierten Bestimmung bestätigen, fanden jedoch eine geringere Trefferquote von 69–80%. Die Bestimmung von F VIII:INA (Lechner 1973) und F VIII R:RCF (Reisner et al. 1978) statt F VIII R:Ag oder von F VIII:Cag statt F VIII:C (Peake 1980) bringt keine wesentlichen Vorteile. Ein wesentlicher Punkt in der Berechnung der Wahrscheinlichkeit des Konduktorinnenstatus ist die Art der statistischen Auswertung der kombinierten F VIII:C- und F VIII R:Ag-Bestimmung. Verschiedene Verfahren wurden vorgeschlagen (Zimmermann et al. 1971, Prentice et al. 1975, Meyer et al. 1975), die beste Methode dürfte die Diskriminanzanalyse sein.

Eine genaue Beschreibung der Vorgangsweise zur Berechnung der Wahrscheinlichkeitswerte aus den Laborwerten mit Hilfe der Diskriminanzanalyse findet sich bei Elston et al. (1976) und Akhmeteli et al. (1977) und Angaben, wie Wahrscheinlichkeitswerte aus der genetischen und Laboranalyse kombiniert werden, bei Graham (1979).

Bei den Konduktorinnen der milden Hämophilie A ist die Überlappung zum Normalkollektiv größer als bei Konduktorinnen der schweren Hämophilie A und daher das Risiko der Fehlklassifikation größer (Graham et al. 1980). Möglicherweise ist bei diesen Patientinnen die Bestimmung von F VIII:C allein nicht schlechter als die Bestimmung von F VIII:C + F VIII R:Ag. Bei Töchtern von Hämophilen ist die Faktor VIII-Aktivität signifikant niedriger als bei anderen obligaten Konduktorinnen (z.B. Mütter von 2 Hämophilen) (Chediak et al. 1980).

Neben diesen prinzipiellen Problemen ergibt sich bei der Labordiagnostik des Überträgerinnenstatus noch eine Reihe wichtiger praktischer Probleme:

1. Die Präzision der Aussage hängt wesentlich von der Präzision der Faktor VIII:C- und der Faktor VIII R:Ag-Bestimmung ab. Je geringer die Tag-zu-Tag-Variation im Laboratorium, desto größer die Aussagekraft (Klein et al. 1977). Mehrfachbestimmungen von Faktor VIII:C und Faktor VIII R:Ag dürften die Aussagekraft erhöhen.
2. Es besteht Uneinigkeit darüber, ob auch tiefgefrorene (-70°C) Proben für die Konduktorinnendiagnostik verwendet werden können.
3. Es ist noch nicht gesichert, ob die genannten Methoden auch für die Diagnostik während der Schwangerschaft brauchbar sind.
4. Es ist möglich, daß der Zeitpunkt der Blutentnahme während des Menstruationszyklus das Ergebnis beeinflußt.
5. Es ist nicht sicher, ob die beschriebenen Methoden in gleicher Weise zur Erkennung der Konduktorinnen der leichten und der schweren Hämophilie verwendet werden können.

Pränatale Diagnose der Hämophilie A. Die pränatale Diagnose der Hämophilie A ist ab der 20. Schwangerschaftswoche durch Bestimmung von F VIII:C oder F VIII:Cag in durch Fetoskopie gewonnenen Blutproben möglich. Bei normalen Feten ist der F VIII:C-Spiegel im Mittel 43,3% (25–89%) und der F VIII:Cag-Spiegel 22,1% (11–43%)

(Peake 1980). Wenn der F VIII:Cag-Spiegel $< 0,1\%$ und F VIII:C-Spiegel unter 1% sind, kann eine schwere Hämophilie A angenommen werden. Der Vorteil der F VIII: Cag-Bestimmung liegt darin, daß auch nicht-frisches Blut untersucht werden kann und Beimengung von Thromboplastin keine Rolle spielt. Andererseits ist die Anwendung der F VIII:Cag-Bestimmung in der pränatalen Diagnostik nur dann sinnvoll, wenn bei einem schon bekannten Familienmitglied mit Hämophilie A der F VIII:Cag-Spiegel bestimmt wurde und stark vermindert ist.

Klinik. Nach der Aktivität von F VIII:C wird die Hämophilie A in vier Schweregrade eingeteilt:

Schwere Hämophilie A	Faktor VIII:C	$< 1\%$
Mittelschwere Hämophilie A	Faktor VIII:C	$1- 5\%$
Leichte Hämophilie A	Faktor VIII:C	$5-15\%$
Subhämophilie	Faktor VIII:C	$15-60\%$

Die Schwere der Hämophilie ist bei den betroffenen Mitgliedern einer Familie konstant.

Die klinische Symptomatik korreliert in der Regel gut mit der Faktor VIII:C-Aktivität. Ausnahmen in beiden Richtungen kommen jedoch vor, indem Patienten mit F VIII:C $< 1\%$ klinisch als leicht imponieren (Fehlen von Gelenks- und Muskelblutungen) und umgekehrt auch Patienten mit leichter Hämophilie rezidivierende Gelenksblutungen haben können.

Bei der schweren Hämophilie A beginnt die klinische Symptomatik meistens schon in der frühen Kindheit und kann unter Umständen schon bald nach der Geburt manifest werden (Zirkumzision). Die ersten charakteristischen Blutungsmanifestationen treten in der Regel dann auf, wenn das Kind gehen lernt. Dies sind: Blutungen in die Gelenke (Knie, Ellbogen, Schulter, Knöchel, seltener Hüftgelenke und Handgelenke), in die Muskulatur (insbesondere Iliopsoas, Bauchmuskulatur, Beinmuskulatur) und Makrohämaturie. Weitere häufige Blutungsmanifestationen sind Gastrointestinalblutungen, große subkutane Hämatome und Blutungen im Nasen-Rachenraum. Zerebrale Blutungen sind selten, jedoch auch heute noch die häufigste Todesursache. Chirurgische Eingriffe, Verletzungen und Zahnextraktionen führen ohne entsprechende Substitution zu lang anhaltenden Blutungen und Wundheilungsstörungen, wobei eine Latenzzeit von Stunden, evtl. von Tagen zwischen der Gewebsschädigung und dem Manifestwerden der Blutung typisch ist. Spontanblutungen in die Gelenke, Muskeln, sowie Hämaturie kommen auch bei mittelschwerer Hämophilie vor, allerdings seltener.

Bei der leichten und Subhämophilie sind Spontanblutungen selten, die Hauptmanifestationen sind Blutungen nach chirurgischen und zahnärztlichen Eingriffen und Verletzungen. Bei diesen Patienten wird die Erkrankung häufig erst im Erwachsenenalter entdeckt.

Laboratoriumsdiagnose (Tabelle 7). Die Laboratoriumsdiagnose der Hämophilie A beruht auf dem Nachweis einer verminderten Aktivität von Faktor VIII:C bei normaler Konzentration, bzw. Aktivität von Faktor VIII R:Ag und Faktor VIII:RCF sowie normaler Blutungszeit und Plättchenretention.

Tabelle 7. Laborbefunde bei angeborenen und erworbenen Zuständen mit F VIII:C-Verminderung

	Hämophilie A	Konduktorin der Häm. A	F VIII + V-Mangel	vWS	Spontane F VIII-Inhibitoren
APTT	verlängert	normal – verlängert	verlängert	normal – verlängert	verlängert
Gerinnungszeit u. Reaktionszeit im TEG	verlängert (evtl. normal)	normal (evtl. verlängert)	meist verlängert	verlängert – normal	verlängert
Prothrombinzeit	normal	normal	verlängert	normal	normal
Thrombinzeit	normal	normal	normal	normal	normal
F VIII:C	vermindert (1–60%)	vermindert – normal	vermindert	vermindert	vermindert (1–50%)
F VIII:Cag	vermindert	vermindert	–	vermindert	–
F VIII R:Ag	normal – erhöht	normal – erhöht	normal	vermindert oder normal	normal oder erhöht
F VIII:INA	vermindert bei 10% normal	vermindert (evtl. normal)	vermindert	vermindert	–
F VIII R:RCF	normal – erhöht	normal – erhöht	normal	vermindert	normal – erhöht
Blutungszeit	normal	normal	normal	verlängert	normal
Plättchen-retention	normal	normal	normal	vermindert	normal
Inhibitor gegen F VIII:C	bei 10% vorhanden	nicht vorhanden	nicht vorhanden	nicht vorhanden	obligat vorhanden
Inhibitor gegen F VIII R:RCF	negativ	negativ	negativ	selten vorhanden	negativ
Sonstiges			F V vermindert		

- Das Leitsymptom bei der Laboratoriumsdiagnose der Hämophilie A ist eine verlängerte APTT bei normaler Prothrombinzeit und Thrombinzeit. Das Ausmaß der APTT-Verlängerung ist abhängig von der Schwere der Hämophilie. Bei schwerer Hämophilie ist die APTT um das 2–3fache verlängert, bei nur geringer Verminderung von F VIII:C (Subhämophilie A) kann sie nur gering verlängert oder sogar normal sein. Die Empfindlichkeit verschiedener kommerzieller APTT auf eine F VIII:C-Verminderung ist unterschiedlich (s. methodischer Teil).
- Die Gerinnungszeit nach Lee-White und die Reaktionszeit im Thrombelastogramm ist bei Patienten mit einer F VIII-Aktivität von unter 10% in der Regel verlängert, bei Patienten mit einer F VIII-Aktivität über 10% jedoch nicht selten normal (Abb. 8). Daher sind diese Tests als Screening-Methoden, z.B. präoperativ zum Ausschluß einer Hämophilie nicht geeignet.

- Die Diagnose des Faktor VIII-Mangels kann durch den Thromboplastinbildungstest nach Biggs u. Douglas (1953) oder durch die im Vergleich zu einem Normalplasma verminderte Fähigkeit des Patientenplasmas, die APTT eines natürlichen oder künstlichen Faktor VIII-Mangelplasmas zu korrigieren, gestellt werden. Beim Thromboplastinbildungstest ist ein Faktor VIII-Mangel anzunehmen, wenn die Thromboplastinbildung in Gegenwart von adsorbiertem Patientenplasma gestört ist (s. methodischer Teil).
  Die quantitative Bestimmung von Faktor VIII:C kann mit Ein- oder Zweistufenmethoden erfolgen, deren Ergebnisse allerdings nicht immer genau übereinstimmen.
- Der Prothrombinverbrauchstest ist bei schwerer bis leichter Hämophilie pathologisch. Bei schwerer Hämophilie ist das Serumprothrombin (nach einstündiger Inkubation) oft höher als das im Plasma bestimmte Prothrombin.
- Die übrigen Gerinnungsfaktoren sind normal, wenn nicht gleichzeitig eine Leberschädigung oder einer der seltenen kombinierten Defekte vorliegt.
- Blutungszeit, Plättchenretention und F VIII:RCF sind normal, was die Abgrenzung gegenüber dem Willebrand-Syndrom ermöglicht. Die Konzentration von F VIII R:Ag ist normal oder erhöht.
- Eine weitere Klassifizierung der Hämophilie A, die aber nur theoretisches Interesse hat und routinemäßig nicht erforderlich ist, ist durch immunologische Methoden mit Hilfe von homologen Antikörpern gegen F VIII:C möglich. Mit Hilfe des Inhibitorneutralisationstests (Denson et al. 1969, Lechner 1973) kann semiquantitativ festgestellt werden, ob kreuzreagierendes Material vorhanden ist (F VIII:INA). Eine Bestimmung von F VIII-Gerinnungsantigen (F VIII coagulant antigen = F VIII:Cag) ist nun mit radioimmunologischen Methoden möglich (Peake u. Bloom 1978). Die F VIII:INA und F VIII:Cag-Bestimmung ergeben vergleichbare Werte, die F VIII Cag-Bestimmung ist jedoch wesentlich genauer.
- Bei Feststellung einer schweren Hämophilie A sollte routinemäßig ein qualitativer Inhibitortest durchgeführt werden.

Hereditärer kombinierter F VIII + V-Mangel. Es wurden mehrere Familien mit kombiniertem Faktor VIII- und Faktor V-Mangel beschrieben. Dieser Defekt wird autosomal dominant vererbt.

b) Erworbener Faktor VIII-Mangel

Ein erworbener Faktor VIII-Mangel kann auf eine Inaktivierung von F VIII:C durch einen spezifischen Inhibitor (s. Immunokoagulopathien), auf Proteolyse durch Plasmin (hyperfibrinolytische Zustände) oder auf massiven Blutverlust zurückgehen, wenn große Mengen von Faktor VIII-armen (alten) Blutkonserven verabreicht werden (Massentransfusion). Eine leichte F VIII-Verminderung findet sich auch bei Hypothyreose.

2. Erhöhung der Faktor VIII-Aktivität

Eine Erhöhung von F VIII:C findet sich physiologischerweise in der Schwangerschaft, bei Streß und körperlicher Anstrengung, entzündlichen und neoplastischen Erkrankungen und kann auch medikamentös induziert sein. Die Erhöhung von F VIII:C ist meist begleitet von einer Zunahme von F VIII R:Ag und F VIII R:RCF, wobei allerdings das Ausmaß der Erhöhung der drei Faktor VIII-Qualitäten häufig unterschiedlich ist (Tabelle 8).

Der Anstieg der Faktor VIII-Aktivität kann vorübergehend oder anhaltend sein. Die Pathogenese der F VIII-Erhöhung dürfte nicht einheitlich sein. In Frage kommen eine Aktivierung von F VIII:C, eine Freisetzung aus Speichern oder eine echte Neusynthese. Bei Zuständen mit stark erhöhter F VIII R:Ag/F VIII:C Ratio könnten ursächlich eine Konsumption von F VIII:C in der Zirkulation (Denson 1977) oder eine Zunahme antigener Determinanten des F VIII R:Ag infolge Plasmineinwirkung (Atichartakarn et al. 1978) eine Rolle spielen.

Tabelle 8. Erkrankungen oder Zustände, die mit Erhöhung der F VIII-Aktivität (F VIII:C) einhergehen (nach Brozovic 1977)

Erkrankung	F VIII:C	F VIII R:Ag	F VIII R:RCF	F VIII R:Ag/ F VIII:C Ratio
Leberzirrhose	↑	↑↑		↑
Akutes Leberversagen	↑↑	↑↑		↑
Niereninsuffizienz	↑	↑↑	↑	↑
Diabetes mellitus	↑	↑	↑	?
Pat. mit rezidivierenden Venenthrombosen	↑	↑↑	↑	↑
Postoperativ, posttraumatisch nach Myokardinfarkt oder Schlaganfall	↑	↑↑		↑
Tumoren, Leukämie	↑	↑↑		↑
Angeborene F VIII-Erhöhung	↑	?	?	?

Andere Zustände, die mit Faktor VIII-Aktivitätserhöhung einhergehen, sind: Colitis ulcerosa, Verbrennungen, SLE, hämolytische Anämie, Sichelzellenerkrankung, Myelom, Infektionen u.a.

Faktor VIII-Antikörper bei Hämophilie A

Übersichten: Margolius et al. 1961, Shapiro u. Hultin 1975, Lechner 1974, Shapiro 1979

Bei ca. 5–10% aller Patienten mit Hämophilie A und bei 10–15% der Patienten mit schwerer Hämophilie A entsteht als Folge der Substitutionstherapie ein Antikörper gegen Faktor VIII (Shapiro 1979). Dieser kann schon nach wenigen Behandlungen, manchmal aber erst nach langdauernder Behandlung auftreten. 50% der Inhibitoren entstehen vor dem 10. Lebensjahr, 20% zwischen dem 10. und 20. Lebensjahr und der Rest nach dem 20. Lebensjahr. Bei etwa 3/4 der Patienten führt nach dem Erstauftreten des Inhibitors jede Behandlung nach einer Latenzzeit von 5–6 Tagen zu einem Anstieg des Titers auf > 5 BU/ml ("high responder"), während bei 1/4 trotz Antigen (Faktor VIII)-Zufuhr der Titer immer niedrig bleibt ("low responder"). Bei den "high responders" ist die Höhe des Titeranstiegs von Patient zu Patient sehr verschieden, beim gleichen Patienten jedoch relativ konstant (Lechner 1976).

Die Wirkung des Inhibitors besteht in einer irreversiblen Inaktivierung von F VIII:C, während F VIII R:Ag und F VIII R:RCF unbeeinflußt bleiben. Die Inaktivierung von F VIII:C durch den Inhibitor ist zeit- und temperaturabhängig. Die Schnelligkeit der Inaktivierung ist innerhalb der ersten 15–30 min am größten, die Reaktion erreicht jedoch erst nach Stunden ein Gleichgewicht. Das Ausmaß der Inaktivierung von F VIII:C ist von der Konzentration des Inhibitors abhängig. Wird die Konzentration des Inhibitors gegen den Logarithmus des residualen F VIII:C aufgetragen, ergibt sich innerhalb bestimmter Grenzen eine gerade Linie, was eine quantitative Messung der Inhibitoraktivität ermöglicht. Die Steilheit der Dosiswirkungskurven (concentration graphs) verschiedener hämophiler Antikörper ist jedoch nicht vollkommen identisch (Biggs et al. 1972a,b, Lechner u. Korninger 1980).

Die bei Hämophilen entstehenden Inhibitoren sind Immunglobuline der G-Klasse und enthalten meist nur einen, gelegentlich aber auch beide Typen von leichten Ketten. Bei der Subtypisierung der schweren Ketten wurde meist IgG$_1$ und IgG$_4$ (Hultin et al. 1977), aber auch IgG$_4$ allein (Andersen u. Terry 1968) und IgG$_3$ allein (Robboay et al. 1970) gefunden. Der Inhibitor bildet mit dem kleinmolekularen Anteil von F VIII (F VIII:C) einen stabilen Komplex, bestehend aus einem IgG-Molekül und einem F VIII:C-Molekül (Lazarchik u. Hoyer 1977), wobei letzteres vom F VIII:RCF abgelöst wird. Es können jedoch auch Komplexe mit dem gesamten Faktor VIII-Komplex auftreten (Laverne et al. 1978). Die Komplexe können durch Erhitzen oder pH-Änderung zum Teil wieder dissoziiert werden (Allain u. Frommel 1973).

Das Auftreten eines Inhibitors bei milder Hämophilie A ist selten (Shapiro u. Hultin 1975). Bemerkenswert ist in diesen Fällen die Tatsache, daß der Inhibitor den eigenen Faktor VIII der Patienten inaktiviert (Lechner et al. 1972), nie hohe Titer erreicht und rasch wieder verschwindet.

Klinisch führt das Auftreten eines Inhibitors nicht zu einer Verstärkung der Blutungsneigung. Im Falle einer Blutung führt die Substitutionstherapie jedoch zu keiner ausreichenden Blutstillung. Aus der klinischen Beobachtung allein läßt sich jedoch die Gegenwart eines Inhibitors nur vermuten, aber nie beweisen oder ausschließen.

Labornachweis eines Inhibitors gegen Faktor VIII. Vor allem bei Kindern, die am Beginn der Behandlung stehen (< 100 Behandlungstage), ist ein regelmäßiges Screening auf das Vorliegen eines Inhibitors unbedingt erforderlich. Dies kann geschehen:

1. Durch Bestimmung der Recovery. Die Faktor VIII-Aktivität wird vor und nach der Infusion gemessen und die Recovery berechnet. Diese sollte nicht unter 50% der theoretisch zu erwartenden (2,3%/E/kg) liegen.
2. Durch einen qualitativen Inhibitortest (s. Methoden).

3. Bei Patienten mit schon bekanntem Inhibitor ist die quantitative Bestimmung der Inhibitoraktivität in regelmäßigen Abständen erforderlich, um im Falle von Blutungskomplikationen entscheiden zu können, welche therapeutischen Maßnahmen getroffen werden müssen.

G. Quantitative und qualitative Störungen des von Willebrand-Faktors (vWF)

1. Verminderung der vWF-Aktivität

a) Hereditärer Defekt des vWF (von Willeband-Syndrom, von Willebrand-Jürgens-Syndrom, Thrombopathie Willebrand-Jürgens)

Übersichten: Bloom u. Peake 1977, Meyer 1977, Weiss 1977, Nilsson u. Holmberg 1979, Graham 1979, Bloom 1980)

Vererbung und Häufigkeit: Das von Willebrand-Syndrom (vWS) wird autosomal dominant vererbt (Graham 1979). In manchen Fällen (Italian Working Group 1977, Ingram 1978) wurde eine autosomal rezessive Vererbung angenommen. In diesen Familien sind die Heterozygoten gewöhnlich symptomlos, aber F VIII R:Ag ist leicht vermindert. Bei Homozygoten finden sich folgende Charakteristika: Fehlende Familienanamnese, häufig Konsanguinität und schwere Blutungsneigung (Hämarthrosen). Die Existenz einer autosomal rezessiv vererbten Form wurde allerdings in Frage gestellt (Miller et al. 1979).

Charakteristisch für die Vererbung des vWS ist die variable Penetranz und Expressivität der phänotypischen Abnormalitäten. Miller et al. (1979) fanden, daß bei sicheren Überträgerinnen des vWS aus zwei Familien bei nur 58% zumindest einer der durchgeführten Tests (F VIII:C, F VIII R:Ag und F VIII R:RCF und Blutungszeit) pathologisch war. Allerdings ließen sich mit Hilfe der Diskriminanzanalyse 80% der Überträgerinnen richtig klassifizieren (Miller et al. 1979). Auch bei Patienten mit dem klassischen vWS (Typ I) findet sich nur bei 1/7 der klassische Befund mit verlängerter Blutungszeit und Verminderung aller Faktor VIII-Qualitäten, während sich beim Rest nahezu alle denkbaren Befundkonstellationen von Blutungszeit, F VIII:C, F VIII R:Ag und F VIII R:RCF fanden (Miller et al. 1979). Diese Befunde zeigen, daß man bei der Beschreibung von ,,Varianten'' sehr vorsichtig sein muß.

Die Angaben über die Häufigkeit des vWS sind unterschiedlich und hängen zum Teil davon ab, welche Kriterien man für die Diagnose eines vWS verwendet. Schätzungen schwanken zwischen 20% (Graham 1979) und 50% (Bloom 1980), bezogen auf die Häufigkeit der Hämophilie A.

Pathogenese. Das vWS wird auf einen angeborenen Mangel oder einen qualitativen Defekt des großmolekularen Anteils von Faktor VIII zurückgeführt, welcher für die Adhäsion der Thrombozyten an Subendothel (Tschopp et al. 1974, Bolhuis et al. 1979) und an Glasperlen, sowie die Aggregation der Thrombozyten durch Ristocetin

(Howard u. Firkin 1971), erforderlich ist. F VIII R:Ag ist kein einheitliches Protein, sondern besteht aus einer Serie von Oligomeren mit einem Molekulargewicht bis 20×10^6 Dalton (van Mourik u. Bolhuis 1978). Nur die hochmolekularen Aggregate dürften für die vWF-Aktivität verantwortlich sein. Sie binden sich einerseits an spezifische Rezeptoren der Plättchen (Glykoprotein I) und andererseits möglicherweise an einen Rezeptor am Kollagen (Legrand et al. 1978).

Morisato u. Gralnick (1980) fanden, daß ein Plättchen 11.000 Moleküle F VIII bindet und sich am Plättchen zwei Bindungsstellen mit unterschiedlicher Affinität befinden. Die Verminderung dieses hochaggregierten Proteins dürfte auch für die verlängerte Blutungszeit verantwortlich sein. Allerdings gehen die Verlängerung der Blutungszeit und Verminderung von F VIII R:RCF nicht immer parallel, und die Anhebung des F VIII:RCF-Spiegels durch Substitution führt nicht immer zu einer Normalisierung der Blutungszeit (Blatt et al. 1976) und der Plättchenretention (Niessner u. Lechner 1979). Aufgrund dieser Befunde wurde postuliert, daß es neben dem F VIII: RCF noch einen blutungszeitkorrigierenden Faktor F VIII:WF/BT (bleeding time) und F VIII:WF/GB (glass-beads) gibt.

Die Befunde könnten allerdings auch so erklärt werden, daß beim vWS F VIII R:Ag bzw. F VIII R:RCF in Plättchen, Megakaryozyten und Endothelzellen vermindert ist und zugeführter F VIII R:Ag durch Plättchen von Patienten mit vWS nicht aufgenommen werden kann (Green u. Potter 1976). Die Synthese von Faktor VIII R:Ag bzw. F VIII R:RCF steht unter Kontrolle eines autosomalen Chromosoms. Bei einem Defekt an diesem Chromosom kommt es entweder zur verminderten Bildung von Faktor VIII R:Ag (bzw. RCF) in den Endothelzellen und damit phänotypisch zur Ausbildung der klassischen Form des vWS mit Verminderung aller F VIII-Qualitäten oder zur Bildung eines abnormalen F VIII R:Ag (F VIII RCF). Bei letzteren Patienten wird selektiv die hochaggregierte Form von F VIII R:Ag (mit langsamer elektrophoretischer Mobilität) nicht gebildet, die für die primäre Hämostase von Bedeutung ist (Gralnick et al. 1977), während die wenigen aggregierten Formen des F VIII R:Ag in normaler Menge vorhanden sind (Sixma et al. 1978). Diese haben keine oder nur geringe Willebrandfaktor-Aktivität, schnellere Wanderungsgeschwindigkeit in der Elektrophorese, verminderte Präzipitation mit Concanavalin A und nicht parallele dose-response-Kurven im IRMA (Bloom 1980). Proteine mit diesen Eigenschaften finden sich auch im Überstand nach Kryopräzipitation von Plasma.

Noch nicht befriedigend geklärt ist die Genese des F VIII:C-Mangels beim vWS und insbesondere die Tatsache, daß es nach Infusion von Faktor VIII-Konzentraten zwar zu einem raschen Abfall von F VIII R:Ag und F VIII R:RCF, jedoch zu einem sekundären Anstieg von F VIII:C kommt. Zur Erklärung dieser Phänomene müßte man annehmen, daß F VIII R:Ag die Bildung von F VIII:C induziert oder stabilisiert (Meyer 1977).

Klinik. Klinisch ist das vWS charakterisiert durch Schleimhautblutungen wie Epistaxis, Menorrhagien und selten durch Gastrointestinalblutungen. Die Neigung zu Hämatomen ist wohl das häufigste Symptom. Hämarthrosen kommen nur selten bei der schweren (homozygoten?) Form vor. Die Erkrankung wird häufig erst infolge Blutung nach chirirgischen Eingriffen, insbesondere nach Tonsillektomie oder Zahnextraktionen entdeckt. Postpartale Blutungen sind relativ selten, da es zumindest bei einem Teil der Patientinnen während der Schwangerschaft zu einer Besserung oder sogar zu einer Normalisierung der Befunde und auch der Blutungsneigung kommt.

Laboratoriumsbefunde. Klassisches vWS (Typ I nach der Etro-Klassifikation) (Nilsson 1977). Die Diagnose des klassischen vWS ergibt sich aus dem gleichzeitigen Nachweis einer verlängerten Blutungszeit, einer verminderten Plättchenretention und einer proportionalen Verminderung von F VIII:C, F VIII:Cag, F VIII R:Ag und F VIII R:RCF. Allerdings haben die Untersuchungen von Miller et al. (1979) gezeigt, daß infolge der variablen Expressivität die Verminderung der F VIII-Qualitäten nicht immer strikt proportional ist und bei leichten Fällen ein Teil der Befunde sogar normal sein kann.

1. Verlängerte Blutungszeit:
   Bei Verwendung einer sensitiven Blutungszeitmethode (Ivy oder Borchgrevink) ist die Blutungszeit meist verlängert. Die Blutungszeit nach Duke ist weniger sensitiv (Niessner 1976).

2. Verminderung der Plättchenretention:
   Die Plättchenretention an Glasperlen unter Verwendung von nichtantikoaguliertem Blut (Salzmann 1963, Hellem 1970, Niessner 1972) und schneller Durchflußgeschwindigkeit (mehr als 6 ml/min) ist mehr oder weniger stark vermindert. Die verminderte Retention ist eines der konstantesten Symptome des vWS und bei sehr leichten Formen manchmal der einzige pathologische Befund (Niessner 1976).

3. Verminderung von Faktor VIII:C:
   Die Verminderung von F VIII:C ist in der Regel nur mäßig (meist zwischen 10 und 50%). Bei einem geringen Prozentsatz der Patienten findet man jedoch auch Werte zwischen 1 und 10%, Werte unter 1% sind hingegen sehr selten. Häufig sind die Werte von F VIII:C etwas höher als die Werte von F VIII R:Ag. F VIII:Cag (Peake 1980) und F VIII:INA (Lechner 1972) sind etwa im gleichen Ausmaß wie F VIII:C vermindert.

4. Faktor VIII R:Ag ist in den meisten Fällen mäßig vermindert, bei schweren Fällen (homozygoten?) kann Faktor VIII R:Ag mit der Laurell-Methode nicht nachgewiesen werden. Mit dem IRMA oder RIA lassen sich hingegen noch geringe Spiegel nachweisen. Bei Anwendung von empfindlichen Methoden lassen sich zusätzlich zum quantitativen Defekt noch qualitative Abnormalitäten nachweisen (Zimmermann et al. 1979). Die Bestimmung von F VIII R:Ag mit der Laurell-Technik und dem IRMA oder RIA ergibt gut übereinstimmende Ergebnisse. Die elektrophoretische Mobilität von F VIII R:Ag ist normal. Bei der Gelfiltration erscheint F VIII R:Ag und F VIII:C im Leervolumen. Bei der SDS-Gelelektrophorese finden sich wie beim Normalen multiple Formen von F VIII R:Ag mit einem Molekulargewicht von $1-10 \times 10^6$ Dalton, jedoch in geringer Menge (Meyer et al. 1979). F VIII R:Ag ist auch in Plättchen und Endothelzellen entsprechend dem Plasmaspiegel vermindert (Holmberg et al. 1974).

5. Der Ristocetincofaktor (F VIII R:RCF) ist etwa im gleichen Ausmaß wie F VIII:C und F VIII R:Ag vermindert. Der Nachweis der Verminderung von F VIII:RCF ist der wichtigste Befund in der Diagnostik des vWS. Bei normalem F VIII:RCF kann die Diagnose eines vWS, zumindest der klassischen Form, nicht gestellt werden.

Die Ristocetin-induzierte Aggregation von plättchenreichem Plasma ist bei schweren Formen des vWS deutlich vermindert oder fehlt sogar. Bei Spiegeln von F VIII:RCF über 25% ist sie jedoch häufig normal und daher als diagnostischer Test nur von limitiertem Wert. Bei bestimmten Formen von vWS (Typ IIb) ist die Ristocetin-induzierte Plättchenaggregation sogar verstärkt (Ruggeri et al. 1979).

6. Unter den Globaltests ist die Gerinnungszeit und das Thrombelastogramm in der Regel normal, wenn es sich nicht um schwere Formen handelt. Die APTT ist meistens mäßiggradig verlängert, kann jedoch bei geringer Faktor VIII:C-Verminderung normal sein. Die Plättchenzahl ist in der Regel normal, kann jedoch gelegentlich geringgradig vermindert sein.

7. Die Aggregation der Thrombozyten mit ADP, Kollagen, Adrenalin, Thrombin und von bovinem Faktor VIII ist normal. Retraktion und Plättchenfaktor 3-availability sind ebenfalls normal.

8. Verhalten der beim vWS pathologischen Befunde nach Infusion von Faktor VIII-Konzentraten oder DDAVP:
Nach Infusion von F VIII-haltigen Konzentraten geringer oder mittlerer Reinheit kommt es bei den meisten, jedoch nicht bei allen Fällen, zu einem charakteristischen Verhalten von F VIII:C, F VIII R:Ag, F VIII:RCF, der Plättchenretention und der Blutungszeit. Nach Infusion kommt es zunächst zu einem Anstieg von F VIII:C, F VIII:RCF und F VIII R:Ag entsprechend der mit dem Konzentrat zugeführten Menge. Die Blutungszeit nach Duke ist unmittelbar nach Transfusionsende meistens deutlich kürzer, die Blutungszeit nach Ivy oder Borchgrevink ist ebenfalls verkürzt, jedoch meist nur in geringem Ausmaß. Die Plättchenretention wird nur geringgradig beeinflußt. Während F VIII:RCF und F VIII R:Ag mit einer Halbwertzeit von etwa 12 h wieder abfallen, kommt es häufig zu einem sekundären Anstieg von Faktor VIII:C, eventuell zur vollkommenen Normalisierung von F VIII:C, die über Tage anhalten kann. Der Tatsache, daß auch durch Infusionen großer Faktor VIII-Mengen die Blutungszeit nicht vollkommen korrigiert werden kann, entspricht auch die klinische Erfahrung, daß es häufig nicht möglich ist, durch Infusion auch großer Mengen von F VIII-Konzentraten eine ausreichende Hämostase, z.B. bei Operationen, zu erreichen.
Die Verabreichung des synthetischen Vasopressinanalogs DDAVP führt, ähnlich wie die Infusion von Faktor VIII-Konzentraten, zu einem Anstieg von F VIII:C, F VIII R:Ag und F VIII:RCF. Interessanterweise wird die Adhäsivität und die Blutungszeit jedoch wesentlich besser beeinflußt als durch die Infusion von Faktor VIII-Konzentraten (Korninger u. Niessner 1980).

9. Eine von vielen Untersuchungen festgestellte Tatsache ist die relativ große Variabilität der Befunde beim vWS beim gleichen Patienten. Es hat auch den Anschein, daß die Befunde des vWS sich in zunehmendem Alter bessern, obwohl exakte Daten in dieser Richtung noch nicht vorliegen.

Varianten des vWS. Obwohl der größere Teil der Patienten die klassische Form **(Typ I)** des von Willebrand-Jürgens-Syndroms hat, gibt es eine Reihe von Patienten, bei denen man annimmt, daß nicht eine quanitative Verminderung des vWF, sondern eine qualitative Abnormalität vorliegt. Nach einem Vorschlag der ETRO (Nilsson u.

Tabelle 9. Laborbefunde bei den verschiedenen Typen des vWS (nach Nilsson u. Holmberg 1979)

	Typ I	Typ II	Typ III	Typ IV
Blutungszeit	verlängert	verlängert (meist deutl.)	verlängert	normal oder gering verlängert
Plättchenretention an Glasperlen	vermindert	vermindert	vermindert	vermindert
F VIII:C	vermindert	normal bis leicht vermindert	normal	vermindert
F VIII R:AG EIA [a]	vermindert	normal oder fast normal	vermindert	vermindert
IRMA [b]	vermindert (wie EIA)	vermindert (fehlende Parallelität)	vermindert (wie EIA)	
F VIII R:RCF	vermindert	vermindert	vermindert (normal)	vermindert
Elektrophoretische Mobilität von F VIII R:Ag	normal	*		
Molekulargröße des Faktor VIII-Komplexes	normal	kleiner	kleiner	–
Verhalten bei Transfusion (s. Text)	typisch	typisch	typisch	typisch

[a] EIA = Elektroimmunoassay (Laurell)
[b] IRMA = Immunradiometrischer Test
* Langsam wandernde Teile fehlen

Holmberg 1979) werden vier Typen unterschieden, die in Tabelle 9 dargestellt sind. Neben diesen von der ETRO festgelegten Varianten dürfte es jedoch noch weitere Varianten geben (Weiss 1977), bei denen die Kollagen-induzierte Aggregation gestört ist.

Typ II. Bei diesem Typ liegt offenbar eine strukturelle Abnormalität des F VIII R:Ag in dem Sinne vor, daß F VIII R:Ag weniger stark aggregiert ist. Dies äußert sich darin, daß bei der zweidimensionalen Immunelektrophorese die langsam wandernden Anteile fehlen und F VIII R:Ag und F VIII:C bei Gelfiltration später eluiert werden. Bei der SDS-Gelelektrophorese finden sich nur kleinere Aggregate (MG $1-5 \times 10^6$) von normalen niedermolekularen Multimeren (Meyer et al. 1979). F VIII R:Ag ist bei Bestimmung mit der Laurell-Technik normal, bei Bestimmung mit den IRMA vermindert, wobei die dose response-Kurve nicht parallel mit der von Normalplasma ist (Peake u. Bloom 1977), was auf eine verminderte antigene Reaktivität des Moleküls zurückgeführt wird. F VIII R:RCF ist porportional zu den mit der IRMA bestimmten F VIII R:Ag vermindert. F VIII:C ist normal oder nur gering vermindert, Blutungszeit und Plättchenretention sind stark pathologisch. Es wird vermutet, daß eine Störung des Kohlenhydratanteils vorliegt (Gralnick et al. 1977).

Typ III und IV (s. Tabelle 9).

b) Erworbener Mangel des vWF (erworbener vWS)

Ein erworbener vWS wurde bei Patienten mit Autoimmunerkrankungen und Paraproteinämien beschrieben (s. Immunkoagulopathien).

H. Quantitative und qualitative Störungen von F IX

Faktor IX-Mangel

a) Angeborener isolierter Faktor IX-Mangel (Hämophilie B, Christmas disease)

Übersichten: Hougie 1977, Bloom 1972, 1977

Definition und Häufigkeit. Die Hämophilie B ist eine angeborene hämorrhagische Diathese, hervorgerufen durch eine verminderte Aktivität von Faktor IX. Wie die Hämophilie A wird sie geschlechtsgebunden rezessiv vererbt, wobei in der Regel nur Männer erkranken und die Frauen die Überträgerinnen der Erkrankung sind. Die Häufigkeit beträgt etwa 1:100.000, die Hämophilie A ist 7mal häufiger als die Hämophilie B.

Pathogenese. Die Hämophilie B ist pathogenetisch keine einheitliche Erkrankung. Die Heterogenität bezieht sich auf die Schwere des F IX:C-Defekts, die nachweisbare Menge des Faktor IX-Antigens (F IX:Ag) im Vergleich zur F IX-Aktivität und dem Vorhandensein oder Fehlen eines Inhibitors der Prothrombinzeit (bei Verwendung von Rinderthromboplastin). Wie bei der Hämophilie A unterscheidet man eine schwere F IX:C < 1%), eine mittelschwere (F IX:C 1–5%), eine leichte (F IX:C 5–15%) Hämophilie B und eine Subhämophilie B (F IX:C 15–50%). Nach der Menge der vorhandenen F IX:Ag unterscheidet man eine Hämophilie B$^-$ (kein oder nur geringe Mengen von F IX:Ag vorhanden), eine Hämopholie B$^+$ (normales Antigen bei verminderter Aktivität) und eine Hämophilie B^R mit verminderten F IX:C und F IX:Ag, wobei F IX:Ag gleich hoch oder höher als F IX:C sein kann. Im Falle des Faktor IX ergibt die immunologische Bestimmung mit homologen Antikörpern (Inhibitorneutralisationstest: F IX:INA) (Denson et al. 1968, Roberts et al. 1968) die gleichen Ergebnisse wie die Bestimmung mit heterologen Antikörpern (Laurell-Technik, RIA oder IRMA) (Orstavik et al. 1975, Thompson 1977, Yang 1979).

Jene Formen der Hämophilie B, bei denen die Prothrombinzeit bei Verwendung von Rinderthromboplastin verlängert ist, bezeichnet man als Hämophilie B$_M$ (Hougie u. Twomey 1967). Die Verlängerung geht auf eine kompetitive Hemmung der Reaktion zwischen Faktor VII und dem Rinderthromboplastin durch den abnormalen Faktor IX zurück.

Kasper et al. (1977) und Parekh et al. (1978) haben auf Grund der Untersuchung einer größeren Anzahl von Hämophilie B-Patienten versucht, eine Klassifikation der Hämophilie B-Varianten durchzuführen. In Tabelle 10 ist die Einteilung von Parekh et al. (1978) wiedergegeben. Kasper et al. (1977) haben eine etwas differente Eintei-

Tabelle 10. Varianten der Hämophilie B (nach Parekh et al. 1978)

	Häufigkeit	F IX:C	F IX:Ag	Beziehung zwischen F IX:C und F IX:Ag	Thrombotest
Hämophilie B$^-$	52%	< 1%–3%	stark vermindert (unter der Nachweisbarkeitsgrenze = 12%)	Mittels Radioimmunoassay lassen sich auch bei schwerer Hämophilie B geringe Mengen von Antigen (2–6%) nachweisen (Thompson 1977)	normal
Hämophilie B^R	31%	< 1%–67%	vermindert (12–73%)	Bei einem Teil der Patienten proportionale Reduktion von F IX:Ag und C, bei den meisten Patienten Antigenüberschuß	normal
Hämophilie B$^+$	11%	1%–10%	normal (> 65%)	Starker Antigenüberschuß	normal
Hämophilie B$_M$	5%	< 1%	normal (> 65%)	Starker Antigenüberschuß	verlängert

lung vorgeschlagen. Sie unterscheiden zwei Untergruppen, eine Gruppe mit stark verlängerter Prothrombinzeit mit bovinem Thromboplastin und normalem Antigen und eine andere Gruppe mit leicht verlängerter Thromboplastinzeit und normalem bis vermindertem Antigen.

Einige Varianten sind wegen ihrer Besonderheiten speziell erwähnenswert:

— Faktor IX „Chapel Hill" ist charakterisiert durch geringe Blutungsneigung, normale Rinderhirnthromboplastinzeit und normales Antigen. Biochemisch fand sich als Besonderheit, daß das Molekül bei Aktivierung nicht kleiner wird.
— Bei der Hämophilie B „Leyden" steigt der F IX von Werten von 2% in der Jugend im Alter auf nahezu normale Werte an (Veltkamp et al. 1970).
— Bertina und Veltkamp (1978) beschrieben eine genetische Variante von Faktor IX mit verminderter Ca^{++}-Bindungsfähigkeit.

Klinik. Die klinischen Symptome der Hämophilie B entsprechen denen der Hämophilie A. Die beiden Formen der Hämophilie sind klinisch nicht voneinander unterscheidbar.

Laborbefunde.
— Wie bei der Hämophilie A ist das Leitsymptom eine verlängerte APTT. Die APTT kann jedoch bei Subhämophilie B auch normal sein. Die Gerinnungszeit nach Lee-White und die Reaktionszeit im TEG sind nur bei einer Faktor IX-Aktivität unter 10% regelmäßig verlängert.
— Die Prothrombinzeit bei Verwendung von humanem Thromboplastin ist normal, gelegentlich jedoch auch bei normaler Leberfunktion leicht verlängert. Die Prothrombinzeit mit Rinderthromboplastin ist bei einem Teil der Patienten (Hämophilie B$_M$) mehr oder weniger stark verlängert.

- Der Thromboplastinbildungstest ist bei Verwendung von Patientenserum pathologisch.
- Die quantitative Bestimmung der Faktor IX-Aktivität erfolgt am besten mit einer Einstufenmethode, unter Verwendung des Plasmas eines Patienten mit bekannter schwerer Hämophilie B als Substratplasma.
- Die F VII-Aktivität ist bei einem Teil der Patienten (unabhängig vom Typ) leicht vermindert, das F VII-Antigen jedoch normal (Mazzucconi et al. 1980).
- Zur Klassifizierung der Varianten ist die immunologische Bestimmung von Faktor IX erforderlich, die entweder mit homologen Antikörpern (von Patienten mit F IX-Antikörper) mittels des Inhibitorneutralisationstests (F IX:INA) oder mit heterologen Antikörpern (Laurell-Technik oder Radioimmunoassay) erfolgen kann.

Diagnostik der Überträgerinnen der Hämophilie B. F IX:C ist bei Konduktorinnen der Hämophilie B signifikant niedriger als bei normalen Frauen, wobei jedoch eine erhebliche Überlappung besteht (Veltkamp et al. 1968). Kasper et al. (1977) fanden bei obligaten Überträgerinnen der Hämophilie B einen Mittelwert von F IX:C von 42% mit einem Bereich von 12–119%. Es besteht eine gute Korrelation zwischen F IX:C und F IX:Ag bei Überträgerinnen der Hämophilie B$^-$, in Hämophilie B$^+$-Familien läßt sich auch bei Überträgerinnen ein Überschuß von F IX:Ag nachweisen. Bei Überträgerinnen der Hämophilie B$^-$ dürfte die Bestimmung von F IX:Ag allein oder in Kombination mit Bestimmung von F IX:C (Orstavik et al. 1979) die beste Diskriminierung erlauben, während bei Überträgerinnen der Hämophilie B$^+$ die Bestimmung von F IX:C und F IX:Ag auf jeden Fall erforderlich ist (Graham et al. 1979, Pechet et al. 1978).

Die Labortests erlauben, wie bei Überträgerinnen der Hämophilie A, nur die Feststellung einer Wahrscheinlichkeit, ob eine Frau Überträgerin der Hämophilie ist oder nicht. Für die genetische Beratung müssen die Wahrscheinlichkeiten, die sich aus der genetischen Konstellation und den Labortests ergeben, kombiniert werden (s. Kapitel Hämophilie A).

Erworbener Inhibitor gegen Faktor IX. Etwa 10% der Patienten mit schwerer Hämophilie B entwickeln als Folge der Therapie einen Inhibitor gegen Faktor IX (Shapiro u. Hultin 1975). Die biologische Wirkung dieses Inhibitors besteht in einer irreversiblen Inaktivierung der Faktor IX-Aktivität, wobei charakteristischerweise diese Inaktivierung nahezu augenblicklich erfolgt (Lechner 1971). Homologe Faktor IX-Antikörper sind nicht präzipitierend. Im Plasma von Patienten mit Faktor IX-Antikörpern läßt sich kein Faktor IX-Antigen nachweisen (Orstavik u. Nilsson 1978). Bei Zusatz von normalem Faktor IX zu Inhibitorplasma in vitro (Goodnight et al. 1977) läßt sich immunelektrophoretisch eine langsam wandernde Komponente nachweisen, die möglicherweise Immunkomplexen entspricht.

Alle bisher immunologisch charakterisierten Faktor IX-Inhibitoren gehörten der IgG-Klasse der Immunglobuline an (Lechner 1971, Reisner et al. 1977). Während einer der bisher immunologisch untersuchten Inhibitoren monoclonal (IgG$_4$ λ) war, war bei anderen Fällen die Faktor IX-Inhibitoraktivität mit allen Subklassen der IgG assoziiert und beide Typen von leichten Ketten vorhanden (Lechner 1971, Reisner et al. 1977). Es wurde die Vermutung geäußert, daß der Inhibitor umso homogener wird, je öfter die Stimulierung erfolgt.

Der Nachweis eines Faktor IX-Inhibitors kann entweder in vivo durch den Nachweis des fehlenden Anstiegs von Faktor IX nach Infusion von Faktor IX oder in vitro durch Inkubation von Normalplasma mit Patientenplasma und Testung der Faktor IX-Aktivität der Mischung nach 15 min erfolgen.

Es muß erwähnt werden, daß bei Gegenwart eines Faktor IX-Inhibitors, wenn dieser hochtitrig ist, in Einstufentests häufig keine Faktor VIII-, XI- oder XII-Aktivität gefunden werden kann, da der Inhbitor den Faktor IX des Testsystems so rasch inaktiviert, daß sehr lange Gerinnungszeiten resultieren. Der Nachweis, daß die Aktivitätsminderung von Faktor VIII, XI und XII nur scheinbar ist, kann dadurch erbracht werden, daß bei Testung verschiedener Verdünnungen die Verdünnungskurve nicht parallel zu der Verdünnungskurve eines Normalplasmas ist und bei hoher Verdünnung des Patientenplasmas schließlich normale Faktor VIII-, XI- und XII-Aktivität erhalten werden (Lechner 1971).

b) Erworbener Faktor IX-Mangel

Vitamin K-Mangel. Bei Vitamin K-Mangel entsteht ein Faktor IX mit fehlenden oder verminderten γ-Carboxygruppen (Decarboxy-F IX). Bei cumarinbehandelten Patienten findet man charakteristischerweise eine Diskrepanz zwischen Faktor IX-Aktivität und Faktor IX-Antigen, gemessen mit homologen (F IX:INA) (Larrieu u. Meyer 1970, Lechner 1972) oder heterologen Antikörpern gegen Faktor IX (Thompson 1977, Örstavik u. Laake 1978). F IX:Ag ist etwa doppelt so hoch wie F IX:C, beide zeigen jedoch eine Korrelation zueinander. Bei Elektrophorese im $CaCl_2$-haltigen Milieu wandert Decarboxy-F IX schneller als normaler F IX.

Akute und chronische Lebererkrankungen (s. Kapitel 3). Der Faktor IX-Mangel bei Lebererkrankungen geht auf die mangelhafte Synthese eines funktionell normalen Faktor IX-Moleküls zurück. Faktor IX-Aktivität und Faktor IX-Antigen sind etwa im gleichen Ausmaß vermindert (Lechner 1972).

Asparaginasetherapie. Faktor IX fällt zusammen mit anderen Proteinen während der Asparaginasetherapie ab (Deutsch et al. 1970).

Erworbener F IX-Mangel infolge Faktor IX-Antikörper (s. Immunkoagulopathien).

I. Quantitative und qualitative Störungen des Faktor XI

Faktor XI-Mangel

a) Angeborener Faktor XI-Mangel (Rosenthal-Syndrom, PTA-Mangel)
(Rosenthal et al. 1953)

Die Erkrankung kommt hauptsächlich bei Juden vor (Seligsohn 1978) und wird autosomal rezessiv vererbt. Homozygote haben eine Aktivität zwischen 1 und 10%.

Klinik. Auch Patienten mit schwerem Mangel haben eine verhältnismäßig leichte Blutungsneigung (Neigung zu Hämatomen, Epistaxis und Menorrhagien bei Frauen). Die Blutungsneigung nach Zahnextraktionen, Tonsillektomie oder anderen Operationen ist erhöht. Die Schwere der klinischen Blutungsneigung geht mit der Schwere des in vitro-Defektes nicht unbedingt parallel. Über eine Assoziation eines Faktor XI-Mangels mit einer Autoimmunerkrankung wurde berichtet (Blatt et al. 1977).

Laboratoriumsbefunde. Die APTT ist verlängert, Prothrombinzeit und Thrombinzeit sind normal. Die Blutungszeit ist in der Regel normal, wurde in einzelnen Fällen jedoch auch verlängert gefunden. Der Thromboplastinbildungstest ist abnormal, wenn sich Plasma und Serum des Patienten in der Inkubationsmischung befinden. Normalserum oder -plasma führen zu einer Normalisierung des Thromboplastinbildungstests. Die definitive Diagnose erfolgt durch quantitative Bestimmung von Faktor XI mit Hilfe des Plasmas eines Patienten mit bekanntem schwerem Faktor XI-Mangel.

Das Faktor XI-Antigen ist entsprechend der Faktor XI-Aktivität vermindert (Forbes u. Ratnoff 1972, Saito u. Goldsmith 1977). CRM$^+$-Fälle wurden bisher nicht beschrieben.

b) Erworbener Faktor XI-Mangel

— Bei schwerem Leberzellschaden ist die Faktor XI-Aktivität und das Faktor XI-Antigen vermindert, jedoch weniger stark als Faktor II, V, VII, IX und X.
— Faktor XI-Mangel infolge spontanem Faktor XI-Inhibitor (s. Kapitel 4).

J. Quantitative und qualitative Störungen des Faktor XII

Faktor XII-Mangel

a) Hereditärer Faktor XII-Mangel (Hageman Trait) (Ratnoff u. Colopy 1955)

Patienten mit Hageman-Faktor-Mangel werden gewöhnlich nur durch Zufall entdeckt, da meist auch bei schwerem Mangel keine Blutungsneigung vorhanden ist. Gelegentlich besteht jedoch eine leichte Blutungsneigung. Egeberg (1970) beschrieb einen Fall mit Blutungsneigung und defekter Faktor VII-Aktivierung. Es gibt Hinweise dafür, daß die Thromboseneigung bei diesen Patienten erhöht ist (Aznar 1974). Mr. Hageman, bei dem die Erkrankung erstmals entdeckt wurde, starb an einer massiven Lungenembolie (Ratnoff et al. 1968). Möglicherweise prädisponiert der Faktor XII-Mangel auch zur Entstehung von Autoimmunerkrankungen (Donaldson et al. 1977). Die Vererbung ist autosomal rezessiv.

Die Laboratoriumsbefunde bei der Durchführung der Suchtests und des Thromboplastinbildungstests sind ähnlich wie beim Faktor XI-Mangel. Auffallend ist lediglich die Tatsache, daß die APTT bei schwerem Faktor XII-Mangel wesentlich stärker verlängert ist als bei schweren Mangelzuständen anderer Gerinnungsfaktoren. Prolongierte Inkubation des Plasmas mit Kaolin führt zu keiner Verkürzung der APTT. Die Diagnose erfolgt durch einen Einstufentest im APTT-System mit Hilfe eines Plasmas eines Patienten mit schwerem, bekanntem Faktor XII-Mangel. Faktor XII-Antigen ist proportional zur Aktivität vermindert (Takamiya et al. 1980).

b) Erworbener Faktor XII-Mangel

Eine meist nur mäßige Verminderung von Faktor XII-Aktivität und -Antigen findet sich bei Patienten mit schwerer Lebererkrankung (Takamiya et al. 1980), bei disseminierter intravasaler Gerinnung, septischem Schock, Abstoßungsreaktion, bei Nierenerkrankungen, akutem Herzinfarkt (Colman u. Wong 1977) und beim nephrotischen Syndrom (van Royen et al. 1979). Faktor XII:C wird außerdem bei einem Teil von Patienten mit Lupusinhibitoren gefunden, bei Patienten mit SLE wurde trotz vermindertem Faktor XII:C ein normaler Antigengehalt gefunden (Takamiya et al. 1980).

K. Quantitative und qualitative Störungen anderer Faktoren des endogenen Systems

1. Fletcher-Faktor-Mangel (Präkallikreinmangel)

a) Hereditärer Fletcher-Faktor-Mangel (Hathaway et al. 1965)

Wie bei Faktor XII-Mangel zeigen auch Patienten mit schwerem Fletcher-Faktor-Mangel keine Blutungsneigung. Die Vererbung ist autosomal rezessiv.

Die Laboratoriumsbefunde sind ähnlich denen beim Faktor XI- und XII-Mangel. Die APTT ist jedoch auch bei schwerem Mangel nur mäßig verlängert. Ein einfacher Test, mit dem die Diagnose eines Fletcher-Faktor-Mangels auch ohne spezifische Tests schon wahrscheinlich gemacht werden kann, besteht darin, daß bei Verlängerung der Inkubationszeit des Patientenplasmas mit Kaolin die APTT kürzer wird und nach 15minütiger Inkubation sogar normal werden kann. Die definitive Diagnose erfolgt am besten durch Bestimmung des Präkallikreins mit Hilfe eines geeigneten synthetischen Substrates oder im APTT-System mit Hilfe eines natürlichen Mangelplasmas. Neben dem Gerinnungsdefekt zeigen Patienten mit Fletcher-Faktor-Mangel auch Defekte der Fibrinolyse und Chemotaxis.

b) Erworbener Fletcher-Faktor-Mangel

Fletcher-Faktor ist mäßig vermindert bei Patienten mit schwerem Leberzellschaden, Denguefieber, septischem Schock, disseminierter intravasaler Gerinnung, Abstoßungsreaktion nach Nierentransplantationen, beim nephrotischen Syndrom und Karzinoidsyndrom (Colman u. Wong 1977, Ragni et al. 1980).

2. Hereditärer HMW-Kininogen-Mangel (Fitzgerald-Trait, Williams-Trait, Flaujac-Trait)
(Saito et al. 1975, Colman et al. 1975, Wuepper et al. 1975)

Patienten mit diesem Defekt sind klinisch asymptomatisch. Die Globalreste verhalten sich wie beim Faktor XII-Mangel. Die von verschiedenen Autoren beschriebenen Defekte sind nicht vollkommen identisch.

3. Passovoy-Defekt

Der Passovoy-Defekt (Hougie et al. 1975) ist dem Fletcher-Faktor-Mangel in den Laboratoriumsbefunden sehr ähnlich, auch hier kommt es nach verlängerter Inkubation mit Kaolin zu einer Verkürzung der verlängerten APTT. Im Gegensatz zum Fletcher-Faktor-Mangel zeigen die Patienten jedoch eine Blutungsneigung, die dem Faktor XI-Mangel ähnlich ist.

L. Quantitative und qualitative Störungen des Faktor XIII

Faktor XIII-Mangel (FSF-Mangel)

a) Hereditärer Faktor XIII-Mangel

Der hereditäre Faktor XIII-Mangel wurde erstmals von Duckert et al. (1960) beschrieben. Die Vererbung ist autosomal rezessiv, wobei Homozygote einen Faktor XIII-Spiegel unter 1% haben.

Klinik. Klinisch manifestiert sich der schwere Faktor XIII-Mangel häufig (88%) schon in den ersten Lebenstagen in Form von einer Nabelschnurblutung (Williams 1977). Die Patienten haben eine Neigung zu Hämatomen, eine verstärkte Nachblutung und häufig schwere Wundheilungsstörungen nach Operationen und Traumen. Bei einem Teil der Patienten kommen Hämarthrosen vor. Intrazerebrale Blutungen sind nicht selten. Bei Frauen kann es zu schweren intraabdominellen Blutungen aus dem Ovar kommen. Frauen mit schwerem Faktor XIII-Mangel können eine Schwangerschaft nicht austragen, wenn nicht eine Substitutionstherapie während der Schwangerschaft durchgeführt wird.

Laboratoriumsbefunde. Die üblicherweise durchgeführten Suchtests wie Prothrombinzeit, APTT, Thrombinzeit und Blutungszeit sind normal. Im Thrombelastogramm sind Reaktionszeit und Thrombusbildungszeit normal, die Amplitude jedoch häufig verschmälert. Als Suchtest für den schweren Faktor XIII-Mangel ist der Harnstofflöslichkeitstest geeignet. Das Gerinnsel bei schwerem Faktor XIII-Mangel ($< 1\%$) ist im Gegensatz zu einem normalen Gerinnsel in 5 Mol Harnstoff löslich. Eine semiquantitative Bestimmung von Faktor XIII ist mit dem Test nach Sigg et al. 1966 möglich.

Die quantitative Bestimmung kann mit Löslichkeitstests, durch Messung des Einbaus von radioaktiv markiertem Putrescin in Kasein oder immunologisch erfolgen (s. methodischer Teil).

Bei der immunologischen Bestimmung korreliert die Konzentration der A-Untereinheit sehr gut mit den Ergebnissen der Aktivitätsbestimmung. Die B (S)-Untereinheit ist normal oder nur geringgradig vermindert (Barbui et al. 1974), es dürfte aber auch Fälle geben, bei denen auch die B (S)-Untereinheit vollkommen fehlt (Girolami et al. 1978).

b) Erworbener Faktor XIII-Mangel

— Eine meist nur mäßiggradige erworbene Verminderung von Faktor XIII findet sich postoperativ, bei akuter Leukämie (Kreissel u. Oehme 1973), Lebererkrankungen, bei disseminierter intravaskulärer Gerinnung und thrombotischen Erkrankungen (Alkjaersig et al. 1977), sowie bei Fibrinolyse.
— Ein erworbener schwerer Mangel von Faktor XIII infolge eines Inhibitors gegen Faktor XIII wurde bei Patienten mit Autoimmunerkrankungen oder nach Isoniacidtherapie beschrieben (s. Kapitel 4).

M. Quantitative und qualitative Veränderungen von Antithrombin III (AT III)

1. AT III-Konzentration und Aktivität unter physiologischen Bedingungen

Der Normalbereich der AT III-Aktivität ist bemerkenswert schmal. In unserem Laboratorium reicht er für Heparin-Cofaktor von 84 bis 116% und für AT III-Antigen von 72 bis 128%. Neugeborene haben ungefähr 50% AT III-Aktivität, der Spiegel von Erwachsenen wird im Alter von 6 Monaten erreicht. Die AT III-Aktivität ist im Vergleich zur Gesamtpopulation bei Frauen im gebärfähigen Alter und bei älteren Männern etwas niedriger. Diese Geschlechts- und Altersdifferenzen werden auf Unterschiede im Östrogen-Testosterongleichgewicht zurückgeführt. AT III bleibt bis zur 36. Schwangerschaftswoche normal, jenseits dieser Grenze ist die Aktivität bei 80%.

2. Antithrombin III-Mangel

a) Hereditärer AT III-Mangel

Übersichten: Lane u. Biggs 1977, Thaler u. Lechner 1981

Der hereditäre AT III-Mangel ist eine der wenigen Gerinnungsabnormalitäten, die mit einem eindeutig erhöhten Risiko für thromboembolische Erkrankungen verbunden ist (Egeberg 1965).

Häufigkeit. Die Häufigkeit des AT III-Mangels in der Bevölkerung wird auf 1:2000 bis 1:5000 geschätzt. Bei Patienten mit Thromboseanamnese dürfte die Inzidenz etwa bei 2–3% liegen.

Vererbung. Der hereditäre AT III-Mangel wird autosomal dominant vererbt und tritt bei Männern und Frauen in gleicher Häufigkeit auf.

Klinik. Klinisch zeigen Patienten mit AT III-Mangel ein stark erhöhtes Risiko für venöse Thrombosen und Pulmonalembolien. Etwa 85% der publizierten Patienten mit AT III-Mangel hatten im Alter von 50 Jahren zumindest eine Thrombose gehabt, bei 2/3 der Patienten trat die erste Thrombose zwischen dem 10. und 35. Lebensjahr auf.

Bei etwas mehr als der Hälfte der Patienten waren chirurgische Eingriffe, Geburten, Schwangerschaften, Traumen oder die Einnahme von Kontrazeptiva die auslösende Thromboseursache. Bemerkenswert ist das gelegentliche Auftreten von Thrombosen in der Frühschwangerschaft. Die häufigste Thromboselokalisation sind die Becken- und die tiefen Beinvenen. Oberflächliche Venenentzündungen sind relativ selten. Mesenterialvenenthrombosen traten bei 8% der Patienten auf.

Das Risiko für arterielle Thrombosen (Herzinfarkt, zerebrale Thrombose, periphere arterielle Verschlußkrankheit) dürfte nicht erhöht sein.

Laboratoriumsbefunde. Die Aktivität von AT III (z.B. gemessen mit dem Heparin-Cofaktor-Test) ist etwa auf die Hälfte vermindert (Medianwert bei den bisher publizierten Fällen 56%). Nach den Laboratoriumsbefunden lassen sich verschiedene Typen des hereditären AT III-Mangels unterscheiden, die jedoch mit wenigen Ausnahmen das gleiche klinische Bild bieten (Sas et al. 1980).

- *Typ I (klassischer AT III-Mangel).* Dieser Typ liegt bei der Mehrzahl der Patienten vor. Der Defekt dürfte durch eine verminderte Synthese eines biochemisch normalen AT III bedingt sein. AT III-Aktivität und das AT III-Antigen sind etwa im gleichen Ausmaß reduziert. Die elektrophoretische Mobilität des AT III in Gegenwart von Heparin ist normal.
- *Typ II.* Sas et al. (1974) haben eine Familie beschrieben, bei der zwar die AT III-Aktivität vermindert, das AT III-Antigen jedoch normal war. In der zweidimensionalen Immunelektrophorese in Gegenwart von Heparin ließ sich ein zweiter AT III-peak mit langsamerer elektrophoretischer Wanderungsgeschwindigkeit nachweisen. Das abnormale Protein war funktionell inaktiv und hatte bei Gelchromatographie ein höheres Molekulargewicht (Sas et al. 1975).
- *Typ I b* ist eine Variante des klassischen AT III-Mangels. Bei diesem Typ sind AT III-Antigen und -Aktivität in gleicher Weise vermindert, trotzdem findet sich eine abnormale elektrophoretische Mobilität des AT III in Gegenwart von Heparin (Sas et al. 1980). Das Molekulargewicht des abnormalen AT III ist normal.
- Penner et al. (1977) beschrieben einen Patienten mit AT III-Mangel, bei dem das Antithrombin III auch ohne Heparin sehr schnell mit Thrombin reagiert. Bemerkenswert war in dieser Familie das Fehlen einer Thromboseneigung.
- Tullis u. Watanabe (1978) fanden Patienten mit normalem Plasma-AT III, aber einer verminderten Konzentration von Plättchen-AT III.

Eine weitere Heterogenität des AT III-Mangels ergibt sich daraus, daß bei einem Teil der Patienten nach Therapie mit oralen Antikoagulantien die AT III-Aktivität ansteigt, bei anderen jedoch nicht.

b) Antithrombin III-Mangel bei Proteinurie

Bei Patienten mit Proteinurie wird im Harn neben anderen Plasmaproteinen auch AT III ausgeschieden (Kaufmann et al. 1978, Thaler et al. 1978). Bei entsprechend starkem Antithrombinverlust im Harn (> 5 g/Tag) reicht die Synthesekapazität der Leber nicht aus, so daß es zu einem Abfall des Plasma-AT III kommt. Der Plasma-AT III-Spiegel ist umgekehrt proportional der Proteinmenge im Harn. Bei Steroidbehandlung ist der Plasma-AT III-Spiegel jedoch höher, als dem Proteinverlust entspricht, möglicherweise durch Stimulation der AT III-Synthese durch Glucocorticoide.

Die Untersuchungen von Kaufmann et al. (1978), Thaler u. Lechner (1978) zeigen, daß das Risiko von thromboembolischen Ereignissen dann besonders hoch ist, wenn der AT III-Spiegel bei Patienten mit nephrotischem Syndrom unter 75% sinkt. Die besonders hohe Thromboseneigung bei diesen Patienten ist dadurch erklärlich, daß neben dem AT III-Mangel noch andere Risikofaktoren wie Alter, längere Bettruhe und hohe Konzentrationen verschiedener Gerinnungsfaktoren vorhanden sind.

c) Andere Zustände mit vermindertem Antithrombin III

— Zahlreiche Autoren haben gefunden, daß Frauen, die östrogenhaltige Kontrazeptiva einnehmen, einen im Durchschnitt etwa 15% niedrigeren AT III-Spiegel im Vergleich zu solchen Frauen, die keine Pille nehmen, haben (Fagerhol et al. 1970). Je höher der Östrogengehalt der Pille, desto stärker ist die Reduktion von AT III (Conard et al. 1972). Inwieweit dieser leichte Abfall von AT III die Thromboseneigung bei Pilleneinnahme erklärt, ist allerdings noch ungeklärt.

— AT III fällt während und nach größeren Operationen und Traumen ab. Stamatakis et al. (1977) haben gezeigt, daß Patienten mit einem präoperativen AT III-Wert von weniger als 80% ein höheres Risiko für postoperative Thrombose haben.

— AT III-Aktivität und -Antigen sind bei schweren akuten und bei chronischen Lebererkrankungen vermindert, bei akuter Hepatitis jedoch meist normal. Die AT III-Konzentration ist ein sehr guter Parameter für die Eiweißsynthesekapazität der Leber (Lechner et al. 1975).

— Die Asparaginasetherapie führt regelmäßig zu einer Verminderung des AT III-Spiegels.

— Andere Zustände mit vermindertem AT III sind: schwere Verbrennungen, disseminierte intravasale Gerinnung, metastasierendes Karzinom, akute Leukämie, Sepsis (Thaler 1977), Unterernährung, proteinverlierende Enteropathie und ausgedehnte Dünndarmresektion.

3. Zunahme der AT III-Aktivität

Behandlung mit Corticosteroiden führt zu einer Zunahme der AT III-Aktivität. Auch die Behandlung mit oralen Antikoagulantien vom Cumarin-Typ führt zu einem Anstieg der AT III-Aktivität, wobei das AT III-Antigen jedoch normal bleibt. Nach Absetzen der oralen Antikoagulantien fällt die AT III-Aktivität innerhalb von einem Monat wiederum ab.

Kapitel 3

Hämostasestörungen bei Erkrankungen verschiedener Organe oder Organsysteme

A. Hämostasestörungen bei Lebererkrankungen

Übersichten: Breddin et al. 1975, Deutsch 1965, Koller 1973,
Roberts u. Cederbaum 1972, Poller 1977, Lechner et al. 1977

Da die meisten Gerinnungsfaktoren in der Leber gebildet werden und dem RES der Leber eine bedeutsame Rolle bei der Elimination von Gerinnungs- und Fibrinolyseenzymen zukommt, ist es verständlich, daß Störungen der Leberfunktion häufig Abnormalitäten der Hämostase zur Folge haben.

Im Prinzip können 5 Typen von Störungen auftreten:

a) Verminderte Synthese oder Freisetzung von Proteinen, die in der Gerinnung oder Fibrinolyse eine Rolle spielen

Die Schädigung der Leberzellen durch infektiöse oder toxische Noxen hat eine verminderte Produktion aller in der Leberzelle gebildeten Gerinnungs- und Fibrinolyseproteine zur Folge. Dies sind die Faktoren I, II, V, VII, IX, XI, XII, XIII, Antithrombin III, Plasminogen und alpha$_2$-Antiplasmin. Die Reservesynthesekapazität der Leber für die verschiedenen genannten Proteine ist jedoch unterschiedlich. Während die Produktion der Faktoren II, VII, X , Antithrombin III und Antiplasmin schon bei leichten bis mittelschweren Leberschädigungen herabgesetzt ist, kommt es erst bei einer schweren Leberschädigung zur Einschränkung der Produktion von Fibrinogen, Faktor IX, XI, XII und XIII. Folge der verminderten Produktion ist ein Absinken des Plasmaspiegels der betreffenden Gerinnungs- und Fibrinolysefaktoren, weshalb die Bestimmung der Aktivität oder Konzentration dieser Gerinnungsfaktoren mit gewisser Berechtigung als Maß der Synthesekapazität der Leber für diese Proteine angesehen wird. Man muß allerdings bedenken, daß der Blutspiegel dieser Proteine nicht nur durch die Synthese in der Leber, sondern auch noch durch eine Reihe anderer Faktoren, wie beschleunigter Abbau (infolge einer intravaskulären Gerinnung oder Hyperfibrinolyse) oder durch Verlust in den extrazellulären Raum, beeinflußt werden, so daß der Plasmaspiegel nicht immer als exaktes Maß der Synthesekapazität der Leber angesehen werden kann (Lechner et al. 1975). Darüber hinaus muß man bedenken, daß ein Vitamin K-Mangel, der bei Leber- und Gallenwegserkrankungen unter Umständen eintreten kann, die Synthese der Vitamin K-abhängigen Faktoren selektiv inhibieren kann. Eine verminderte Plasmaaktivität der Vitamin K-abhängigen Faktoren kann daher erst dann als Ausdruck einer Leberschädigung angesehen werden, wenn ein Vitamin K-Mangel ausgeschlossen wurde.

Neben der Verminderung der Produktion normaler Gerinnungs- oder Fibrinolyseproteine kann die erkrankte Leber auch abnormale Gerinnungsproteine produzieren, die funktionell minderwertig sind. Das Vorhandensein derartiger funktionell gestörter Proteine läßt sich daran erkennen, daß die Plasmaaktivität vermindert ist, während bei immunologischer Bestimmung dieser Gerinnungsfaktoren ein normaler oder zumindest höherer Spiegel als bei funktioneller Bestimmung gefunden wird. Dies trifft vor allem für Fibrinogen zu, das bei Lebererkrankungen häufig eine Polymerisationsstörung aufweist. Dies dürfte eine der Hauptursachen für die häufig verlängerte Thrombinzeit und Reptilasezeit bei schweren Lebererkrankungen sein (Green et al. 1975). Während in den meisten Fällen diese qualitative Störung des Fibrinogens relativ geringfügig ist, finden sich bei Leberkarzinomen gelegentlich ausgeprägte Dysfibrinogenämien (Felten et al. 1969). Für die anderen in der Leber gebildeten Gerinnungs- und Fibrinolyseproteine konnte die Produktion abnormer Moleküle mit den derzeit verfügbaren Methoden nicht mit Sicherheit nachgewiesen werden, da bei Bestimmung mit funktionellen und immunologischen Methoden keine (Lechner 1972) oder nur geringe (Öhler et al. 1980) Diskrepanzen gefunden wurden. Hingegen werden bei zusätzlichem Vitamin K-Mangel funktionell abnorme Faktor VII-, II, IX- und X-Moleküle gebildet.

b) Vermehrte Produktion von Gerinnungsfaktoren

Im Gegensatz zu den bisher genannten Gerinnungsfaktoren ist die Aktivität von Faktor VIII (Faktor VIII:C) entweder normal oder häufiger mehr oder weniger stark erhöht (Green und Ratnoff 1974, Meili et al. 1970). Faktor VIII wird nicht wie die anderen Gerinnungsfaktoren in der Leberzelle, sondern wahrscheinlich im RES der Leber gebildet. Die Ursache für die Stimulierung der Faktor VIII-Synthese bei Lebererkrankungen ist nicht bekannt. Auch andere Faktor VIII-Qualitäten wie Faktor VIII R:Ag und F VIII R:RCF werden bei chronischen Lebererkrankungen wie der Leberzirrhose deutlich erhöht gefunden. Die Konzentration von Faktor VIII R:Ag kann bei chronischer Lebererkrankung exzessiv erhöht sein (Green u. Ratnoff 1974, Lechner et al. 1975). Die Ursache der Plasmakonzentrationszunahme von F VIII R:Ag ist nicht geklärt. Neben einer erhöhten Produktion im RES wird auch ein verminderter Abbau diskutiert.

Eine mehr oder weniger stark erhöhte Plasmaaktivität von Faktor II, V, VII, X, XI, XII, von Fibrinogen und Antithrombin III wird bei Patienten mit primärer biliärer Zirrhose und auch anderen Lebererkrankungen mit ausgeprägter Cholostase beobachtet (Cederblad 1976).

c) Umsatzstörungen

Das RES der Leber spielt eine wichtige Rolle bei der Elimination von Gerinnungs- und Fibrinolyseenzymen. Es wurde gezeigt, daß bei Perfusion der Leber mit inaktiven Vorstufen der Gerinnungsfaktoren und aktiven Enzymen nur die Enzyme durch die Leber eliminiert werden (Deykin 1966). Die verminderte Elimination aktivierter Gerinnungsfaktoren ist eine der Ursachen dafür, daß Patienten mit schweren Lebererkrankungen empfindlicher für das Auftreten einer disseminierten intravasalen Gerinnung sind.

Man kann annehmen, daß bei chronischen Lebererkrankungen, wie dekompensierter Leberzirrhose, eine latente intravaskuläre Gerinnung besteht, da die biologische Halbwertszeit von Fibrinogen, Prothrombin und Antithrombin III vermindert gefunden wurde und sich im Plasma derartiger Patienten erhöhte Spiegel von löslichen Fibrinmonomerkomplexen finden. Ein klinisch relevantes Ausmaß erreichen derartige Umsatzstörungen jedoch nur dann, wenn ein zusätzlicher gerinnungsaktivierender Stimulus, wie Schock (Ösophagusvarizenblutung), Infektion, Hämolyse oder ein maligner Prozeß dazukommt. Auch beim akuten Leberversagen lassen sich regelmäßig Zeichen einer disseminierten intravasalen Gerinnung nachweisen (Rake et al. 1971).

Allerdings muß betont werden, daß die Diagnose einer disseminierten intravasalen Gerinnung bei chronischer Lebererkrankung häufig schwierig ist, da die dafür typischen Befunde wie Fibrinogenverminderung, Thrombozytopenie und Erhöhung der Fibrin/Fibrinogenspaltprodukte, schon durch die Lebererkrankung allein hervorgerufen werden können. Die Diagnose einer disseminierten intravasalen Gerinnung sollte daher bei Patienten mit Lebererkrankungen nur bei Nachweis größerer Mengen von löslichem Fibrin (positiver Äthanoltest) oder bei entsprechender Dynamik der Veränderungen von Fibrinogen und Thrombozyten gestellt werden.

Neben der verminderten Clearance für aktivierte Gerinnungsfaktoren und löslichem Fibrin ist auch die Clearance von Fibrinolyseenzymen gestört. Bei Patienten mit schwerer Lebererkrankung ist die fibrinolytische Aktivität nach Aktivierung der Fibrinolyse, z.B. durch Nikotinsäure (Fletcher 1964) oder Urokinase, länger nachweisbar. Die Beurteilung, ob bei einem Patienten mit chronischer Lebererkrankung eine Hyperfibrinolyse vorliegt, ist jedoch ebenfalls schwierig, da eine verkürzte Euglobulinlysiszeit schon durch eine Verminderung des Fibrinogens allein bedingt sein kann und erhöhte FDP auch durch Proteolyse von Fibrinogen im Aszites mit nachfolgendem Eintritt in die Zirkulation bedingt sein können (Straub 1977).

d) Thrombozytopenie

Die Thrombozytopenie ist eine häufige Begleiterscheinung chronischer Lebererkrankungen (Breddin et al. 1975). Die Hauptursache der Thrombozytopenie dürfte in einem Plättchen-Pooling der Milz liegen. Bei Injektion von radioaktiv markierten Plättchen findet sich nur eine geringe Recovery der Radioaktivität in der Zirkulation. Die Halbwertszeit der Plättchen ist jedoch gewöhnlich normal (Jäger et al. 1970). Neben dem Plättchen-Pooling in der Milz können jedoch auch immunologische Vorgänge sowie eine intravasale Gerinnung eine Rolle spielen.

Bedeutung von Gerinnungstests bei der Beurteilung von Lebererkrankungen

Die Durchführung von Gerinnungstests bei Lebererkrankungen ist in dreierlei Hinsicht nützlich:

1. Leberfunktionstest zur Abschätzung der Proteinsynthesekapazität der Leber

Unter Berücksichtigung der oben erwähnten Einschränkung ist die Bestimmung der Plasmaaktivität oder -konzentration der Faktoren II, V, X und von Antithrombin ein nützlicher Parameter für die Proteinsynthesekapazität der Leber (Lechner et al. 1977). In der täglichen Routine ist die Bestimmung dieser Einzelfaktoren nicht erforderlich, da die Prothrombinzeit die Konzentration von Faktor VII und X ausgezeichnet reflektiert. Voraussetzung für die Verwendung der Prothrombinzeit als Leberfunktionstest ist jedoch die Verwendung einer Faktor VII- und -X-empfindlichen Thrombokinase (Owren 1969).

Von größter Bedeutung ist die Bestimmung von Gerinnungsfaktoren (z.B. in Form der Prothrombinzeit) bei der Beurteilung des Schweregrads einer akuten Hepatitis und insbesondere für die frühzeitige Erkennung eines Übergangs in ein akutes Leberversagen (Colombi et al. 1967). Durch die kurze Halbwertszeit von Faktor VII, dessen Aktivität durch die Prothrombinzeit ausgezeichnet wiedergegeben wird, läßt sich ein Abfall der Synthesekapazität der Leber am raschesten durch Bestimmung der Prothrombinzeit erfassen.

Verschiedene Untersuchungen haben auch gezeigt, daß die Bestimmung der Prothrombinzeit einer der besten prognostischen Faktoren für die Lebenserwartung bei chronischen Lebererkrankungen ist (Tygstrup 1973).

2. Abschätzung des Blutungsrisikos bei diagnostischen (Leberpunktion) und operativen Eingriffen

Mit Ausnahme des akuten Leberversagens, wo häufig eine schwere hämorrhagische Diathese als Folge des vollkommenen Zusammenbruchs des Gerinnungssystems auftritt (gastrointestinale Blutung), ist die Spontanblutungsneigung bei Patienten mit Leberzirrhose gering. Es gibt auch keine Beweise dafür, daß Blutungen aus Ösophagusvarizen oder Ulcera durch die Gerinnungsstörung gefördert würden.

Abgesehen von akutem Leberversagen wird die Blutungsneigung bei Patienten mit Lebererkrankungen hauptsächlich durch die Zahl der Plättchen bestimmt, wobei durch die meist gute Funktion der Plättchen jedoch auch bei sehr niedrigen Plättchenzahlen unter 50.000 kaum eine Spontanblutungsneigung auftritt. Bei welchen Plättchenzahlen eine Leberpunktion durchgeführt werden kann, wird nicht ganz einheitlich beurteilt, eine Plättchenzahl von mindestens 80.000 wird jedoch von den meisten Autoren gefordert. Die Prothrombinzeit sollte über 50% liegen.

3. Differentialdiagnose von Lebererkrankungen

In der Differentialdiagnose von Lebererkrankungen bieten die Gerinnungstests meistens nur geringe Hilfe. Enzymbestimmungen und serologische Tests sind hier wesentlich aussagekräftiger. Von Bedeutung ist vielleicht der Nachweis einer schweren Fibrinpolymerisationsstörung als Hinweis (aber nicht Beweis) auf ein Leberkarzinom.

Das Verhalten der Gerinnungsglobaltests und einzelnen Gerinnungs- und Fibrinolyseproteine bei akuter und chronischer Lebererkrankung ist in Tabellen 11 und 12 dargestellt.

Tabelle 11. Veränderungen von Gerinnung, Fibrinolyse und Plättchen bei akuten Lebererkrankungen

	Akute Hepatitis ohne Leberversagen	Akutes Leberversagen bei infektiöser Hepatitis	Akutes Leberversagen bei Vergiftungen
Prothrombinzeit, P- und P-Test, Normotest, Hepatoquick	verlängert bei 40–60% der Patienten	stark verlängert bei allen Patienten (immer < 30%, häufig < 10%, Prothrombin ratio > 2,2)	
APTT	verlängert bei 10% der Patienten	stets verlängert	
Thrombinzeit, Reptilasezeit, Thrombinkoagulasezeit	leicht verlängert bei 25% der Patienten	stark verlängert	mäßig verlängert
Fibrinogen	leicht vermindert bei 15% der Patienten	variables Verhalten, kann rasch oder langsam auf niedrige Spiegel abfallen, gelegentlich auch normal bleiben	niedriger als bei toxischem Leberversagen
Faktor II, V, VII und X	leichte bis mäßige Verminderung bei 40% der Patienten	rascher paralleler Abfall auf sehr tiefe Werte	
Faktor IX	vermindert bei 5% der Patienten	mittelgradig bis stark vermindert, gewöhnlich aber höher als Faktor II, V, VII, X	
Faktor VIII:C	normal	stark erhöht	normal oder leicht erhöht, gel. hohe Werte im Frühstadium
Faktor VIII R:Ag	erhöht, Normalisierung innerhalb von 22 Wochen in unkomplizierten Fällen	stark erhöht	
Faktor VIII R:RCF	–	stark erhöht	–
F XI, XII, PKK, HMW-Kininogen	in der Regel normal	meist mäßiggradig vermindert	meist mäßiggradig vermindert
Faktor XIII	vermindert bei 25% der Erwachsenen und bei allen Kindern	stark vermindert	–
Antithrombin III	mäßig vermindert, funktioneller Test gibt niedrigere Werte als immunologische Bestimmung	stark vermindert	stark vermindert
Plasminogen	leicht vermindert	stark vermindert	stark vermindert
Fibrin(ogen) Spaltprodukte	normal	normal bis mäßig erhöht	
Thrombozytenzahl	normal bis leicht vermindert	anfangs häufig normal, dann progressiver Abfall	progressiver Abfall

Tabelle 12. Gerinnungsveränderungen bei chronischen Lebererkrankungen

	Leberzirrhose, chronisch aggressive Hepatitis	Primär biliäre Zirrhose Verschlußikterus, Cholostase	Hepatozelluläres Karzinom	Dubin-Johnson-Syndrom Gilbert-Syndrom
Prothrombinzeit, Normotest (NT), Hepatoquick, Thrombotest (TT)	normal bis stark vermindert je nach der Schwere der Erkrankung	normal bis erhöht, stark erhöhte Werte kommen vor. Häufig Diskrepanz zwischen NT und TT	verlängert bei 1/4 der Patienten	verlängert
APTT	normal bis stark verlängert je nach der Schwere der Erkrankung	meist normal	normal bis leicht verlängert	normal
Thrombinzeit, Reptilasezeit, Thrombinkoagulasezeit	häufig verlängert	häufig leicht verlängert	meist verlängert, starke Verlängerungen können vorkommen (relativ charakteristisch)	normal
Fibrinogen	meist normal, ganz selten < 100 mg%	meist erhöht	meist erhöht, manchmal exzessiv, gel. vermindert, evtl. Cryofibrinogen, evtl. Dysfibrinogenämie	normal
Faktor II, VII, X und V	normal bis stark vermindert, je nach der Schwere der Leberschädigung, Faktor VII meist stärker als II, V und X vermindert. Bei immunologischer Bestimmung äquivalente Verminderung	normal oder häufig erhöht	normal oder vermindert	isolierter Faktor VII-Mangel häufig (bei 5% schwer, bei 40% partiell). F II leicht vermindert, F X normal

B. Hämostasestörungen bei Nierenerkrankungen

Übersichten: Marx u. Thies 1978, Gessler 1978, Deutsch et al. 1968

1. Urämie

Bei der *Urämie* besteht eine Hämostasestörung, die sich vor allem in Form von Nasenbluten, Menorrhagien, Hämatomneigung und Gastrointestinalblutungen manifestiert. Die Ursache der Blutungsneigung ist noch nicht vollkommen geklärt. Die Hauptursache dürfte in einer Störung der Plättchen und der Gefäßwand liegen.

a) Quantitative und qualitative Störungen der Plättchen

Die Zahl der Plättchen ist normal oder nur mäßiggradig vermindert. Hingegen ist ihre Funktion deutlich gestört. Es findet sich regelmäßig eine verminderte Adhäsivität an Glas (Salzmann u. Neri 1966, Niessner 1972), meist, aber nicht immer, eine verminderte ADP- und Kollagen-induzierte Aggregation und eine verminderte Availability von Plättchenfaktor 3 nach Zusatz von Kaolin, ADP und Kollagen zum plättchenreichen Plasma (Weiss 1977). Die Malondialdehydbildung nach Zusatz von Thrombin, Kollagen und Arachidonsäure ist vermindert (Remuzzi et al. 1978). Die Ristocetin-induzierte Aggregation ist trotz erhöhter F VIII R:RCF vermindert (Woods et al. 1979). Die Blutungszeit ist häufig verlängert. Die Retraktion ist häufig leicht gestört. Die Konzentration von Beta-Thromboglobin und Plättchenfaktor 4 ist paradoxerweise erhöht, was wahrscheinlich auf die gestörte Ausscheidung dieser Proteine bei Niereninsuffizienz zurückgeht (Depperman et al. 1979). Es noch nicht bekannt, auf welche Substanz und über welchen Mechanismus die Plättchenfunktionsstörung bei der chronischen Niereninsuffizienz zurückgeht. Die Störungen können jedenfalls durch die Dialyse beseitigt oder vermindert werden.

b) Störungen der Gefäßwand

Remuzzi et al. (1978) haben gezeigt, daß die Venenwand von Patienten mit Urämie höhere Mengen an plättchenaggregationshemmender PG I_2-like-Aktivität produziert und die gebildete PG I_2-Menge mit der Blutungszeit positiv korreliert ist.

c) Gerinnungsveränderungen

Während das thrombozytäre System im Sinne einer verminderten Hämostase verändert ist, besteht plasmatisch eher eine Hyperkoagulabilität. Die APTT ist bei den meisten Patienten verkürzt, die Prothrombinzeit normal. Die Aktivität von Faktor VIII:C ist mäßig bis stark erhöht, die Konzentration von Faktor VIII-Antigen ist deutlich erhöht, auch die Aktivität von Ristocetin-Cofaktor ist erhöht (Lechner et al. 1975, Woods et al. 1979). Es finden sich auch mäßiggradige Aktivitätserhöhungen von Faktor IX, XI und XII. Diese Veränderungen zeigen keine Beziehung zur Höhe des Serumkreatinins und zur zugrundeliegenden Erkrankung (Lechner et al. 1975).

Die Konzentration von Fibrinogen ist ebenfalls deutlich erhöht. Das immunologisch bestimmte Fibrinogen ist höher als das nach Clauss bestimmte Fibrinogen (Lechner et al. 1975). Dieser Befund spricht für das Vorliegen einer Fibrinpolymerisationsstörung, womit der Befund einer verlängerten Thrombin- und Reptilasezeit bei diesen Patienten in Einklang steht. Die Ursache könnte in einer Interferenz einer Substanz im Plasma der Patienten mit der Fibrinpolymerisation bestehen oder darin, daß bei diesen Patienten ein abnormales Fibrinogen gebildet wird.

Die Aktivität der Inhibitoren der Gerinnung und Fibrinolyse ist normal.

d) Fibrinolyse

Die Fibrinolyseaktivität ist in der Regel vermindert. Gelegentlich lassen sich leicht erhöhte Spiegel von Fibrin(ogen)spaltprodukten im Serum nachweisen.

2. Nephrotisches Syndrom

Beim nephrotischen Syndrom findet man einerseits ein Defizit bestimmter Gerinnungsfaktoren oder Inhibitoren, andererseits eine Aktivität bzw. Konzentrationszunahme anderer Gerinnungsfaktoren sowie der Plättchen. Diese Veränderungen sind dergestalt, daß sie in Kombination zu einer erheblichen Hyperkoagulabilität führen, die sich klinisch auch in einer hohen Inzidenz an venösen Thromboembolien äußert (Thaler et al. 1978, Kauffmann et al. 1978).

a) Die Thrombozytenzahl ist häufig erhöht. Die Aggregierbarkeit der Plättchen durch ADP und Arachidonsäure ist erhöht (Remuzzi et al. 1979) und kann durch Erhöhung der Albuminkonzentration wieder normalisiert werden.

b) Gerinnungsveränderungen. Mit großer Regelmäßigkeit wird bei Patienten mit Proteinverlust durch die Nieren eine erhöhte Konzentration oder Aktivität von Fibrinogen (oft > 1000 mg%), von Faktor V und Faktor VIII beobachtet (Thomson et al. 1974), weniger konstant werden erhöhte Aktivitäten der Faktoren II, VII und X gefunden.

Zusammen mit anderen Proteinen, vor allem Albumin, geht auch eine Reihe von gerinnungsaktiven Proteinen durch die Niere verloren, die bei entsprechend starker Proteinurie durch Nachsynthese nicht ausreichend ersetzt werden können. Biologisch am wichtigsten erscheint der renale Verlust von Antithrombin III zu sein (Thaler et al. 1978, Kaufmann et al. 1978), der bei einer Antithrombin III-Clearance von 0,03 mlg/m^2 Körperoberfläche bzw. einer Proteinurie von > 5 g/Tag zu einem Absinken der Antithrombin III-Aktivität bzw. -Konzentration im Blut führt (Thaler et al. 1978). Bei Patienten mit Proteinverlust und einem Antithrombin III im Plasma unter 74% ist die Inzidenz an venösen Thromboembolien sehr hoch (Thaler u. Lechner 1978). Neben Antithrombin III wird im Harn auch Plasminogen und Faktor XII ausgeschieden, infolgedessen kommt es im Plasma zu einer Plasminogen- und häufig leichten Faktor XII-Verminderung (Honig u. Lindley 1975).

C. Hämostasestörungen bei Paraproteinämien

Zeichen einer hämorrhagischen Diathese werden bei etwa 1/3 der Patienten mit Myelom oder Makroglobulinämie beobachtet (Deutsch u. Lechner 1972). Die Beziehung zwischen dem Auftreten einer Blutungsneigung und dem Vorhandensein einer der nachfolgend besprochenen, in vitro nachweisbaren Gerinnungsstörungen ist gering.

1. Hämostasestörungen, die direkt durch die Vermehrung der Plasmazellen oder Lymphozyten bedingt sind

a) Eine Thrombozytopenie, hervorgerufen durch Markverdrängung, ist beim Myelom und der Makroglobulinämie am Beginn der Erkrankung eher selten und gewöhnlich mild.

b) Wie häufig auch bei anderen malignen Erkrankungen findet sich eine Erhöhung von Fibrinogen, Faktor VIII:C und Faktor VIII R:Ag. Die Ratio F VIII R:Ag/ F VIII:C ist hoch (Gomperts et al. 1976).

c) Die Aktivität der Faktoren II, V und X ist bei der Hälfte der Patienten vermindert, entweder durch eine neoplastische Infiltration der Leber oder eine Leberschädigung anderer Art (Deutsch u. Lechner 1972).

2. Hämostasestörungen, die eine direkte Folge der Immunglobulinvermehrung sind

a) Hemmung der Fibrinpolymerisation

— Bei etwa 1/3 der Myelompatienten findet sich eine verlängerte Thrombinzeit und Reptilasezeit (Deutsch u. Lechner 1972). Stark verlängerte Thrombinzeiten finden sich in der Regel nur beim IgG-Myelom. Bei Leichtkettenmyelomen ist die Thrombinzeit nicht verlängert. Die Verlängerung der Thrombin- bzw. Reptilasezeit geht auf eine Hemmung der Fibrinpolymerisation durch das Paraprotein zurück. Diese Hemmung ist eine spezifische Eigenschaft mancher Myelomproteine und ist nicht abhängig von der Menge des Myelomproteins.

b) Bindung von Gerinnungsfaktoren an Paraproteine oder lymphatische Zellen

— Paraproteine können bestimmte Gerinnungsfaktoren binden und dadurch zu einem Gerinnungsdefekt führen. Eine solche Bindung wurde bei einem Patienten mit IgA-Myelom für Faktor VIII beobachtet (Glueck u. Hong 1965). Brody et al. (1979) fanden bei einem Patienten mit Makroglobulinämie eine Immunadsorption von Faktor VIII, die zu einem Faktor VIII-Mangel führte.

— Eine Bindung von F VIII:RCF an lymphoide Zellen (Meyer et al. 1979) oder an IgG (Zettervall u. Nilsson 1978) könnte Ursache des erworbenen Willebrand-Syndroms sein, das bei einigen Patienten mit IgG-Paraproteinämie beobachtet wurde. Meyer et al. (1979) konnten bei einem solchen Patienten zeigen, daß nach Infusion von Cryopräzipitat die großmolekularen Formen von F VIII R:Ag rasch aus der Zirkulation eliminiert werden. Interessanterweise wurde das erworbene Willebrand-syndrom nur bei essentieller IgG-Paraproteinämie und Lymphomen mit IgG-Paraproteinämie, aber nicht beim Myelom beobachtet.

- Der bei manchen Fällen von primärer Amyloidose beobachtete F X-Mangel dürfte auf eine Bindung von Faktor X an die im Amyloid vorhandenen leichten Ketten zu erklären sein.
- Auch eine Bindung von Fibrinogen an IgM wurde beobachtet.
- Paraproteine können auch Kalzium binden.

c) Auftreten von Hemmkörpern der Gerinnung

- Bei IgM-Paraproteinämien kann das Paraprotein F VIII inaktivieren (McKelvey u. Knaan 1968, Castaldi et al. 1970), oder als Inhibitor der Prothrombinaktivierung wirken (Lechner 1969).
- Eine direkte Antithrombinwirkung eines IgG-Paraproteins wurde beschrieben (Harbaugh et al. 1975).

d) Plättchenfunktionsstörungen

- Verschiedene Plättchenfunktionstests wie Plättchenrententention an Glasperlen, die ADP- und Kollagen-induzierte Plättchenaggregation und die Plättchenfaktor 3-availability können beim Myelom gestört sein (Deutsch et al. 1976). Diese Störungen kommen bei IgA-Myelom häufiger als bei IgG-Myelom vor.
- Bei IgM-Paraproteinämien treten Plättchenfunktionsstörungen der oben beschriebenen Art besonders häufig auf und dürften einen wesentlichen Anteil an der Entstehung der Blutungsneigung haben. Sie werden durch das "coating" von Plättchen durch IgM-Moleküle erklärt. Nach Kasturi u. Saraya (1978) ist eine in vivo-Aktivierung von Plättchen Ursache der Plättchenfunktionsstörungen.
- In einem Fall (Flury et al. 1975) konnte eine spezifische antithrombozytäre Eigenschaft des IgM-Paraproteins nachgewiesen werden.

3. Gefäßwandschädigung

Ein erheblicher Teil der bei Paraproteinämien zu beobachtenden Blutungen (insbesondere Retinalblutungen) sind auf eine Gefäßwandschädigung zurückzuführen. Ursächlich kommen Gefäßwandhypoxie infolge Hyperviskosität, Einlagerung von Paraprotein in die Gefäßwand und hämorrhagische Vasculitis (mixed essential cryoglobulaemia) in Frage.

D. Hämostasestörungen bei myeloproliferativen Erkrankungen

Patienten mit myeloproliferativen Erkrankungen wie Polycythaemia vera (PV), essentieller Thrombozythämie (ET), chronisch myeloischer Leukämie (CML) und Osteomyelofibrose (OMS) können eine Blutungsneigung und/oder Thromboseneigung haben. Generell neigen Patienten mit OMS mehr zu Blutungen und Patienten mit ET mehr zu Thrombosen, während Patienten mit PV und CML eine Mittelstellung einnehmen.

1. Störungen der Gerinnung

Obwohl leichte Verminderungen der Faktoren II, V, VII, IX und X vorkommen können, erreichen diese praktisch niemals ein klinisch relevantes Ausmaß.

2. Plättchenstörungen

Quantitative und qualitative Störungen der Plättchen lassen sich häufig nachweisen. Bei der CML und OMS kann die Plättchenzahl vermindert, normal oder erhöht (bei 1/3) sein, bei der essentiellen Thrombozythämie ist definitionsgemäß die Zahl immer erhöht, meist über 1 Mill/mm^3, bei der PV findet sich bei 50% eine Thrombozytose, wobei die Zahl von 1 Mill/mm^3 selten überschritten wird. Bei allen genannten Krankheiten findet sich eine Plättchenanisozytose mit Vorkommen von Riesenplättchen (Cortelazzo et al. 1980). Die Blutungszeit ist bei einem Teil der Patienten verlängert. Die Plättchenfunktionstests wie Plättchenadhäsivität, Aggregation mit ADP, Adrenalin und Kollagen, Aufnahme von 5-HT in die Plättchen und Plättchenfaktor 3-availability sind häufig, aber nicht immer pathologisch. Eine verlängerte Blutungszeit nach Ivy ist ein Hinweis auf ein erhöhtes Blutungsrisiko, unabhängig von der Thrombozytenzahl (Murphey et al. 1978). Bei hohen Thrombozytenzahlen können jedoch auch trotz normaler Blutungszeit hämorrhagische Komplikationen auftreten.

Folgende Abnormalitäten der Plättchen wurden bisher beschrieben, die isoliert oder in Kombination zu einer Hypofunktion der Plättchen führen können:

Störung der Lipidperoxydation (Keenan et al. 1977), Veränderungen in der Verteilung von Membranglykoproteinen (Bolin et al. 1977), eine gestörte Bindung von Thrombin an Plättchen (Ganguly et al. 1977), ein storage-pool-Defekt (Rendu et al. 1979) und ein Mangel an alpha-Adrenergen-Rezeptoren (Kaywin et al. 1978). Alle diese Veränderungen können zu einer verminderten Plättchenaggregation beitragen, wobei jedoch die Plättchenfunktionstests bei Patienten mit Blutungskomplikationen nicht immer pathologisch ausfallen müssen.

Bei Patienten mit thromboembolischen Komplikationen wurde eine Hyperaggregation der Thrombozyten beschrieben (Wu 1978). Als möglicher pathogenetischer Mechanismus für die Thromboseneigung wurde eine verminderte Aktivität der Lipooxygenase diskutiert (Okuma u. Uchino 1979), die zu einer vermehrten Bildung von zyklischen Endoperoxyden aus Arachidonsäure führt. Außerdem wurde eine erhöhte Resistenz der Plättchen gegenüber PGD$_2$, einem endogen gebildeten Adenylatzyklasereaktivator beschrieben, wodurch eine physiologische feed-back-Hemmung der Aggregationsreaktion wegfällt (Cooper et al. 1978).

E. Hämostasestörungen bei Leukämie

1. Akute Leukämie

a) Die Thrombozytopenie ist eines der konstantesten Symptome der akuten Leukämie. Bei der Erstuntersuchung ist die Thrombozytenzahl bei akuter myeloischer

Leukämie meist unter 100.000 und bei ca. 20% unter 10.000/mm^3. Während und nach der Chemotherapie sinkt die Thrombozytenzahl weiter ab. Der Wiederanstieg der Thrombozyten ist häufig das erste Anzeichen einer Remission. Verschiedene Autoren haben auch funktionelle Defekte der Plättchen beschrieben, diese dürften jedoch keine große Rolle spielen, da bei Plättchenzahlen über 30.000/mm^3 nur selten Blutungen beobachtet werden.

b) Man findet meistens eine Erhöhung von Fibrinogen und Faktor VIII. Die in der Leber gebildeten Gerinnungsfaktoren II, V, VII, IX und X sind häufig leicht vermindert. Die Antithrombin III-Aktivität ist zumeist normal, kann bei Eintreten einer Sepsis jedoch absinken. Faktor XIII wurde regelmäßig vermindert gefunden, diese Faktor XIII-Verminderung soll wesentlich zur Blutungsneigung beitragen (Preissel u. Oehme 1973).

c) Bei einem Teil der Patienten, insbesondere bei Patienten mit Promyelozytenleukämie und Monozytenleukämie kann es zu einer disseminierten intravasalen Gerinnung kommen. Die Entstehung der DIG wird auf die Freisetzung von Gewebsthromboplastin aus Leukämiezellen zurückgeführt. Andere Faktoren wie Infektion, Corticosteroidtherapie und RES-Blockade dürften ebenfalls pathogenetisch von Bedeutung sein.

d) Bei hoher Leukozytenzahl kann es durch intravaskuläre Leukozytenaggregate zur Endothelschädigung und dadurch zu Blutung, insbesondere ins Gehirn, kommen.

2. Chronisch myeloische Leukämie

Es finden sich keine charakteristischen Veränderungen, die Thrombozyten können vermindert, zu Anfang der Erkrankung jedoch auch erhöht sein. Funktionelle Störungen der Plättchen wie storage-pool-Defekte kommen vor (Gerrard et al. 1978). Die Gerinnungsfaktoren können ein variables Verhalten zeigen. Bei chronischer myelomonozytärer Leukämie sind diskrete Zeichen einer DIG häufig nachweisbar.

3. Chronisch lymphatische Leukämie

Im Stadium I–III sind bei der unbehandelten chronischen lymphatischen Leukämie die Thrombozyten normal, ein Absinken der Thrombozyten spricht für eine weit fortgeschrittene Erkrankung und signalisiert eine schlechte Prognose.

4. Polycythaemia vera

Eine Erhöhung der Thrombozytenzahl gehört zu den charakteristischen Symptomen einer Polycythaemia vera. Darüber hinaus können die Thrombozyten verschiedene funktionelle Störungen zeigen. Die Faktor X-aktivierende Fähigkeit der Plättchen kann reduziert sein (Semeraro et al. 1979).

Kapitel 4

Immunkoagulopathien

Übersichten: Margolius et al. 1961, Lechner 1971, 1974, 1978, 1980, Shapiro 1975, 1979

Als Immunkoagulopathien bezeichnet man Gerinnungsstörungen, die durch einen Hemmstoff (Inhibitor) hervorgerufen werden, der ein Immunglobulin ist.

Nach der Wirkungsweise des Inhibitors kann man zwei Gruppen von Immunkoagulopathien unterscheiden: Inaktivierende und interferierende Hemmstoffe (oder Lupus-Inhibitoren).

A. Inaktivierende Inhibitoren

Bei diesen Immunkoagulopathien inaktiviert der Inhibitor einen bestimmten Gerinnungsfaktor, der dann im Blut vermindert gefunden wird. Diese Inhibitoren sind in ihren wesentlichen Eigenschaften identisch mit denen, die bei angeborenen Gerinnungsstörungen auftreten, unterscheiden sich aber dadurch, daß sie bei vorher gerinnungsnormalen Personen auftreten. Diese werden in der angelsächsischen Literatur als spontane Inhibitoren bezeichnet. Im deutschen Sprachraum hat sich der von Deutsch (1950) geprägte Ausdruck Hemmkörperhämophilie eingebürgert.

Spontane Inhibitoren wurden bisher gegen Fibrinogen, Faktor V, VIII, IX, XI, XIII und gegen von Willebrand-Faktor beobachtet.

Gemeinsam ist allen durch solche Inhibitoren hervorgerufenen Gerinnungsstörungen, daß bei der Gerinnungsanalyse jeweils nur ein Gerinnungsfaktor vermindert gefunden wird. Durch Inkubation des Patientenplasmas mit einem Normalplasma oder einem anderen geeigneten Substrat läßt sich die Inaktivierung des betreffenden Gerinnungsfaktors durch das Patientenplasma demonstrieren. Zur Diagnose eines Spontaninhibitors gehört schließlich noch der Nachweis, daß der Inhibitor ein Immunglobulin ist und daß der Patient vor Auftreten des Inhibitors gerinnungsnormal war. Dies ist selten aufgrund früher durchgeführter Gerinnungstests möglich, sondern kann im allgemeinen nur durch eine sorgfältige Anamnese geklärt werden.

Auf der anderen Seite unterscheiden sich die Inhibitoren je nachdem, gegen welchen Gerinnungsfaktor der Inhibitor gerichtet ist, in mehreren wesentlichen Punkten, wie im Vorkommen bei bestimmten Erkrankungen oder als Folge bestimmter Medikamente, in der Kinetik der Inaktivierung des Gerinnungsfaktors, der Schwere der durch sie ausgelösten Gerinnungsstörung und durch den Spontanverlauf.

Immunkoagulopathien durch Faktor VIII-inaktivierende Hemmstoffe

1. Vorkommen

Immunkoagulopathien durch Faktor VIII-inaktivierende Hemmstoffe sind relativ am häufigsten und wurden bei 5 Gruppen von Patienten beobachtet:

a) Bei Frauen nach der Geburt

Innerhalb eines Zeitraums von einigen Tagen bis 6 Monaten nach der Geburt entwikkelt sich eine mehr oder weniger schwere hämorrhagische Diathese, die durch Inaktivierung von Faktor VIII durch einen Antikörper zustandekommt. Der Inhibitor und damit die Faktor VIII-Verminderung ging in den meisten Fällen innerhalb von Wochen bis Monaten (Maximum 12 Monate) spontan zurück (Voke 1977). Das Auftreten dieses Inhibitors wird auf eine Isoimmunisierung zurückgeführt.

b) Patienten mit Autoimmunerkrankungen oder allergischen Erkrankungen

Faktor VIII-Inhibitoren wurden in Zusammenhang mit primär chronischer Arthritis, systemischem Lupus erythematodes, bullösen Dermatosen (Dermatitis herpetiformis, Pemphigus vulgaris), Colitis ulcerosa, Arteriitis temporalis and allergischen Erkrankungen wie Bronchialasthma, Hypersensitivitätsangiitis beschrieben (Lechner 1974, Shapiro u. Hultin 1975, Lechner et al. 1980). Gewöhnlich entstehen derartige Inhibitoren erst nach jahrelangem Bestehen der Grunderkrankung. Eine spontane Rückbildung ist selten, mit immunsuppressiver Behandlung gelingt es bei einem Teil der Patienten, die Gerinnung durch Beseitigung des Inhibitors wiederum zu normalisieren (Green u. Lechner 1981).

c) Patienten mit Paraproteinämien

Faktor VIII-Inhibitoren wurden selten bei Patienten mit Myelom und Makroglobulinämie sowie Immunozytom beschrieben.

d) Patienten mit Medikamentenüberempfindlichkeit

Faktor VIII-Antikörper entstanden in Zusammenhang mit meist schweren Überempfindlichkeitsreaktionen nach Verabreichung von Penicillin, Sulfonamiden, Nitrofuradantin und Chlorpromazin (Green 1968, Glazier u. Crowell 1977). Die Antikörper traten nur bei solchen Patienten auf, bei denen klinische Zeichen einer Immunkomplexerkrankung vorhanden war. Der Inhibitor verschwand in den meisten Fällen innerhalb von mehreren Wochen (Green 1968). Daneben wurden Faktor VIII-Antikörper auch nach längerdauernder Einnahme von Phenylhydantoin beobachtet (Poon et al. 1977, Ratnoff u. Salah 1978).

e) Bei Patienten ohne erkennbare Grundkrankheit

Bei etwa der Hälfte der bisher beschriebenen Fälle war keine Grundkrankheit nachweisbar (Lechner 1974, Shapiro u. Hultin 1975). Diese Patienten zeigen keine Neigung zu Spontanremissionen und auch eine immunsuppressive Behandlung ist häufig erfolglos.

2. Wirkungsmechanismus

Die Wirkung des Faktor VIII-Antikörpers besteht darin, daß er Faktor VIII:C inaktiviert, während Faktor VIII R:Ag und Faktor VIII R:WF unverändert bleiben. Die Affinität des Antikörpers zu Faktor VIII kann bei verschiedenen Patienten recht unterschiedlich sein. Bei niedrigtitrigen Antikörpern hat der Antikörper meistens eine niedrige Affinität zu Faktor VIII, was zur Folge hat, daß bei solchen Patienten eine gewisse Aktivität von Faktor VIII im Plasma noch vorhanden ist und oft dann nur eine milde hämorrhagische Diathese resultiert. In anderen Fällen hat der Inhibitor eine hohe Affinität, ähnlich wie die hämophilen Antikörper (Lechner et al. 1980, Krinninger et al. 1980). Die Inaktivierung von Faktor VIII durch den Inhibitor ist zeit- und temperaturabhängig. Im Vergleich zu anderen Gerinnungsantikörpern verläuft sie relativ langsam (Abb. 3). Die Faktor VIII-Antikörper bilden einen Komplex mit dem kleinmolekularen Teil des Faktor VIII, wobei der Komplex vom großmolekularen Anteil des Faktor VIII abgetrennt wird. Die Komplexbildung dürfte nur zwischen *einem* F VIII- und einem IgG-Molekül erfolgen (Lazarchik u. Hoyer 1077). Die Faktor VIII-Inhibitor-Komplexe können durch Erhitzen oder Senken des pH's dissoziiert werden (Allain u. Frommel 1973).

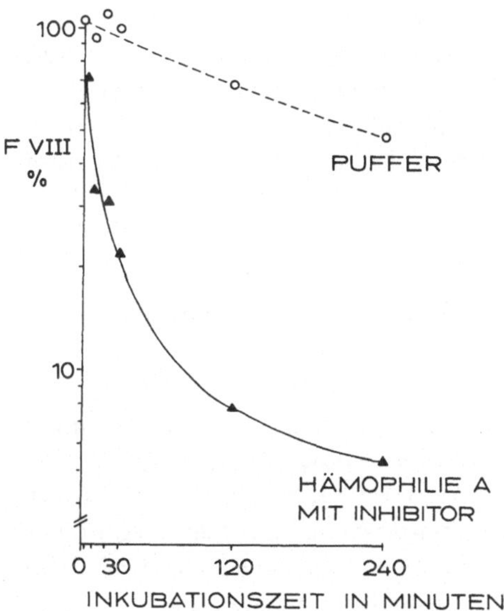

Abb. 3. Zeitlicher Ablauf der Inaktivierung von Faktor VIII durch einen hämophilen Faktor VIII-Inhibitor. Man beachte, daß die Inaktivierung von Faktor VIII durch den Inhibitor zeitabhängig ist und auch nach 4 h Inkubation bei 37°C noch nicht abgeschlossen ist

3. Physikochemische Eigenschaften

Die spontanen Faktor VIII-Antikörper sind Immunglobuline, die, von wenigen Ausnahmen abgesehen (McKelvey u. Kwaan 1972), der Immunglobulin-Klasse Gb angehören. In den meisten Fällen hat man beide Typen von leichten Ketten (Kappa und Lambda) gefunden. Die Inhibitoraktivität war bei einem Teil der Patienten nur mit Subklasse IgG_4, bei anderen mit den Subklassen IgG_1 und IgG_4 assoziiert (Hultin et al. 1977, Robboy et al. 1970). Es besteht kein Zusammenhang zwischen der Grundkrankheit und der immunologischen Charakteristik des Inhibitors.

Immunkoagulopathien durch Faktor V-inaktivierende Hemmstoffe

Faktor V-inaktivierende Hemmstoffe sind wesentlich seltener als spontane Faktor VIII-Inhibitoren. Die Wirkung dieser Inhibitoren ist spezifisch gegen Faktor V gerichtet, der irreversibel inaktiviert wird, woraus ein schwerer Faktor V-Mangel resultiert. Die Inaktivierung von Faktor V durch den Inhibitor erfolgt verhältnismäßig schnell, das Maximum der Wirkung ist schon nach 5 min erreicht. Die bisher beobachteten spontanen Faktor V-Inhibitoren wurden meist in Zusammenhang mit einer Streptomycin- oder Cephalotin-Therapie beobachtet, wobei die Mehrzahl der Patienten vorher operiert wurde und Bluttransfusionen erhalten hatte (Shapiro u. Hultin 1975). Die bisher charakterisierten Faktor V-Inhibitoren waren IgG (κ + λ). Die Blutungsneigung ist mäßig schwer. Der Inhibitor verschwand bei den meisten Patienten innerhalb von Wochen.

Immunkoagulopathien durch Faktor IX-Inhibitoren

Faktor IX-inaktivierende Hemmstoffe bei vorher gerinnungsnormalen Personen sind außerordentlich selten (nur 7 Fälle beschrieben). Sie kommen bei ähnlichen Patientengruppen wie die Faktor VIII-Inhibitoren vor (Lupus erythematodes, post partum). Die physikochemischen Eigenschaften wurden nur in einem Fall untersucht (Largo et al. 1974), es handelte sich um ein IgG-Immunglobulin. Soweit Inhibitoren verfolgt wurden, verschwanden sie spontan oder unter Therapie innerhalb von wenigen Monaten.

Immunkoagulopathien durch Faktor XI- und XII-inaktivierende Hemmstoffe

Spontane Faktor XI-Inhibitoren wurden bei Patienten mit Lupus erythematodes beobachtet (Shapiro u. Hultin 1975). Ein Teil dieser Patienten hatte auch einen Faktor XII-Mangel (Cronberg et al. 1973). In einem Fall wurde der Hemmstoff als IgG charakterisiert. Die Spezifität dieser Hemmstoffe (anti-XI, anti-XI$_a$) ist noch nicht geklärt. Im Zusammenhang mit F XI-Inhibitoren wurde eine Spontanaggregation der Thrombozyten (Cronberg et al. 1973) und Thrombozytopenie (Leone et al. 1977) beobachtet. Nur ein Patient mit einem Faktor XII-Inhibitor wurde bisher beobachtet (Gandolfo et al. 1977).

Präzipitierende Antikörper gegen Fibrinogen

Ein Inhibitor gegen Fibrinogen wurde nur bei einem Patienten (Mammen et al. 1967) beobachtet. Das Plasma des Patienten, der an einer Thrombophlebitis migrans litt, zeigte eine Präzipitationsreaktion mit gereinigtem Fibrinogen.

Immunkoagulopathien durch Inhibitoren gegen Faktor XIII

Inhibitoren gegen Faktor XIII wurden bei Patienten, die Isoniacid über mehrere Jahre genommen hatten, sowie bei einem Patienten mit Lupus erythematodes (Milner et al. 1977) beobachtet. Die Wirkung des Inhibitors war entweder gegen Faktor XIII selbst oder auch gegen F XIIIa gerichtet. Der Inhibitor wurde in einem Fall immunologisch charakterisiert (IgG$_1$-Lambda) (Graham 1973).

Das Auftreten des Inhibitors führte bei den meisten Patienten zu einer schweren Blutungsneigung und war meistens über lange Zeit (Monate bis Jahre) nachweisbar.

Erworbenes von Willebrand-Syndrom

Bei einer Reihe von Patienten wurde eine Hämostasestörung beobachtet, die alle Charakteristika eines angeborenen Willebrand-Jürgens-Syndroms hatte, wie Verminderung von Faktor VIII:C, Faktor VIII R:Ag und Faktor VIII R:RCF, verminderte Plättchenadhäsivität und verlängerte Blutungszeit. Auf Grund der Anamnese mußte jedoch angenommen werden, daß die Gerinnungsstörung nicht angeboren war. Die meisten der beschriebenen Patienten hatten lymphoproliferative Erkrankungen (essentielle Paraproteinämie, Lymphome mit oder ohne Paraproteinämie) oder einen Lupus erythematodes (Niessner 1981). Transfusion von Plasma oder Faktor VIII-Konzentraten führt nicht zu dem typischen sekundären Anstieg von F VIII:C, sondern zu einem Faktor VIII:C-Anstieg wie bei der Hämophilie A. Die Blutungszeit und Plättchenadhäsivität werden nicht korrigiert. Der Anstieg von F VIII R:Ag ist geringer als erwartet, F VIII R:RCF steigt überhaupt nicht an (Niessner 1981). Der Nachweis eines Antikörpers gegen F VIII R:RCF verlief in den meisten Fällen negativ. Zettervall u. Nilsson (1978) konnten jedoch in vitro eine Bindung von Faktor VIII an das Patienten-IgG nachweisen. Meyer et al. (1979) fanden, daß nach Infusion von Faktor VIII-Konzentrat bei einem solchen Patienten die großmolekularen Teile des F VIII R:Ag rasch aus der Zirkulation verschwinden, möglicherweise infolge Bindung an Lymphomzellen.

B. Lupusinhibitoren

Bei dieser Gruppe von Immunkoagulopathien ist der Inhibitor nicht gegen einen bestimmten Gerinnungsfaktor gerichtet, sondern greift in anderer Weise hemmend in den Gerinnungsablauf ein. Diese Inhibitoren sind relativ häufig, werden jedoch leicht übersehen oder mißgedeutet.

1. Vorkommen

Der Name „Lupus-Inhibitor" geht darauf zurück, daß die ersten Fälle bei Patienten mit Lupus erythematodes beschrieben wurden. Spätere Untersuchungen (Margolius et al. 1961, Shapiro u. Hultin 1975, Lechner 1971, 1974, 1976) haben jedoch gezeigt, daß derartige Inhibitoren am häufigsten bei Patienten mit Autoimmunerkrankungen, daneben aber bei einem breiten Spektrum von Erkrankungen und sogar bei gesunden Personen vorkommen können. Tabelle 13 gibt eine Übersicht über die in unserem Laboratorium beobachteten Patienten.

Tabelle 13. Vorkommen von „Lupusinhibitoren" (eigene Fälle)

Gesicherter SLE	16
Verdacht auf SLE	6
Schwere Thrombozytopenie (ohne Hinweis auf SLE)	3
Arthritis (ohne Hinweis auf SLE)	2
Überempfindlichkeitsreaktionen	1
Osteomyelofibrose	3
Panzytopenie	2
Postinfektiös	1
Allergische Colitis	1
Zentralvenenthrombose	1
Hämolytische Anämie	1
Tuberkulose	1
Ohne Grundkrankheit	17
n =	55

2. Klinische Befunde

a) Blutungsneigung

Trotz starker in vitro-Abnormalitäten ist die Blutungsneigung bei Patienten mit Lupus-Inhibitoren gering oder häufig fehlend. Wenn eine deutliche Blutungsneigung vorhanden ist, geht sie zumeist auf eine begleitende Thrombozytopenie zurück.

b) Thromboseneigung

Interessanterweise wurde bei Patienten mit Lupus-Inhibitoren eine relativ hohe Inzidenz von thrombotischen Ereignissen beschrieben. Tatsächlich konnte in unserem Material eine Reihe dieser Inhibitoren im Rahmen der Durchuntersuchung von Patienten mit thrombotischen Erkrankungen gefunden werden. Es fand sich sowohl eine erhöhte Inzidenz von venösen Thrombosen, Pulmonalembolien als auch von zerebralen Gefäßverschlüssen, Herzinfarkt und arterieller Verschlußkrankheit. Die Ursache der erhöhten Thromboseneigung bei diesen Patienten ist unklar.

3. Laboratoriumsbefunde

a)   Verlängerung der APTT
     Der Laboratoriumsleitbefund ist eine Verlängerung der APTT. Für die Entdekkung derartiger Inhibitoren ist es jedoch erforderlich, ein APTT-Reagens zu verwenden, das auf den Inhibitor empfindlich ist (Lechner 1976).

b) Verlängerung der Prothrombinzeit
Eine Verlängerung der Prothrombinzeit ist nur bei einem Teil der Patienten nachweisbar, am stärksten bei solchen, bei denen gleichzeitig eine Hypoprothrombinämie vorliegt. Die Verlängerung der Prothrombinzeit kann oft nur bei Verwendung von verdünntem Thromboplastin nachgewiesen werden.

c) Die Thrombinzeit ist gewöhnlich normal, kann gelegentlich aber auch verlängert sein.

d) Bei der Bestimmung der Einzelfaktoren findet sich nicht selten eine scheinbare Verminderung der Faktoren VIII, IX und XI, vor allem dann, wenn diese Faktoren bei geringer Verdünnung des Patientenplasmas getestet werden. Die scheinbare Verminderung geht darauf zurück, daß der Inhibitor mit dem Testsystem interferiert. Bei Testung des Patienten-Plasmas in höherer Verdünnung finden sich hingegen normale Aktivitäten. Charakteristischerweise findet man daher bei solchen Patienten bei Testung der Faktor VIII-, IX- und XI-Aktivität nicht parallele Verdünnungskurven. In einzelnen Fällen wurden jedoch echte Verminderungen von Prothrombin (Lechner et al. 1969) und Faktor XII beobachtet. Bei der Hypoprothrombinämie handelt es sich um einen echten Prothrombinmangel, da auch mit immunologischen Methoden eine Verminderung gefunden wurde (Lechner 1974). Die Natur des Faktor XII-Mangels ist nicht geklärt.

e) Die Reaktionszeit im Thrombelastogramm und die Glas-Gerinnungszeit können verlängert sein, es besteht jedoch keine strenge Korrelation zwischen der Verlängerung der APTT und der Verlängerung der Gerinnungszeit.

f) Die endgültige Diagnose des Lupus-Hemmstoffes erfolgt durch den Plasma-Tauschversuch. Charakteristischerweise führen 10—20% von Normalplasma zu keiner Verkürzung der verlängerten APTT des Patientenplasmas, und es kann je nach Stärke des Hemmstoffes schon 10% Patientenplasma die APTT eines Normalplasmas verlängern. Die Hemmwirkung ist schon unmittelbar nach Mischen der Plasmen vorhanden und nimmt bei Inkubation nicht zu. Das Verhalten des Hemmstoffes beim Tauschversuch kann recht unterschiedlich sein. In manchen Fällen kann die APTT-Verlängerung im Patientenplasma nicht sehr ausgeprägt sein, es können jedoch schon 5% Patientenplasma die APTT von Normalplasma verlängern. Umgekehrt kann bei starker APTT-Verlängerung des Patientenplasmas der Hemmstoff so empfindlich auf die Verdünnung sein, daß 10—20% Patientenplasma die APTT von Normalplasma nicht mehr verlängern (s. Methodik).

g) Bestimmung der Stärke des Inhibitors
Eine Titerbestimmung des Inhibitors kann dadurch erfolgen, daß Normalplasma im Verhältnis 1:1 mit verschiedenen Verdünnungen des Patientenplasmas oder eines adsorbierten Patientenserums vermischt werden und die APTT bestimmt wird. Es wird jene Verdünnung des Patientenplasmas bestimmt, bei der keine Hemmung mehr nachweisbar ist und der reziproke Wert der Plasmaverdünnung als Titer angegeben. Die Steilheit einer derartigen Verdünnungskurve kann recht unterschiedlich sein. Manche Inhibitoren sind unverdünnt sehr stark, aber leicht ausverdünnbar. Bei anderen Inhibitoren führt die Verdünnung zu einem wesentlich geringeren Effekt auf die Hemmwirkung. Das letztere Verhalten findet man vor allem bei IgM-Hemmstoffen (Lechner 1969).

4. Immunologische Eigenschaften

Aufgrund biochemischer und immunologischer Untersuchungen konnte gezeigt werden, daß die sogenannten Lupus-Hemmstoffe entweder der IgG-Klasse (Yin u. Gaston 1965) oder IgM-Klasse (Lechner 1969) allein zugehören oder daß die Aktivität sowohl mit IgG als auch IgM assoziiert ist (Lechner 1974). Hemmstoffe bei Lupus erythematodes oder Verdacht auf Lupus erythematodes sind meistens IgG allein oder IgG/IgM.

Kapitel 5

Disseminierte intravaskuläre Gerinnung (DIG)

A. Definition und Nomenklatur

Die DIG ist keine Krankheit sui generis, sondern ein intermediärer Mechanismus, der bei verschiedenen Zuständen oder Erkrankungen auftreten kann (McKay 1964). Sie kann in manchen Fällen eine wenig bedeutsame Nebenerscheinung der Grundkrankheit sein, in anderen Fällen jedoch wesentlich den Krankheitsverlauf und die Prognose bestimmen. Die DIG ist charakterisiert durch einen erhöhten Umsatz von Gerinnungsfaktoren *und* Thrombozyten, hervorgerufen durch Thrombineinwirkung in der Zirkulation als Folge einer intravasalen Gerinnungsaktivierung. Der erhöhte Umsatz von Gerinnungsfaktoren und Plättchen kann durch eine erhöhte Nachsyntheserate kompensiert werden, man spricht dann von einer kompensierten DIG. Wenn die Nachproduktion von Gerinnungsfaktoren und Plättchen nicht ausreicht, sprechen manche Autoren von einer dekompensierten DIG. Im klinischen Sprachgebrauch wird im allgemeinen nur beim Vorliegen einer dekompensierten DIG von einer DIG gesprochen.

Es herrscht nach wie vor keine Einigkeit über die Nomenklatur dieses Zustandsbildes. Die bisher vorgeschlagenen Namen stellen jeweils nur eine bestimmte Seite dieses komplexen Geschehens in den Vordergrund.

1. Der Begriff disseminierte (diffuse) intravasale Gerinnung (disseminated oder diffuse intravascular coagulation, DIC) stellt die Mikrothrombosierung in den Vordergrund, die, was die klinischen Konsequenzen betrifft, sicherlich am bedeutsamsten ist.
2. Der Begriff „Verbrauchskoagulopathie" (Lasch et al. 1961) — consumption coagulopathy — geht von der Tatsache des Verbrauchs der Gerinnungsfaktoren und Plättchen bei dem Geschehen aus.
3. Vor allem für die chronischen Fälle wurde der Begriff des "intravascular clotting/fibrinolysis syndrome" (ICF) geprägt (Owen u. Bowie 1977).
4. Ausgehend von der Beobachtung geburtshilflicher Fälle mit schwerer sekundärer Fibrinolyse und schwerem Fibrinogenmangel wurde der Begriff Defibrinisierungssyndrom verwendet.
5. Die Bezeichnung „Sanarelli-Schwartzmann-Phänomen" wurde in erster Linie für die durch Endotoxin ausgelöste intravaskuläre Gerinnung im Tierexperiment eingeführt.

Die am häufigsten gebrauchten Begriffe sind DIG und Verbrauchskoagulopathie, die im klinischen Alltag meist synonym verwendet werden.

B. Pathogenese

Die DIG wird durch Aktivierung der Gerinnung innerhalb des Gefäßsystems hervorgerufen. Die Gerinnungsaktivierung muß so stark sein, daß Thrombin in der Zirkulation entsteht. Dieses führt intravasal zur Proteolyse von Fibrinogen und anderer Gerinnungsfaktoren (F V, VIII und XIII) sowie zur Aggregation von Thrombozyten. Bei entsprechender Stärke dieses Prozesses reicht die Nachsynthese nicht aus, um den Verlust von Gerinnungsfaktoren und Thrombozyten zu kompensieren. Es kommt daher zu einer mehr oder weniger starken Konzentrations- oder Aktivitätsabnahme dieser Gerinnungsfaktoren und zu einem Abfall der Thrombozyten in der Zirkulation.

Das durch Thrombineinwirkung aus dem Fibrinogen entstandene Fibrinmonomer kann unter bestimmten Bedingungen in der Endstrombahn zu Fibrin polymerisieren oder als Oligomer präzipitiert werden, wodurch Fibringerinnsel entstehen. Je nach Ausdehnung und Lokalisation kann die Fibrinierung der Endstrombahn zu einer allgemeinen Zirkulationsstörung (Schock) oder Funktionsstörung einzelner Organe führen. Gleichzeitig mit der Aktivierung der Gerinnung kommt es regelmäßig über verschiedene Mechanismen zu einer Aktivierung der Fibrinolyse. Das Ausmaß der Fibrinolyseaktivierung kann von einer minimalen lokalen Fibrinolyse bis zu einer massiven systemischen Fibrin(ogen)olyse reichen.

Der Prozeß kann akut, subakut oder chronisch ablaufen. Unterschiede in der Stärke und Dauer der Gerinnungs- bzw. Fibrinolyseaktivierung sowie der Lokalisation der Fibringerinnsel sind Ursache für die große Variabilität der klinischen Manifestationen und der laboratoriumsmäßig faßbaren Störungen bei Patienten mit DIG.

Für die Entstehung einer DIG ist das Zusammenwirken folgender Mechanismen von Bedeutung (Müller-Berghaus 1977):

— Intravasale Aktivierung der Gerinnung durch Einschwemmen von gerinnungsaktivierendem Material.
— Die Gegenwart von Faktoren, die die Polymerisation oder Präzipitation von löslichem Fibrin in der Endstrombahn begünstigen.
— Hemmung der Fibrinolyse.

1. Ursachen der intravasalen Aktivierung der Gerinnung

Eine intravasale Aktivierung der Gerinnung kommt dann zustande, wenn große Mengen eines starken Prokoagulans in die Zirkulation gelangen, aber auch bei länger dauernder Einschwemmung schwächerer Prokoagulantien bei gleichzeitiger Störung der Abräummechanismen, z.B. durch Hemmung der Fibrinolyse oder Blockade des RES.

DIG-auslösende Substanzen können die Gerinnung entweder durch direkte Aktivierung an einer oder mehreren Stellen der Gerinnungskaskade oder auf indirektem Wege, durch Einwirkung auf Endothel, Leukozyten und/oder Thrombozyten mit nachfolgender Freisetzung von Prokoagulantien aktivieren. Während in manchen Fällen, wie z.B. bei bestimmten Schlangengiften, die Aktivierung der Gerinnung an nur einer Stelle erfolgt (z.B. Aktivierung von Faktor X), dürfte in den meisten Fällen erst die Summe verschiedener prokoagulatorischer Wirkungen (z.B. bei Endotoxin-Aktivierung der Kontaktfaktoren und Freisetzung von Leukozytenthromboplastin und

Tabelle 14. Substanzen, die DIG auslösen können und ihre Wirkungsmechanismen (nach Müller-Berghaus)

Auslösendes Agens	Quelle	Wirkungsmechanismen	Klinische Beispiele
Gewebsthromboplastin oder gewebsthrombo-plastinähnliches Material	Tumorzellen Leukämiezellen	Aktivierung des "extrinsic system"	Metastasierende Tumoren Promyelozytenleukämie
Endotoxin	Gram-negative Bakterien	Freisetzung von Thromboplastin aus Granulozyten und Monozyten	Gram-negative Sepsis
Proteolytische Enzyme	Echis carinatus Echis coloratus Russel viper	Prothrombinaktivierung Faktor X-Aktivierung	Schlangenbisse
Partikuläre und kolloidale Substanzen	Amnionzellen Fettzellen	Aktivierung von F XI und XII	Fruchtwasserembolie Fettembolie
Antigen-Antikörper-komplexe		Aktivierung von F XI und XII, Freisetzung von Prokoagulantien aus Thrombozyten und Leukozyten	Inkompatible Bluttransfusion Abstoßungsreaktion Vasculitis

Plättchenfaktor 3) zu einer kritischen Aktivierung des Gerinnungssystems führen (Tabelle 14).

Nach dem Angriffspunkt lassen sich folgende DIG-produzierende Substanzen unterscheiden:

a) *Substanzen, die im mittleren Teil des Gerinnungssystems eingreifen (Aktivierung von Prothrombin oder Faktor X).* Dazu gehören verschiedene Schlangengifte wie das Gift des *Echis coloratus,* Ferner die Inhaltsstoffe bestimmter Tumorzellen, vor allem von mucinproduzierenden Tumoren, die direkt Faktor X aktivieren (Pineo et al. 1973).

b) *Aktivierung des exogenen Systems durch Thromboplastin oder thromboplastinartige Substanzen.* Eine Einschwemmung von Thromboplastin ist bei geburtshilflichen Komplikationen, bei ausgedehnten Operationen, Hirntraumen und Verbrennungen anzunehmen. Thromboplastinähnliches Material kann aus Granulozyten (Niemetz 1972) und Monozyten (Ginkel et al. 1978) durch Einwirkung von Endotoxin freigesetzt werden. Besonders große Mengen von thromboplastinartigem Material sind in den Promyelozyten bei der Promyelozytenleukämie vorhanden, die auch ohne Einwirkung von Endotoxin freigesetzt werden können (Gralnick u. Abrell 1973).

c) *Eine Aktivierung des endogenen Gerinnungssystems* über die Kontaktfaktoren ist bei allen Prozessen anzunehmen, bei denen es zur Endothelschädigung kommt, wie bei Patienten mit immunologischen Erkrankungen, Vasculitis und schweren Virusinfekten (z.B. Rocky Mountains-Fleckfieber). Durch die Endothelschädigung wird Kollagen freigelegt und aktiviert Faktor XII. Infusion von Endotoxin führt zum Abfall von Faktor XII, doch dürfte die Aktivierung von F XII eher die Folge als Ursache der Endotoxin-induzierten DIG sein (Müller-Berghaus u. Schneeberger 1971).

d) *Eine massive intravaskuläre Hämolyse* führt zur Freisetzung von thromboplastischem Material aus Erythrozyten, das allein allerdings nicht ausreicht, um eine DIG hervorzurufen, da weder Infusion von Erythrozytenhämolysaten noch eine mechanische Hämolyse allein zur DIG führt. Eine schwere immunologisch bedingte Hämolyse mit gleichzeitigem Vorkommen von Antigen-Antikörperkomplexen, wie bei der inkompatiblen Bluttransfusion, führt hingegen häufig zur DIG.

Die intravasale Aktivierung der Gerinnung wird begünstigt durch die verminderte Aktivität oder Funktion von Mechanismen, die normalerweise die Aktivierung der Gerinnung oder die intravasale Aggregation von Plättchen hemmen.

a)   Die Verminderung von Antithrombin III, des wichtigsten Gerinnungsinhibitors, begünstigt die Entstehung einer DIG. Bei Patienten mit kongenitalem Antithrombin III-Mangel (Lechner et al. 1980) oder schwerer Lebererkrankung ist daher eine DIG besonders leicht auslösbar.

b)   Die funktionelle Beeinträchtigung des RES führt zu einer verminderten Elimination von aktivierten Gerinnungsfaktoren und prädisponiert daher ebenfalls zum Entstehen einer DIG.

c)   Eine verminderte Freisetzung des aggregationshemmenden Prostacyclins aus einer geschädigten Gefäßwand könnte für die Entstehung bestimmter Formen der DIG der wichtigste pathogenetische Faktor sein (Remuzzi et al. 1979).

Andere Faktoren, die die Entstehung einer DIG erleichtern, sind Acidose, Hypoxie, Dehydratation und Stase (Cash 1977).

2. Mechanismen, die die Polymerisation oder Präzipitation von löslichem Fibrin in der Endstrombahn begünstigen

Für die Bildung von Fibringerinnseln oder -präzipitation in der Endstrombahn müssen zwei Bedingungen gegeben sein: Ein kritischer Blutspiegel von löslichem Fibrin und eine Zirkulationsstörung in der Endstrombahn. Die Höhe des Blutspiegels von löslichem Fibrin hängt einerseits von der Stärke der Thrombineinwirkung auf das zirkulierende Fibrinogen, andererseits von der Effektivität der Klärmechanismen ab. So ist die Abräumung von löslichem Fibrin bei Blockade des RES oder Hemmung der Fibrinolyse gestört, so daß leichter hohe Spiegel erreicht werden.

Zirkulationsveränderungen in der Endstrombahn kommen, wie experimentelle Untersuchungen gezeigt haben, vor allem durch Einwirkung von Katecholaminen (Adrenalin) zustande. Glukokortikoide potenzieren diesen Effekt der Katecholamine. Hingegen dürften Inhaltsstoffe von Plättchen (Plättchenfaktor 4) oder von Leukozyten keine oder wenig Bedeutung für die Präzipitation von Fibrin haben (Müller-Berghaus u. Eckhardt 1975). Wenn Mikrogerinnsel in der Zirkulation entstehen, ist die Verteilung in den verschiedenen Gefäßgebieten keineswegs gleichmäßig. In der Regel sind die Mikrogerinnsel in einem oder in mehreren bestimmten Organen in besonders hoher Konzentration vorhanden, wodurch charakteristische klinische Bilder entstehen.

3. Die Bedeutung der Hemmung der Fibrinolyse für die Entstehung der DIG

Eine Hemmung der Fibrinolyse begünstigt einerseits die Entstehung von Mikrogerinnseln durch den gestörten Abbau von löslichem zirkulierendem Fibrin, andererseits können Mikrogerinnsel bei gestörter Fibrinolyse lang genug die Endstrombahn blockieren, um schwere irreversible Organschäden zu bewirken. Die gestörte fibrinolytische Aktivität während der Schwangerschaft ist die wahrscheinliche Ursache der besonderen Empfindlichkeit der Schwangeren für die Entstehung einer DIG. Auch Endotoxin führt zu einer Verminderung der fibrinolytischen Aktivität.

C. Entstehung, Nachweis und Bedeutung der bei Patienten mit DIG zu beobachtenden Blutveränderungen

Fast alle Blutveränderungen, die bei Patienten mit DIG nachweisbar sind, gehen auf die Wirkung von zwei proteolytischen Enzymen zurück: Thrombin und Plasmin.

1. Thrombin-induzierte Veränderungen

a) Die Einwirkung von Thrombin auf Fibrinogen führt zuerst zur Abspaltung von Fibrinopeptid A, wodurch des-A-Fibrinmonomer entsteht. Durch weitere Thrombineinwirkung entsteht aus dem des-A-Fibrinmonomer Fibrinopeptid B und des-AB-Fibrinmonomer. Fibrinmonomere können entweder zu Fibrin polymerisieren oder, wenn nur kleine Mengen Fibrinmonomer entstehen, in gelöster Form im Blut zirkulieren (= lösliches Fibrin). Lösliches Fibrin ist in seiner Zusammensetzung heterogen, je nachdem, in welchem Ausmaß Thrombin, Plasmin und Faktor VIIIa auf Fibrinogen eingewirkt haben (Müller-Berghaus 1980). Plasmafibrinogen ist zwar wichtig, um Fibrinmonomer in Lösung zu halten, dürfte aber nicht, wie früher angenommen, Komplex mit Fibrinmonomer bilden (Krell et al. 1979).

Die durch Labortests erfaßbaren Folgen dieser Vorgänge sind:

— Erhöhter Katabolismus von Fibrinogen. Bei entsprechend starker Thrombineinwirkung und nicht ausreichender Nachsynthese kann es zu einem Abfall des Fibrinogenspiegels kommen. Der Nachweis eines beschleunigten Fibrinogenabbaus ist durch Injektion von J^{125}- oder J^{131}-markiertem Fibrinogen möglich. Für die praktische Diagnostik ist dieser Test jedoch nur in Ausnahmefällen erforderlich. Der Nachweis einer Fibrinogenverminderung kann mit allen gebräuchlichen Fibrinogenbestimmungsmethoden, mit Ausnahme der Hitzefibrinmethode, und der immunologischen Methode erfolgen (beide erfassen auch Spaltprodukte). Für die Schnelldiagnostik ist die Methode nach Clauss am geeignetsten.

- Erhöhte Konzentration von Fibrinopeptid A (und B). Die Fibrinopeptide können mit Hilfe von radioimmunologischen Methoden bestimmt werden (Nossel et al. 1974, Eckhardt u. Nossel 1980). Die praktische Verwertbarkeit dieser Bestimmung ist allerdings eingeschränkt durch die Notwendigkeit sorgfältigster Blutabnahme, die Aufwendigkeit der Bestimmung und die Tatsache, daß die Halbwertszeit der Fibrinopeptide sehr kurz ist.
- Erhöhung der Konzentration von löslichem Fibrin. Die Gegenwart von löslichem Fibrin läßt sich am einfachsten mit dem Gel-Test (Äthanoltest nach Godal) oder mit Hilfe der Parakoagulation (Protaminsulfattest nach Niewiarowski u. Gurewich 1971) nachweisen. Die Empfindlichkeit und Spezifität dieser Tests ist allerdings nicht sehr groß (s. methodischer Teil). Eine genaue Bestimmung ist mittels der Gelfiltrationstechnik (Fletcher et al. 1970), der Affinitätschromatographie (Heene u. Matthias 1973) und der Bestimmung des N-terminalen Glycins (Kierulf u. Godal 1972) möglich. Diese Methoden sind für Routinebestimmungen zu aufwendig. Eine einfache quantitative Bestimmung wurde von Largo et al. (1976) beschrieben (Fibrinmonomer-beladene Erythrozyten).

b) Einwirkung von Thrombin auf Faktor V, VIII und XIII. Bei Einwirkung von Thrombin auf diese Gerinnungsfaktoren kommt es zunächst zu einer Aktivitätszunahme und anschließend zu deren Aktivitätsverlust.

Faktor V ist bei Patienten mit DIG tatsächlich häufig vermindert (Spero et al. 1980), wobei allerdings auch die Plasmineinwirkung und Synthesestörung eine Rolle spielen dürften. Faktor VIII:C ist hingegen in der Regel normal oder sogar erhöht (Spero et al. 1980), wahrscheinlich infolge der hohen Ausgangswerte als Folge der bestehenden Grundkrankheit (Tumor, Infektion). Die Faktor XIII-Aktivität ist in der Regel stark vermindert (Heene 1967), bei immunologischer Testung ist nicht nur das Faktor XIII-A-Antigen, sondern auch das S-Antigen vermindert (Spero et al. 1980).

c) Einwirkung von Thrombin auf die Thrombozyten. Thrombin führt zur Freisetzung von ADP und nachfolgender Aggregation der Thrombozyten.

Die intravaskuläre Aggregatbildung mit anschließender Abfilterung der Aggregate führt zu einer mehr oder weniger starken Thrombozytopenie. Die Thrombozyten können zusätzlich noch funktionell geschädigt sein.

d) Das in der Zirkulation entstehende Thrombin und andere Serinproteasen werden durch Antithrombin III inaktiviert, wodurch Antithrombin III konsumiert wird. Dies kann zu einem Abfall des Antithrombinspiegels führen (Damus u. Wallace 1975, Thaler 1977), der bei infektionsbedingter DIG besonders stark ausgeprägt ist (Thaler u. Kleinberger 1979). Bei chronischer DIG ist Antithrombin III normal oder nur gering vermindert. Die Messung der Antithrombin III-Aktivität erfolgt am besten als Heparinkofaktoraktivität (Ødegård et al. 1975), bei immunologischer Bestimmung werden meist etwas höhere Werte erhalten, was darauf zurückgeführt wird, daß Antithrombin III-Thrombinkomplexe noch immunologisch reagieren, aber funktionell inaktiv sind. McDuffie et al. (1979) konnten derartige Komplexe allerdings bei Patienten mit DIG nicht nachweisen.

2. Plasmin-induzierte Veränderungen

a) Einwirkung von Plasmin auf Fibrinogen. Plasmin spaltet Fibrinogen in charakteristische Bruchstücke (X, Y, D und E). Dies hat zur Folge:

— Einen verstärkten Katabolismus von Fibrinogen, was bei entsprechender Intensität der Plasmineinwirkung zum Abfall des Fibrinogenspiegels führt. Starke Verminderungen des Fibrinogens bei DIG sind vorwiegend auf Plasmin- und weniger auf Thrombineinwirkung zurückzuführen.

— Eine erhöhte Konzentration von Spaltprodukten des Fibrinogens und des Fibrins (FSP, FDP) im Blut des Patienten. Eine Erhöhung der FSP ist einer der häufigsten Befunde bei DIG (bei 85% der Patienten nach Spero et al. 1980). Die Erhöhung kann nur geringfügig sein und wird dann auf eine lokale Fibrinolyse zurückgeführt, sie kann bei ausgeprägter plasminbedingter Fibrinogenolyse aber erhebliches Ausmaß erreichen. Die Bestimmung der Spaltprodukte kann mit dem Hämagglutinationshemmtest, dem Staphylokokken-clumping-Test oder immunologisch erfolgen (s. Methoden). Eine Differenzierung zwischen Fibrinogen- und Fibrinspaltprodukten ist mit diesen Methoden nicht möglich. Infolge der Hemmung der Fibrinpolymerisation durch die FSP kommt es zu einer Verlängerung der Thrombinzeit, Reptilasezeit und Thrombinkoagulasezeit. Eine derartige Verlängerung tritt jedoch erst bei Konzentrationen über 100 μg/ml auf, so daß eine normale Thrombinzeit und Reptilasezeit eine leichte Erhöhung der FSP nicht ausschließt.

b) Plasmin führt zu einer Proteolyse von Faktor V und VIII, so daß bei Vorliegen einer starken sekundären Fibrinolyse diese beiden Faktoren oft stark vermindert sind.

c) Plasmin wird durch Antiplasmin (alpha$_2$-Antiplasmin) und in zweiter Linie durch alpha$_2$-Makroglobulin inaktiviert. Auch hier kommt es zur Bildung von Komplexen, die sich mit Hilfe der zweidimensionalen Elektrophorese im antikörperhaltigen Gel nachweisen lassen. Bei diesem Prozeß treten neue Antigene (Neoantigene) auf, die sich immunologisch nachweisen lassen (Bini u. Collen 1978). Schließlich resultiert bei entsprechender Intensität der Plasminwirkung eine Verminderung von alpha$_2$-Antiplasmin und alpha$_2$-Makroglobulin im Blut.

d) Bei entsprechend starker Aktivierung der Fibrinolyse kommt es auch zu einer Verminderung von Plasminogen.

3. Wirkungen anderer proteolytischer Enzyme auf die Gerinnung

Es ist wahrscheinlich, daß bei manchen Formen der DIG auch andere Fermente als Thrombin und Plasmin in die Zirkulation gelangen. Bei akuter Leukämie und Sepsis wurden Granulozytenproteasen in der Zirkulation nachgewiesen (Egbring et al. 1977), die möglicherweise für die Verminderung von nicht-thrombin- und plasminempfindlichen Proteinen (F XIII:S) verantwortlich sein könnten (Rodeghiero et al. 1980).

4. Veränderungen anderer Gerinnungsfaktoren

Faktor II, VII und X sowie F XI, XIII und Präkallikrein sind bei 1/2 bis zu 2/3 der Patienten vermindert (Hamilton et al. 1978). Die Prothrombinzeit wurde bei 72–98%, der Patienten verlängert gefunden (Hamilton et al. 1978). F VIII R:Ag und F VIII R:RCF sind meist erhöht und deutlich höher als F VIII:C (Spero et al. 1980).

5. Schädigung der Erythrozyten

Die Schädigung von Erythrozyten durch Fibringerinnsel in der Zirkulation kann zu einer Fragmentierung der Erythrozyten und dadurch zu einer mechanisch bedingten hämolytischen Anämie (mikroangiopathische hämolytische Anämie [Brain 1970]) führen. In diesen Fällen lassen sich im Blutausstrich Fragmentozyten nachweisen.

D. Diagnose der DIG

Prinzipiell kann die Diagnose einer DIG nur unter gleichzeitiger Berücksichtigung der klinischen und Laboratoriums-Daten gestellt werden. DIG ist daher eine Diagnose, die niemals aus Laboratoriumsdaten allein, sondern nur bei gleichzeitiger Kenntnis der Klinik gestellt werden darf. Für die Diagnose einer DIG sind daher erforderlich:

1. das Vorliegen eines klinischen Zustandsbildes, das mit der Diagnose vereinbar ist (z.B. Infektion, Tumor etc.),
2. der Nachweis von Laboratoriumsveränderungen, die mit Sicherheit für eine in vivo-Einwirkung von Thrombin mit oder ohne gleichzeitige Plasmineinwirkung sprechen.

Leider gibt es keine allgemein akzeptierten Kriterien, bei Vorliegen welcher klinischer und Laboratoriumsbefunde die Diagnose einer DIG gestellt werden darf. Im strengen Sinne des Wortes müßte schon dann von einer DIG gesprochen werden, wenn entweder eine erhöhte Konzentration von löslichem Fibrin oder eine erhöhte Konzentration von Fibrinopeptid A und B im Plasma gefunden wird. Eine derartige Definition ist jedoch klinisch nicht nützlich, da man derartige Befunde schon während der normalen Gravidität, bei der Einnahme der Pille, während und nach jeder Operation und nach Trauma findet. Vom klinischen Standpunkt aus sollte die Diagnose DIG nur dann gestellt werden, wenn die Aktivierung der Gerinnung mit allen ihren Folgen ein gewisses klinisch relevantes Ausmaß angenommen hat. Dies trifft dann zu, wenn entweder schon eine Hämostasestörung eingetreten ist oder klinische Folgen der Mikrothrombosierung anzunehmen sind. Daraus ergibt sich gleichzeitig, daß eine sichere Diagnose einer DIG häufig nur durch mehrfache Gerinnungsanalysen in entsprechenden zeitlichen Abständen gesichert werden kann.

Bei entsprechender klinischer Situation kann bei *gleichzeitigem* Vorliegen folgender Blutveränderungen die Diagnose einer DIG gestellt werden (Lechner 1973):

1. Absolute Verminderung von Fibrinogen (unter 150 mg%) oder deutlicher Abfall des Fibrinogens bei mehrfachen Kontrollen unabhängig von der Höhe des Fibrinogenspiegels.
2. Thrombozytopenie oder deutlicher Abfall der Thrombozyten bei mehrfachen zeitlich aufeinanderfolgenden Kontrollen.

3. Nachweis einer deutlich erhöhten Konzentration von löslichem Fibrin (positiver Äthanoltest oder positiver Protaminsulfattest).
4. Nachweis der Erhöhung von Fibrinogen-Fibrinspaltprodukten.

Es ist klar, daß bei Verwendung dieser Definition nur bei solchen Patienten die Diagnose einer DIG gestellt wird, bei denen die intravasale Gerinnung bereits ein beträchtliches Ausmaß erreicht hat. Während es in vielen Fällen unter Anwendung dieser Kriterien sehr leicht ist, die Diagnose einer DIG zu stellen (bei geburtshilflicher DIG, bei DIG bei schwerer Hämolyse, Aortenaneurysma oder metastasierenden Tumoren), ergeben sich in anderen Fällen erhebliche Interpretationsprobleme.

Je nach der Grundkrankheit, der Schnelligkeit der Entwicklung der DIG (akut, chronisch) und dem Grad der Aktivierung des fibrinolytischen Systems, können die Befunde sehr variieren (Tabelle 15).

Es gibt eine Reihe von Erkrankungen, die zu einer Gerinnungsstörung, ähnlich wie bei der DIG führen, ohne daß eine DIG im oben definierten Sinn vorliegt:

1. Bei Patienten mit akuten oder chronischen, mittelschweren bis schweren Lebererkrankungen kann eine Befundkonstellation ähnlich wie bei einer DIG vorliegen (vermindertes Fibrinogen, Thrombozytopenie, leicht erhöhte Konzentration der Fibrin(ogen)-Spaltprodukte), die nicht oder nur zu einem sehr geringen Teil auf eine DIG zurückgeht (Straub 1977). Eine DIG in oben genanntem Sinn sollte daher in solchen Fällen nur dann diagnostiziert werden, wenn lösliches Fibrin in eindeutig erhöhter Konzentration (positiver Äthanoltest) nachgewiesen werden kann.
2. Bei Patienten mit Sepsis ist es häufig schwierig zu entscheiden, ob die oft schwere Thrombozytopenie als Folge einer DIG anzusehen ist (Riedler et al. 1971). Der Befund eines erhöhten IgG-Gehalts der Plättchen bei Sepsis (Kelton et al. 1979) zeigt, daß immunologische Mechanismen pathogenetisch eine Rolle spielen. Staphylokokken können auf direktem Weg Plättchen aggregieren (Hawiger et al. 1979) und auf diesem Weg zur Thrombopenie führen. Der Fibrinogenspiegel ist meist normal, und man kann nicht leicht entscheiden, ob möglicherweise eine relative Fibrinogenverminderung vorliegt. Häufig lassen sich leicht erhöhte Spiegel von FSP und bei Anwendung empfindlicher Methoden auch erhöhte Spiegel von Fibrinmonomerkomplexen nachweisen. Nur bei schwerer Thrombopenie (< 50.000) lassen sich regelmäßig Zeichen einer DIG nachweisen (Neame et al. 1980).
3. Bei Patienten, die größere Mengen an Konservenblut erhalten haben, kann Fibrinogen, Faktor V und die Thrombozytenzahl stark vermindert sein, ohne daß eine DIG stärkeren Ausmaßes vorliegt.
4. Leukämiepatienten, die eine Asparaginasetherapie erhalten, haben einen Fibrinogenmangel und Thrombozytenverminderung, ohne daß eine DIG vorliegt.

Tabelle 15. Laborbefunde bei verschiedenen Formen der DIG und primärer Hyperfibrinolyse

	Akute DIG mit ausgeprägter sekundärer Fibrinolyse	Akute DIG mit geringer sekundärer Fibrinolyse	Chronische oder subakute DIG	Ausgeprägte primäre Fibrinolyse
Gerinnungszeit (Lee-White)	in der Regel verlängert oder ungerinnbar, rasche Spontanlyse des Gerinnsels	normal oder leicht verlängert	normal oder leicht verlängert	stark verlängert oder ungerinnbar, rasche Spontanlyse
Prothrombinzeit (Quick)	stark verlängert	mäßig verlängert	mäßig verlängert bis normal	stark verlängert
APTT	stark verlängert	mäßig verlängert, evtl. normal	mäßig verlängert oder normal	stark verlängert
Thrombinzeit, Reptilasezeit, Thrombinkoagulasezeit	stark verlängert, evtl. ungerinnbar	leicht verlängert, evtl. normal	leicht verlängert oder normal	stark verlängert, evtl. ungerinnbar
Äthanoltest	häufig negativ bei sehr niedrigem Fibrinogen	meist stark positiv	meist positiv	negativ
Thrombozytenzahl	vermindert	vermindert	vermindert	normal
Fibrinogen	meist stark vermindert	vermindert (evtl. nur relative Verminderung)	vermindert, evtl. nur relative Verminderung	stark vermindert
Faktor V und VIII-Aktivität	vermindert	vermindert oder normal	meist normal, Faktor VIII evtl. sogar erhöht	vermindert
Antithrombin III	vermindert	vermindert	meist normal	normal
Plasminogen	stark vermindert	leicht vermindert	leicht vermindert	stark vermindert
Fibrin(ogen)-Spaltprodukte	stark vermehrt, evtl. > 1000 μg/ml	leicht bis mäßig erhöht, 10–500 μg/ml	leicht bis mäßig erhöht, 10–500 μg/ml	stark vermehrt
Charakteristische Beispiele	Fruchtwasserembolie, Hitzschlag, Prostatakarzinom	Infektionen, speziell febriler Abort und Chorioamnionitis, akute Hämolyse	Aortenaneurysma, metastasierendes Karzinom	Beginn einer Streptokinase- oder hochdosierten Urokinasetherapie

Tabelle 16. Erkrankungen, die mit DIG einhergehen können

1. Infektionen

- Gramnegative Sepsis, hervorgerufen durch Meningokokken (Waterhouse-Friderichsen-Syndrom), E. coli, Pseudomonas, Klebsiellen, Proteus, Hämophilus, Serratia marcescens
- Schwere grampositive Sepsis durch Pneumokokken (bei Milzexstirpierten), selten durch Staphylokokken oder Streptokokken
- Virusinfektionen: Thailändisches und koreanisches hämorrhagisches Fieber, Gelbfieber, disseminierte Herpesinfektion
- Miliartuberkulose
- Rickettsien: Flecktyphus, Rocky Mountains-Fleckfieber
- Parasiten: Malaria
- Pilze: Aspergillose

2. Komplikationen in der Schwangerschaft und bei der Geburt

- Endotoxinämie bei septischem Abort und Chorioamnionitis
- Vorzeitige Plazentalösung
- Fruchtwasserembolie
- Präeklampsie und Eklampsie
- Dead fetus syndrome (intrauteriner Fruchttod)
- Hydatidiforme Mole
- Abortus, induziert durch Injektion von hypertoner Kochsalzlösung

3. Maligne Erkrankungen

- Metastasierendes Karzinom oder Sarkom: Magen, Kolon, Pankreas, Ovar, Prostata, Lunge, Mamma, selten bei anderen Karzinomen oder Sarkomen
- Leukämie: Häufig bei akuter Promyelozytenleukämie

4. Schwere akute Hämolyse

Inkompatible Bluttransfusion, häm.-urämisches Syndrom, foudroyant verlaufende serologisch (Wärme- oder Kälteantikörper) oder korpuskulär bedingte hämolytische Anämien

5. Erkrankungen der Gefäße

- Gefäßanomalien: Kasabach-Merrit-Syndrom, Klippel-Trenaunay, große Aortenaneurysmen
- Akute ausgedehnte Venenthrombose (Phlegmasia coerulea dolens)

6. Lebererkrankungen

- Portal dekompensierte Leberzirrhose (speziell bei Le Veen-Shunt)
- Akutes Leberversagen
- Anhepatische Phase bei der Lebertransplantation

7. Ausgedehnte Gewebszerstörungen

Massives Trauma, Hitzschlag, ausgedehnte Verbrennungen (evtl. mit Infektion), Traumatisierung thromboplastinreicher Gewebe bei der Operation (Prostata, Lunge)

8. Ausgedehnte Vasulitis

SLE, Purpura fulminans

9. Schlangenbisse

E. Klinik

Die Klinik der DIG ist außerordentlich vielfältig und wird einerseits von den Symptomen der Grundkrankheit, andererseits von den Symptomen, die durch die DIG selbst hervorgerufen werden, bestimmt. In vielen Fällen steht die Symptomatik der Grundkrankheit ganz im Vordergrund, und es fehlen Symptome, die man als direkte Folge der Hämostasestörung ansehen kann. Dies ist häufig bei Schwerkranken auf Intensivstationen (Sepsis, Polytrauma etc.) der Fall. In anderen Fällen tritt die Grundkrankheit zumindest zum Zeitpunkt der Entdeckung der DIG klinisch vollkommen in den Hintergrund, und es sind nur die Folgen der DIG selbst, z.B. in Form einer Gerinnungsstörung, klinisch im Vordergrund. Als Beispiel für diese Situation wäre ein Patient mit großem Aortenaneurysma oder okkultem Karzinom und Blutungsneigung zu nennen.

Eine große Anzahl von Erkrankungen kann mit einer DIG einhergehen (Tabelle 16). In diesem Rahmen soll auf die Klinik der einzelnen Zustände nicht eingegangen werden. Übersichten zu diesem Thema finden sich bei Lasch et al. 1971, Deutsch u. Lechner 1971, Colman et al. 1974, Al-Mondhiry 1975, Rapaport 1977, Hamilton et al. 1978, Mant u. King 1979).

Die Häufigkeit der DIG wird auf 1 von 1000 Spitalsaufnahmen und die Häufigkeit der akuten DIG auf 1 von 2500 Spitalsaufnahmen geschätzt (Mant u. King 1979). Die Letalität von Zustandsbildern, die mit DIG vergesellschaftet sind, ist außerordentlich hoch und betrug in den verschiedenen Serien 49–67% (Hamilton et al. 1978), wobei die schlechte Prognose vor allem auf die meist schwere Grundkrankheit zurückzuführen ist.

Kapitel 6

Plättchenstörungen

A. Morphologie, Funktion und Stoffwechsel normaler Plättchen

1. Morphologie

Übersicht: White 1977

Zirkulierende Plättchen haben eine Scheibenform mit einem Durchmesser von 3–4 μ und einer Dicke von 1 μ.

Ultrastrukturell lassen sich im Plättchen 3 Zonen unterscheiden, die periphere Zone, die Solgelzone und die Plättchengranula.

Die periphere Zone

Sie erfüllt eine Reihe sehr wichtiger Funktionen wie die Reaktion auf Stimuli, die von außen auf das Plättchen einwirken, und die Zell-zu-Zell-Adhäsion. Sie besteht aus 3 Teilen, die verschiedene Funktionen ausüben.

a) Die äußere Zone hat eine Dicke von 150–200 Å, bedeckt die Zellmembran und setzt sich nach innen in das offene kanalikuläre System fort. Infolge ihres Gehaltes an Mukopolysacchariden läßt sie sich elektronenmikroskopisch mit Ruteniumrot darstellen. Neben den Mukopolysacchariden enthält sie eine Reihe von Glykoproteinen (Glykokalix), von denen einige bedeutende biologische Funktionen ausüben (Glykoprotein Ib und Is und IIb/IIIa). Außerdem ist eine Reihe von Gerinnungsfaktoren adsorbiert, von denen ein Teil (Faktor II, VII, IX und X) nur lose gebunden ist, während Faktor V, XI und VIII stärker haften. Ferner wurden Bindungsstellen für Faktor Xa an der Plättchenoberfläche nach erfolgter Freisetzungsreaktion beschrieben (Miletich et al. 1977), wobei gebundener Faktor Xa ein viel stärkerer Prothrombinaktivator ist als freier Faktor Xa (Miletich et al. 1977). Die F Xa-Bindungsstellen haben möglicherweise eine Beziehung zu Faktor V, da sie bei Patienten mit Faktor V-Mangel stark vermindert sind (Miletich et al. 1978). Die Membranaußenschicht bleibt während der Thrombozytenaggregation unverändert.

b) Die Thrombozytenmembran besteht aus 3 Schichten und schützt das Plättcheninnere vor Einflüssen von außen. Sie enthält einen Lipidaktivator der Gerinnung.

c) Der submembranöse Bezirk enthält dünne Filamente, die in die Membran einmünden. Sie dürften für die Erhaltung der Plättchenform, für die Bildung von

Pseudopodien und die Retraktion der Oberflächenprojektionen während der viskösen Metamorphose von Bedeutung sein.

Die Solgelzone

Sie erscheint bei lichtmikroskopischer Betrachtung leer (Hyalomer). Elektronenmikroskopisch findet sich unter der Membran ein zirkuläres Bündel von Mikrotubuli (250 Å, marginales Bündel) und Mikrofilamenten (50 Å). Die Mikrotubuli selbst bestehen wiederum aus 12–15 Filamenten von 50 Å Durchmesser, die parallel angeordnet sind und sich von den freien Filamenten nicht unterscheiden. Diese Strukturen sind für die interne Transformation (z.B. nach Zusatz von Thrombin), die Freisetzungsreaktion und die Retraktion von Bedeutung.

Organellenzone

Die Plättchen enthalten eine Reihe von Granula, Mitochondrien und Glykogenpartikeln.

a) Granula

Unter den Granula lassen sich morphologisch und funktionell 3 Typen unterscheiden:
- α-Granula: Sie sind oval bis rund und werden von einer Membran umschlossen. Ihr Inneres ist mehr oder weniger elektronendicht. Sie enthalten Plättchenfaktor 4, β-Thromboglobulin, Fibrinogen und Platelet-derived growth-factor.
- Dichte Granula (dense bodies – δ-Granula): Sie unterscheiden sich von den α-Granula durch ihren elektronendichten Inhalt. Dense bodies sind sekretorische Organellen, die ATP, ADP, Serotonin und Kalzium enthalten.
- λ-Granula: Sie enthalten eine Reihe saurer Hydrolasen.

b) Mitochondrien

Die Plättchen enthalten eine geringe Anzahl von Mitochondrien, die den metabolischen Pool von ATP enthalten.

Zusätzlich enthalten die Plättchen noch 3 Membransysteme

a) Das offene kanakuläre System, welches mit der Oberfläche kommuniziert und funktionell ein Teil der Zelloberfläche ist.
b) Das dense tubular system, das in unmittelbarer Umgebung der Mikrotubuli liegt und elektronendichtes Material enthält. Es ist möglicherweise für die Bildung der Mikrotubuli von Bedeutung.
c) In manchen Plättchen findet sich ein Golgi-Apparat, dessen Funktion nicht geklärt ist.

2. Plättchenfunktion in vivo und in vitro

Übersichten: Holmsen et al. 1977, Henry 1977, Caen 1980

Adhäsion

Unter Adhäsion versteht man das Haften von Plättchen an fremden Oberflächen. In vivo haften Plättchen an Kollagenfasern und der Basalmembran, jedoch nicht an Leukozyten, Erythrozyten und Endothelzellen. Die Haftung der Plättchen an Kollagen erfolgt über Membranglykoprotein Ib/Is und eine bestimmte Aminosäuresequenz (die ϵ-Lysingruppen enthält) im Kollagenmolekül. Die Brücke wird durch den von Willebrand-Faktor hergestellt, für den die oben genannten Strukturen am Plättchen und Kollagen als Rezeptor dienen.

Die Adhäsion kann unter experimentellen Bedingungen am besten an der Rattenaorta (Tschopp et al. 1974) studiert werden. Unter diesen Bedingungen zeigen sowohl Bernard-Soulier-Plättchen als auch Plättchen von Patienten mit Willeband-Syndrom keine Adhäsion. Für in vitro-Testungen wird häufig auch die Plättchenretention in Glasperlensäulen verwendet (Salzmann 1963, Niessner 1972). Die Adhäsion an Glas hängt jedoch von anderen Faktoren als die Adhäsion in vivo ab. So ist für die Adhäsion an Glas Fibrinogen und Kalzium erforderlich, und die Plättchen müssen zunächst aktiviert werden, z.B. durch Einwirkung von ADP.

Formwandel

Unter dem Einfluß verschiedener Stimuli wandeln sich die scheibenförmigen Plättchen innerhalb von wenigen Sekunden in Kugeln mit Pseudopodien um. Dieser Prozeß ist kalziumunabhängig und läßt sich auch im EDTA-Milieu gut nachweisen. Bei Verwendung eines Aggregometers äußert sich der Formwandel in einer Zunahme der optischen Dichte. Der Formwandel geht ohne Volumenveränderung vor sich. Abkühlen von Plättchen führt zu einem Formwandel ohne nachfolgende Aggregation. Der Formwandel kann in vitro morphologisch mit Hilfe der Interferenz-Mikroskopie quantitativ erfaßt werden (Bamberg et al. 1978).

Aggregation

Als Aggregation bezeichnet man die Haftung von Plättchen aneinander. Für die Aggregation ist Kalzium, Fibrinogen und räumliche Annäherung der Plättchen (im Aggregometer durch konstantes Rühren erzeugt) erforderlich.

Die Aggregation kann am besten mit dem Aggregometer nach Born (1962) photometrisch verfolgt werden. Das Eintreten der Aggregation äußert sich in einer Abnahme der optischen Dichte. Niedrige Konzentrationen von ADP und Adrenalin verursachen eine reversible Aggregation: die optische Dichte sinkt zunächst ab, nimmt dann wieder zu und erreicht schließlich wieder den Ausgangswert. Diese primäre oder reversible Aggregation ist der direkte Effekt der zugegebenen aggregierenden Substanz. Nimmt man geringgradig höhere Konzentrationen von ADP oder Adrenalin, kommt es zu einer zweiphasigen Kurve, indem auf die primäre Aggregation eine zweite Aggregationsphase folgt, die irreversibel ist. Während der zweiten Phase der Aggregation wird ADP aus dem Plättchen freigesetzt. Es ist wahrscheinlich, daß dieses ADP für diese zweite Phase verantwortlich ist. Es ist allerdings nicht sicher, ob immer ADP für eine sekundäre Aggregation erforderlich ist. Eine zweiphasige Reaktion mit ADP läßt sich nur bei Verwendung von Zitratblut erzielen (niedrige Kalziumkonzentration). Die Plättchenaggregation wird durch hohe Zitratkonzentrationen, EDTA, Spaltprodukte des Fibrinogens sowie durch Substanzen gehemmt, die der aggregierenden Substanz ähnlich sind und dadurch den Rezeptor besetzen. Im Falle des ADP sind dies ATP, 6-Methylthio-AMP, 2-Chloro-AMP und 2-Chloro-Adenosin. Auch Enzyme, die ADP zerstören, hemmen die ADP-induzierte Aggregation. Glucosamin hemmt die Kollagen-induzierte und Hirudin die Thrombin-induzierte Plättchenaggregation. Alpha-Blocker wie Phentolamin und Dihydroergotamin hemmen die Adrenalin-induzierte Aggregation und Serotoninantagonisten die Serotonin-induzierte Aggregation.

Freisetzungsreaktion (Sekretion)

Durch entsprechende Stimuli können die Inhaltsstoffe sowohl der dichten Granula als auch der α-Granula freigesetzt werden, wobei die Inhaltsstoffe der dichten Granula leichter freigesetzt werden als die α-Granula. Nur starke Induktoren wie Thrombin, Trypsin und Schlangengifte führen auch zu α-Granula-Sekretion. Aspirin hemmt die Sekretion der dichten Granula, aber nicht der α-Granula. Während der Freisetzungsreaktion verschwinden die Granula, da sie in die Einstülpungen der Plasmamembran sezerniert werden (Ginsberg et al. 1980).

Die Freisetzungsreaktion wird durch trizyklische Antidepressiva (Imipramin), Substanzen, die auf das kontraktile System der Plättchen wirken (Cholchicin, Vinblastin) und nicht-steroidale entzündungshemmende Mittel wie Aspirin, Indomethazin und Phenylbutazon gehemmt.

Im Prinzip zeigen Plättchen auf verschiedene Stimuli eine einheitliche Reaktionskette: Formwandel, Aggregation und Freisetzungsreaktion (basic platelet reaction nach Holmsen et al. 1977). Ob die Plättchen alle Stufen der Reaktionskette durchmachen oder nur einen Teil, hängt einerseits von der Art und Stärke des Stimulus, andererseits vom Zustand der Plättchen ab (Tabelle 17).

Tabelle 17. Plättchenreaktionen bei Einwirkung verschiedener Stimuli (nach Holmsen 1977)

	Formwandel	Aggregation	Sekretion von δ-Gran.	Sekretion von α-Gran.
ADP (< 1 μmol)	————————	————→		
ADP (> 1 μmol)	————————	————————	————→	
Adrenalin		————————	————→	
Serotonin	————————	————————	— — — — →	
Thrombin	————————	————————	————————	————→
Kollagen	————————	————————	————————	— — — — →
Antigen-Antikörper-Komplexe	————————	————————	————→	

— Der Zusatz von kleinen Mengen ADP (unter 1 μmol) führt nur zu einem Formwandel und reversibler Aggregation.

— Bei ADP-Konzentrationen über 2 μmol kommt es hingegen zur irreversiblen Aggregation und Freisetzung von Inhaltsstoffen der dichten Granula, während die der α-Granula nur geringgradig freigesetzt werden.

— Bei Zusatz von Thrombin kommt es auch zur Freisetzung der Inhaltsstoffe der α-Granula.

— Thrombasthenische Plättchen können nach Kollagenzusatz nicht aggregieren, zeigen jedoch Volumenveränderung und Freisetzungsreaktion.

— Plättchen von Patienten mit storage pool disease setzen keine Inhaltsstoffe der dichten Granula, jedoch die der α-Granula frei.

Auslösung der basalen Plättchenreaktion

Niedermolekulare Substanzen

Hier muß zwischen solchen Substanzen unterschieden werden, die in das Plättchen eindringen und solchen, die nicht in das Plättchen eindringen.

ADP ist ein Beispiel für eine Substanz, die nicht in das Plättchen eindringt. Der Wirkungsmechanismus von ADP ist Gegenstand vieler Hypothesen. Nach neueren Untersuchungen dürfte ADP die Membran so verändern, daß Fibrinogen und Kalzium an das Plättchen gebunden werden und dadurch die Aggregation ausgelöst wird.

Im Gegensatz zu ADP werden die Induktoren Adrenalin und Serotonin durch die Plättchen aufgenommen. Aufnahme und Induktion dürften jedoch zwei verschiedene Prozesse sein, die nicht direkt miteinander zusammenhängen.

Proteolytische Enzyme

Thrombin, Trypsin und andere proteolytische Enzyme können eine Plättchenaggregation auslösen. Thrombin dürfte an ein Rezeptorprotein in der Plättchenmembran gebunden werden. Der durch Thrombin veränderte Rezeptor löst dann die Sekretion von Kalzium, ADP und ATP aus.

Verschiedene kolloidale Substanzen

wie Kollagen, Latexpartikel, unlösliche Immunkomplexe können Aggregation auslösen.

Andere Aggregations- (oder Agglutinations-)auslösende Substanzen

a) Rinder- und Schweinefaktor VIII

Plasma und Faktor VIII-Konzentrate aus Rinder- und in geringerem Maße aus Schweineplasma führen zur Plättchenaggregation. Abspaltung von Neuraminsäure von menschlichem Faktor VIII führt zu einem Protein, das ebenfalls Plättchen aggregiert. Boviner Faktor VIII führt nicht nur zu einer Aggregation, sondern auch zur Sekretion.

b) Ristocetin

Ristocetin führt in Gegenwart von Willebrand-Faktor zur Aggregation der Plättchen und zur Freisetzungsreaktion. Die Aggregation mit Ristocetin fehlt bei Patienten mit schwerem Willebrand-Syndrom (Fehlen des Cofaktors) und Patienten mit Bernard-Soulier-Syndrom (Fehlen des Plättchenrezeptors).

c) Polylysin

Polylysin führt kalziumunabhängig zu einer irreversiblen Agglutination ohne Formwandel und Sekretion.

d) Concanavalin A

Concanavalin A führt zur Sekretion und zur Aggregation aktivierte Plättchen.

3. Stoffwechsel der Plättchen

Energiestoffwechsel

Plättchen enthalten als Energieträger ATP. Dieses befindet sich einerseits in den Mitochondrien (metabolischer Pool), andererseits in der dichten Granula (nicht-metabolischer Pool). ATP entsteht etwa zur Hälfte durch anaerobe Glykolyse, zum anderen Teil durch den Krebszyklus und Hexose-Monophosphat-Shunt. Energieabhängige Prozesse sind Retraktion, Aggregation, Freisetzungsreaktion, Phagozytose und Membrantransport. Plättchen enthalten eine bestimmte Menge cAMP. Dieses wird durch die Cyclase aus ATP gebildet und durch Phosphodiesterase abgebaut. Erhöhung des cAMP (infolge Aktivierung der Adenylcyclase oder Hemmung der Phosphodiesterase) reduziert die Aggregierbarkeit der Plättchen.

Prostaglandinstoffwechsel (Burch u. Majerus 1979)

Unter dem Einfluß verschiedener Substanzen (Induktoren der Thrombozytenaggregation) entsteht aus Membranphospholipid Arachidonsäure. Arachidonsäure wird im Plättchen rasch in verschiedene Oxydationsprodukte umgewandelt, die größtenteils sehr instabil sind. Der Abbau kann über zwei Wege erfolgen, den Lipooxygenaseabbau und über die Zyklooxygenase. Der wichtigere Abbauweg ist der Zyklooxygenaseweg, wodurch die zyklischen Endoperoxyde entstehen, aus denen das stark plättchenaggregationsfördernde Thromboxan A_2 entsteht. Dieses wird durch weitere Enzyme zu inaktiven Abbauprodukten abgebaut ($PGF_{2\alpha}$). In den Endothelzellen wird Thromboxan A_2 durch die Prostacyclinsynthetase in das aggregationshemmende Prostacyclin umgewandelt. Die Zyklooxygenase wird durch Azetylierung durch Aspirin irreversibel und durch Indomethazin und andere nicht-steroidale antiinflammatorische Substanzen reversibel gehemmt. Die Förderung der Plättchenaggregation durch Prostaglandinderivate dürfte einen modifizierenden Effekt auf die durch verschiedene Induktoren ausgelöste Aggregation haben.

Plättchenlipide

Plättchen enthalten erhebliche Mengen an Phospholipiden, die größtenteils an der Membran lokalisiert sind. Phosphotidylcholin und Sphingomyelin sind hauptsächlich an der Plättchenoberfläche lokalisiert, während Phosphatidyl-Äthanolamin und Phosphatidylserin hauptsächlich in der inneren Membran nachweisbar sind.

Plättchenproteine (Niewiarowski 1980)

Plättchen enthalten eine Reihe von Proteinen, von denen β-Thromboglobulin (β-TG) und Plättchenfaktor 4 (Pf 4) am besten charakterisiert sind und auch diagnostische Bedeutung erhalten haben.

Pf 4 und β-TG bestehen aus einer einzigen Proteinkette und haben ein Molekulargewicht von 7780 bzw. 8800. Diese Untereinheiten der beiden Proteine bilden bei physiologischer Ionenstärke Tetramere. Die Aminosäuresequenz von β-TG und Pf 4 haben eine etwa 50%ige Homologie. Low affinity-Pf 4 hat gemeinsame Antigen-Determinanten mit β-TG, ist aber immunologisch unterschiedlich von Pf 4. Pf 4 bindet sich an Heparin mit hoher Affinität, während β-TG und low affinity-Pf 4 eine niedrigere Affinität haben. β-TG entsteht offenbar durch limitierte Proteolyse von low affinity-Pf 4, indem eine positive Ladung (Lysin) entfernt wird, weshalb β-TG mehr elektronegativ geladen ist. Man kann annehmen, daß low affinity-Pf 4 durch Plättchen sezerniert wird und dann durch eine aus den Plättchen stammende hitzestabile Protease in β-TG übergeführt wird. Antikörper gegen β-TG erfassen auch low affinity-Pf 4 und plättchenbasisches Protein, so daß mit dem Radioimmunoassay alle diese drei Proteine erfaßt werden.

B. Verminderung der Plättchenzahl (Thrombozytopenie)

Einteilung und Nomenklatur

Thrombopenien können nach verschiedenen Gesichtspunkten eingeteilt werden.

1. Verlauf

Nach dem Verlauf unterscheidet man akute und chronische Thrombozytopenien. Von einer akuten Thrombozytopenie spricht man, wenn bei einem Patienten plötzlich, häufig innerhalb eines Tages, sich eine schwere Blutungsneigung, bestehend aus Petechien, Hämatomen und Schleimhautblutungen, entwickelt und als Ursache dieser Blutungen eine (meist schwere) Thrombozytopenie gefunden wird. Akut verlaufen in der Regel die medikamentös-allergische Thrombozytopenie, die postinfektiöse Thrombozytopenie und bestimmte symptomatische Thrombozytopenien, wie bei malignen Bluterkrankungen (z.B. akute Leukämie).

2. Schwere

Eine allgemein akzeptierte Einteilung nach der Schwere existiert nicht. Bei Thrombozytenwerten unter $50.000/mm^3$ spricht man von einer schweren Thrombozytopenie, bei Werten zwischen 50.000 und 100.000 von einer mittelschweren und bei Werten von 100.000 bis 150.000 von einer leichten Thrombozytopenie. Die Schwere der klinischen Erscheinungen geht grob parallel mit der Thrombozytenzahl. Die tatsächliche Blutungsneigung hängt jedoch neben der Zahl auch von der Funktion der Plättchen und dem Alter des Patienten ab. Bei der chronischen ITP ist die Blutungsneigung auch bei Plättchenzahlen unter 20.000 meist sehr gering, weil hauptsächlich junge, aktive Plättchen vorhanden sind. Bei der Panzytopenie und Leukämie kann auch bei Thrombozytenzahlen zwischen 20.000 und 50.000 die Spontanblutungsneigung erheblich sein.

3. Ätiologie

Nach der Ätiologie unterscheidet man zwischen symptomatischen Thrombozytopenien, bei denen die Thrombozytopenie Teilsymptom einer Grundkrankheit (z.B. hämatologische maligne Erkrankungen, systemischer Lupus erythematodes) ist, medikamentös-allergischen Thrombozytopenien, der postinfektiösen Thrombozytopenie und der chronischen, idiopathischen Thrombozytopenie. Diese ätiologische Abgrenzung wird häufig jedoch nicht scharf eingehalten, da z.B. die postinfektiöse Thrombopenie häufig auch als akute idiopathische Thrombozytopenie bezeichnet wird.

Als immunologische Thrombozytopenien bezeichnet man solche Formen, bei denen immunologische Vorgänge an der Genese beteiligt sind, wie bei der chronischen idiopathischen Thrombozytopenie, der postinfektiösen Thrombozytopenie, der medikamentös-allergischen Thrombozytopenie und bestimmten symptomatischen Formen der Thrombozytopenie (wie beim SLE, Evans-Syndrom usw.).

4. Pathogenese

Nach der Pathogenese kann man zwischen Thrombozytopenien infolge verminderter Bildung (wie bei den meisten symptomatischen Formen), infolge vermehrter Zerstörung in der Zirkulation (immunologisch oder durch Thrombin bei der Verbrauchskoagulopathie) und zwischen Thrombozytopenie durch Plättchen-pooling in der Milz (bei Splenomegalie) unterscheiden.

Ursachen der Thrombozytopenie

Eine Thrombozytopenie kann auf verschiedene Weise zustandekommen. Tabelle 18 gibt eine Übersicht über die verschiedenen möglichen Ursachen einer Thrombozytopenie.

Tabelle 18. Ursachen der Thrombozytopenie

---

1. Bildungsstörung

a) Reduzierte Thrombopoese (Megakaryozyten vermindert)
- Angeboren
  - Thrombopoetinmangel
  - Fanconi-Anämie
- Erworben
  - Markschädigung durch Cytostatica und Bestrahlung
  - Markinfiltration bei Leukämie, Lymphom, Karzinom
  - Panzytopenie
  - Medikamentös: Thiazide, Alkohol

b) Gestörte Thrombopoese (Reifungsstörung der Thrombozyten)
- Angeboren
  - May-Hegglinsche Anomalie
  - Wiskott-Aldrich-Syndrom
- Erworben
  - Vitamin B_{12}-Mangel
  - Folsäuremangel

2. Verstärkte Zerstörung in der Peripherie

- durch Antikörper
  - Autoantikörper (ITP, SLE, lymphoproliferative Erkrankungen)
  - Alloantikörper
    - HLA-Antikörper (feto-maternale Inkompatibilität)
    - Anti-PL^{A1}-Antikörper (posttrransfusionelle Purpura)
  - Medikamentös induzierte Antikörper
  - Thrombotische thrombopenische Purpura? hämolytisch-urämisches Syndrom?
- nicht-immunologisch
  - mechanische Schädigung
  - Aggregation durch Thrombin (DIG)
  - medikamentös induzierte Aggregation (Ristocetin, Behandlung mit Schweine- oder Rinder-AHG)
  - Verlust durch massive Blutung mit nachfolgendem Ersatz durch thrombozytenarmes Blut

3. Verstärkte Sequestration

- Splenomegalie

4. Mehrere Ursachen verantwortlich

- Sepsis, Urämie, Lebererkrankung

Laboratoriumsbefunde

1. Die Thrombozytenzahl ist definitionsgemäß vermindert. Es ist zu beachten, daß bei Thrombozytenzahlen unter 50.000 die meisten halbautomatischen oder automatischen Zählgeräte zu hohe Werte ergeben (s. methodischer Teil) und daher immer eine Kammerzählung durchgeführt werden sollte.

2. Die morphologische Untersuchung der Thrombozyten sollte bei Feststellung einer Thrombozytopenie nie unterlassen werden

- bei chronischer ITP sind die Plättchen meist groß und in Ausstrichen von nichtantikoaguliertem Blut gut ausgebreitet,
- bei myeloproliferativen Erkrankungen (z.B. Osteomyelofibrose) findet sich
  eine Plättchenanisozytose mit Riesenplättchen und Megakaryozytenfragmenten,
- das Vorkommen von sehr großen Thrombozyten muß den Verdacht auf eine
  May-Hegglin-Anomalie lenken, bei Wiskott-Aldrich-Syndrom sind die Plättchen
  sehr klein.

3. Die Blutungszeit nach Duke ist bei einer Plättchenzahl unter 50.000 meist, aber
   nicht immer verlängert. Bei der Blutungszeitbestimmung nach Borchgrevink ist die
   Blutungszeit bei Thrombozytenzahlen unter 50.000 immer, bei Thrombozytenzahlen zwischen 50.000 und 100.000 häufig verlängert.

4. Der Prothrombinverbrauchstest und die Amplitude im TEG sind bei schweren
   Thrombozytopenien meist pathologisch. Die Retraktion ist vermindert.

5. Die Funktion der Plättchen kann am besten mit dem Ausbreitungstest festgestellt
   werden.

6. APTT, Prothrombinzeit und Thrombinzeit sind normal, wenn nicht eine zusätzliche Störung vorliegt (Leberschaden, Lupushemmstoff).

Sinnvolle Laboratoriumsuntersuchungen bei einem Patienten mit Thrombozytopenie

1. Hämostaseuntersuchungen

obligat
- Blutungszeit
- Prothrombinzeit
- APTT

fakultativ
- zur Abschätzung der Thrombozytenfunktion: Prothrombinverbrauch, Retraktion,
  Thrombelastogramm, Ausbreitungsfähigkeit
- bei Verdacht auf DIG: Fibrinogen, FDP
- Überlebenszeit der Thrombozyten mit Feststellung des Hauptabbauortes (vor
  Splenektomie)

2. Hämatologische Untersuchungen

obligat
komplettes Blutbild mit Differentialblutbild

fakultativ
Knochenmarksuntersuchungen (nur bei Verdacht auf hämatologische Grunderkrankung)

3. Immunologische Untersuchungen

obligat: keine

fakultativ

- Nachweis von Thrombozytenantikörpern (nur in wenigen Laboratorien möglich)
- bei akuter ITP: Virusantikörper (Röteln etc.)
- bei chronischer ITP: Antinukleäre Antikörper
- Anti-PL^{A1}: bei Verdacht auf posttransfusionelle Purpura
- HLA-Typisierung (wenn zu erwarten ist, daß viele Thrombozytentransfusionen verabreicht werden müssen)

Akute postinfektiöse Purpura (akute ITP)

Die akute postinfektiöse ITP ist eine gutartige, selbstlimitierende Erkrankung, die folgendermaßen charakterisiert ist:

- Vorkommen hauptsächlich bei Kindern mit einem Häufigkeitsgipfel zwischen 2 und 6 Jahren. Bei Personen im mittleren Lebensalter ist die Erkrankung ausgesprochen selten, die Häufigkeit steigt jedoch wiederum mit zunehmendem Alter an.
- Klinisch akuter Beginn mit Petechien, Hämatomen, Schleimhautblutungen. Schwerwiegende Blutungen wie zerebrale Blutungen sind außerordentlich selten.
- Thrombozytenzahl meist unter 10.000/mm^3.
- Neben der Thrombozytopenie findet sich häufig (bei 80%) eine relative Lymphozytose, eine geringe Lymphknotenschwellung und bei einem Fünftel der Fälle eine leichte Eosinophilie. Im Knochenmark findet man bei Normozellularität eine erhöhte Zahl von Megakaryozyten und Eosinophilen.
- Bei 80% der akuten kindlichen ITP geht der Thrombozytopenie ein Virusinfekt voraus, wobei die Latenzzeit 7 bis 21 Tage beträgt. Die Art des Virusinfekts kann häufig nicht geklärt werden. Relativ häufig finden sich Röteln, Masern oder Varizellen als auslösende Infektionen. Bei akuter ITP im höheren Alter läßt sich ein derartiger vorangehender Infekt häufig nicht erheben.
- Die Plättchenzahl kehrt ohne jede Therapie meist innerhalb von wenigen Wochen bis spätestens Monaten zu Normalwerten zurück. Bei etwa 10% der Patienten geht die akute ITP jedoch in eine chronische Form über, wobei während der akuten Phase eine diesbezügliche Voraussage nicht möglich ist.
- Bei Verwendung verschiedener Methoden zum Autoantikörpernachweis können Antikörper nur in einem sehr geringen Prozentsatz der Patienten nachgewiesen werden. Das Plättchen-IgG ist erhöht.
- Die Plättchenüberlebenszeit ist verkürzt, der Plättchendurchmesser ist im Durchschnitt auf das 1 1/2fache vergrößert.

In den meisten Fällen ist die akute ITP ein einmaliges Ereignis. Bei einer geringen Anzahl von Patienten kann es jedoch nach Jahren, evtl. sogar nach Jahrzehnten, zu einer neuerlichen ähnlichen Episode kommen, wobei wiederum ein Virusinfekt vorangehen kann, aber nicht muß.

Chronische idiopathische thrombopenische Purpura (chronische ITP)
(McMillan 1981)

Die chronische ITP ist eine bei Frauen im mittleren Lebensalter vorkommende, lang anhaltende, meist starke Verminderung der Plättchenzahl ohne identifizierbare Grundkrankheit. Die Erkrankung ist klinisch und laboratoriumsmäßig folgendermaßen charakterisiert:

— Vorkommen hauptsächlich bei Frauen (Ratio Frauen zu Männer 4—5:1), meistens im 3. und 4. Lebensjahrzehnt.
— Schleichender Beginn. Der Beginn der Erkrankung kann selten exakt festgelegt werden. Sie wird häufig erst bei operativen Eingriffen, Zahnextraktionen oder beim routinemäßigen präoperativen Screening entdeckt. Die Patientinnen geben dann häufig an, daß schon jahrelang eine Neigung zu Hämatomen, Nasenbluten und Menorrhagien vorhanden gewesen wäre.
— Die Blutungsneigung ist trotz oft stark reduzierter Thrombozytenzahl überraschend gering und äußert sich in Hauthämatomen, gelegentlichem Nasenbluten, bei Frauen in Menorrhagien.
— Die Thrombozytenzahl ist häufig unter 20.000, kann jedoch auch höher sein. Wenn nicht eine Behandlung durchgeführt wird, ist die Thrombozytenzahl über Monate und Jahre konstant.
— Morphologisch finden sich überwiegend Megathrombozyten. Die Blutungszeit ist meist deutlich verlängert, ist bezogen auf die Thrombozytenzahl jedoch weniger lang als bei Patienten mit Thrombozytopenie infolge mangelnder Bildung von Thrombozyten.
— Die Überlebenszeit der Thrombozyten ist mehr oder weniger stark verkürzt.
— Die Megakaryozyten im Knochenmark sind normal oder vermehrt. Es finden sich häufig Zeichen einer Unreife der Megakaryozyten mit mangelnder Abschnürung von Plättchen.
— Die Menge des Plättchen-assoziierten IgG ist bei ca. 80% der Patienten erhöht (Müller-Eckhardt et al. 1080), dieser Befund ist aber nicht spezifisch für die chronische ITP.

Medikamentös allergische Thrombozytopenie

Die Einnahme bestimmter Medikamente kann bei entsprechend prädisponierten Patienten zu einer akuten schweren Thrombozytopenie führen. Eine große Zahl von Berichten über medikamentös induzierte Thrombopenie liegt vor (Übersicht: Aster 1977). Bei nur wenigen Medikamenten wie Sedormid, Chinin, Chinidin, Fuadin und Digitoxin wurde der kausale Zusammenhang mit dem Medikament durch in vitro-Tests gesichert. Die akute medikamentös-allergische Thrombozytopenie ist folgendermaßen charakterisiert:

— Akuter Thrombozytensturz (meist unter 10.000/mm^3) innerhalb von Stunden nach Einnahme auch kleinster Mengen des Medikaments mit konsekutiver schwerer Blutungsneigung.

– Noch vor Auftreten der Blutungsneigung Wärmegefühl, Schüttelfrost und Hautrötung, selten Schocksymptome.
– Rascher Wiederanstieg der Plättchen innerhalb von 3–4 Tagen und Verschwinden der Blutungsneigung, wenn das Medikament nicht weiter verabreicht wird.
– Neuer Thrombzytensturz bei Reexposition.
– Nachweis der Antikörper in vitro.

Eine Sonderstellung nimmt die durch Goldtherapie induzierte Thrombozytopenie ein. Obwohl sie auch antikörperbedingt ist, beginnt die Thrombopenie erst mit einer Latenzzeit von ein bis mehreren Wochen nach Applikation des Medikamentes und verschwindet auch bei Absetzen der Goldtherapie erst nach Wochen oder Monaten.

Methoden zum Nachweis von Thrombozytenantikörpern

Übersichten: Müller-Eckhardt 1977, 1978, Müller-Eckhardt et al. 1980

Die Diagnostik immunologisch bedingter Thrombozytopenien hat in den letzten Jahren große Fortschritte gemacht. Es steht heute in entsprechend spezialisierten Laboratorien eine Reihe von Tests zur Verfügung, die eine Differenzierung verschiedener Thrombozytenantikörper ermöglicht (Tabelle 19). Mit gewissen Vorbehalten ermöglichen diese Tests eine Differenzierung, ob bei einem Patienten mit einer Thrombozytopenie ein Autoantikörper, ein Alloantikörper gegen plättchenspezifische oder HLA-Eigenschaften der Thrombozyten oder ein medikamentös bedingter Antikörper vorhanden ist.

Tabelle 19. Methoden zum Nachweis von Thrombozytenantikörpern und Interpretation der Ergebnisse (Müller-Eckhardt 1978)

	Autoantikörper	Alloantikörper		Medikamentös-allergische Antikörper	Immunkomplexe
		plättchenspezifisch	HLA		
Lymphotoxizitätstest	negativ	negativ	positiv	negativ	negativ
Mikrokomplementbindungsreaktion mit Thrombozyten	negativ	positiv (negativ) [a]	negativ (positiv) [b]	negativ (positiv) [c]	negativ
^{14}C-Serotoninfreisetzungstest	negativ	positiv (negativ) [a]	negativ (positiv) [b]	negativ (positiv) [c]	positiv
Direkter Radioimmun-Antiglobulintest	positiv	negativ	negativ	negativ	negativ (?)
Indirekter Radioimmun-Antiglobulintest (Müller-Eckhardt 1978)	positiv	positiv	positiv	negativ (positiv) [c]	negativ (?)

[a] Komplementfixierende Antikörper geben eine positive, blockierende nicht komplementfixierende Antikörper eine negative Reaktion
[b] negativ mit schwachen, positiv mit starken HLA-Antikörpern
[c] positiv in Anwesenheit des Medikamentes

1. Nachweis der Autoantikörper

Es kann heute als gesichert angesehen werden, daß die idiopathische thrombopenische
Purpura, insbesondere die chronische Form, durch Autoantikörper hervorgerufen ist.
Der Nachweis dieser Antikörper erwies sich als sehr schwierig, da sie nicht Komple-
ment fixieren und offenbar zu einem großen Teil an die Plättchen adsorbiert sind.
Plättchenautoantikörper können entweder als zellgebundene Antikörper durch
Bestimmung des Plättchen-IgG oder als freie Antikörper in Serum nach Anlagerung
an Fremdthrombozyten bestimmt werden.

Bestimmung des plättchenassoziierten IgG. Befunde verschiedener Untersucher haben
ergeben, daß bei Patienten mit chronischer ITP die Menge des an Plättchen gebunde-
nen IgG mehr oder weniger deutlich erhöht ist. Die Bestimmung des Plättchen-IgG
erfolgt am besten mit dem direkten Radioimmunantiglobulintest (Müller-Eckhardt
et al. 1978, Cines u. Schreiber 1979).

Andere Methoden, die zur Bestimmung des Plättchen-IgG ebenfalls geeignet sind,
sind der Fab-anti-Fab-Test (Luiken et al. 1977) oder der Hämagglutinationshemmtest
(Dixon u. Rosse 1975). Der Nachweis des Plättchen-IgG durch Immunfluoreszenz ist
quantitativ schwierig zu bewerten und hat eine geringe Sensitivität.

Bei chronischer ITP ist die Menge des Plättchen-IgG bei etwa 61–100% (von
dem Borne et al. 1980) der Patienten erhöht (Müller-Eckhardt et al. 1980). Alle
Subklassen in IgG lassen sich an den Plättchenoberflächen nachweisen (Hymes et al.
1980), selten auch IgG und IgM (von dem Borne et al. 1980).

Die Menge des Plättchen-IgG ist invers proportional zur Plättchenzahl und zur
Überlebenszeit der Plättchen. Je höher das Plättchen-IgG, desto niedriger die Plättchenzahl und desto kürzer die Thrombozytenüberlebenszeit (Kernoff et al. 1980).
Therapie mit Steroiden (Cines u. Schreiber 1979) und Splenektomie führt zur Verminderung des Plättchen-IgG.

Der Nachweis einer erhöhten Menge von Plättchen-IgG ist jedoch nicht spezifisch
für die chronische ITP. Erhöhtes Plättchen-IgG findet sich auch bei Sepsis mit
Thrombozytopenie (Kelton et al. 1979), chronisch lymphatischer Leukämie, Plasmo-
zyton, posttransfusioneller Purpura (Cines et al. 1980) und vielen anderen Erkrankungen (Müller-Eckhardt et al. 1980). Freie Autoantikörper können mit dem indi-
rekten Radioimmun-Antiglobulintest nachgewiesen werden, finden sich jedoch nur
bei etwa 30% von Patienten mit chronischer ITP. Der indirekte Radioimmun-Antiglobulintest ist jedoch auch bei Vorliegen von Alloantikörpern positiv. Eine Differenzierung zwischen Allo- und Autoantikörpern ist daher nur durch zusätzliche Durchführung anderer immunologischer Tests (s. Tabelle 19) möglich.

Früher häufig verwendete Methoden zum Nachweis von Autoantikörpern wie
Plättchenfaktor 3-Freisetzungstest, Serotonin-Freisetzungstest, Agglutinationstests
sind zum Nachweis von Autoantikörpern nicht geeignet und daher heute obsolet.

2. Nachweis von Alloantikörpern

Alloantikörper können entweder durch den Mikrokomplementbindungstest mit
Thrombozyten oder durch den Serotonin-Freisetzungstest nachgewiesen werden.
Alloantikörper können entweder gegen plättchenspezifische Antigene wie PL^{A1}
(posttransfusionelle Purpura) oder gegen HLA-Antigene gerichtet sein.

3. Nachweis medikamentös-allergischer Antikörper

Diese Antikörper können mit dem Mikrokomplementbindungstest oder Serotonin-Freisetzungstest in Gegenwart des auslösenden Medikamentes nachgewiesen werden. Die Hemmung der Retraktion durch Zusatz des Medikamentes oder der Aggregation in Gegenwart des Medikamentes ist ebenfalls geeignet, diese Methoden sind jedoch viel weniger empfindlich.

C. Störungen der Plättchenfunktion (Thrombopathien)

Übersichten: Hardisty 1977, Lusher u. Barnhart 1977, White 1977, Zucker 1977, Weiss 1975, 1980, Nurden u. Caen 1979

Hereditäre Thrombopathien

Hereditäre Thrombopathien sind zwar seltene Erkrankungen, beanspruchen jedoch insofern großes Interesse, als ihr Studium sehr wesentlich zur Kennntnis der Physiologie und Pathophysiologie der Plättchenfunktion beigetragen hat. Nach der Art der vorherrschenden Störung unterscheidet man Defekte der Plättchenadhäsion, der Plättchenaggregation und der Freisetzungsreaktion.

1. Defekte der Adhäsion

Bernard-Soulier-Syndrom (BSS) (Bernard u. Soulier 1948). Das BSS ist eine seltene hereditäre Thrombopathie, die autosomal rezessiv vererbt wird. Klinisch äußert sie sich in mittelschweren bis schweren Schleimhaut- und Hautblutungen sowie posttraumatischen Blutungen.

Durch die Untersuchungen von Nurden u. Caen (1975, 1979) wurde gezeigt, daß die grundlegende biochemische Abnormalität der BSS-Plättchen in einem Fehlen der Membranglykoproteine Is und Ib liegt. Dieser Defekt dürfte für die fehlende Adhäsion der Plättchen am Subendothel und die fehlende Aggregation dieser Plättchen durch Ristocetin verantwortlich sein. Es wird angenommen, daß die Glykoproteine Is/Ib als Rezeptor für den von Willebrand-Faktor dienen, der als Brücke zwischen Plättchen und dem Subendothel dient. Während beim von Willebrand-Syndrom der brückenbildende von Willebrand-Faktor (ebenfalls ein Glykoprotein) vermindert oder funktionell defekt ist, fehlt beim Bernard-Soulier-Syndrom die Bindungsstelle für den von Willebrand-Faktor an den Plättchen.

Die beim Bernard-Soulier-Syndrom feststellbaren funktionellen und morphologischen Abnormalitäten der Plättchen sind in Tabelle 20 dargestellt. Charakteristisch für das BSS sind: Fehlende Aggregation nach Zusatz von Ristocetin und bovinem Faktor VIII bei normaler Aggregation durch ADP und Kollagen. Als weitere auffällige Störung findet sich ein gestörter Prothrombinverbrauch, der auf eine mangelnde Bindung von Gerinnungsfaktoren (F XI, Walsh 1975) an die Plättchen zurückgeführt wird. Ferner zeigen BSS-Plättchen auffällige morphologische Abnormalitäten. Die

Tabelle 20. Plättchenfunktionsstörungen bei verschiedenen angeborenen und erworbenen Thrombopatien

	Plättchen-zahl	Blutungs-zeit	Reaktion mit Subendothel		Retention (Glas)	Aggregation mit				
			Adhä-sion	Aggre-gation		ADP, Adrenalin		Kolla-gen	Arachi-don-säure	Risto-cetin
						1. W.	2. W.			
Bernard-Soulier-Syndrom	n–↓↓	↑↑	↓	n	↓	n	n	n	–	f
Thromb-asthenie	n	↑↑	n	↓	↓↓	f	f	f	f	n
Storage pool disease	n (↓)	↑	n (↓)	↓	↓	n	f	↓	n	n
Aspirin-like defect	n	↑	n	↓	↓	n	↓	↓	↓	n
Wiscott-Aldrich-Syndrom	↓↓	↑↑	–	–			↓	↓		
Urämie	n–↓	n–↑↑	–	–	↓↓	n–↓	n–↓	n–↓		
Essentielle Thrombo-zythämie	↑–↑↑	n–↑	–	–	↓	n–↓	n–↓	n–↓		
v.Willebrand-Syndrom	n	↑–↑↑	↓		↓–↓↓	n	n	n (↓)	n	n–f
Afibrinogen-ämie	n	n–↑			↓	↓	↓			

Abkürzungen: n = normal; ↓ = vermindert; ↓↓ = stark vermindert; f = fehlend; ↑ = verlängert;

Mehrzahl der Plättchen sind Riesenplättchen, die ultrastrukturell als Folge einer Vakuolosierung und starker Ausprägung des Surface-connected-Kanalsystems und des dichten tubulären Systems das Aussehen von Schweizer Käse haben (Niewierowski et al. 1969, White u. Gerrard 1976).

Ein IgG-Antikörper bei einem polytransfundierten Patienten mit BSS, der wahrscheinlich gegen Glykoprotein Is und Ib gerichtet ist, wurde von Degos et al. (1977) beschrieben.

Die Assoziation eines BSS mit einem Alport-Syndrom (hereditäre Nephritis und Taubheit) wurde von Epstein et al. (1972) und ein erworbenes BSS-Syndrom bei eosinophiler Leukämie von Wautier et al. (1977) beschrieben.

| Boviner F VIII | Plättcheninhalt | | Freisetzung von | | Retraktion | Plättchen-morphologie | Sonstige Abnormalitäten; Bemerkungen |
	ATP ADP	Pf 4	ATP ADP	Pf 3			
f	n	n	n	n	n	Riesenplättchen (,,Schweiz.Käse")	Gestörter Prothrombinver-brauch
n	n (↓)	n	n	↓	f–↓↓	unauffällig	Vermind. v. Plättchen-fibrinogen u. Pl^{A1}, fehlende Aggregation mit Concanavalin A
–	↓	n–↓	↓	n–↓	n	–	–
–	n	n	↓	n–↓	n	–	–
	↓		↓			Mikroplättchen, Granula vermindert	Homologe Plättchen haben verkürzte Überlebenszeit
				n–↓		–	–
							Adrenalin-induzierte Aggregation fehlend oder ↓ ↓, evtl. Spontanaggregation
↓	n	n	n	n	n	normal	Alle Defekte durch Faktor VIII korrigierbar
				↓			Alle Defekte durch Fibrinogen korrigierbar

↑ ↑ = stark verlängert

2. Defekte der Aggregation

a) Thrombasthenie

Die Thrombasthenie ist das klassische Beispiel einer primär gestörten Aggregation der Plättchen.

Die Thrombasthenie ist unter den kongenitalen Thrombopathien die häufigste Störung. Sie wird autosomal dominant oder rezessiv vererbt, Konsanguinität in den Familien ist relativ häufig. Klinisch ist die Erkrankung durch Haut- und Schleimhautblutungen sowie posttraumatischen und postoperativen Blutungen charakterisiert. Auffällig ist die Tatsache, daß unabhängig von den Laboratoriumsbefunden die Schwere der Blutungsneigung bei verschiedenen Patienten recht unterschiedlich ist und die Blutungsneigung im Alter abzunehmen scheint.

Die Laboratoriumsbefunde (Tabelle 20) sind in erster Linie durch ein Fehlen der Aggregation bei Zusatz von ADP, Adrenalin, Kollagen und Thrombin charakterisiert, während die Plättchen normal mit Ristocetin und bovinem Faktor VIII aggregieren. Die nach Zusatz von ADP zu beobachtenden frühen morphologischen Veränderungen wie Form- und Volumenveränderungen der Plättchen sind bei der Thrombasthenie normal nachweisbar. Als weitere charakteristische Störung findet sich eine fehlende oder verminderte Retraktion, während die Adhäsion an Subendothel und Kollagen und die Freisetzungsreaktion normal sind.

Die Retention der Plättchen in Glasperlensäulen ist stark herabgesetzt (Niessner 1972) und die Availability von Plättchenfaktor 3 nach Zusatz von Kaolin und ADP stark vermindert oder fehlend. Morphologisch zeigen die Plättchen weder licht- noch elektronenmikroskopisch charakteristische Veränderungen (Lechner et al. 1967).

Die beschriebenen Störungen sind auf eine Verminderung oder Fehlen der Plättchenmembran-Glykoproteine IIb/IIIa zurückzuführen (Nurden u. Caen 1979). Glykoprotein IIb/IIIa ist die Bindungsstelle für Fibrinogen an der Plättchenoberfläche (Caen 1980), der Mangel dieses Glykoproteins erklärt daher die mangelnde Fähigkeit der thrombasthenischen Plättchen, Fibrinogen zu binden. Bei einem Teil der Patienten fehlt Plättchenfibrinogen vollständig, bei anderen ist es vorhanden, aber vermindert. Thrombasthenische Plättchen haben auch einen verminderten Gehalt an plättchenspezifischem Alloantigen Pl^{A1} (Kunicki u. Aster 1978). Es wird vermutet, daß dieses Antigen mit Glykoprotein IIb/IIIa assoziiert ist. Andere Störungen, deren Deutung nicht ganz klar ist, wie Enzymdefekte, Verminderung von Plättchen-F VIII R:Ag, Verminderung von Membranaktomyosin und zyklische Agglutination-Desagglutination nach Ristocetin wurden bei einer Reihe von Patienten beschrieben (Chediak et al. 1979).

Patienten mit Thrombasthenie, die wiederholt Transfusionen erhalten hatten, können einen präzipitierenden IgG-Antikörper gegen Membranglykoproteine IIb/IIIa bilden (Levy-Toledano et al. 1978). Dieser Antikörper hat inzwischen auch diagnostische Bedeutung erhalten, insbesondere zur Diagnostik von Heterozygoten (Phillips u. Poh-Agin 1977). In jüngster Zeit wurden auch Hybridomantikörper gegen Glykoprotein IIb/IIIa hergestellt.

b) Andere Störungen der Aggregation

Eine verminderte ADP- und Kollagen-induzierte Aggregation wurde beim Adenosindesaminasemangel beschrieben (Schartz et al. 1979).

3. Defekte des "storage pool" und der Freisetzungsreaktion

Gemeinsam ist diesen Erkrankungen, daß die Plättchen nach Zusatz von Kollagen nicht oder vermindert aggregieren und es nach Zusatz von ADP und Adrenalin zwar zu einer primären Aggregation (1. Welle) kommt, eine zweite Welle jedoch fehlt (Hardisty u. Hutton 1967, Weiss 1975). Ursache dieser Störung ist eine verminderte Freisetzung von Plättchenbestandteilen, insbesondere von ADP. Lages u. Weiss (1980) haben allerdings kürzlich zwei Patienten mit typischer SPD beschrieben, die eine sekundäre Aggregation mit ADP und Adrenalin hatten. Weitere Untersuchungen haben gezeigt, daß die verminderte Freisetzung von ADP entweder auf einen verminderten Gehalt der Speicherorganellen (dense granules) von ADP (storage pool disease) oder auf eine gestörte Freisetzung von ADP bei normalem storage pool (Aspirin-like Defekt) zurückzuführen ist. Bei einer dritten Form der Störung, die man bei Glykogenspeichererkrankungen findet, sind die Plättchennukleotide ebenfalls vermindert, die ATP-ADP-Ratio ist jedoch normal, (Hutton et al. 1976).

a) Storage Pool Disease (SPD)

Die SPD ist pathogenetisch heterogen. Die Störung kann als hereditäre Erkrankung ohne sonstige kongenitale Störungen auftreten (storage pool deficiency) und wird autosomal vererbt. Tritt sie in Zusammenhang mit einem tyrosinasepositiven okulokutanen Albinismus und Auftreten von Pigment in Makrophagen auf, spricht man von einem Hermansky-Pudlak-Syndrom (Hermansky u. Pudlak 1959). Ein verminderter storage pool wurde auch bei Patienten mit Wiscott-Aldrich-Syndrom, bei der Thrombozytopenie mit fehlendem Radius und beim Chediak-Higashi-Syndrom (partieller oculokutaner Albinismus, Infektionsneigung infoge gestörter Phagozytosefunktion der Neutrophilen und Makarophagen) beobachtet.

Bei der Laboratoriumsuntersuchung findet man charakteristischerweise eine verminderte oder fehlende Aggregation mit Kollagen und eine fehlende zweite Welle bei der Aggregation mit ADP und Adrenalin (Tabelle 20). Der ATP- und ADP-Gehalt der Plättchen ist vermindert, wobei die ATP/ADP-Ratio hoch ist. Auch der Gehalt an 5-HT-Adrenalin, Noradrenalin und Dopamin ist herabgesetzt (Lorez et al. 1979). Elektronenmikroskopisch fehlen charakteristischerweise die dichten Granula (dense bodies). Die Verminderung der aminspeichernden Organellen läßt sich auch durch Färbung mit Mepacrin fluoreszenzmikroskopisch nachweisen (Lorez et al. 1979).

Weiss et al. (1979) haben auf der Basis elektronenmikroskopischer und biochemischer Analysen der Plättchen von Patienten mit SPD eine neue Klassifizierung der storage pool-Defekte vorgeschlagen (Tabelle 21). Die Befunde von Weiss et al. (1979) zeigen, daß die SPD auch hinsichtlich der Art des Speicherdefekts heterogen ist. Neben Patienten, bei denen ein reiner δ-Granuladefekt (δ-SPD) vorliegt, wie beim Albinismus, gibt es andere Patienten, die zusätzlich einen totalen oder partiellen α-Granuladefekt haben ($\alpha_p\delta$ und αδ-SPD). Beim "gray platelet syndrom" sind nur die α-Granula defekt (α-SPD).

b) "Aspirin-like" Defekt der Plättchen

Auch diese Störung ist pathogenetisch heterogen. Als erworbener Defekt tritt diese Störung nach Aspirin-Verabreichung auf, wobei der medikamentös induzierte Defekt sich von dem bei Patienten mit angeborener Störung dieser Art dadurch unterscheidet, daß bei letzterem die Plättchenadhäsivität herabgesetzt ist, was nach Aspirin-Einnahme nicht der Fall ist.

Das Aggregationsverhalten der Plättchen beim "Aspirin-like" Defekt ist gleich wie bei der storage pool disease, der ATP/ADP-Gehalt der Plättchen ist jedoch normal und nur die Freisetzung gestört.

Tabelle 21. Storage pool-Defekte (SPD) (nach Weiss et al. 1979, Nurden et al. 1980)

Bezeichnung		δ-SPD	$\alpha_p\delta$-SPD	$\alpha\delta$-SPD	α-SPD
Morphologische Abnormalitäten (elektronenmikroskopisch)	δ-Granula (dense granula)	0	0	0	⊥
	α-Granula	⊥	↓	↓↓	↓↓
	Mitochondrien	⊥	⊥	⊥	⊥
Inhaltsstoffe der δ-Granula	ATP	↓	⊥–↓	⊥	–
	ADP	↓↓	↓↓	↓	–
	5-HT	↓↓	↓–↓↓	↓	–
	Ca^{++}	↓↓	↓	↓	–
Inhaltsstoffe der α-Granula	Pf 4	⊥	↓	↓↓	–
	β-TG	⊥	↓	↓	–
	PDGF [a]	⊥	⊥	↓↓	–
	Fibrinogen	⊥	⊥–↓	↓	↓
Saure Hydrolasen	(lysosomal)	⊥	⊥	⊥	⊥
Sonstiges		Ein Teil der Fälle mit Albinismus (Hermansky-Pudlak-Syndrom)	Phospholipid-Abnormalität Glykoprotein IV ↑		Gray platelet-Syndrom (Fehlen von Glykoprotein Ig (Thrombospondin)

[a] PDGF = platelet derived growth factor;   0 = fehlend;   ↓ = vermindert;   ↓↓ = stark vermindert;
⊥ = normal;   – = nicht untersucht

Im Falle der Aspirin-bedingten Störung geht die Störung wahrscheinlich auf eine Hemmung der Zyklooxygenase zurück. Bei einigen Patienten mit hereditärem "Aspirin-like" Defekt wurde tatsächlich ein Zyklooxygenasemangel gefunden (Malmsten et al. 1975, Lagarde et al. 1978, Pareti et al. 1980). Die Plättchen solcher Patienten aggregieren nicht nach Zusatz von Arachidonsäure und bilden kein TxB$_2$ nach Zusatz von Thrombin. Der "Aspirin-like" Defekt könnte aber auch auf mangelndes Ansprechen der Plättchen auf Thromboxan A$_2$ oder einen Defekt der Kalziummobilisierung zurückgehen.

4. Defekte der gerinnungsfördernden Aktivität der Plättchen

Defekte dieser Art wurden in der älteren Literatur häufig beschrieben. Neuere Untersuchungen (Miletich et al. 1979) haben gezeigt, daß eine mögliche Ursache für eine solche Störung die gestörte Bindung von Faktor Xa infolge verminderter Bindung von Faktor V sein könnte.

Erworbene Störungen der Plättchenfunktion

Übersichten: Malpass u. Harker 1980, Weiss 1977

Plättchenfunktionsstörungen können im Gefolge verschiedener Erkrankungen und nach Einnahme von Medikamenten (Tabelle 22) auftreten.

Während bei den angeborenen Störungen der Plättchenfunktion der Mechanismus und zum Teil auch die Ursache der gestörten Plättchenfunktion sehr gut bekannt ist, ist dies bei den erworbenen Störungen meist nicht der Fall, was möglicherweise darauf zurückgeht, daß in diesen Fällen mehrere Faktoren ursächlich eine Rolle spielen.

1. Erworbene Thrombozytenfunktionsstörungen bei verschiedenen Erkrankungen
(Tabelle 23)

a) Die Thrombzytenfunktionsstörungen bei Urämie, Paraproteinämie und Leukämie sind in den entsprechenden Kapiteln behandelt.

b) Thrombozytenfunktionsstörungen während und nach kardiopulmonalem Bypass: Neben der Thrombozytopenie, der Heparinwirkung und der erhöhten fibrinolytischen Aktivität dürften während des kardiopulmonalen Bypasses entstehende Plättchenfunktionsstörungen für die Blutungsneigung während und nach einem kardiopulmonalen Bypass von Bedeutung sein. Während des kardiopulmonalen Bypasses kommt es zu einer deutlichen Verlängerung der Blutungszeit und einer Freisetzung von α-Granula, während die dichten Granula unverändert bleiben (Malpass et al. 1980). Bei den meisten Patienten wird die Blutungszeit nach Ende des Bypasses wieder normal, die Normalisierung der α-Granula erfordert hingegen längere Zeit. Da der Zusatz von Prostazyklin während des Bypasses die Freisetzung von α-Granula vermindert, ist es wahrscheinlich, daß während des Bypasses eine Aktivierung der Plättchen erfolgt, die anschließend in einem refraktären Zustand sind, ähnlich wie nach ADP-Zugabe.

2. Erworbene Plättchenfunktionsstörungen als Folge von Medikamenteneinnahme

a) Aspirin und nicht-steroidale Antirheumatika hemmen die Zyklooxygenase (Burch et al. 1978), wobei diese durch Aspirin irreversibel, durch die nicht-steroidalen Antirheumatika reversibel gehemmt wird. Da Aspirin die in den zirkulierenden Plättchen vorhandene Zyklooxygenase irreversibel inaktiviert, hält der durch Aspirin hervorgerufene Aggregationsdefekt über Tage an, bis die mit Aspirin in Kontakt gekommenen Plättchen durch neue Plättchen ersetzt sind. Plättchen von Patienten, die Aspirin eingenommen haben, zeigen eine fehlende oder abgeschwächte Aggregation mit Kollagen und nach Zugabe von ADP ein Fehlen der zweiten Welle. Die Adhäsivität an Glasperlen ist nicht reduziert und die Blutungszeit auch bei Verwendung empfindlicher Methoden nur mäßig verlängert (Mielke et al. 1969).

b) Bestimmte synthetische Penicilline wie Carbenicillin (Brown et al. 1974) und in geringerem Ausmaß auch Ticarcillin sowie Ampicillin und Cephalotin sind starke

Tabelle 22. Effekt verschiedener Medikamente auf die Blutungszeit und verschiedene Plättchentests (nach Malpass u. Harker 1980)

	Blutungszeit	Aggregation nach Zusatz von				Adhäsion	Blutungs-neigung	Wirkungsmechanismus
		ADP	Adrenalin	Kollagen	Arachidonsäure			
Dipyridamol	0	0	0	0	−	± [a]	0	unbekannt
Dextran (60−100 g)	↑					↓ [b]	+	
Carbenicillin (300−400 mg/kg)	↑						+	Bindung an Membran-glykoproteine?
Reserpin und ähnliche Substanzen	0	?	?	?		−		Entleerung der α-Granula
Aspirin		↓	↓	↓	↓	0	±	Hemmung der Zyklo-oxygenase
Indomethazin		↓	↓	↓	↓	−	0	Reversible Hemmung der Zyklooxygenase
Vitamin E (1800 E)			↓			−	0	?
Clofibrat		↓				↓	0	?
Hydroxychloroquin	0	↓		↓			0	?

[a] hemmt Adhäsion von Plättchen an Fibrinogen-bedeckter Oberfläche
[b] Adhäsion an Glas

Tabelle 23. Erworbene Störungen der Plättchenfunktion (nach Malpass u. Harker 1980)

	Krankheiten	Medikamente
Störungen der Adhäsion	Urämie	Dipyridamol
Störungen der Aggregation	Hyperfibrinolyse Paraproteinämie (IgA, IgM)	Dextrane Semisynthetische Penicilline
Storage pool defect	Herz-Lungenmaschine Immunologisch bedingte Freisetzung (ITP, Autoimmunerkrankungen)	Reserpin, Phenothiazine Trizyklische Antidepressiva
Freisetzungsstörungen (Aspirin-artiger Defekt)	Leukämien, Präleukämie Myeloproliferative Erkrankungen	Aspirin Nicht-steroidale Antirheumatika, Furosemid, Nitrofuradantin, Alkohol
Störungen des Nukleidstoffwechsels	−	Phosphodiesterasehemmer (Theophyllin, Papaverin)

Aggregationshemmer. Sie hemmen bei entsprechender Konzentration die ADP-induzierte Aggregation und verlängern die Blutungszeit. Aggregationshemmende Spiegel von Carbenicillin werden vor allem bei niereninsuffizienten Patienten, aber auch bei normaler Nierenfunktion erreicht. Die durch diese Antibiotika hervorgerufene Plättchenfunktionsstörung kann unter bestimmten Umständen (z.B. postoperativ, bei gleichzeitiger Thrombozytopenie) eine erhebliche klinische Bedeutung gewinnen. Die Ursache der durch diese Medikamente ausgelösten Plättchenfunktionsstörung ist noch nicht im Detail bekannt, doch gibt es Hinweise dafür, daß diese Substanzen Membranrezeptoren für ADP und Willebrand-Faktor blockieren könnten.

c)   Substanzen, die zu einer Freisetzungsreaktion aus den dichten Granula führen, wie Reserpin, Phenothiazine und ähnliche Substanzen, führen nur zu geringfügigen Störungen der Plättchenfunktion und zu keiner Blutungsneigung.

d)   Dextran führt in einer Dosis von 60—100 g zu einer Verlängerung der Blutungszeit, einer verminderten Plättchenretention an Glasperlen und einer verminderten Verfügbarkeit von Plättchenfaktor 3 (Weiss 1967). Diese Veränderungen sind wahrscheinlich die Ursache der erhöhten Blutungsneigung bei Verabreichung solcher Substanzen und vermutlich auch verantwortlich für den antithrombotischen Effekt von Dextran. Der Wirkungsmechanismus könnte in einer Veränderung der Plättchenmembran oder Veränderung von Plasmaproteinen, die für die Aggregation erforderlich sind, liegen.

e)   Einnahme großer Mengen von Alkohol führt zu einer Verlängerung der Blutungszeit und zu einer Störung der Plättchenaggregation. Diese Effekte sind noch stärker ausgeprägt, wenn als Folge des Alkoholkonsums eine Thrombozytopenie auftritt. Die Ursache dieser Wirkungen des Alkohols könnte in einer Hemmung der Endoperoxydsynthese liegen.

Kapitel 7

Fibrinolyse

A. Biochemie des fibrinolytischen Systems

1. Biochemie von Plasminogen und Plasmin

Übersichten: Kaplan et al. 1978, Wohl et al. 1979, Heimburger
1980, Collen 1980

a) Plasminogen

Humanplasminogen ist ein Glykoprotein mit einem Molekulargewicht von 91.000 Dalton. Es besteht aus einer Peptidkette mit 790 Aminosäuren, die 5 homologe Schleifen (Kringel) bilden. Die N-terminale Aminosäure im nativen Molekül ist Glutaminsäure (Glu-Plasminogen). Nach Einwirkung von Plasmin hat Plasminogen infolge limitierter Proteolyse als N-terminale Aminosäure Lysin (Lys-Plasminogen). Lys-Plasminogen hat eine höhere Affinität zu Fibrin, ist leichter aktivierbar und hat eine kürzere biologische Halbwertzeit. Die Reinigung von Plasminogen gelingt leicht durch Affinitätschromatographie an Lysin-substituierter Sepharose, da Plasminogen eine hohe Affinität zu Lysin-Seitenketten besitzt. Mit diesen Lysin-Bindungsstellen haftet Plasminogen auch am Fibrin(ogen) (Wiman u. Wallen 1977). Plasminogen wird wahrscheinlich in der Leber, den Eosinophilen des Knochenmarks und in der Niere gebildet. Die Synthese erfolgt sehr rasch. Die biologische Halbwertzeit von Glu-Plasminogen ist beim Menschen 2,0–2,5 Tage, der Abbau erfolgt wahrscheinlich nicht über Aktivierung im fibrinolytischen System.

b) Plasmin

Human-Plasmin besteht aus zwei Aminosäureketten, die durch Reduktion von Disulfidbrücken in eine H(A)- und L(B)-Kette zerlegt werden können. Die H(A)-Kette hat ein MG von 65.000 und enthält die Lysin-Bindungsstelle, mit der sich Plasmin an Fibrin und α_2-Antiplasmin bindet. Die L(B)-Kette hat ein MG von 25.000 und enthält das aktive Zentrum. Die L-Kette ist sehr ähnlich anderen Serinproteasen und kann mit Streptokinase Plasminogenaktivator bilden. Plasmin ist eine Serinprotease und spaltet neben Fibrinogen auch Prothrombin, Faktor V und VIII. Es aktiviert Faktor XII, Faktor VII sowie Komponenten des Komplementsystems und führt zur Plättchenaggregation. Plasmin ist normalerweise nicht im Plasma nachweisbar.

c) Aktivierung von Plasminogen

Die Aktivierung von Plasminogen erfolgt nach dem Prinzip einer limitierten Proteolyse durch Spaltung einer Arg-Val-Bindung unter gleichzeitiger Konformationsänderung des Moleküls. Am besten studiert ist die Aktivierung durch Urokinase und Streptokinase. Urokinase spaltet eine Arg-Val-Bindung am C-terminalen Ende. Durch das entstehende Plasmin entsteht aus Glu-Plasminogen Lys-Plasminogen und Aktivierungspeptid, die ihrerseits wiederum die Aktivierung von Plasminogen fördern (positiver "feed-back"-Mechanismus). Die Plasminogenaktivierung durch Urokinase wird begünstigt (enhancement) durch Fibrin, niedere Konzentration von EACA und ein kationisches Protein aus eosinophilen Leukozyten (Dahl u. Venge 1979).

Die Aktivierung von Plasminogen durch Streptokinase erfolgt in anderer Weise. Streptokinase ist ein einkettiges Protein mit einem MG von 47.000. Es ist selbst proteolytisch inaktiv, hat jedoch eine hohe Affinität zu Human-Plasminogen und bildet mit diesem einen äquimolaren Komplex. Durch Faltung und Konformationsänderung entsteht ein Plasmin-Streptokinase-Komplex, der Aktivatorwirkung hat. Nach Heimburger (1980) kann man den Aktivator als ein Plasminmolekül betrachten, das durch die Reaktion mit Streptokinase die Spezifität gewonnen hat, andere Plasminogenmoleküle zu aktivieren. Aktivator wird im Gegensatz zu Plasmin nicht von Inhibitoren inaktiviert, bindet sich aber wie Plasmin an Fibrin.

2. Aktivierung von Plasminogen

Übersichten: Ogston 1977, Haverkate u. Brakman 1980

Plasminogenaktivatoren lassen sich in Plasma, verschiedenen Körperzellen (Endothelzellen, Epithelzellen, Synovia, Leukozyten, Karzinomzellen) und Körperflüssigkeiten (Harn, Speichel, Samenflüssigkeit) nachweisen und werden auch durch Mikroorganismen (β-hämolytische Streptokokken) erzeugt. Alle Plasminogenaktivatoren entfalten ihre Wirkung durch die Spaltung einer Arg-Val-Bindung. Nach ihren biologischen, biochemischen und immunologischen Eigenschaften lassen sich verschiedene Plasminogenaktivatoren unterscheiden.

a) Gewebsaktivator

Aktivatoren der Fibrinolyse können aus Lunge, Herz, Niere, Milz, Darm, Prostata und Uterus mit Thiocyanat extrahiert werden. Aus dem Uterus gewonnener menschlicher Gewebsaktivator hat ein MG von 69.000 (Rijken et al. 1979) und läßt sich durch Reduktion von Disulfidbrücken in zwei kleinere Moleküle mit einem MG von 31.000 und 38.000 spalten. Rijken et al. (1980) haben gezeigt, daß die Gewebsaktivatoren der verschiedenen genannten Organe immunologisch identisch sind. Es wird angenommen, daß dieser Gewebsaktivator bedeutsam für die Lyse von extravasalem Fibrin und damit für die Wundheilung ist. Leukozyten (vor allem Monozyten) produzieren ebenfalls Plasminogenaktivator, während Promyelozyten eine Elastase enthalten, die ein Miniplasminogen (MG 38.000) abspaltet, das keine Affinität zu Fibrin hat (Sottrup-Jensen et al. 1978). Bedeutung für Tumorwachstum und Metastasierung könnte ein in Tumorzellen nachgewiesener Fibrinolyseaktivator haben (Reich 1975).

b) Gefäßaktivator (exogener Blutaktivator)

Gefäßaktivator ist aus Gefäßendothel isoliert worden und hat ein MG von 56.000 bis 80.000 (Pepper u. Allen 1978, Binder et al. 1979). Endothelzellen, vor allem der kleineren Venen, enthalten einen potenten Plasminogenaktivator (Todd 1959), der spontan oder auf verschiedene Stimuli wie Thrombin (Kitaguchi et al. 1980) und körperliche Belastung (Marsh u. Gaffney 1980) in der Zirkulation freigesetzt wird. Die kontinuierliche Freisetzung dieses Aktivators ist wahrscheinlich für die geringe spontane fibrinolytische Aktivität im Blut verantwortlich. Es ist wahrscheinlich, daß Uterus- und Endothelaktivator identisch sind, da ein Antiserum gegen Uterusaktivator auch Endothelaktivator inaktiviert (Rijken et al. 1979).

c) Urokinase

Urokinase wird von Nierentubuluszellen gebildet und im Harn ausgeschieden. Sie liegt in zwei Formen vor, einer niedermolekularen Form (MG 33.000) und einer hochmolekularen Form (MG 54.700) (Lesuk et al. 1967). Urokinase ist immunologisch nicht identisch mit dem Gewebs- und Endothelaktivator.

d) Endogener Aktivator (Faktor XII-abhängiger Aktivator)

Fibrinolytische Aktivität kann auch allein aus im Blut zirkulierenden Proteinen entstehen (endogenes fibrinolytisches System). Diese fibrinolytische Aktivität läßt sich in vitro durch Zusatz von Dextransulphat zu Plasma hervorrufen (Astrup u. Rosa 1974). Dextransulphat führt einen Proaktivator (F XII, F XI oder Präkallikrein?) in den endogenen Aktivator über (Kluft et al. 1979). Diese Aktivität ist unabhängig von Tagesschwankungen und kann auch durch körperliche Anstrengung und Venenstau nicht gesteigert werden. Ein Antiserum gegen Uterusaktivator inaktiviert diese Aktivität nicht, hingegen wird sie durch C1-Inaktivator inaktiviert, wodurch die Differenzierung von Endothelaktivator möglich ist (Kluft 1978). Die physiologische und pathologische Bedeutung des endogenen Aktivators ist bisher noch nicht bekannt.

e) Andere Plasminogenaktivatoren

Plasminogenaktivator wird auch durch die neutrophilen Leukozyten produziert (Granelli-Piperno et al. 1977, Moroz et al. 1979) und ist auch in Milch, Tränenflüssigkeit, Speichel, Samenflüssigkeit und Galle nachweisbar (Ogston 1977).

3. Abbau von Fibrinogen und Fibrin durch Plasmin

Übersichten: Gaffney 1977, Budzinsky u. Marder 1977, Lane 1981

Charakteristisch für die Fragmentation von Fibrinogen und Fibrin durch Plasmin ist der Ablauf der Spaltung in mehreren Stufen, wobei Bruchstücke verschiedener Größe entstehen und die Tatsache, daß diese Fragmentation des Moleküls asymmetrisch erfolgt. Die Bruchstücke, die bei Plasmineinwirkung auf Fibrinogen, nicht-vernetztes Fibrin und vernetztes Fibrin entstehen, sind zum Teil identisch, zeigen als Folge der erfolgten Quervernetzung jedoch auch deutliche Unterschiede. Die Spaltung des Fibrinogenmoleküls durch Plasmin erfolgt primär am C-terminalen Ende des Moleküls, während Thrombin am N-terminalen Ende des Fibrinogenmoleküls angreift.

a) Die Fragmentierung des Fibrinogenmoleküls durch Plasmin

— Am Beginn der Plasmineinwirkung auf Fibrinogen werden vom C-terminalen Ende der Aα-Ketten Peptide (A, B, C) abgespalten, während die Bβ-Ketten und γ-Ketten unversehrt bleiben. Das auf diese Weise entstandene Fibrinogenbruchtück wird als Fragment X bezeichnet. Fragment X ist keine homogene, definierte Substanz. Es hat ein Molekulargewicht zwischen 240.000 und 300.000 je nach dem Grad der erfolgten Proteolyse. Fragment X ist zum Teil noch gerinnbar.

— In einer zweiten, etwas langsameren Reaktion erfolgt die Abspaltung eines Peptides (MG 6000) vom N-terminalen Ende der Bβ-Kette und die Abspaltung von 3 Ketten an einer Seite des Fragmentes X. Das abgespaltene 3kettige Protein wird als Fragment D bezeichnet und der verbleibende Teil des Fibrinogens als Fragment Y. Fragment Y hat ein Molekulargewicht von 155.000 und ist biochemisch ziemlich homogen.

— Fragment Y wird unter weiterer Einwirkung von Plasmin langsam in die Endprodukte der Fibrinogenolyse: Fragment D (MG 85.000) und Fragment E (MG 50.000) gespalten. Fragment D enthält die C-terminalen Enden der 3 Ketten des Fibrinogens, während Fragment E ein Dimer aus 2 × 3 Polypeptidketten ist, die durch Disulfidbrücken zusammengehalten werden und im wesentlichen dem Disulfidknoten am N-terminalen Ende der Fibrinogenketten entspricht.

— Fragment E enthält variable Mengen von Fibrinopeptid A, jedoch kein Fibrinopeptid B. Fragment D ist hinsichtlich Ladung und Molekulargewicht heterogen und kann durch weitere Plasminlyse noch in kleinere Fragmente gespalten werden.

Bei extensiver Lyse von Fibrinogen durch Plasmin entstehen somit aus einem Mol Fibrinogen 2 Mol Fragment D und 1 Mol Fragment E sowie die Peptide A, B, C.

b) Einwirkung von Plasmin auf nicht-vernetztes Fibrin

Die aus nicht-vernetztem Fibrin entstehenden Spaltprodukte sind nahezu identisch mit denen des Fibrinogens, mit der Ausnahme, daß Fragment E kein Fibrinopeptid A enthält.

c) Einwirkung von Plasmin auf vernetztes Fibrin

Durch die Quervernetzung der γ-Ketten und noch mehr bei zusätzlicher Quervernetzung der α-Ketten wird das Fibrinmolekül gegenüber der Einwirkung von Plasmin resistenter. Obwohl wahrscheinlich im Prinzip auch hochmolekulare Fragmente (X und Y) entstehen, sind diese nicht löslich, sondern werden in der Struktur des Fibrins durch die Vernetzung der Ketten festgehalten. Als charakteristisches Endprodukt der Plasminfragmentierung des quervernetzten Fibrins entsteht das γ-γ-Dimer, ein D-Dimer-E-Komplex (Gaffney et al. 1975), Fragment D und E sowie weitere noch nicht identifizierte Endprodukte. Im Thrombus vorhandenes Fibrin ist stets als komplett quervernetzt anzusehen und daher relativ resistent gegenüber der Plasmineinwirkung. Bei therapeutisch induzierter Fibrinolyse wäre der Nachweis eines γ-γ-Dimers in der Zirkulation ein sicherer Beweis für die erfolgte Lyse von im Thrombus enthaltenem Fibrin. Der Nachweis des γ-γ-Dimers ist jedoch derzeit nur mit komplizierten Gel-elektrophoretischen Methoden möglich und eine quantitative Messung schwierig (Merskey et al. 1980, Lane et al. 1978).

d) Entstehung von Neoantigen durch Einwirkung von Plasmin und Thrombin auf Fibrinogen

Neoantigene sind immunologische Determinanten, die im nativen Fibrinogen nicht vorhanden sind. Ihr Nachweis könnte ein empfindlicher Parameter für den fibrinolytischen oder Thrombin-induzierten Abbau von Fibrinogen sein. Radioimmunologische Methoden zum Nachweis von E- (Chen u. Schulof 1979), D- (Plow u. Edgington 1973) und DD-Neoantigen (Budzinski et al. 1979) wurden entwickelt.

4. Inhibitoren der Fibrinolyse

Übersichten: Collen 1980, Steinbuch 1980

Inhibitoren der Fibrinolyse können gegen die Aktivierung von Plasminogen (Anti-Aktivator) oder gegen Plasmin (Antiplasmin) gerichtet sein.

Anti-Aktivatoren. Anti-Aktivatoren sind biochemisch und in ihrer Wirkungsweise noch nicht gut charakterisiert. Ein Anti-Aktivator, der Gefäßaktivator und Urokinase hemmt und unabhängig von α_2-Makroglobulin und α_1-Antitrypsin ist, wurde von Hedner (1973) beschrieben. Er verhält sich wie ein akutes Phasenprotein und wurde bei einem Teil der Patienten mit rezidivierenden Venenthrombosen erhöht gefunden.

Antiplasmine. Fünf Plasmaproteine wirken in vitro mehr oder weniger stark als Antiplasmine. Ihre Wirkung ist nicht nur gegen Plasmin, sondern auch gegen andere Proteasen gerichtet, wobei die Schwerpunkte der Wirkung unterschiedlich sind.

a) α_2-Antiplasmin

Untersuchungen von Moroi u. Aoki (1976), Müllertz u. Clemmensen (1976) und Collen (1976) haben gezeigt, daß der wichtigste Inhibitor von Plasmin das α_2-Antiplasmin ist. Charakteristisch für die Wirkung von α_2-Antiplasmin ist seine sehr hohe Reaktionsgeschwindigkeit mit dem Plasmin. Die Reaktion mit dem Plasmin geht so vor sich, daß durch Plasmin zunächst ein Peptid mit einem MG von 14.000 abgespalten wird, worauf eine Komplex-Bildung erfolgt. Die erste schnelle Reaktion zwischen α_2-Antiplasmin und Plasmin erfolgt über lysinbindende Stellen. In einer zweiten langsamen Phase kommt es dann zur irreversiblen Bindung. α_2-Antiplasmin reagiert vor allem mit freiem Plasmin, während ein Fibrin-absorbiertes Plasmin vor der Antiplasminwirkung weitgehend geschützt ist:

α_2-Antiplasmin reagiert neben Plasmin auch mit XIIIa, XIa, Kallikrein und Thrombin (Edy u. Collen 1977, Saito et al. 1979). α_2-Antiplasmin-Plasmin-Komplexe werden aus der Zirkulation langsam eliminiert. α_2-Antiplasmin wird wahrscheinlich in der Leber gebildet.

b) α_2-Makroglobulin (α_2-M)

α_2-M hat ein Molekulargewicht von 720–760.000. Es besteht aus zwei Untereinheiten zu 320.000 Dalton, in die das Molekül unter verschiedenen Bedingungen (z.B. durch Frieren bei $-15°C$) dissoziiert. α_2-M bildet mit Plasmin Komplexe in einem molaren Verhältnis von 1:1. Die Reaktion mit Plasmin erfolgt sehr rasch. Voraussetzung für die Komplexbildung ist eine limitierte Proteolyse. Da α_2-M nicht mit den aktiven Zentren des Enzyms reagiert, bleibt der Komplex enzymatisch aktiv, jedoch nur gegen kleinmolekulare Substrate, während große Substrate nicht gespalten werden können. Umgekehrt ist das an das α_2-M gebundene Enzym gegen andere Antiproteasen geschützt. α_2-M-Proteasekomplexe werden sehr rasch durch das RES aufgenommen, die biologische Halbwertszeit beträgt 10–20 min.

c) Andere, weniger bedeutende Plasmininhibitoren

— Obwohl Antithrombin III Plasmin inaktivieren kann, ist seine Antiplasminwirkung im Vergleich zu anderen Inhibitoren gering. In Abwesenheit von Heparin werden nur 0,4%, in Gegenwart von Heparin 5% des Antithrombin III als Komplex mit Plasmin gefunden (Semararo et al. 1978).
— C_1-Esterase-Inhibitor dürfte ein physiologisch ebenfalls nur unbedeutender Inhibitor von Plasmin sein. Wichtig ist jedoch seine Hemmung des endogenen Fibrinolyseaktivators (Kluft 1978).
— α_1-Antitrypsin bildet mit Plasmin und anderen Proteasen Komplexe unter Versiegelung des aktiven Zentrums der Enzyme. Die Reaktion von α_1-Antitrypsin mit Plasmin ist jedoch so langsam, daß sie physiologisch kaum Bedeutung haben kann.
— Inter-α-Trypsin-Inhibitor hat nur eine geringe Antiplasminwirkung.

B. Veränderungen der fibrinolytischen Aktivität unter physiologischen und pathologischen Bedingungen (Kernoff u. McNicol 1977)

Die im folgenden besprochenen Veränderungen der fibrinolytischen Aktivität beziehen sich entweder auf Veränderungen der „spontanen" fibrinolytischen Aktivität des Blutes, gemessen mit der Euglobulinlysiszeit oder Vollblutlysezeit, oder auf Veränderungen des Gehaltes von Endothelzellen an Gefäßaktivator oder Störungen von dessen Freisetzung. Letztere Veränderungen können entweder durch Bestimmung der fibrinolytischen Aktivität in Venenbiopsien (Toddsche Technik) oder durch Bestimmung der Freisetzung des Fibrinolyseaktivators durch einen standardisierten Provokationstest (Venenokklusionstest, körperliche Belastung, DDAVP-Infusion) festgestellt werden. Da es sich bei der Euglobulinlysiszeit und Vollblutlysezeit um Globalmethoden handelt, ist es häufig nicht möglich festzustellen, worauf eine Zunahme oder Verminderung der fibrinolytischen Aktivität im Blut zurückgeht. Es wird jedoch in den meisten Fällen angenommen, daß Veränderungen der Konzentration des Gefäßaktivators in den Endothelzellen oder im Blut für diese Veränderungen verantwortlich sind.

1. Physiologische Schwankungen der fibrinolytischen Aktivität

Die spontane fibrinolytische Aktivität im Blut zeigt einen deutlichen zirkadianen Rhythmus. Die fibrinolytische Aktivität ist während der Nacht und am Morgen am geringsten und am Nachmittag am höchsten (Rosing et al. 1970).

Eine starke Zunahme der fibrinolytischen Aktivität erfolgt nach starker körperlicher Belastung und psychischem Streß. Mit fortschreitender Schwangerschaft nimmt die fibrinolytische Aktivität ab, eine Normalisierung erfolgt unmittelbar nach der Geburt.

2. Medikamentöse Beeinflussung der fibrinolytischen Aktivität (Davidson 1977)

a) Medikamente, die durch Aktivierung von Plasminogen die Fibrinolyse aktivieren

Die Infusion von Streptokinase oder Urokinase führt durch eine direkte Plasminogenaktivierung zu einer ausgeprägten Hyperfibrinolyse. Nach Streptokinase-Infusion kommt es zu einer starken Verkürzung der Euglobulinlysiszeit, der Vollblutlysezeit, ferner zu einer Verminderung von Plasminogen, Fibrinogen, Faktor V, VIII und einem Anstieg von Fibrin(ogen)spaltprodukten. α_2-Antiplasmin und α_2-Makroglobulin sind vermindert.

Die Infusion von Urokinase führt zu prinzipiell ähnlichen Veränderungen, wobei jedoch eine deutlichere Dosisabhängigkeit besteht. Die Infusion von 50—100.000 E Urokinase/h führt zwar zu einer deutlichen Verkürzung der Euglobulinlysiszeit und Vollblutlysezeit und zu einer starken Verminderung von α_2-Antiplasmin, jedoch nur zu einer geringen Verminderung von Fibrinogen, einer mäßigen Verminderung von Plasminogen und einem mäßigen Anstieg von Fibrin-Fibrinogen-Spaltprodukten (Niessner u. Lechner 1971). Bei Dosen um 150.000 E/h oder mehr werden ähnliche Veränderungen wie nach Streptokinase-Infusion beobachtet.

b) Medikamente, die entweder über eine Freisetzung von Fibrinolyseaktivator
aus Endothelzellen oder vermehrte Bildung von Endothelzellaktivator
die fibrinolytische Aktivität erhöhen

Die durch diese Medikamente ausgelöste Hyperfibrinolyse führt zu einer Verkürzung der Euglobulinlysiszeit und der Vollblutlysezeit, jedoch im allgemeinen zu keinen Veränderungen von Plasminogen, Antiplasmin, Fibrinogen, Faktor V und VIII. Diese Hyperfibrinolyse ist daher im Gegensatz zu der Urokinase- oder Streptokinase-ausgelösten Hyperfibrinolyse nicht mit einer Blutungsneigung assoziiert. Folgende Medikamente können auf diesem Weg zu einer Zunahme der fibrinolytischen Aktivität führen: Adrenalin, Nikotinsäure, Sulfonylharnstoffe (Tolbutamid, Chlorpropamid), Biguanide (Metformin und Phenformin), anabole Steroide (vor allem 17 α-alkylierte anabole Steroide).

Bei den meisten dieser Medikamente entwickelt sich eine Resistenz, entweder nach Tagen (Nikotinsäure), Wochen (Sulfonylharnstoffe) oder Monaten (Biguanide und anabole Steroide). Diese Resistenzentwicklung soll jedoch unterbleiben, wenn Biguanide und anabole Steroide kombiniert werden. In ihrer Wirkung am besten studiert sind die anabolen Steroide. Sie scheinen die Synthese von Gefäßaktivator in den Endothelien zu steigern, aber nur bei solchen Patienten, die primär eine verminderte Aktivität haben. Der Eintritt dieser Wirkung erfolgt erst nach Wochen. Eine starke Zunahme der fibrinolytischen Aktivität findet man auch nach Infusion von DDAVP (einem Vasopressinanalog), das infolge seiner F VIII-Aktivität-steigernden Wirkung zur Behandlung der Hämophilie A und des Willebrand-Jürgens-Syndroms benützt wird (Korninger et al. 1981). Andere Substanzen wie Salizylsäurederivate, Benzoesäurederivate und Flufenamin dürften die fibrinolytische Aktivität durch Inaktivierung von Inhibitoren steigern (Kluft 1977).

3. Veränderungen der fibrinolytischen Aktivität bei verschiedenen Erkrankungen

a) Zunahme der fibrinolytischen Aktivität

Eine Aktivierung der Fibrinolyse erfolgt regelmäßig bei Operationen, vor allem bei Herz- und Lungenoperationen, gelegentlich nach Prostataoperationen. Eine Hyperfibrinolyse ist regelmäßig im Gefolge einer disseminierten intravaskulären Gerinnung (sekundäre Fibrinolyse) vorhanden. In diesem Fall findet sich als Ausdruck der erhöhten fibrinolytischen Aktivität eine Verminderung von Plasminogen, von Antiplasmin, Fibrinogen sowie eine Erhöhung der Fibrin(ogen)spaltprodukte. Eine Neigung zu Hyperfibrinolyse besteht bei Patienten mit schwerer Lebererkrankung (vermutlich infolge verminderter Klärung von Plasminogenaktivator). Praktisch wichtig ist die Tatsache, daß die Wirkung von Fibrinolyseaktivatoren wie Nikotinsäure bei Patienten mit Lebererkrankungen erhöht und verlängert ist.

Eine erhöhte lokale fibrinolytische Aktivität findet sich bei manchen Patienten mit erosiver Gastritis (Lowe et al. 1980), Colitis ulcerosa und im Liquor nach Subarachnoidalblutung. Bei Frauen mit Menorrhagien wurde eine abnorme endometriale fibrinolytische Aktivität beobachtet.

b) Verminderte Aktivität

Eine verminderte Aktivität von Fibrinolyseaktivator, vor allem eine verminderte Freisetzung nach Venenokklusion, wurde bei Patienten mit koronarer Herzkrankheit (Walker et al. 1977), bei Fettleibigen, vor allem solchen mit Diabetes, rezidivierender idiopathischer Venenthrombose (Astedt et al. 1973, Lechner 1978) und kutaner Vaskulitis (Cuncliffe 1968) beobachtet.

C. Veränderungen der Konzentration (oder Aktivität) einzelner Komponenten des fibrinolytischen Systems

1. Plasminogen

Der offenbar sehr seltene kongenitale Mangel an Plasminogen führt zu keinerlei klinischen Erscheinungen, insbesondere zu keiner Thromboseneigung (Jacobsen 1966). Hingegen wurde eine Familie beschrieben, bei der ein abnormes Plasminogen vorlag, das schlechter aktivierbar ist. Träger dieser Abnormalitäten haben eine Thromboseneigung (Aoki u. Moroi 1978). Eine Erhöhung von Plasminogen findet sich regelmäßig bei Einnahme von Kontrazeptiva, wobei die Plasminogenzunahme in erster Linie auf die in diesen Präparaten enthaltenen Östrogene zurückzuführen ist (Lechner et al. 1976).

2. α_2-Antiplasmin

Vor kurzem wurden mehrere Familien mit schwerem angeborenen Mangel an α_2-Antiplasmin beschrieben (Koie et al. 1978, Lipinski u. Gurewich 1979, Kluft et al. 1979, Aoki et al. 1980). Patienten mit schwerem α_2-Antiplasminmangel haben eine schwere Blutungsneigung, wobei auch Hämarthrosen auftreten können. Relativ charakteristisch sind Blutungen um Stichstellen. Ein α_2-Antiplasminmangel kann vermutet werden, wenn sich das Blutgerinnsel des Patienten spontan innerhalb von Stunden auflöst. Der Fibrinogenspiegel und -abbau ist normal. Behandlung mit Fibrinolysehemmern wie Epsilon-Amininocapronsäure bessert die Blutungsneigung.

Eine erworbene Verminderung von α_2-Antiplasmin findet sich bei Lebererkrankungen (Aoki u. Yamanaka 1978) und allen Zuständen, die mit Hyperfibrinolyse einhergehen. Eine Erhöhung von α_2-Antiplasmin tritt nach Verabreichung von Kontrazeptiva, nach Operationen, Myokardinfarkt und nach Venenthrombosen ein. α_2-Antiplasmin verhält sich bei diesen Zuständen wie ein „akute Phase"-Protein. Der postoperative Anstieg von α_2-Antiplasmin bleibt bei Patienten aus, bei denen eine Venenthrombose aufgetreten ist.

3. α_2-Makroglobulin

Bei Therapie mit Streptokinase und Urokinase ist α_2-Makroglobulin vermindert, allerdings in wesentlich geringerem Ausmaß als α_2-Antiplasmin. Ein angeborenes α_2-Makroglobulin-Mangelsyndrom wurde von Berquist u. Nilsson (1979) beschrieben. Der Patient hatte keinerlei klinische Symptome.

4. α_1-Antitrypsin

α_1-Antitrypsin ist bei Streptokinase- und Urokinase-Therapie nicht vermindert. Es verhält sich wie ein „akute Phase"-Protein und ist bei Patienten mit malignen Erkrankungen, Infektionen, bei Nierenerkrankungen, Diabetes und in der Schwangerschaft erhöht (Hedner 1974). Eine Verminderung von α_1-Antitrypsin ist mit einer erhöhten Inzidenz an pulmonalen und hepatischen Erkrankungen assoziiert.

Kapitel 8

Methoden: Allgemeines

A. Untersuchungsgang bei der Diagnostik hämorrhagischer Diathesen

Die Untersuchung eines Patienten mit Verdacht auf eine Störung der Hämostase muß einerseits eine eingehende Anamnese, andererseits bestimmte Laboratoriumsuntersuchungen umfassen, deren Umfang dadurch bestimmt wird, wie stark der Verdacht auf eine Hämostasestörung auf Grund der Anamnese ist.

Anamnese

Die Anamnese soll folgende Punkte klären:

— Welche Blutungsmanifestationen sind bei dem Patienten vorhanden? Ist die Art und Stärke der Blutungsmanifestationen verdächtig auf das Vorliegen einer Hämostasestörung?

— Wie lange besteht diese erhöhte Blutungsneigung? Ist die Blutungsneigung angeboren oder erworben?

— Gibt es Anhaltspunkte dafür, daß auch andere Mitglieder der Familie eine erhöhte Blutungsneigung haben?

— Hat der Patient eine Erkrankung, die häufig mit bestimmten Hämostasestörungen einhergeht oder nimmt er Medikamente ein, die eine erhöhte Blutungsneigung erklären könnten?

1. Systematische Erfassung von Blutungsmanifestationen und deren Bedeutung

Bei der Befragung von Patienten mit Verdacht auf Hämostasestörungen ist es von größter Wichtigkeit, den Patienten über alle möglichen Blutungskomplikationen systematisch zu befragen. Auf keinen Fall darf man sich damit begnügen, nur die von Patienten spontan berichteten Blutungsereignisse zur Kenntnis zu nehmen. Es ist oft erstaunlich, wie wenig berichtenswert viele Patienten verschiedene Blutungsereignisse finden und sie daher nicht erwähnen. Insbesondere sind Angaben des Patienten über den Verlauf von Operationen im Hinblick auf Blutungsereignisse von großem informativem Wert.

An unserer Klinik verwenden wir zur Befragung des Patienten eine Check-Liste, in der alle denkbaren Blutungsmanifestationen angeführt sind, um sicherzustellen, daß tatsächlich alle Fragen gestellt und vom Patienten beantwortet wurden.

Gerade bei der Blutungsanamnese sind auch negative Angaben von großem Wert.
Die Wertigkeit der einzelnen Angaben über Blutungsmanifestationen ist recht unterschiedlich. Die Wertung der Symptome ist jedoch von großer Bedeutung, da daraus
die Entscheidung abgeleitet werden muß, ob bei dem Patienten bei Vorliegen normaler Global- und Suchtests weitere Laboratoriumsuntersuchungen durchgeführt werden müssen oder nicht.

Wertigkeit einzelner Blutungsmanifestationen

Petechien. Petechien sind zumeist kleinere („flohstichartige"), unregelmäßig begrenzte
rote, nicht wegdrückbare Flecken von hellroter Farbe. Sie werden hervorgerufen
durch punktförmige Blutungen in die oberen Schichten der Subkutis und treten meistens in großer Zahl auf. Die häufigste Lokalisation ist die Dorsalseite der Unterschenkel, sie können jedoch am ganzen Körper auftreten. Treten die Petechien in
großer Zahl auf, spricht man von einer Purpura.

Das Vorhandensein von Petechien ist immer ein gravierendes Symptom, das hochverdächtig auf das Vorliegen einer Hämostasestörung ist. Ist eine Hämostasestörung
die Ursache der Petechien, liegt der Grund meist in einer schweren Thrombozytopenie, selten in einer Thrombozytenfunktionsstörung (z.B. Thrombasthenie).

Nicht immer sind Petechien oder Hauterscheinungen, die ähnlich wie Petechien
aussehen, Ausdruck einer Hämostasestörung. Der Erfahrene kann häufig schon aus
der klinischen Untersuchung wichtige Schlüsse ziehen.

a) Gegenwart oder Fehlen anderer Blutungsmanifestationen. Wenn bei einem Patienten infolge Thrombozytopenie zahlreiche Petechien auftreten, sind meistens unüber-
sehbare andere Zeichen einer hämorrhagischen Diathese wie Nasenbluten und insbesondere disseminierte Hämatome vorhanden. Sind bei einem Patienten, dessen Beine
von Petechien übersät sind, auch bei genauerer Untersuchung keine Hämatome zu
entdecken, muß man den Verdacht haben, daß die „Petechien" nicht durch eine
Hämostasestörung bedingt sind.

b) Aussehen. Das Aussehen der Petechien gibt of wertvolle Hinweise auf deren Ursache:
— Bei der hämorrhagischen Vaskulitis (z.B. Schönleinsche Purpura) findet man
  neben der Blutung meistens auch mehr oder weniger deutlich ausgeprägte Zeichen einer Entzündung und Infiltration. Die Hautblutungen sind von verschiedener Größe und manchmal konfluierend.
— Wesentlich ist auch die Feststellung, ob neben den Petechien auch Pigmentflek-
  ken vorhanden sind. Finden sich die Petechien hauptsächlich an den Beinen in
  einer bräunlich pigmentierten Haut, ergibt sich der Verdacht auf eine Purpura
  hyperglobulinaemica. Sind zahlreiche braune Flecken vorhanden, in denen sich
  kleine diskrete Petechien befinden, ist die Verdachtsdiagnose einer Schamberg-
  schen Purpura oder Purpura Majocchi zu stellen.
— Eine nekrotisierende Vaskulitis (z.B. Purpura fulminans) kann bei oberflächlicher
  Betrachtung den Eindruck einer Purpura erwecken. Bei genauerer Betrachtung
  sieht man jedoch, daß es sich um kleinste Nekrosen handelt, die von einem
  hämorrhagischen Saum umgeben sind. Häufig sind bei solchen Patienten auch
  größere Nekrosen vorhanden, die eine eindeutige Diagnose erlauben.

c) Lokalisation. Die Lokalisation der Purpuraeffloreszenzen kann ebenfalls wertvolle Aufschlüsse über deren Ursache ergeben:

— Bei der hämorrhagischen Vaskulitis (Schönleinsche Purpura) sind die Effloreszenzen häufig besonders dicht um die Gelenke (z.B. Kniegelenk und Sprunggelenk) angeordnet.

— Finden sich purpuraartige Effloreszenzen nur im Gesicht, an den Handflächen und Fußsohlen, muß an einen Morbus Osler gedacht werden. Für den Erfahrenen sind die Osler-Effloreszenzen durch ihr Aussehen und ihre Wegdrückbarkeit eindeutig von den echten Petechien zu trennen.

— Sind purpuraartige Effloreszenzen nur an der Dorsalseite der Hände und der Unterarme vorhanden, handelt es sich meistens um eine Purpura senilis. Diese Effloreszenzen sind in der Farbe etwa ähnlich echten Petechien, sie sind meistens jedoch größer und haben eine lividrote Verfärbung. Es ist erstaunlich, wie häufig die Purpura senilis als schwere Hämostasestörung mißgedeutet wird.

— Bei Kindern findet man gelegentlich nach starkem Schreien oder starker körperlicher Anstrengung Petechien im Gesicht, wobei sich trotz eingehender Untersuchung keine Hämostasestörung nachweisen läßt.

Mehr oder weniger zahlreiche Petechien ohne zugrundeliegende Gerinnungsstörung finden sich auch nach Einnahme bestimmter Medikamente, bei Morbus Cushing, nach langdauernder Kortisontherapie, bei Amyloidose und bestimmten Bindegewebserkrankungen (Pseudoxanthoma elasticum, Ehlers-Danlos-Syndrom, Marfan-Syndrom, Osteogenesis imperfecta) (Nydegger u. Miescher 1980).

Bei einem Patienten, der Petechien hat, muß jedoch auch dann, wenn sich auch auf Grund der klinischen Untersuchung nur ein geringer Verdacht auf eine Hämostasestörung ergibt, zumindest eine Blutungszeitbestimmung und eine Thrombozytenzählung vorgenommen werden.

Hauthämatome. Die Neigung zu Hämatomen (blauen Flecken) ist ein außerordentlich häufiges Symptom. Nach Bachmann (1980) findet sich bei 10% der Männer und 20% der Frauen bei genauerer Befragung eine Hämatomneigung, wobei in den seltensten Fällen tatsächlich eine Hämostasestörung vorliegt. Auf der anderen Seite ist eine Neigung zu Hämatomen das häufigste Symptom, das den Patienten mit einer Blutgerinnungsstörung zum Arzt führt.

Eine Hämatomneigung kann sich in verschiedener Weise manifestieren. Am verdächtigsten auf eine Hämostasestörung ist das Vorliegen von disseminierten Hämatomen am ganzen Körper. Diese Form der Hämatomneigung findet man in erster Linie bei thrombozytären Störungen, beim von Willebrand-Syndrom und gelegentlich bei hämophilen Kindern. Lokalisierte, große, in die Tiefe reichende Hämatome findet man vor allem bei schweren Koagulopathien, z.B. bei der schweren Hämophilie.

Wenig verdächtig auf eine Hämostasestörung sind
— Hämatome nur an den Beinen (bei Kindern)
— Einzelne Hämatome bei Frauen (weniger als 6 cm Durchmesser)
— Das paroxysmale Handhämatom ist ein Symptom, das den Patienten und den unerfahrenen Arzt oft sehr beeindruckt, meist jedoch mit keiner Hämostasestörung einhergeht. Charakteristischerweise sind diese Hämatome an der Volarseite der Finger lokalisiert, wobei dem Auftreten des Hämatoms ein heftiger stechender Schmerz vorangeht.

Es gibt eine Reihe von Hauterscheinungen, die bei oberflächlicher Betrachtung eine gewisse Ähnlichkeit mit Hämatomen haben:

— Das Erythema nodosum wird auch Erythema contusiforme genannt, weil die Hauterscheinungen oft eine Verfärbung wie bei Hämatomen zeigen. Typischerweise ist das Erythema nodosum an der Dorsalseite der Unterschenkel lokalisiert und besteht aus schmerzhaften Knoten, die eine blaurote Verfärbung aufweisen.
— Die autoerythrozytäre Purpura (Gardner-Diamond-Syndrom) ist dadurch charakterisiert, daß dem Auftreten der Hämatome ein Schmerz, Brennen oder Stechen an der Stelle des späteren Hämatoms vorangeht. Die Patienten zeigen meist mehr oder weniger ausgeprägte psychische Syndrome (Ratnoff 1980).
— Nekrotisierende Hautveränderungen, wie z.B. die Cumarinnekrose, werden wegen ihrer blauschwarzen Verfärbung gelegentlich auch als Hämatom mißklassifiziert. Charakteristischerweise sind Hautnekrosen tiefblauschwarz, scharf begrenzt und wie bei der Cumarinnekrose von einem leuchtend roten Raum umgeben.

Muskelhämatome treten nur bei schweren Koagulopathien wie schwerer Hämophilie auf. Typische Lokalisationen sind der M. iliopsoas und die Glutäalmuskulatur.

Bei antikoagulierten Patienten sind Glutäalhämatome nach intramuskulären Injektionen (vor allem von Butazolidin) keine Seltenheit.

Nasenbluten (Epistaxis). Nasenbluten ist ein Blutungssymptom, das relativ häufig bei Hämostasestörungen wie Thrombozytopenie, Thrombozytopathie, von Willebrand-Syndrom und während der Antikoagulantientherapie auftritt. Klinisch kann sich Nasenbluten in häufigen kleineren Blutungen aus der Nase oder in einer einzigen oder mehrmaligen massiven Blutung manifestieren. Nasenbluten ist ein manchmal dramatisches Symptom, das den Patienten rasch zum Arzt führt. Der Blutverlust durch Nasenbluten wird jedoch meistens überschätzt. Wenn Nasenbluten als einzige Blutungsmanifestation vorhanden ist, ist die Ursache in der Regel keine Hämostasestörung, sondern eine chronische Rhinitis, eine mechanische Läsion der Nasenschleimhaut durch Nasenbohren oder ein Locus Kiesselbach. Bei älteren Leuten ist die Hauptursache des Nasenblutens eine Hypertension. Bei sehr starkem wiederholtem Nasenbluten bei älteren Leuten muß an die Möglichkeit eines Morbus Osler gedacht werden.

Hämoptoe. Blutungen aus der Lunge, der Trachea oder dem Kehlkopf gehen nahezu immer auf eine lokale Ursache zurück.

Blutungen in der Mundhöhle.
— Zahnfleischbluten geht fast immer auf lokale Ursachen zurück. Die einzige hämorrhagische Diathese, die sich exquisit in Form von Zahnfleischbluten äußert, ist der Skorbut.
— Petechien und Blutblasen in der Mundschleimhaut finden sich bei schwerer akuter Thrombozytopenie. Die Blutblasen sind sehr fragil und werden rasch zerstört, wobei es zur Blutung aus dem Blasenboden kommt. Solche Blutungen werden vom Patienten oft fälschlich als Zahnfleischbluten gedeutet.
— Blutungen aus der Tonsille haben meist eine lokale Ursache, kommen aber auch „spontan" bei schwerer Hämophilie vor.

Menorrhagien und Metrorrhagien. Menorrhagien sind verstärkte Menstruationsblutungen zum Regeltermin, Metrorrhagien sind Blutungen außerhalb des Zyklus. Menorrhagien können das führende Symptom bei Thrombozytopenie, Thrombozytopathie, beim von Willebrand-Syndrom oder auch anderen Hämostasestörungen sein. Metrorrhagien sind meist Folge hormoneller Störungen oder lokaler Störungen und selten Folge einer Hämostasestörung.

In jedem Fall einer Menorrhagie oder Metrorrhagie muß auch dann, wenn eine Hämostasestörung gefunden wird, nach einer lokalen Ursache gefahndet werden.

Gastrointestinale Blutungen. Isolierte Blutungen aus dem oberen Gastrointestinaltrakt haben fast immer eine lokale Ursache, gelegentlich kann sich jedoch eine hämorrhagische Diathese, wie z.B. ein von Willebrand-Syndrom, nur in Form von Gastrointestinalblutungen manifestieren. In seltenen Fällen kann auch ein auf den Gastrointestinaltrakt beschränkter Morbus Osler Ursache rezidivierender Gastrointestinalblutungen sein. Gastrointestinalblutungen zusammen mit anderen Blutungsmanifestationen kommen sowohl bei thrombozytären Störungen als auch bei Koagulopathien vor. Bei der Hämophilie ist bei Blutungen aus dem oberen Gastrointestinaltrakt meistens eine zusätzliche lokale Ursache (Ulkus, Aspirineinnahme, Alkoholgenuß) nachweisbar. Bei Blutungen aus dem unteren Gastrointestinaltrakt kann die Ursache in einem intramuralen Hämatom des Dickdarms liegen. Bei Antikoagulantientherapie kann eine intramurale Blutung im Dünndarm, allerdings nur bei schwerer Überdosierung, vorkommen.

Hämaturie. Eine isolierte Hämaturie ist fast immer auf eine lokale Ursache zurückzuführen. Hämaturien (meist im Zusammenhang mit anderen Blutungsmanifestationen) kommen bei der schweren Hämophilie und als relativ typische und häufige Komplikation bei der Antikoagulantientherapie vor. Auch dann, wenn bei den Patienten eine Gerinnungsstörung nachgewiesen werden kann, muß trotzdem nach einer lokalen Ursache (Stein, Tumor) gefahndet werden.

Gelenksblutung. Gelenksblutungen in verschiedenen Gelenken sind typische Blutungsmanifestationen bei schwerer Hämophilie A und B, seltener auch bei anderen schweren angeborenen Koagulopathien sowie beim schweren von Willebrand-Syndrom. Sie kommen praktisch nie bei thrombozytären Störungen vor.

Eine Gelenksblutung in einem Gelenk ohne sonstige Blutungsmanifestationen geht fast nie auf eine hämorrhagische Diathese zurück.

Nabelschnurblutung. Eine Nabelschnurblutung ist immer verdächtig auf das Vorliegen einer hämorrhagischen Diathese, wobei vor allem auf das Vorliegen eines schweren Faktor XIII-Mangels oder Fibrinogenmangels zu achten ist.

Nachblutung nach Venenpunktionen. Nachblutungen nach intravenösen Blutabnahmen sind bei Verwendung von dicken Einmalnadeln relativ häufig zu beobachten, wobei eine hämorrhagische Diathese nur sehr selten nachweisbar ist. Nachblutungen aus Venenpunktionsstellen kommen praktisch nie bei Hämophilie, jedoch charakteristischerweise beim schweren Fibrinogenmangel (kongenital oder im Rahmen einer Fibrinolyse) oder beim α_2-Antiplasminmangel vor.

Zerebrale Blutung. Eine Blutung im Gehirn oder in die Hirnhäute bei einem Patienten ohne sonstige Zeichen einer Blutungsneigung geht fast nie auf eine Hämostasestörung zurück. Zerebrale Blutungen kommen jedoch bei schweren Koagulopathien und schweren Thrombozytopenien vor, häufig, aber nicht immer, im Zusammenhang mit einem Trauma.

Augenblutungen
- Ausgedehnte Suffusionen der Augenlider sind meist traumatischer Genese. Bei Hämophilen können jedoch schlagartig auftretende Lidhämatome ohne erfaßbares Trauma auftreten.
- Subkonjunktivale Blutungen sind meist auf eine Konjunktivitis zurückzuführen. Sie treten bei Patienten unter Antikoagulantientherapie, jedoch gelegentlich ohne Zeichen einer allgemeinen Blutungsneigung auf.
- Augenhintergrundblutungen sind fast immer Folge von Gefäßveränderungen oder einer Paraproteinämie.

Nachblutungen oder Wundheilungsstörungen nach operativen Eingriffen. Eine sorgfältige Befragung des Patienten im Hinblick auf Nachblutungen nach operativen Eingriffen stellt einen der wertvollsten Hinweise auf das Vorliegen oder die Abwesenheit einer Hämostasestörung dar. Charakteristischerweise setzt bei thrombozytären Störungen und beim von Willebrand-Syndrom die Nachblutung unmittelbar nach dem operativen Eingriff ein, während bei Koagulopathien häufig die Blutung erst nach einer Latenzzeit von mehreren Stunden, unter Umständen Tagen, beginnt.

Von großer anamnestischer Wichtigkeit ist es, Aufschlüsse über das Ausmaß der Blutung zu bekommen. Nach Zahnextraktionen ist eine Blutungsdauer von bis zu einer halben Stunde durchaus noch nicht als pathologisch zu bewerten. Wenn hingegen eine Blutung über Nacht anhält oder mit einer Latenzzeit beginnt und dann nicht aufhört, ist dies hochverdächtig auf das Vorliegen einer Hämostasestörung. Aufschlüsse über das Ausmaß des Blutverlustes bei einer Operation kann man auch indirekt dadurch gewinnen, daß man den Patienten befragt, ob und wieviel Bluttransfusionen verabreicht werden mußten.

Wertvoll sind auch Angaben des Patienten, daß die Wundheilung verzögert war oder eine Wundinfektion eingetreten ist, die nicht selten auf Basis einer Blutung entstanden ist.

Die Bewertung von Nachblutungen nach chirurgischen Eingriffen ist häufig nicht ganz leicht, doch können einige allgemeine Regeln aufgestellt werden:
- Wiederholte Blutungen nach chirurgischen Eingriffen sind hochverdächtig auf das Vorliegen einer Hämostasestörung, insbesondere die Angabe, daß es nach jeder Zahnextraktion zur Nachblutung gekommen sei. Wenn ein Patient angibt, daß es nach *einer* Zahnextraktion zu einer Nachblutung gekommen sei, bei anderen jedoch nicht, ist die Nachblutung meistens auf eine lokale Ursache zurückzuführen.
- Die Angabe eines Patienten, daß eine Tonsillektomie oder Adenotomie ohne Blutungskomplikationen verlaufen ist, macht es höchstwahrscheinlich, daß zum Zeitpunkt dieses Eingriffes noch keine Gerinnungsstörung vorgelegen hat, was oft zur Beurteilung, ob es sich um eine angeborene oder erworbene Gerinnungsstörung handelt, von großer Bedeutung ist.

— Kleinere operative Eingriffe, bei denen eine gute lokale Blutstillung durchgeführt werden kann, können auch bei Patienten mit Gerinnungsstörungen komplikationslos verlaufen. So spricht ein blutungsfreier Verlauf nach einer Appendektomie oder einem Eingriff an der Haut keineswegs gegen eine Gerinnungsstörung.

2. Dauer der Blutungsneigung

In manchen Fällen, wie bei einer akuten Thrombozytopenie, ist es sehr leicht festzustellen, wann die Blutungsneigung begonnen hat. In vielen Fällen ist der Beginn der Blutungsneigung jedoch schwierig, manchmal sogar unmöglich festzustellen. Auch bei angeborenen hämorrhagischen Diathesen, überhaupt wenn sie nicht schwer sind, beginnen die Blutungsmanifestationen häufig erst im späteren Alter, manchmal sogar erst im hohen Alter. Der wichtigste Anhaltspunkt für die Dauer einer Blutungsneigung ist der Verlauf operativer Eingriffe, vor allem von Tonsillektomie, Adenotomie und Zahnextraktionen.

3. Informationen über Krankheiten und Medikamente, die zu Hämostasestörungen führen können

Für die Auswahl geeigneter Gerinnungsuntersuchungen und für die Interpretation der erhobenen Gerinnungsbefunde ist es unerläßlich, Informationen über eventuell vorhandene oder zurückliegende Erkrankungen des Patienten zu haben. Von Interesse im Zusammenhang mit Gerinnungsuntersuchungen sind vor allem Leber- und Nierenkrankheiten sowie hämatologische oder neoplastische Erkrankungen. Für die Interpretation der Tests ist es auch wichtig zu wissen, ob der Patient Ereignisse hinter sich hat, die zu „akute Phase"-Reaktionen führen, wie Operationen, Traumen, Infekte, Herzinfarkt etc.

Von großer Bedeutung sind schließlich Informationen über Medikamente, die der Patient einnimmt, wobei in erster Linie nach der Einnahme von Antikoagulantien und Aggregationshemmern zu fragen ist.

Auf Grund der anamnestischen Angaben des Patienten, wenn diese sorgfältig erhoben wurden, ist es im allgemeinen recht gut möglich, sich ein Bild darüber zu machen, ob ein geringer oder hoher Verdacht auf das Vorliegen einer Gerinnungsstörung gegeben ist. Verdächtig sind in erster Linie das gleichzeitige Vorliegen mehrerer Spontanblutungsmanifestationen, wiederholte Nachblutungen nach chirurgischen Eingriffen oder die Kombination von Spontanblutungen und posttraumatischen Blutungen. Man sollte sich jedoch davor hüten, auf Grund der Anamnese allein eine Hämostasestörung schon mit Sicherheit auszuschließen, es sei denn, daß auf Grund der klinischen Inspektion der „Blutungsneigung" bereits eine eindeutige Diagnose gestellt werden kann, wie z.B. Purpura senilis, Erythema nodosum oder nekrotisierende Vaskulitis. In der Regel sollte daher bei einem Patienten, der wegen einer Blutungsmanifestation einem Gerinnungslaboratorium zugewiesen wird, zumindest ein Minimalprogramm an Gerinnungstests durchgeführt werden, um eine hämorrhagische Diathese mit größerer Sicherheit ausschließen zu können.

4. Familienanamnese

Eine sorgfältige Familienanamnese ist für die Beurteilung eines Patienten im Hinblick auf die Möglichkeit einer hämorrhagischen Diathese von unschätzbarem Wert. In manchen Fällen wird der Patient schon spontan über Blutungsmanifestationen in der Familie berichten, nicht selten deckt jedoch erst eine sehr gezielte Anamnese ähnliche Blutungsübel in der Familie auf. Es ist in der Regel nutzlos, den Patienten ganz allgemein zu fragen, ob in der Familie irgendwelche Blutungserkrankungen vorhanden sind. Um wirkliche Aufschlüsse zu bekommen, muß auch für die dem Patienten bekannten Familienmitglieder eine genaue Anamnese, wie oben beschrieben, im Hinblick auf Spontanblutungen und Nachblutungen nach Operationen erhoben werden und unter Umständen der Patient auch danach befragt werden, woran verschiedene Angehörige gestorben sind. In manchen Fällen ist es erforderlich, auch die Möglichkeit einer Konsanguinität in der Familie anamnestisch zu erfragen.

Untersuchungsgang bei der Laboratoriumsdiagnose

Bei jedem Patienten, der wegen Verdachtes auf eine Hämostasestörung einem Gerinnungslaboratorium zugewiesen wird, ist im Prinzip in der Weise vorzugehen, daß zunächst einfache Global- oder Suchtests durchgeführt werden und je nach deren Ergebnissen keine weitere Untersuchung oder weitere spezifische Untersuchungen angeschlossen werden sollen. Im Prinzip gehen wir in unserem Laboratorium so vor, daß bei einem Patienten, bei dem anamnestisch nur ein geringer Verdacht auf eine Hämostasestörung besteht und bei dem die Suchtests normal sind, keine weitere Untersuchung durchgeführt wird. Sind die Suchtests jedoch pathologisch, muß je nach der Art des pathologischen Tests spezifisch weiter untersucht werden. Sind die Suchtests bei einem Patienten normal, bei dem anamnestisch jedoch der Verdacht auf eine hämorrhagische Diathese besteht, muß auch bei normalen Suchtests eine entsprechende Weiteruntersuchung eingeleitet werden.

Untersuchungsschemata, die in unserem Laboratorium angewendet werden, sind in den Tabellen 24—28 angegeben.

B. Gewinnung von Blut und Plasma für hämostaseologische Untersuchungen

Voraussetzung für die Richtigkeit und Reproduzierbarkeit von Gerinnungs-, Fibrinolyse- und Thrombozytenuntersuchungen ist die sorgfältige Beachtung bestimmter Regeln bei der Gewinnung des zu untersuchenden Blutes. Die Bedingungen, unter denen das Blut gewonnen werden muß, sind verschieden, je nachdem, welche Tests durchgeführt werden sollen.

Tabelle 24

Blutungszeit pathologisch
Thrombozytenzahl, PTZ, TZ normal
APTT normal oder verlängert
Adhäsivität
normal
Blutungszeit und Adhäsivität
wiederholen, wenn gleiches Ergebnis
vermindert
F VIII:RCF
vermindert
Willebrand-Syndrom
F VIII R:Ag (EID, IRMA)
normal
Aggregation
mit Kollagen
normal
Urämie?
Myeloproliferative Erkrankungen?
Paraproteinämie?
vermindert
Aggregation
mit ADP
nur 1. Welle
storage pool disease
Plättchen—ADP/ATP
vermindert
storage pool-Defekt
normal
Aspirin-like Defekt
fehlt
Thrombasthenie
Retraktion vermindert

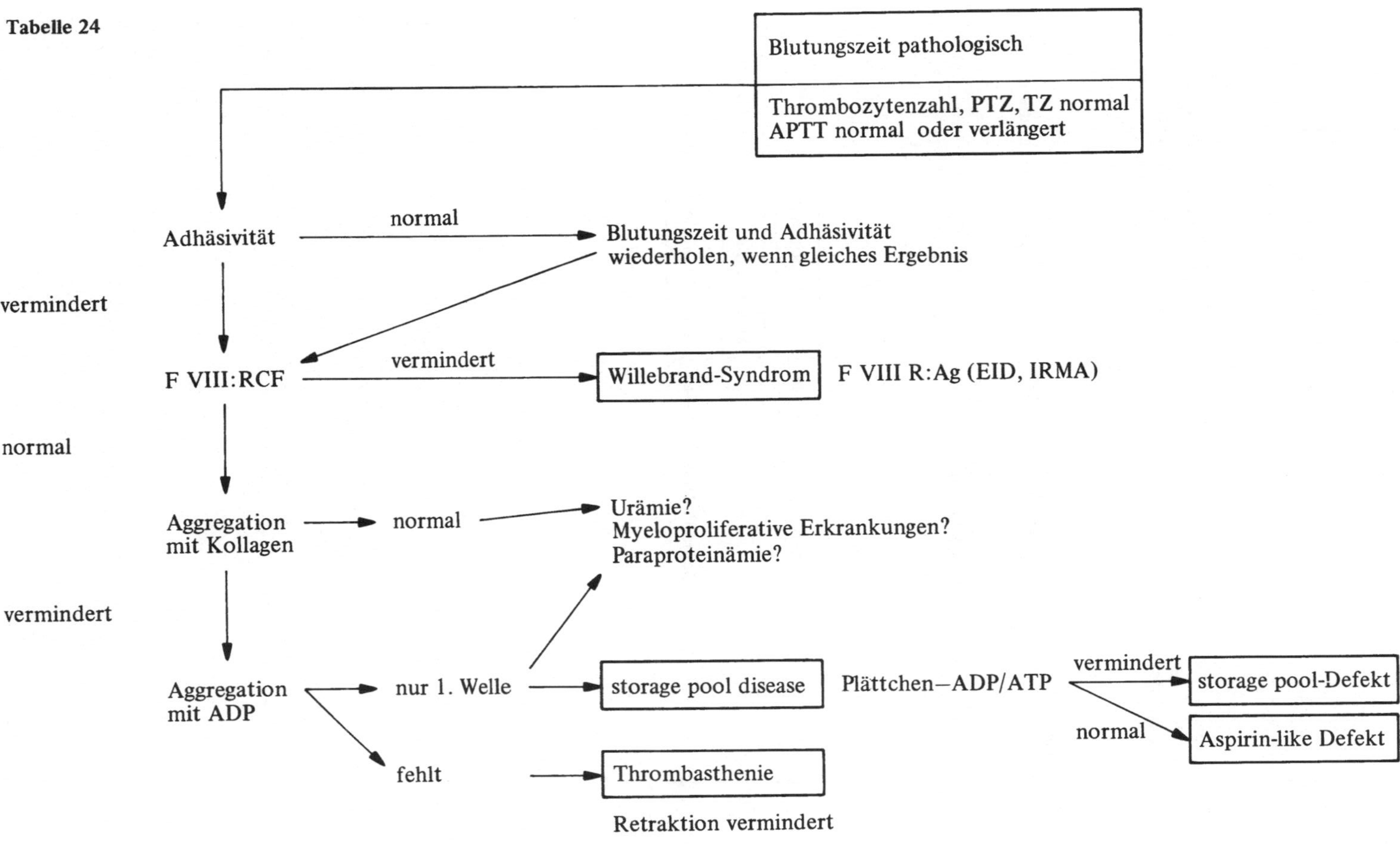

Tabelle 25

Thrombozytenzahl <50.000
BZ verlängert (oder normal)
PTZ, APTT, TZ normal
Erythrozyten
Leukozyten
Differentialblutbild
normal
pathologisch
Panzytopenie
Akute oder chron. Leukämie
Andere häm. Erkrankungen
Häm. Anämie (Evans-Syndrom)
Antinukleäre
Faktoren
hoch positiv
SLE
Andere Autoimmunerkrankungen
Verlauf
akut
medikamentös
postinfektiös
posttransfusionell
Anamnese (Virusinfekt)
Serologie (Röteln etc.)
PlA¹
chronisch
Morphologie
Riesenplättchen
Bernard-Soulier
May-Hegglin
(Döhle-Körperchen)
kleine Plättchen
Wiskott-Aldrich
(Kinder)
normal
Chron. ITP
Plättchen-IgG

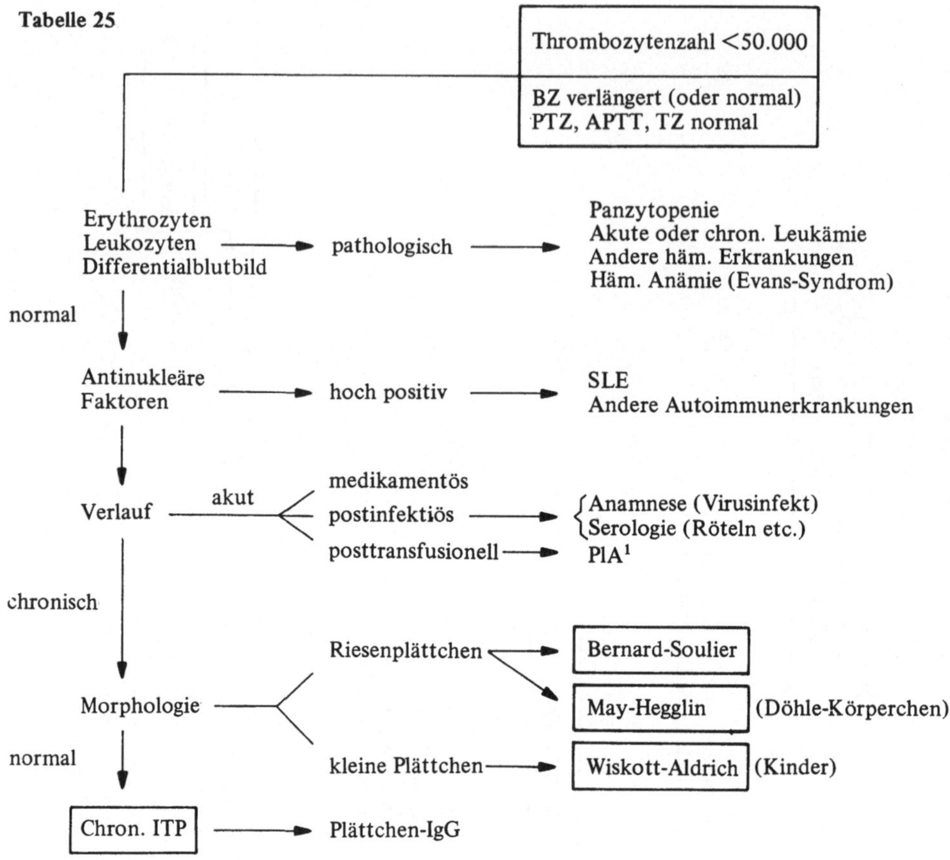

Tabelle 26

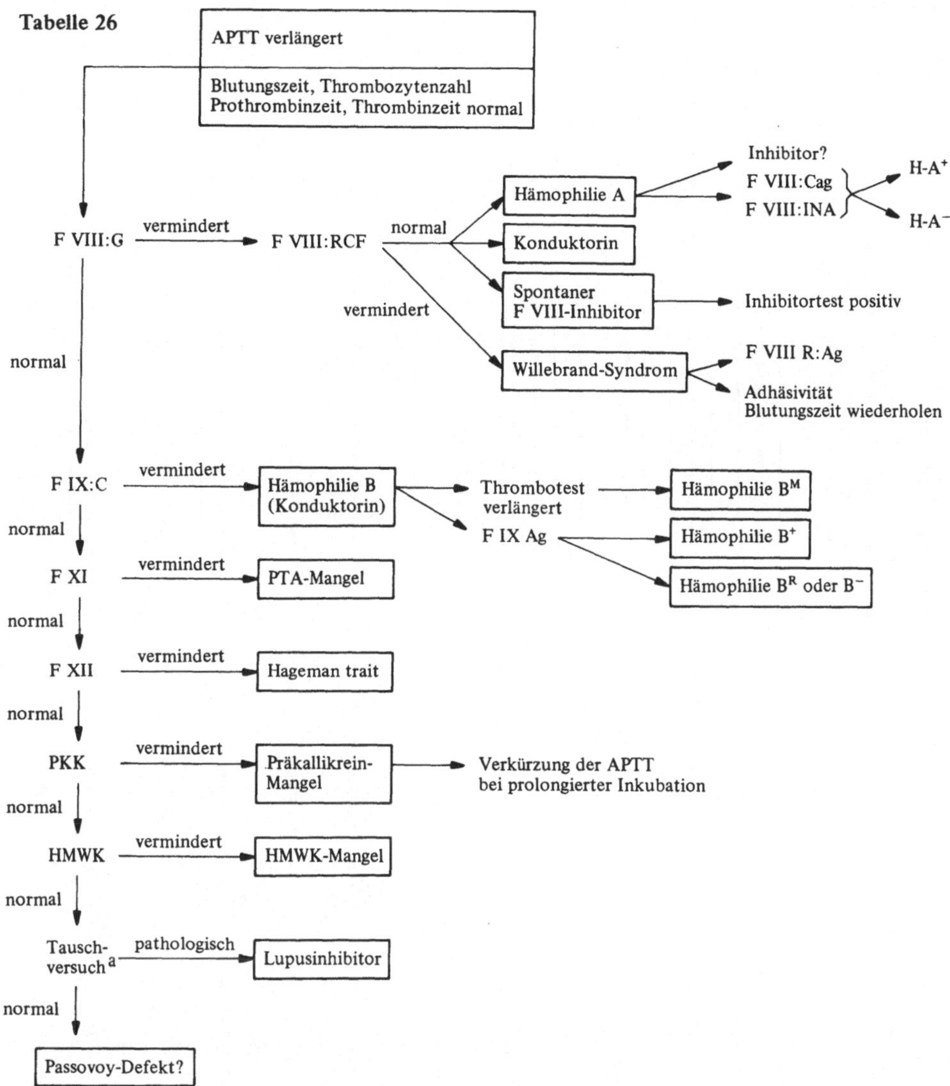

ᵃ **Bei entsprechendem klinischem Verdacht (SLE) wird der Tauschversuch schon vor der PKK- und HMWK-Untersuchung durchgeführt**

Tabelle 27

Prothrombinzeit verlängert
Blutungszeit, Thrombozytenzahl, TZ normal
APTT normal oder verlängert
Kombinierter Defekt
F II-, VII-, X-, V- Aktivität
alle vermindert
Lebererkrankungen etc.
II, VII, X vermindert
V normal
Vitamin K-Mangel
Orale Antikoagulantien
Mangelnde Resorption
Erhöhter Verbrauch
Angeborener Carboxylierungseffekt
Isolierter Defekt
F II:C
vermindert
F II:Ag
normal
Dysprothrombinämie
vermindert
Echter kongenitaler Prothrombinmangel
SLE, Lupusinhibitor
normal
F X:C
vermindert
angeboren
Angeborener F X-Mangel (Varianten)
erworben
Amyloidose?
normal
F VII:C
vermindert
angeboren
Angeborener F VII Mangel
VII:Ag
F VII^R
F VII$^+$
F VII$^-$
erworben
'Dubin-Johnson Syndrom?
normal
F V:C
vermindert
angeboren
Angeborener F V Mangel
erworben
Inhibitor?

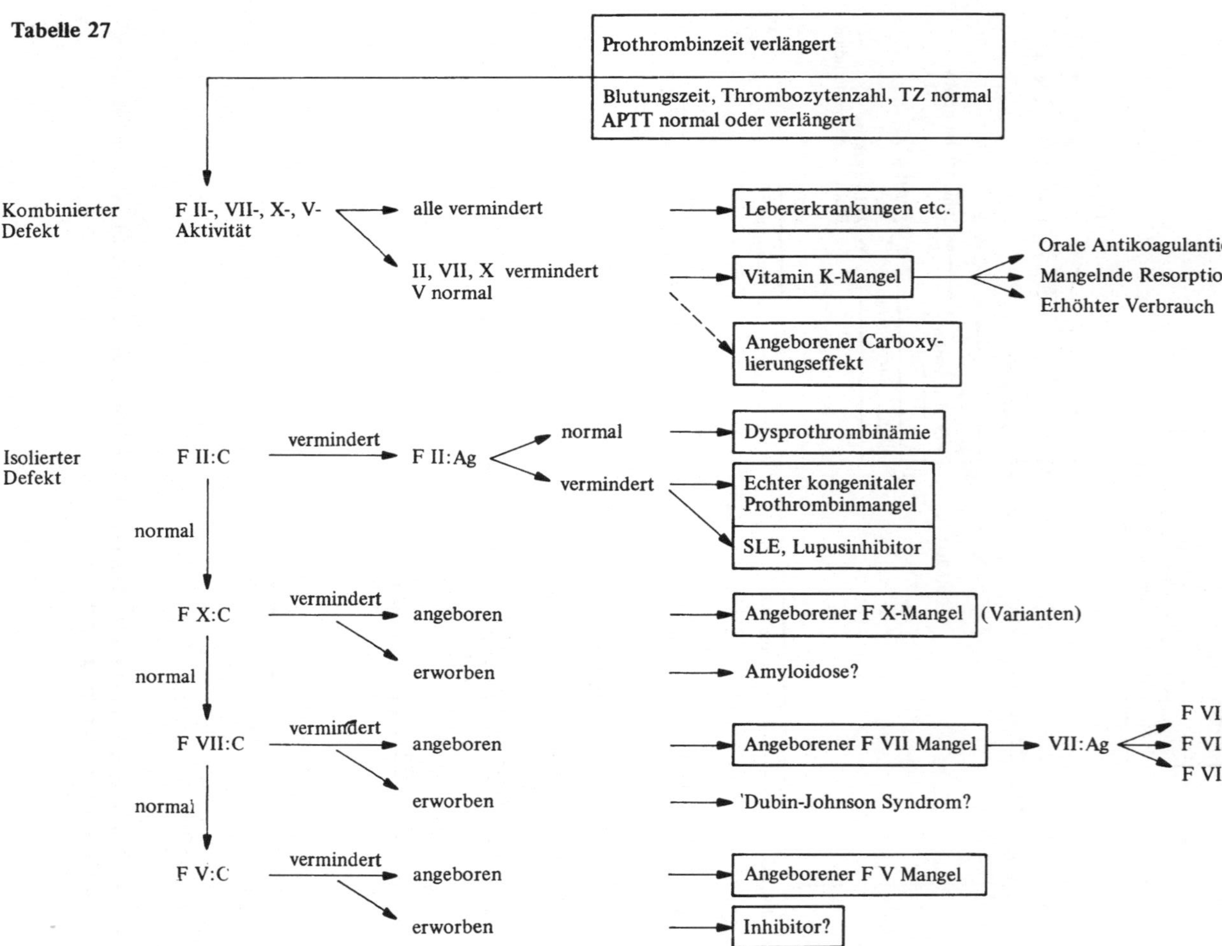

Tabelle 28

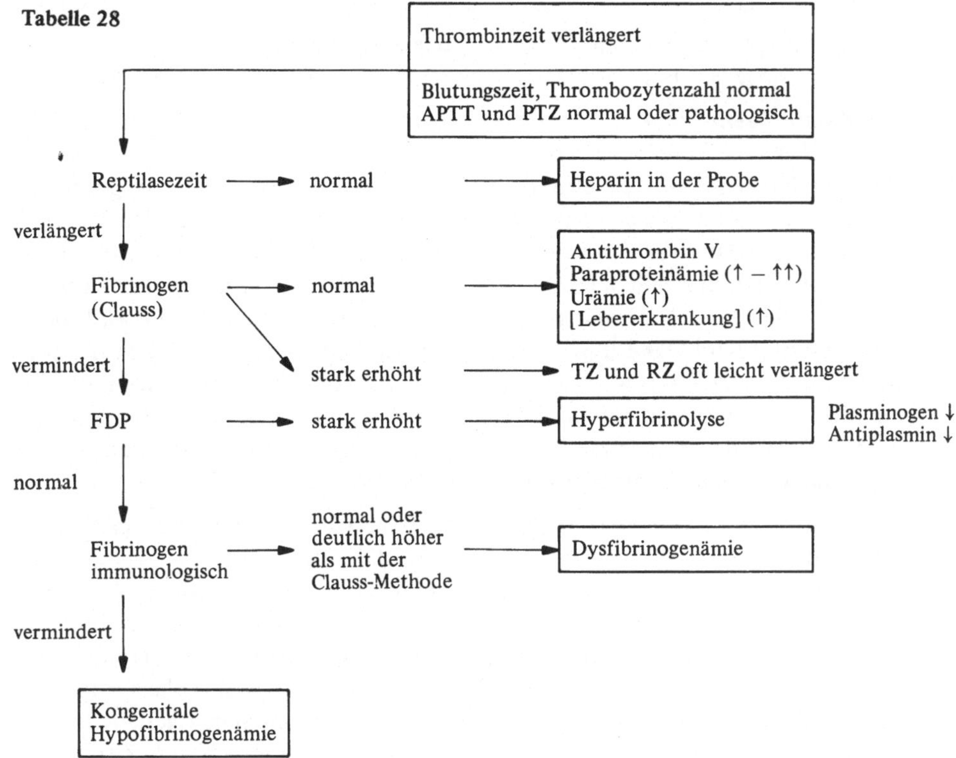

Technik der Blutgewinnung

1. Venenblut

a) Für einfache Gerinnungsuntersuchungen, bei denen eine eventuelle geringe Beimengung von Gewebsthromboplastin keine Rolle spielt (Prothrombinzeit, Thrombinzeit, Reptilasezeit, Thrombotest, Normotest, Fibrinogen) genügt es, Blut in einer Plastikspritze aufzuziehen, in der die entsprechende Menge von 3,8%igem Natriumzitrat (z.B. 0,5 ml Zitratlösung + 4,5 ml Blut) vorgelegt ist. Ein Verwerfen von Blut vor der Gewinnung von Proben für die Blutgerinnungsuntersuchung ist nicht unbedingt erforderlich.

Nach Aufziehen des Blutes wird der Spritzenstempel etwas zurückgezogen und das Blut durch mehrmaliges Schwenken der Spritze mit dem Zitrat gut gemischt und anschließend vorsichtig in ein Plastikröhrchen transferiert, wobei Schaumbildung zu vermeiden ist.

b) Bei der Gewinnung von Blut für Untersuchungen, bei denen das endogene System getestet werden soll, sowie für Fibrinolyse- und Thrombozytenuntersuchungen ist es erforderlich, die ersten 2–3 ml Blut, die aus der Punktionskanüle fließen, zu verwerfen. Zur Punktion der Vene sollten nur dickere Kanülen verwendet werden, wobei nach unserer Erfahrung Einmalkanülen mit einem Innendurchmesser von 1,2 mm und 5 cm Länge am geeignetsten sind.

Zur Gewinnung von Blut für diese Zwecke sind zwei Techniken gebräuchlich:

Die Zweispritzentechnik. Es wird zunächst mit der auf einer Plastikspritze aufgesetzten Nadel die Vene punktiert und mit der ersten Spritze 2–3 ml Blut abgezogen. Anschließend wird die eigentliche Probe mit einer zweiten Plastikspritze, in der sich das Antikoagulans befindet, gewonnen. Die Technik hat den Vorteil, daß das Blut relativ rasch aus der Vene entnommen wird und eine schnelle Vermischung des Blutes mit dem Antikoagulans erfolgt. Es kann mit der zweiten Spritze auch 9,0 ml Nativblut gewonnen werden, das langsam in ein Plastikröhrchen gespritzt wird, das 1,0 ml Antikoagulans enthält. Der Nachteil der Methode besteht darin, daß beim Wechseln der Spritze häufig Blut verspritzt wird. Wenn, um dies zu vermeiden, die Vene während des Spritzenwechsels komprimiert wird, stagniert das Blut kurze Zeit in der Kanüle, wodurch eventuell eine leichte Gerinnungsaktivierung erfolgen kann.

Wir bevorzugen die folgende Methode: Die Vene wird mit mittelstarker Kanüle (Innendurchmesser 1,2 mm) punktiert, ohne daß eine Spritze aufgesetzt wird. Die ersten 2–3 ml Blut werden in ein Glasröhrchen aufgefangen (diese Blutprobe wird verworfen oder, falls notwendig, für klinisch-chemische Untersuchungen verwendet). Anschließend läßt man das Blut in ein Plastik- oder silikonisiertes Röhrchen einfließen, in dem die erforderliche Menge des Antikoagulans vorgelegt ist. Das Röhrchen wird mit Blut bis zu einer bestimmten Marke gefüllt. In der Regel verwenden wir 95 × 13 mm Plastikröhrchen, die 1,0 ml 3,8%iges Zitrat enthalten und bis zur Marke 10,0 ml gefüllt werden. Wenn in das Röhrchen die entsprechende Blutmenge eingeflossen ist, wird es verschlossen und mindestens 3mal gekippt, um eine gute Durchmischung des Antikoagulans mit dem Blut zu gewährleisten. Schütteln der Röhrchen ist strengstens zu vermeiden. Das Verfahren hat den Vorteil, daß die für entsprechende Blutuntersuchungen erforderlichen Blutproben rasch hintereinander gewonnen werden können, ohne daß jedesmal eine Spritze ab- und angesetzt werden muß. Es können auch auf diese Weise die verschiedenen Blutproben (Zitratblut, EDTA-Blut, Nativblut, Blut für Fibrin[ogen]-Spaltprodukte sowie für Fibrinopeptid A-, Plättchenfaktor 4 und β-Thromboglobulinbestimmung) schnell hintereinander gewonnen werden.

Wichtig bei der Gewinnung von venösen Blutproben ist die Vermeidung einer zu starken oder zu langen Stauung. Eine längere Stauung führt zum Anstieg des Hämatokrits, zu einer Zunahme der fibrinolytischen Aktivität und eventuell auch zu einer Zunahme der Faktor VIII-Aktivität.

2. Gewinnung von Blutproben aus Venenkathetern

Blutproben für hämostaseologische Untersuchungen sollten nach Möglichkeit nicht aus Venenkathetern gewonnen werden. Da Venenkatheter im allgemeinen mit heparinhaltigen Lösungen gespült werden, ist das Risiko, daß die Blutprobe heparinkontaminiert ist, sehr groß, auch dann, wenn der Katheter vorher gespült wird und eine Blutprobe von 3–5 ml vor Gewinnung des Zitratblutes entnommen und verworfen wird.

3. Gerinnungsuntersuchungen aus Kapillarblut

Gerinnungsuntersuchungen aus Kapillarblut sollten nur mit solchen Methoden durchgeführt werden, die speziell für Kapillarblut adaptiert sind (Thrombotest, Normotest, Hepatoquick). Solche Methoden ergeben mit venösem Blut vergleichbare Ergebnisse. Für pädiatrische Zwecke wurden zur Bestimmung von Gerinnungsfaktoren spezielle Kapillarblutmethoden entwickelt, die bei sorgfältiger Durchführung brauchbare Ergebnisse liefern. Kapillarblutmethoden sollten aber nur dann angewandt werden, wenn die Gewinnung von venösem Blut nicht möglich ist.

Wahl des Antikoagulans für hämostaseologische Untersuchungen

1. Zitrat

Zitratblut ist das Ausgangsmaterial für die meisten Gerinnungs-, Fibrinolyse- und Plättchenuntersuchungen. Das Mischungsverhältnis ist in der Regel 1:10 (1 Teil 3,8%-iges Natriumzitrat + 9 Teile Blut). Wir verwenden 0,1 mol (3,8%) ungepufferte Zitratlösung. Von manchen Autoren wird gepufferte (pH 4,5) 0,1 mol Zitratlösung empfohlen, da unter diesen Bedingungen Faktor VIII und V stabiler sein sollen. Für bestimmte Untersuchungen wie z.B. die Euglobulinlysiszeit soll das Mischungsverhältnis 1:5 sein (1 Teil 3,8%iges Zitrat + 4 Teile Blut). Bei Patienten mit erhöhtem Hämatokrit muß das Mischungsverhältnis von Zitrat zu Blut geändert werden, da sonst die Zitratkonzentration im Plasma zu hoch wird. Die für verschiedene Hämatokritwerte erforderliche Zitratmenge kann von einem Diagramm abgelesen werden (Abb. 4). Zitratblut für Hämostaseuntersuchungen soll grundsätzlich in Plastikröhrchen, Plastikspritzen oder silikonisierten Röhrchen aufbewahrt werden.

2. EDTA-(Na-Äthylendiamintetraessigsäure)

EDTA-Blut kann in der Weise gewonnen werden, daß Blut in einem mit EDTA-Pulver beschichteten Plastikröhrchen aufgefangen wird und das Blut nach Verstöpselung durch mehrmaliges Neigen des Röhrchens mit dem EDTA-Pulver gemischt wird. Das Verfahren hat den Vorteil, daß keine Verdünnung des Blutes eintritt und die Blutmenge nicht genau abgemessen werden muß. EDTA-Blut ist geeignet zur Thrombozytenzählung und zur Bestimmung von Antithrombin III. Hingegen ist es für die Durchführung von Gerinnungsanalysen nicht geeignet, da durch das EDTA eine Fibrinpolymerisationsstörung eintritt (verlängerte Thrombinzeit) und Faktor VIII und V rasch inaktiviert werden. Für bestimmte Plättchenstudien (gewaschene Plättchen) ist die Gewinnung von EDTA-Blut vorteilhaft (1 ml 1%iges EDTA + 9 ml. Blut).

3. Oxalat

Oxalatblut wird gewonnnen, indem 1 Teil 1,34%ige Natriumoxalatlösung mit 9 Teilen Blut gemischt wird. Oxalatblut ist im allgemeinen für Gerinnungsanalysen nicht sehr gut geeignet, da es zu einer raschen Inaktivierung von Faktor V und VIII kommt.

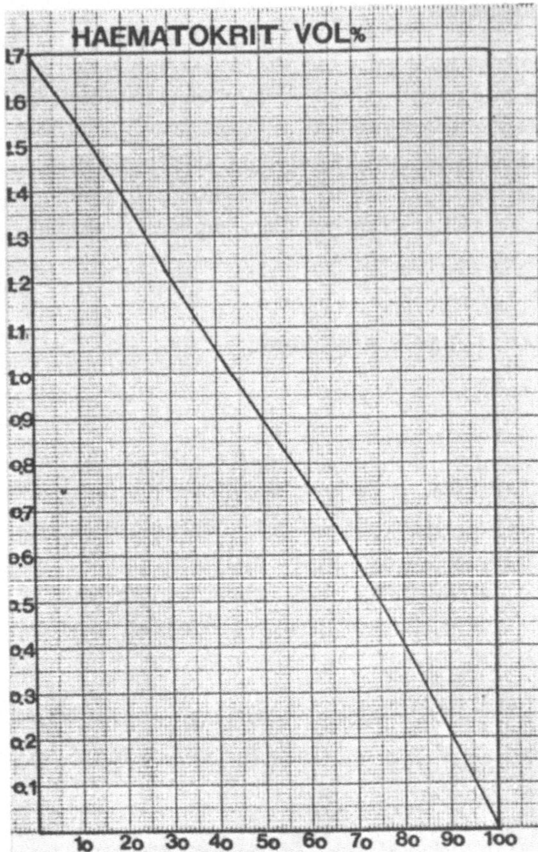

Abb. 4. Nomogramm zur Ermittlung der optimalen Zitratmenge bei verschiedenen Hämatokritwerten. Auf der Ordinate ist das Volumen an 3,8%iger Natriumzitratlösung in ml angegeben, das bei Gewinnung von 10 ml Zitratblut vorgelegt werden muß, um in dem aus dem Zitratblut gewonnenen plättchenarmen Plasma eine konstante Zitratkonzentration zu erhalten. Bei einem Hämatokrit von 60% müssen z.B. 0,75 ml 3,8%-ige Natriumzitratlösung mit 9,25 ml Patientenblut vermischt werden

Es ist jedoch dem Zitratblut vorzuziehen, wenn eine biologische Faktor XIII-Bestimmung mit Löslichkeitstests durchgeführt wird, da das aus Oxalatplasma gewonnene Gerinnsel opak ist und daher besser beobachtet werden kann. Die Gewinnung von Oxalatblut ist außerdem dann erforderlich, wenn eine Bariumsulfatabsorption des Plasmas durchgeführt werden soll. Bariumsulfat absorbiert die Faktoren II, VII, IX und X sehr gut aus Oxalatplasma, jedoch nicht aus Zitratplasma. Man kann dann diese Faktoren nach Waschung des Bariumsulfates mit 5%igem Zitrat leicht wieder eluieren.

4. Heparin

Heparinblut ist für Gerinnungsanalysen unbrauchbar. Auch Plättchen- und Fibrinolysetests können im allgemeinen nicht aus Heparinblut vorgenommen werden. Heparinblut kann jedoch zur Durchführung der Adhäsivitätsprüfung verwendet werden, um zu prüfen, ob die verminderte Adhäsivität durch Zusatz bestimmter Proteine (Faktor VIII, Fibrinogen) normalisiert wird.

5. Spezielle Antikoagulansmischungen

a) Blutproben zur Bestimmung von Fibrinopeptid A werden in ein Gemisch aus Heparin und Trasylol abgenommen. 9 Teile Blut werden mit 1 Teil einer Mischung aus gleichen Teilen Heparin (1000 E/ml) und Trasylol (1000 E/ml) gemischt.

b) Für die Bestimmung von β-Thromboglobulin und Plättchenfaktor 4: Theophyllin-EDTA-Gemisch (Röhrchen mit dem fertigen Gemisch vom Hersteller der Kits erhältlich).

6. Blutproben zur Bestimmung der Fibrinspaltprodukte

Blut wird mit Thrombin-Trasylol und Epsilonaminocapronsäure gemischt (s. Methode nach Merskey).

7. Blut ohne Zusatz von Antikoagulans (Nativblut)

Blut ohne Zusatz von Antikoagulans wird zur Durchführung folgender Tests benötigt:
— Gerinnungszeit
— Thrombelastogramm mit Nativblut
— Adhäsivität
— Prothrombinverbrauch (s. Methodik)

Aufbewahrung des Blutes bis zur weiteren Verarbeitung

1) Blut für Gerinnungsanalysen sollte möglichst rasch weiterverarbeitet werden. Die Lagerung des Blutes bei Zimmertemperatur (22°C) bis zu einer halben Stunde bis zur Weiterverarbeitung läßt sich bei einer Untersuchung von einer größeren Anzahl von Patienten in einer Ambulanz häufig nicht vermeiden und kann toleriert werden.

2) Wenn mit dem Zitratblut Plättchenstudien durchgeführt werden sollen, sollte die Weiterverarbeitung unmittelbar nach der Blutabnahme erfolgen. Das Blut darf nicht gekühlt werden.

3) Blutproben für die β-Thromboglobulin-, Plättchenfaktor 4- und Fibrinopeptid A-Bestimmungen sowie für den Äthanoltest und die Euglobulinlysiszeitbestimmung müssen in vorgekühlten Röhrchen aufgenommen und in Eiswasser aufbewahrt werden.

4) Blut zur Testung des Prothrombinverbrauches muß sofort nach der Abnahme bei 37°C inkubiert werden.

Präparation von plättchenarmem Plasma (PAP). Zitratblut wird 20 min bei 2500 g zentrifugiert. Die Zentrifugation wird in einer Kühlzentrifuge bei einer Temperatur von 4–6°C durchgeführt. Es sollte eine Zentrifuge mit Ausschwingköpfen und keine Winkelzentrifuge verwendet werden, da bei Verwendung einer Winkelzentrifuge keine horizontale Grenze zwischen Zellen und plättchenarmem Plasma entsteht. Das überstehende plättchenarme Plasma wird mit einer Pipette, am besten einer silikonisierten oder Plastikpipette, abgehoben und in ein weiteres Plastikröhrchen transferiert. Das plättchenarme Plasma wird bis zur Testung in schmelzendem Eis aufbewahrt.

Plättchenarmes Plasma enthält noch bis 10.000 Plättchen/mm^3. Die Zahl der Plättchen im plättchenarmen Plasma stört bei den meisten Gerinnungstests und Bestimmungen der Gerinnungsfaktoren nicht. Sie spielt jedoch eine Rolle bei der Bestimmung der APTT. Um reproduzierbare APTT-Werte zu bekommen, müssen daher die Zentrifugationsbedingungen strikt eingehalten werden. Die Aktivität aller Gerinnungsfaktoren bleibt bei Aufbewahrung des plättchenarmen Plasmas in schmelzendem Eis mindestens 4 h stabil. Will man ein besonders plättchenarmes Plasma erhalten, muß das plättchenarme Plasma nochmals 15 min bei 3000 g zentrifugiert werden.

Längere Aufbewahrung von plättchenarmem Plasma. Soll plättchenarmes Plasma für längere Zeit aufbewahrt werden, entweder um bestimmte Tests später in Serie durchzuführen oder zur Verwendung als Referenzplasma oder Substratplasma, stehen mehrere Möglichkeiten zur Verfügung:

1.   Aufbewahrung im tiefgefrorenen Zustand

a) Plasma kann bei $-20°C$ in geschlossenen Plastikröhrchen aufbewahrt werden. Unter diesen Bedingungen bleiben die sogenannten stabilen Gerinnungsfaktoren wie Fibrinogen, Faktor II, VII, IX, X sowie Antithrombin III, Antiplasmin und Ristocetincofaktor mindestens einen Monat stabil. Auch für Proben, bei denen immunologische Tests durchgeführt werden sollen, genügt eine Aufbewahrung bei $-20°C$.

b) Aufbewahrung bei Temperaturen von $-40°C$ und darunter. Um die Aktivität der Gerinnungsfaktoren VIII und V stabil zu halten, sind Temperaturen unter $-40°C$ erforderlich. Um einen Verlust der Aktivität dieser Faktoren beim Einfrieren zu vermeiden, müssen die Plasmen schockgefroren werden. Dies geschieht dadurch, daß das Plasma in ein silikoniertes Röhrchen abgefüllt wird und für kurze Zeit in ein Azeton-Trockeneisgemisch gehalten wird. Azeton-Trockeneisgemisch wird in der Weise hergestellt, daß zu Azeton (techn. Azeton) solange Trockeneis zugegeben wird, bis zugegebenes Trockeneis sich nicht mehr löst. Schockgefrieren kann auch in flüssigem Stickstoff erfolgen, wobei spezielle Plastikröhrchen verwendet werden müssen.

c) Beim Auftauen der Plasmen ist so vorzugehen, daß die aus dem Deep-freeze entnommenen Plasmen sofort in ein Wasserbad von $37°C$ gestellt werden, bis das Plasma vollkommen aufgetaut ist. Sofort nach dem Auftauen wird das Plasma vorsichtig durchgemischt und in ein Eiswasserbad gestellt. Aufgetaute Plasmen müssen sehr rasch getestet werden, da die Aktivität zumindest von Faktor V und VIII nach Auftauen sehr wenig stabil ist. Auch bei sorgfältiger Handhabung beim Einfrieren und Auftauen ist die APTT solcher Plasmen meistens deutlich länger als von frischem Plasma, wobei die Empfindlichkeit verschiedener APTT-Reagentien gegenüber dieser Prozedur unterschiedlich ist. Die Faktor V- und Faktor VIII-Aktivitätsbestimmung aus eingefrorenem und aufgetautem Plasma ist immer problematisch, da ein nicht kalkulierbarer Aktivitätsverlust eintreten kann. Die Aktivität der Oberflächenfaktoren sollte immer nur aus frischem Plasma bestimmt werden.

2. Gefriertrocknung

Die Aktivität der stabilen, in etwas geringerem Maße auch der labilen Gerinnungsfaktoren (V und VIII), bleibt bei Lyophilisierung des Plasmas über Jahre erhalten. Die Lyophilisierung ist daher eine geeignete Methode, um Substratplasmen zur Testung verschiedener Gerinnungsfaktoren herzustellen. Es müssen allerdings dem Plasma vor der Lyophilisierung stabilisierende Zusätze (HEPES-Puffer) zugegeben werden, um die Stabilität beim Lyophilisieren und Wiederauflösen zu verbessern.

C. Allgemeine Prinzipien bei der Laboratoriumsdiagnostik von Hämostasestörungen (Williams 1977)

1. Die Beziehungen zwischen in vitro-Tests und in vivo-Verhältnissen

Das Ziel der meisten in Verwendung stehenden Hämostasetests besteht darin, die biologisch relevante Aktivität der Systeme, die für die Hämostase verantwortlich sind (Endothel, Thrombozyten, Blutgerinnung und Fibrinolyse), im ganzen oder eines ihrer Bestandteile zu messen. Unter biologisch relevant meint man, daß eine mit diesen Tests gemessene Veränderung des Systems oder einer einzelnen Komponente eine tatsächliche Bedeutung in vivo hat, entweder im Sinne einer verminderten Fähigkeit des Organismus, Gefäßdefekte abzuriegeln (Blutungsneigung) oder einer verminderten Fähigkeit, den Hämostaseprozeß lokalisiert zu halten (Thromboseneigung).

Eine kurze Betrachtung der in Gerinnungslaboratorien üblichen Tests zeigt allerdings, daß die Forderung, daß ein Hämostasetest die in vivo-Verhältnisse möglichst genau imitieren soll, nur in den wenigsten Fällen erfüllbar ist.

— Allein die Tatsache, daß Blut für Hämostaseuntersuchungen üblicherweise mit Antikoagulantien versetzt wird und im Reagenzglas die Rekalzifizierung erfolgt, stellt eine grobe Abweichung von den tatsächlichen Bedingungen dar.
— Bei Tests des endogenen Systems wird unter maximaler Aktivierung des Oberflächensystems (mit Kaolin oder Ellagsäure) gearbeitet, was ebenfalls unphysiologisch ist.
— Bei der Testung des exogenen Systems in vitro wird eine große Menge von Gewebsthromboplastin zugesetzt, die unter in vivo-Bedingungen sicher niemals vorhanden ist.
— Zur Messung der Plättchenadhäsivität wird ihre Haftfähigkeit an Glasoberflächen gemessen, was die in vivo-Bedingungen sicherlich nur sehr mangelhaft imitiert.
— Der größte Mangel der heute verwendeten Tests ist jedoch darin zu sehen, daß die Interaktion zwischen Plasma, Blutzellen und Endothel in der Regel durch Tests nicht erfaßbar ist.

2. Suchtests und Bestimmung einzelner Komponenten des Gerinnungs- und Fibrinolysesystems

In der Labordiagnostik von Hämostasestörungen verwendet man im Prinzip zwei Arten von Tests:

— Globaltests oder Suchtests, mit deren Hilfe eine grobe Orientierung möglich ist,
ob bestimmte Teile des hämostatischen Systems normal oder abnormal sind.
Typische Globaltests sind die aktivierte partielle Thromboplastinzeit (Suchtest
für Störungen im endogenen System), die Prothrombinzeit (Suchtest für Störungen im exogenen System), die Euglobulinlysezeit (Suchtest für Störungen im
fibrinolytischen System) und die Blutungszeit (Suchtest für Störungen der primären Hämostase). Der Vorteil der Suchtests ist ihre Einfachheit und schnelle
Durchführbarkeit, die es erlaubt, in kurzer Zeit viele Patienten zu untersuchen.
Nachteile dieser Globaltests sind eine in der Regel doch nicht ausreichende Empfindlichkeit und die Unmöglichkeit, einen Defekt genauer zu lokalisieren.
— Spezifische Tests, mit deren Hilfe die Aktivität von nur einer Komponente des
Hämostasesystems gemessen wird.

3. Einstufen- und Zweistufentests

Die Messung der Aktivität eines ganzen Systems oder einzelner Komponenten des
Gerinnungs- oder Fibrinolysesystems erfolgt in der Weise, daß durch Zusatz eines
Aktivators die Proenzyme zu Enzymen aktiviert werden und deren Aktivität in geeig-
neter Weise gemessen wird. Dabei wird angenommen, daß die Menge des gebildeten
Enzyms der Menge eines oder mehrerer Proenzyme proportional ist. Der Test kann so
beschaffen sein, daß die Aktivierung und die Indikatorreaktion (Fibrinbildung oder
Spaltung des chromogenen Substrats) in einer Stufe erfolgt (Einstufentest) oder in
einer ersten Stufe die Aktivierung des Proenzyms (oder der Proenzyme) zum Enzym
erfolgt und in einer zweiten Stufe die Aktivität des gebildeten Enzyms gemessen wird
(Zweistufentest).

a) Einstufenmethoden

Bei der Einstufenmethode wird im wesentlichen die Bildungsgeschwindigkeit von
Enzymen gemessen. Alle Suchtests sind Einstufenmethoden. Die Aktivität fast aller
Gerinnungsfaktoren wird im Routinelaboratorium mit Einstufenmethoden gemessen.
Man benötigt dazu ein System, in dem alle für die Bildung von Thrombin erforderlichen Faktoren, mit Ausnahme des zu bestimmenden, in optimaler Aktivität vorhanden sind. Dies ist durch Verwendung von Plasmen von Patienten mit isoliertem
schwerem Mangel eines Gerinnungsfaktors leicht möglich. Der zu bestimmende
Gerinnungsfaktor wird dem System in einer geringen Konzentration (in Form von
verdünntem Plasma) zugegeben. Unter diesen Bedingungen ist seine Aktivität bestim-
mend für die Schnelligkeit der Thrombinbildung und damit der Gerinnungszeit. Trägt
man in einem log-log-System die mit verschiedenen Konzentrationen des Prokoagulans erhaltenen Gerinnungszeiten (y-Achse) gegen die Konzentration (x-Achse) auf,
erhält man eine Linie, die im Bereich 0,1 E—0,005 E Aktivität des zugegebenen Prokoagulans gerade ist . (Die in 1 ml Normalplasma vorhandene Aktivität eines Gerinnungsfaktors wird als eine Einheit bezeichnet.) Durch Testung verschiedener Verdünnung eines Normalplasmapools erhält man eine Referenzkurve (Eichkurve), mittels
derer die Aktivität einer unbekannten Probe ermittelt werden kann. In der Regel
geht man so vor, daß man die Aktivität einer 1:10- oder 1:20-Verdünnung des Normalplasmas mit 100% (oder 1 Einheit) gleichsetzt und die weiteren Verdünnungen
des Normalplasmapools als 50% (0,5 E), 25% (0,25 E) etc. bezeichnet (Abb. 5).

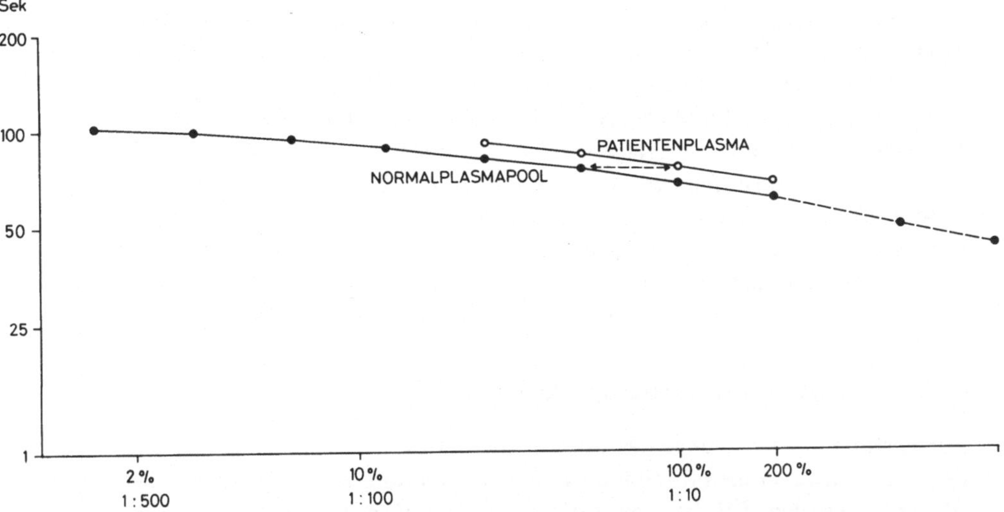

Abb. 5. Bestimmung der Faktor VIII-Aktivität mit dem Einstufentest. Es werden Serienverdünnungen des Normalplasmapools (oder Faktor VIII-Standards) hergestellt und die Gerinnungszeiten im Einstufensystem für Faktor VIII (s. Text) für die verschiedenen Verdünnungen bestimmt. Gerinnungszeiten und Plasmaverdünnung werden in einem doppelt-logarithmischen System gegeneinander aufgetragen. *Abszisse:* Plasmaverdünnung bzw. Faktor VIII-Akvitität in %; *Ordinate:* Gerinnungszeit in s. Die so erhaltene Kurve ist zwischen einer Verdünnung von 1:5 und 1:200 des Normalplasmas annähernd gerade. Eine 1:10-Verdünnung des Normalplasmapools wird definitionsgemäß als 100% bezeichnet. Das Patientenplasma wird im gleichen System in mindestens 3, besser 4 Verdünnungen in gleicher Weise getestet. Die Aktivität der zu testenden Probe kann durch Ablesung von der Eichkurve direkt ermittelt werden. Eine solche Ablesung ist jedoch nur dann statthaft, wenn die Verdünnungskurve mit dem Patientenplasma parallel zur Verdünnungskurve des Normalplasmapools verläuft. Im gezeigten Fall beträgt die Aktivität des Patientenplasmas 50%

Die Gerinnungszeit von 3 oder 4 geeigneten Verdünnungen der zu untersuchenden Probe wird im gleichen System ermittelt. Der der Gerinnungszeit entsprechende Wert in % (oder Einheiten) wird von der x-Achse abgelesen, muß aber noch entsprechend der Verdünnung korrigiert werden. Wurde in 1:10-Verdünnung des Normalplasmapools als 100% (1 E) definiert, entspricht der mit einer 1:10-Verdünnung des Patientenplasmas ermittelte %-(E-)Wert dem tatsächlichen Wert, der mit einer 1:20-Verdünnung erhaltene Wert muß verdoppelt, der mit einer 1:5-Verdünnung ermittelte Wert halbiert werden. Die mit verschiedenen Verdünnungen des Patientenplasmas ermittelten Werte sollen möglichst wenig voneinander abweichen. Der endgültige Wert ist der Mittelwert der mit den verschiedenen Verdünnungen des Patientenplasmas erhaltenen Einzelwerte.

b) Zweistufenmethoden

Bei der Zweistufenmethode wird die Gesamtmenge des aktivierbaren Proenzyms bestimmt, wobei die Schnelligkeit der Aktivierung keine so große Rolle spielt. In der 1. Stufe wird der zu bestimmende Gerinnungsfaktor (ebenfalls in geringer Aktivität im System) komplett in das aktive Enzym umgewandelt und dann die Menge des Enzyms an einem geeigneten Substrat bestimmt. Klassische Beispiele für die Anwendung von Zweistufenmethoden ist die Zweistufenmethode zur Bestimmung von Prothrombin, der Thromboplastinbildungstest und die darauf basierende Zweistufenmethode zur Bestimmung von Faktor VIII und die Aktivitätsbestimmung von Inhibitoren. Methoden, bei denen chromogene Substrate eingesetzt werden, sind in der Regel Zweistufenmethoden.

Ein- und Zweistufenmethoden ergeben in der Regel übereinstimmende Ergebnisse. Diskrepante Ergebnisse werden dann erhalten, wenn das zu bestimmende Proenzym aus irgendwelchen Gründen langsamer aktivierbar ist, wie dies z.B. bei funktionellen Störungen von Gerinnungsfaktoren (abnormales Prothrombin unter Vitamin K-Einwirkung) oder bei gereinigten Gerinnungsfaktoren der Fall ist.

4. Bestimmung des Reaktionsendpunktes

Zur Bestimmung der Menge des entstehenden Enzyms in Ein- und Zweistufenmethoden kann entweder die Fibrinbildung oder die Spaltung von chromogenen Substraten verwendet werden. Bei den konventionellen, in den meisten Laboratorien noch verwendeten Gerinnungsmethoden ist die Entstehung eines sichtbaren Fibringerinnsels der Endpunkt sowohl bei Ein- als auch bei Zweistufenmethoden. In diesem Fall wird unabhängig von der Art des zu bestimmenden Gerinnungsfaktors jeweils die Bildung von Thrombin im System gemessen. Dies bedeutet, daß bis zum Eintritt der Indikatorreaktion meistens eine Anzahl von Reaktionen stattfinden muß. Die Feststellung des Eintrittes der Fibrinbildung kann entweder durch Registrierung der Fibrinbildung mit Hilfe der Häkchenmethode (manuell oder automatisch) oder durch Feststellung der Änderung der Lichtdurchlässigkeit des Plasmas (photometrisch) festgestellt werden.

Die chromogenen Substrate haben insofern einen Fortschritt gebracht, als mit ihrer Hilfe nicht nur Thrombin, wie bei den oben genannten konventionellen Methoden, sondern auch Faktor Xa und Kallikrein spezifisch gemessen werden können. Auf diese Weise ist also z.B. eine direkte Messung der aus Faktor X entstehenden Xa-Aktivität bei der Faktor X-Bestimmung möglich. Um richtige Ergebnisse zu erhalten, müssen die Reaktionsbedingungen sorgfältig optimiert werden (Christensen 1980).

5. Immunologische Methoden

Immunologische Methoden haben in den letzten Jahren in der Gerinnungsdiagnostik zunehmende Bedeutung bekommen. Man verwendet bei der immunologischen Diagnostik in der Gerinnung entweder Antikörper, die durch Immunisierung von Tieren mit dem gereinigten Protein erhalten werden, oder natürliche Antikörper gegen bestimmte Gerinnungsfaktoren. Die immunologische Technik, mit der Gerinnungs- oder Fibrinolyse- oder Plättchenproteine nachgewiesen werden können, hängt wesentlich von den Eigenschaften des Antikörpers und der Menge des nachzuweisenden Proteins ab. Tabelle 29 zeigt, welche Gerinnungs-, Fibrinolyse- und Plättchenproteine mit immunologischen Methoden nachgewiesen werden können und welche Technik im Einzelfall angewendet werden kann. Die einfachste Methode, mit der schon viele Gerinnungs- und Fibrinolyseproteine quantifiziert werden können, ist die radiale Immunodiffusion (Mancini et al. 1965).

Tabelle 29. Immunologische Bestimmung von Gerinnungs-Fibrinolyse und Plättchenproteinen

	RID	EIA	RIA	IRMA	ELISA	TRCHII	INA	kommerziell erhältlich	
								Antiserum	Kit
Fibrinogen	+ +	+				(+)		+	
Fibrinopeptid A			+ +						+
Fibrinopeptid B			+ +						
Fibrinspaltprodukte		+	+			+ +		+	
Prothrombin	+ +	+						+	
Gewebsthromboplastin (Apoprotein)			+						
Faktor V							+ +		
Faktor VII							+ +	+	
Faktor VIII:Cag				+ +			+		
Faktor VIII R:Ag	(+)	+ +		+ +	+	(+)	+	+	
Faktor IX		+ +	+				(+)	+	
Faktor X							+		
Faktor XI			+				+		
Faktor XII		+							
Faktor XIII		+						+	
Präkallikrein	+	+ +							
HMW-Kininogen	+ +	+	+						
Antithrombin III	+	+						+	
α_2-Makroglobulin	+ +	+						+	
α_1-Antitrypsin	+ +	+						+	
C 1-Inaktivator	+ +	+						+	
Plasminogen	+ +	+						+	
α_2-Antiplasmin		+ +						+	
F-CB 3-Peptid			+ +						
Fragment E			+ +					+	
β-Thromboglobulin			+ +						+
Plättchenfaktor 4			+ +						+
Prostacyclin			+ +						+

RID   = Radiale Immundiffusion
EIA   = Electroimmunoassay (Laurell)
RIA   = Radioimmunoassay
IRMA   = Immunoradiometric assay
TRCHII = Tanned red cell hemagglutination inhibition
INA   = Inhibitor neutralisation assay

Der Vorteil der immunologischen Methoden besteht in ihrer hohen Präzision und großen Empfindlichkeit. Der Nachteil liegt darin, daß sie nicht immer Aussagen über das funktionelle Verhalten der bestimmten Proteine erlauben. Die Kombination von funktionellen und immunologischen Methoden erlaubt jedoch eine sehr gute Aussage darüber, ob eine Verminderung oder Erhöhung der Aktivität eines Gerinnungsproteins auf eine echte Verminderung oder Zunahme der betreffenden Moleküle oder auf strukturelle Veränderungen im Molekül zurückzuführen sind. Ein weiteres Problem bei der immunologischen Bestimmung ist die in manchen Fällen zu geringe Spezifität des Antikörpers. So reagiert ein Antikörper gegen Fibrinogen nicht nur mit Fibrinogen, sondern auch mit Fibrinmonomer und fibrinolytischen Spaltprodukten sowohl des Fibrinogens als auch des Fibrins, so daß mit den geläufigen immunologischen Methoden (Hämagglutinationshemmtest) eine Differenzierung dieser funktionell sehr verschiedenen Moleküle nicht möglich ist. Der Antikörper gegen das Faktor VIII-Antigen ist gegen das gesamte Faktor VIII-Molekül gerichtet, so daß mit solchen Antikörpern das Fehlen funktionell wichtiger Teile des Moleküls nicht erkannt werden kann.

Eine zur Erkennung von strukturellen Defekten von Gerinnungsproteinen besonders wichtige Methode ist die zweidimensionale Elektrophorese im antikörperhaltigen Gel, mit der Abweichungen der Wanderungsgeschwindigkeit von Gerinnungsproteinen sehr gut nachgewiesen werden können. Als Beispiel sei hier der Nachweis eines schnell wandernden Faktor VIII-Antigens bei bestimmten Varianten des von Willebrand-Syndroms sowie die fehlende Beschleunigung der Wanderungsgeschwindigkeit von funktionell abnormen Antithrombin III in Gegenwart von Heparin genannt. Die zweidimensionale Elektrophorese erlaubt in bestimmten Fällen auch den Nachweis von Komplexen von Gerinnungs- und Fibrinolyseinhibitoren mit Enzymen (Antithrombin III und α_2-Antiplasmin).

Das Verhalten von Faktor VIII-Antigen bei Verdünnung im IRMA läßt Rückschlüsse auf das funktionelle Verhalten des Antigens zu, da bei bestimmten Varianten des von Willebrand-Syndroms das Verhalten bei Verdünnung von dem vom Normalplasma abweicht.

Tabelle 30. Laurell-Elektrophorese-Bedingungen (nach Karges u. Heimburger 1978)

	Anti-gen	Feld-stärke	Lauf-zeit	Agarose	Barbi-turat-Puffer pH 8,6	AS-Kon-zentr. [a] (V/V)	Verd.-Eichkurve [b]	Verd.-Probe
	μl	V/cm	h		μ	%		
Fibrinogen	5	8−10	4	1%ig [d]	0,05	0,6	1:8−1:64	1:16
Fragment D	5	8−10	4	1%ig [d]	0,05	1	1:2−1:16 [c]	1:2
Fragment E	5	8−10	2	1%ig	0,02	2	konz.−1:8 [c]	1:2
Prothrombin	5	8−10	3	1%ig	0,02	1	1:4:1:32	1:8
F VIII	5	2	16	1%ig	0,02	0,4	konz.−1:8	1:2
F IX	15	2	16	1%ig	0,02	0,5	konz.−1:8	1:2
F XII	15	8	5	1%ig	0,02	0,3	konz.−1:8	1:2
F XIII A	5	8−10	4	1%ig	0,05	0,4	konz.−1:8	1:2
F XIII S	5	2	16	1%ig	0,02	0,3	konz.−1:8	1:2
Antithrombin III	5	8−10	2	1%ig	0,02	0,7	1:2−1:16	1:4
Plasminogen	5	8−10	4	1%ig [d]	0,05	1	1:2−1:16	1:4
Plasmakallikrein	5	2	16	1%ig	0,02	1,5	konz.−1:8	1:2

[a] AS-Konzentration = Antiserum-Konzentration im Gel (Richtwerte können sich in Abhängigkeit von der Agarose ändern)

[b] Standardplasma. Proteinstandard oder normales Mischplasma

[c] Standard für Spaltprodukt

[d] Es wird empfohlen, Tylose und EDTA-haltige Gele zu verwenden

Am häufigsten wird im Routinelaboratorium zur immunologischen Bestimmung von Gerinnungsfaktoren die Laurell-Elektrophorese verwendet. Die Bedingungen für die Bestimmung einzelner Gerinnungs- und Fibrinolyseproteine sind in Tabelle 30 dargestellt.

D. „Der Normalbereich"

Für die Bewertung der Ergebnisse von Hämostasetests ist es, wie auch bei anderen klinisch-chemischen Untersuchungen, unerläßlich, einen Normalbereich zu definieren. Der Normalbereich wird gewöhnlich in der Weise ermittelt, daß der betreffende Test bei einer bestimmten Anzahl von „Normalpersonen" durchgeführt wird und Mittelwert und Streuung berechnet werden. Als Normalbereich wird $\bar{x} \pm 2\,S\,D$ (Mittelwert minus 2 Standardabweichungen bis Mittelwert plus 2 Standardabweichungen) angenommen und Werte außerhalb dieser Grenzen als pathologisch angesehen. So einfach dieses Verfahren erscheint, ergibt sich jedoch in der Praxis eine Reihe von Problemen:

1. Bewertung von Laborwerten knapp außerhalb oder innerhalb des Normalbereiches

Definitionsgemäß ist der Normalbereich jener Bereich, in den 95% der bei einer Normalpopulation erhobenen Werte fallen. Dies bedeutet, daß bei Untersuchung von Normalpersonen 5% der Werte außerhalb des sogenannten „Normalbereiches" liegen, jeweils 2,5% unter dem unteren Grenzwert und 2,5% über dem oberen Grenzwert. Man muß aber auch annehmen, daß ein gewisser Prozentsatz pathologischer Werte noch in die Normalgrenzen fällt. Dieses Problem spielt vor allem bei Global- oder Suchtests eine große Rolle, da aufgrund dieser Suchtests häufig darüber entschieden werden muß, ob weitere Untersuchungen durchgeführt werden müssen oder nicht. Bei einem APTT-Wert, der knapp oberhalb des Normalbereichs ist, kann eine Analyse der Einzelfaktoren relativ häufig ergeben, daß kein Gerinnungsdefekt vorliegt. Umgekehrt kann bei einem APTT-Wert, der zwischen 1 und 2 Standardabweichungen liegt, durchaus ein leichter F VIII-, IX-, XI- oder XII-Mangel vorliegen. Bei Bestimmungen wie bei der APTT ist es daher nicht zulässig, einen absoluten, oberen Grenzwert zu nennen, der als strenge Grenze zwischen normal und nicht-normal anzusehen ist. Ähnliches gilt für die Bestimmung der Blutungszeit.

2. Lineare oder logarithmische Verteilung der Normalwerte

Die Berechnung von Mittelwert und Streuung ist nur dann zulässig, wenn eine Gaußsche Verteilung vorliegt, wobei es in der Praxis genügt, wenn eine annähernd Gaußsche Verteilung gegeben ist (Healy 1969). Bei vielen Gerinnungswerten ist tatsächlich eine Gaußsche Verteilung oder annähernd Gaußsche Verteilung im linearen System vorhanden. In diesem Fall ist es zulässig, aus den erhaltenen Werten Mittelwert und Streuung zu berechnen. In anderen Fällen, wie z.B. bei der Faktor VIII- und IX-Aktivität, ist eine Gaußsche Verteilung nur bei logarithmischer Transformierung der Werte zu erhalten. In diesen Fällen ist Mittelwert und Streuung vom Logarithmus der erhaltenen Werte zu berechnen, wobei für praktische Zwecke der Logarithmus wiederum in Linearwerte zurückverwandelt wird. Bei anderen Bestimmungen, wie bei der Euglobulinlysiszeit oder der Blutungszeit ist weder im logarithmischen noch im linearen System eine Gaußsche Verteilung vorhanden. In diesem Fall ergibt sich außerdem die Besonderheit, daß in der Regel nur eine Abweichung nach einer Seite von Bedeutung ist. In diesem Fall kann man zur Ermittlung des Normalwertes so vorgehen, daß man jenen Grenzwert angibt, innerhalb dessen 95% der erhobenen Werte bei Normalen liegen.

3. Definition der Normalpersonen

In den meisten Laboratorien wird der Normalbereich in der Weise ermittelt, daß von Personen, die im Spital arbeiten und keine erkennbare Erkrankung haben, Blut gewonnen wird, und diese Personen als Normal- oder Referenzpersonen betrachtet werden. Wenn auch dieses Verfahren im allgemeinen zu keinen wesentlichen Fehlinterpretationen führt, muß man sich doch im klaren sein, daß zumindest bei manchen Fragestellungen bei diesen Verfahren erhebliche Fehler entstehen können.

Folgende Variablen können bei Normalpersonen das Ergebnis beeinflussen:

a) Alter

Die größten altersabhängigen Unterschiede im „Normalbereich" sind in der Pädiatrie bei Untersuchung von Neugeborenen und sehr kleinen Kindern gegeben. Bei Erwachsenen ist die Altersabhängigkeit der Gerinnungswerte bei Normalpersonen erheblich geringer, spielt aber bei Fibrinogen (Zunahme), Antithrombin (leichte Abnahme), Faktor VIII (leichte Zunahme) eine gewisse Rolle.

Bei der Routinediagnostik spielen Altersunterschiede bei Erwachsenen für die Interpretation praktisch kaum eine Rolle. Bei Durchführung wissenschaftlicher Untersuchungen muß jedoch streng darauf geachtet werden, daß das „normale" Vergleichskollektiv alters- und geschlechtsmäßig mit dem untersuchten Kollektiv der Patienten identisch ist. Dies ist bei Untersuchungen in Richtung einer Hyperkoagulabilität von besonderer Bedeutung. Es würde zu völlig falschen Schlüssen führen, wenn man z.B. bei der Untersuchung von Patienten mit Herzinfarkt, Venenthrombosen und arterieller Verschlußkrankheit als Vergleichskollektiv (Normalkollektiv) jüngere Personen, die im Laboratorium arbeiten, als Kontrolle heranziehen würde.

b) Geschlecht

Obwohl bei bestimmten Hämostasetests Geschlechtsunterschiede festgestellt werden konnten (Bain 1980), sind diese nicht so bedeutsam, daß sie in der Routinediagnostik eine große Rolle spielen würden. Allerdings muß man bedenken, daß jüngere Frauen häufig orale Kontrazeptiva nehmen und schon aus diesem Grund Unterschiede vorhanden sein könnten. Man sollte daher zur Erstellung des Normalbreichs auf jeden Fall darauf achten, daß etwa eine gleiche Zahl von Männern und Frauen für die Erstellung des Normalbereichs verwendet werden. Bei der Durchführung spezieller

Untersuchungen (z.B. Konduktorinnendiagnostik) können Geschlechtsunterschiede jedoch eine erhebliche Rolle spielen.

c) Einnahme von Medikamenten

Die Einnahme von Medikamenten spielt in den meisten Fällen keine sehr große Rolle. Von Bedeutung ist jedoch die Einnahme von oralen Kontrazeptiva (kürzere Prothrombinzeit, Erhöhung von F X, II und VII, Erhöhung von Plasminogen) und Steroiden. Bei der Durchführung von Plättchenaggregationsstudien ist es unerläßlich sicherzustellen, daß die untersuchten Personen keine aggregationshemmenden Substanzen (Aspirin oder nicht-steroidale Antirheumatika) eingenommen haben.

d) Weitere Variable

Das Ergebnis von Gerinnungstests bei Normalpersonen kann weiter beeinflußt werden durch:

- körperliche Anstrengung (Erhöhung von Faktor VIII, Zunahme der fibrinolytischen Aktivität)
- Alkohol
- Einnahme fettreicher Mahlzeiten
- ethnische Einflüsse (spielen in Europa eine relativ geringe Rolle).

E. Referenzpräparate und Qualitätskontrolle

1. Referenzpräparate

Für verschiedene Gerinnungsfaktoren und Fibrinolyseproteine und einige wichtige Enzyme wie Thrombin oder Plasmin wurden von der WHO Referenzpräparationen hergestellt und durch Testung in den verschiedenen Laboratorien ihre Stärke definiert.

Der Wert dieser Präparationen liegt vor allem in der Standardisierung von therapeutisch oder diagnostisch verwendeten Konzentraten (Faktor VIII, IX, Antithrombin, Thrombin und Plasmin). Da die Menge solcher Referenzpräparationen limitiert ist, können sie nicht für die tägliche Qualitätskontrolle im Routinelaboratorium eingesetzt werden. Es ist jedoch möglich, einen hauseigenen Standard gegen einen solchen international akzeptierten Standard zu testen. Derartige Standards sind jedoch hauptsächlich für die Herstellung kommerzieller Präparate von Bedeutung und nicht so sehr für das Routinelaboratorium, wo der Referenzwert im allgemeinen durch Testung einer bestimmten Anzahl von Normalpersonen festgelegt wird.

2. Qualitätskontrolle

Wie im klinisch-chemischen Laboratorium ist eine Qualitätskontrolle auch im Gerinnungslaboratorium unbedingt erforderlich. Qualitätskontrolle kann in verschiedener Weise erfolgen:

a) Tägliche Testung einer Referenzprobe

Diese Form der Qualitätskontrolle ist vor allem deshalb wichtig, um eventuelle Variationen der Reagentien bei der Bestimmung von plasmatischen Gerinnungs- und Fibrinolyseproteinen zu erfassen. Referenzplasmen sind käuflich erwerblich, können aber auch selbst hergestellt werden, indem eine größere Menge Blut von einer Normalperson oder von einer Person mit einem bestimmten Gerinnungsdefekt (Antikoagulantientherapie, Hämophilie) gewonnen wird und das plättchenarme Plasma bei einer Temperatur unter $-60°C$ eingefroren wird. Das Normalplasma muß nicht unbedingt einen Wert ergeben, der dem Mittelwert des Normalkollektivs entspricht, da mit Hilfe dieses Plasmas nur festgestellt werden soll, ob unter den Testbedingungen von Tag zu Tag der gleiche Wert erhalten wird. Für diesen Zweck ist es nach unserer Erfahrung vorteilhafter, Plasma von nur einer Person zu verwenden, da dieses wesentlich stabiler ist als Mischplasmen. Im Gegensatz zu solchen Plasmen, die zur Qualitätskontrolle von Tag zu Tag dienen, gibt es auch sogenannte „Standardplasmen" mit einer standardisierten Menge eines Antigens oder einer Aktivität. Solche Standardplasmen sind vor allem für die Durchführung immunologischer Bestimmungen von großem Wert, da hier die vom Hersteller gemachten Angaben meistens sehr zuverlässig sind. Bei Aktivitätsbestimmungen ist diese Zuverlässigkeit nicht immer gegeben.

b) Teilnahme an Rundversuchen

In fast allen Ländern wurden Institutionen geschaffen, die es sich zur Aufgabe gemacht haben, in regelmäßigen Abständen Blut oder Plasmaproben von Normalpersonen oder von Patienten mit bestimmten Abnormalitäten an Laboratorien zur Testung zu verschicken. Anhand der erhaltenen Ergebnisse kann jedes Laboratorium feststellen, ob die im Laboratorium verwendete Methode richtige Ergebnisse gibt. Das Problem derartiger Rundversuche besteht allerdings darin, daß die Ermittlung des „richtigen Wertes" durch Berechnung von Mittelwert und Streuung aller Laboratorien erfolgt und der so erhaltene Mittelwert nicht unbedingt dem richtigen Wert entsprechen muß.

c) Regelmäßige Testung von Normalpersonen im Routinelaboratorium

In unserem Laboratorium hat es sich sehr bewährt, zur Qualitätskontrolle täglich 1—2 Normalpersonen mitzutesten und jeweils in gewissem Abstand Mitteltwert und Streuung des so erhaltenen, über längere Zeit getesteten Normalkollektivs zu ermitteln. Der auf diese Weise erhaltene Normalbereich sollte mit dem definierten Normalbereich gut übereinstimmen. Auf diese Weise können systematische Fehler in der Routinediagnostik sicher erkannt werden.

F. Reagentien, die häufig bei Gerinnungsuntersuchungen verwendet werden

1. Kalziumchlorid

0,025 mol Kalziumchlorid ist von den meisten Firmen, die Gerinnungsreagentien herstellen, in fertiger Form erhältlich. Will man eine Kalziumchloridlösung selbst herstellen, löst man 1 g Kalziumchlorid in 100 ml dest. Wasser auf. Da Kalziumchlorid stark hygroskopisch ist, muß durch anschließende Bestimmung von Kalzium oder Chlorid die exakte Konzentration von Kalziumchlorid bestimmt und dann die Lösung entsprechend eingestellt werden.

2. Antikoagulantien

— Natriumzitrat: Die für die meisten Gerinnungsuntersuchungen verwendete Natriumzitratlösung wird entweder durch Auflösung von 3,8 g $Na_3C_6N_5O_7 \times 5\,H_2O$ oder von 31,3 g $N_3C_6H_5O_7 \times 2\,H_2O$ hergestellt. Gepufferte Zitratlösung, pH 4,5, ist kommerziell erhältlich (Behring).
— Natriumoxalat: 13,4 Na-Oxalat wird in 1 l dest. Wasser gelöst.
— Zitratepsilonaminocapronsäuremischung: Zur Zitratlösung wird Epsilonaminocapronsäure bis zu einer Endkonzentration von 100 mg/ml zugegeben.

3. Puffer

— Owren-Puffer (pH 7,35): 10,83 g Natriumdiäthylbarbiturat und 5,67 g Natriumchlorid werden in 570 ml dest. Wasser gelöst und langsam 430 ml 0,1 % Salzsäure zugegeben. Diese Lösung wird 1:1 mit 0,9% NaCl versetzt und das pH eventuell noch korrigiert.
— Imidazolpuffer (pH 7,3): 680 mg Imidazol (Light and Company, Colinbrook) werden in 50 ml dest. Wasser gelöst (Stammlösung). Die Arbeitslösung wird in folgender Weise hergestellt: 2,5 Teile Stammlösung, 1,86 Teile 0,1 n HCl und 5,64 Teile dest. Wasser. Zu je 100 ml Puffer werden 0,585 g Natriumchlorid hinzugefügt.

4. Thrombin

Thrombinpräparationen von verschiedener Stärke können kommerziell erhalten werden. Will man eine Thrombinlösung selbst herstellen und über längere Zeit aufbewahren, muß das Thrombin in einer Mischung aus physiologischer Kochsalzlösung und Glyzerin zu gleichen Teilen gelöst werden. In dieser Lösung ist Thrombin bei $-20\,°C$ mehrere Wochen stabil. Ohne Zusatz von Glyzerin ist Thrombin instabil. Die entsprechende Arbeitslösung muß aus der konzentrierten Thrombinlösung unmittelbar vor Gebrauch durch Verdünnung hergestellt werden, wobei verdünnte Lösungen in Plastik- oder Silikonröhrchen aufbewahrt werden müssen.

Kapitel 9

Gerinnungstests: Global- oder Suchtests

Unter Global- oder Suchtests versteht man einfache Gerinnungstests, mit deren Hilfe bestimmte Abschnitte des Gerinnungssystems testmäßig erfaßbar sind. Mit Hilfe dieser Tests lassen sich schwerere Gerinnungsstörungen im erfaßten Bereich mit großer Wahrscheinlichkeit ausschließen. Es ist jedoch wichtig, darauf hinzuweisen, daß geringgradige Verminderungen einzelner Gerinnungsfaktoren, die biologisch durchaus relevant sein können, durch derartige Suchtests nicht mit Sicherheit ausgeschlossen werden können.

Prothrombinzeit (Quick 1942)

Prinzip. Die Rekalzifizierung des zu testenden Plasmas erfolgt in Gegenwart eines Überschusses von Gewebsthromboplastin. Unter diesen Bedingungen hängt die Gerinnungszeit nur von der Aktivität der Faktoren II, V, VII, X und Fibrinogen ab. Die Prothrombinzeit ist somit ein Suchtest, mit dem das exogene Gerinnungssystem und die gemeinsame Endstrecke der Gerinnung geprüft werden können.

Reagentien
— Plättchenarmes Patientenplasma
— Kalziumthromboplastin (selbst hergestellt oder kommerzielles Präparat) (Tabelle 31)
— 0,15 molares Natriumchlorid (für die Eichkurve).

Tabelle 31. Reagentien zur Bestimmung der Prothrombinzeit (Angaben der Hersteller)

Hersteller	Handelsname	Hergestellt aus		Angegebener Normalwert
		Spezies	Organ	
Behring	Thromborel	Human	Plazenta	13,5 s
Stago Boehringer	Kalzium-Thromboplastin	Affe	Hirn	11,75 ± 0,5 s
Dade	Thromboplastin C	Kaninchen	Hirn	12,0 ± 1,0 s
Hyland	Thromboplastin-liquid	Kaninchen	Hirn	11–15 s
Merrieux	Thromboplastin mit Kalzium	Kaninchen	Hirn	
Roche	Kalzium-Thromboplastin	Kaninchen	Lunge	14,5 s
Geigy	Thrombokinase „Geigy"	Schwein	Lunge	15,0 s
Goedecke	Simplastin	Kaninchen	Hirn/Lunge	10.0–14.0 s

Durchführung (bei Verwendung des Schnitger-Gross-Koagulometers). 0,1 ml plättchenarmes Plasma wird in ein vorgewärmtes Plastikröhrchen (55/10 mm) pipettiert und ca. 30 s auf 37°C erwärmt. Dann wird 0,2 ml vorgewärmte Thromboplastin-Kalzium-Suspension zugegeben und die Gerinnungszeit bestimmt.

Bei manueller Gerinnungszeitbestimmung (Häkchenmethode) wird in gleicher Weise vorgegangen. Bei Verwendung von anderen Gerinnungsautomaten erfolgt die Durchführung des Tests nach den Angaben des Herstellers.

Berechnung des Ergebnisses. Eine allseits befriedigende Art, das Ergebnis der Prothrombinzeitbestimmung auszudrücken, gibt es nicht. Dies hängt vor allem damit zusammen, daß bei der Prothrombinzeitbestimmung eine Reihe von Variablen in das Testergebnis eingeht und keine mathematische Beziehung zwischen der Gerinnungszeit und der Konzentration der einzelnen Gerinnungsfaktoren hergestellt werden kann.

Es gibt zwei Möglichkeiten, das Ergebnis der Prothrombinzeitbestimmung auszudrücken:

1. Angabe in Prozent der Norm: Diese Form, das Ergebnis auszudrücken, ist vor allem im deutschsprachigen Raum üblich. Die Angabe in Prozent macht es erforderlich, eine Eichkurve zu erstellen. Diese wird in folgender Weise hergestellt:

Plättchenarmes Plasma von mindestens 5 Normalpersonen wird gemischt und die Prothrombinzeit dieser Mischung unverdünnt, in einer Verdünnung 1:2, 1:4 und 1:8 getestet. Die Verdünnung erfolgt mit physiologischer Kochsalzlösung. Die Beziehung zwischen Plasmakonzentration und der erhaltenen Gerinnungszeit kann entweder auf Reziprokpapier oder in einem doppelt-logarithmischen System dargestellt werden.

a)   Bei Darstellung auf Reziprokpapier wird die Gerinnungszeit auf der x-Achse linear und der Reziprokwert der Plasmakonzentration auf der y-Achse aufgetragen. Man erhält auf diese Weise eine Gerade oder eine leicht gekrümmte Kurve (Abb. 6).
b)   Bei Auftragung in einem doppelt-logarithmischen System wird die Plasmakonzentration auf der x-Achse und die Gerinnungszeit auf der y-Achse aufgetragen (Abb. 7). Unter diesen Bedingungen erhält man eine gekrümmte Kurve, die zwischen 50 und 100% sehr flach ist und bei steigender Verdünnung des Plasmas steiler wird.

Bei beiden Typen von Eichkurven wird der Prozentwert so ermittelt, daß die mit Patientenplasma gemessene Gerinnungszeit auf der Eichkurve aufgesucht wird und der entsprechende Prozentwert auf der x- bzw. y-Achse abgelesen wird. Die bei einer bestimmten Gerinnungszeit erhaltenen Prozentwerte unterscheiden sich bei der Verwendung der beiden Typen von Eichkurven nicht wesentlich voneinander.

2. Angabe der Gerinnungsaktivität als Prothrombinzeitratio. Es wird der Quotient (= Ratio)

$$\frac{\text{Prothrombinzeit des Patientenplasmas in s}}{\text{Prothrombinzeit des Normalsplasmas in s}}$$

berechnet. Dieser Quotient ist im Falle, daß das Patientenplasma die gleiche Gerinnungszeit wie das Normalplasma hat, 1,0 und im Falle einer auf das Doppelte verlän-

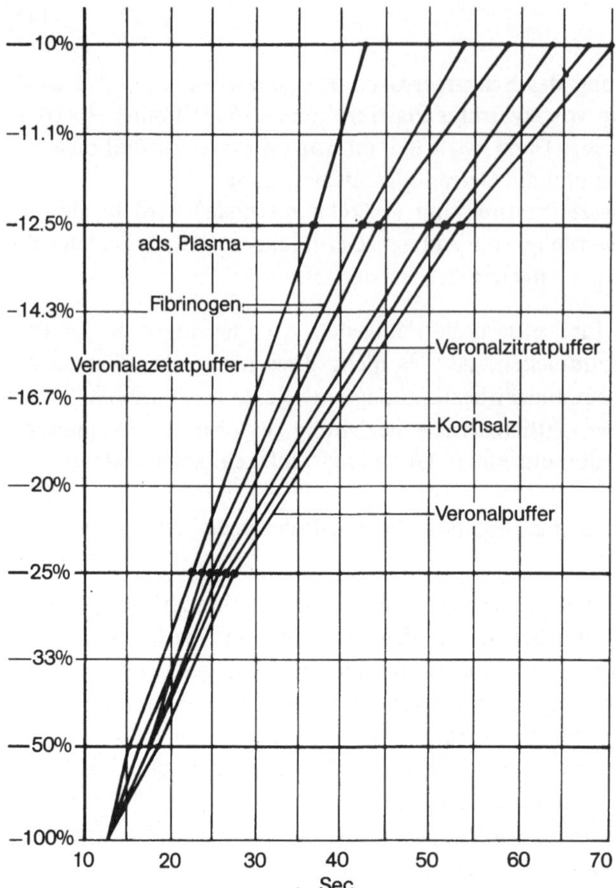

Abb. 6. Prothrombinzeiteichkurve (Thromborel, Behring-Werke). Darstellung auf Reziprokpapier. Die Eichkurven sind verschieden, je nachdem, welches Verdünnungsmittel verwendet wird. *Adsorbiertes Plasma:* Bariumsulfatadsorbiertes Oxalatrinderplasma; *Fibrinogen:* 0,25%iges Fibrinogen (Kabi)

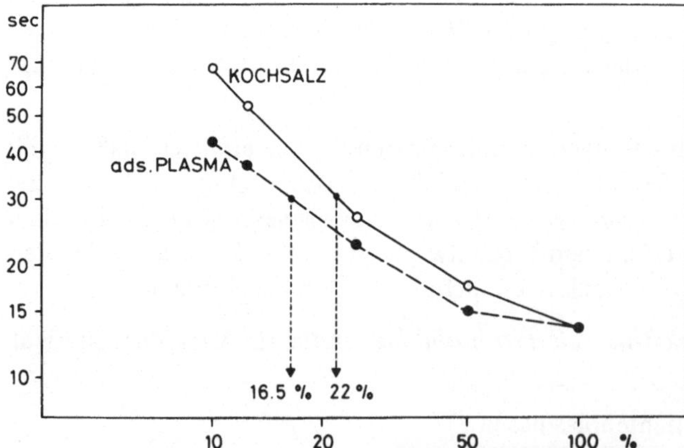

Abb. 7. Prothrombinzeiteichkurve (Thromborel, Behring-Werke). Gleicher Versuch wie in Abb. 6, die Werte sind jedoch im doppelt-logarithmischen System aufgetragen. Wenn die Eichkurve mit adsorbiertem Plasma statt mit Kochsalz hergestellt wurde, erhält man bei gleicher Gerinnungszeit (30 s) des Patientenplasmas einen niedrigeren Prozentwert (16,5% statt 22%)

gerten Gerinnungszeit 2,0. Dieses System, das vor allem in den angelsächsischen Ländern sehr gebräuchlich ist, hat den großen Vorteil, daß die Probleme, die durch die Eichkurve entstehen, wegfallen. Andererseits spielt die Art des verwendeten Thromboplastins für das Ergebnis eine große Rolle. Bei Testung von Plasmen von Patienten mit Lebererkrankung (Tabelle 32) oder unter oralen Antikoagulantien (Tabelle 33) kann die Ratio je nach dem verwendeten Thromboplastin erheblich differieren. Die gleichen Differenzen bei Verwendung verschiedener Thromboplastine finden sich jedoch auch dann, wenn der Wert in Prozent angegeben wird.

Tabelle 32. Ergebnisse der Prothrombinzeitbestimmungen bei Patienten mit Leberzirrhose (n = 5) (Vergleich verschiedener Thromboplastine)

	Prozent [a]	Ratio
Thromboplastin-liquid (Hyland)	48,5 ± 11,2	1,23 ± 0,11
Thromborel (Behring)	53,0 ± 17,1	1,35 ± 0,24
Ca-Thromboplastin (Roche)	74,1 ± 24,4	1,2 ± 0,13
Ca-Thromboplastin (Boehringer)	52,9 ± 10,8	1,31 ± 0,15
Thrombokinase (Geigy)	73,5 ± 20,9	1,22 ± 0,13
Simplastin (Goedecke)	63,2 ± 23,2	1,29 ± 0,14
Thromboplastin C (Dade)	52,0 ± 13,3	1,32 ± 0,17
Normotest (Nyegaard)	41,13 ± 12,1	1,92 ± 0,40
Thrombotest (Nyegaard)	32,2 ± 11,8	1,43 ± 0,19

[a] Ablesung von der Eichkurve

Tabelle 33. Prothrombinzeitbestimmung mit verschiedenen Thrombokinasen bei Patienten unter Antikoagulantientherapie (Mittelwert von fünf Patienten; Ablesung von der Eichkurve)

	$\bar{x}$
Behring Ca-Thromboplastin N	20,8% ± 2,6
Behring Ca-Thromboplastin A	24,6% ± 2,6
Dade Ca-Thromboplastin	28,8% ± 4,5
Dade Activated Thromboplastin	27,2% ± 4,0
Boehringer	29,2% ± 4,3
Simplastin	29,6% ± 6,7
Geigy	25,8% ± 1,9
Hyland	29,5% ± 4,7
Roche	23,4% ± 3,8
Selbsthergestellte Thrombokinase	26,9% ± 4,6
Normotest	14,0% ± 3,3
Thrombotest	10,3% ± 3,8

Eigene Untersuchungen

Die mangelnde Vergleichbarkeit der mit den verschiedenen Thromboplastinen erhaltenen Ergebnisse (in Prozent oder als Ratio) machen einen Vergleich von Prothrombinzeitergebnissen von Labor zu Labor schwierig. Es wurde eine Reihe von Versuchen unternommen, diese Schwierigkeiten zu überwinden, wie die Einführung eines einheitlichen Thromboplastinreagens (Thrombotest, Owren 1959), die Präparation eines Standardthromboplastins, gegen das die übrigen Thromboplastine kalibriert werden können (Poller 1971) und die Präparation von Referenzplasmen (Miale 1979). Rundversuche (Ingram u. Schmidt 1979) haben jedoch gezeigt, daß sogar bei Verwendung einheitlicher Reagentien die Variation von Labor zu Labor noch relativ groß war.

Probleme und Fehlerquellen

– Unterschiedliche Empfindlichkeit verschiedener Thromboplastine gegenüber Veränderungen von Faktor VII, X und V. In Abhängigkeit von der Spezies (Mensch, Affe, Kaninchen) und dem Organ (Gehirn, Lunge, Plazenta), aus dem die Thromboplastinpräparation hergestellt wird, und der Art der Präparation (Tabelle 31) sind die verschiedenen selbst hergestellten oder kommerziell angebotenen Thromboplastine verschieden empfindlich gegenüber Aktivitätsveränderungen von Faktor VII, X und V (Tabelle 34). Je stärker ein Thromboplastin Faktor VII- und X-empfindlich ist, desto deutlicher wird die Prothrombinzeit bei einer gegebenen Verminderung dieser beiden Faktoren verlängert sein. Die verschiedene Empfindlichkeit gegenüber diesen Faktoren ist eine der Ursachen dafür, daß bei Testung gleicher Plasmen, z.B. von antikoagulierten Patienten, die Ratios, die mit verschiedenen Thromboplastinen erhalten werden, stark differieren können.

Tabelle 34. Empfindlichkeit verschiedener kommerzieller Thromboplastine gegenüber einer Verminderung der Faktoren V, VI und X (Loeliger u. van Halem-Visser 1979)

Thromboplastin	Plasmen von hereditären Mangelzuständen der Faktoren		
	V	VII	X
Thromborel (Behring)	2,9	3,2	2,7
Kalzium-Thromboplastin (Stago, Boehringer)	2,4	4,0	2,9
Thromboplastin C (Dade)'	2,2	3,6	3,2
Simplastin (Goedecke)	2,1	5,1	3,0
Thromboplastin (Merrieux)	1,9	2,7	2,7
Thrombotest (Nyegaard)	0,7	2,7	3,7

Die Empfindlichkeit ist als die Ratio: Gerinnungszeit abnormales Plasma zu Gerinnungszeit eines Normalplasmas ausgedrückt. Je höher die Ratio, desto empfindlicher das Thromboplastin

– Unterschiedliche Empfindlichkeit verschiedener Thromboplastine gegenüber inaktiven Vorstufen der Vitamin K-abhängigen Faktoren (PIVKA). Während Thromboplastinpräparationen, die aus Rinderhirn hergestellt werden (Thrombotest) sehr empfindlich auf PIVKA-X sind (Hemker et al. 1968), sind die meisten anderen Thromboplastinpräparate nicht oder nur in geringem Maße auf die Gegenwart von PIVKA-X empfindlich.
– Probleme bei der Ablesung des Prothrombinzeitwertes in Prozent von der Eichkurve. Diese Probleme spielen vor allem bei Patienten mit Vitamin K-Mangel (Antikoagulantien-Behandlung) eine Rolle. Bei der Herstellung der Eichkurve

wird das Normalplasma mit Kochsalzlösung verdünnt, wodurch nicht nur die Vitamin K-abhängigen Faktoren II, VII und X, sondern auch Faktor V und Fibrinogen verdünnt werden. Der bei Patienten unter Antikoagulantien-Therapie von einer solchen Eichkurve abgelesene Wert in Prozent ist daher immer höher, als es der Konzentration der Faktoren II, VII und X entspricht. Um diesen Fehler zu beseitigen, wurde versucht, die Verdünnungskurve mit bariumsulfatadsorbiertem Rinderplasma herzustellen, wodurch die Faktor V- und Fibrinogenkonzentration konstant gehalten wird. Bei gleicher Verlängerung der Prothrombinzeit ist der entsprechende Prozentwert, der von einer derartigen Eichkurve abgelesen wird, wesentlich niedriger (Abb. 7) und entspricht eher der aktuellen Aktivität der Faktoren II, VII und X. Das genannte Verfahren der Eichkurvenherstellung hat sich jedoch nicht durchgesetzt.

— Ungenauigkeit der Ablesung der Prothrombinzeit im Bereich zwischen 50% und 100%. Da die Eichkurve im Bereich zwischen 50% und 100% außerordentlich flach ist (Abb. 7), führt schon ein kleiner Zeitunterschied von wenigen Zehntelsekunden, der noch innerhalb der Fehlerbreite der Methodik ist, zu einer deutlichen Veränderung des Prozentwertes.

— Wird zur Herstellung der Eichkurve ein Plasmapool verwendet, zeigt sich, daß die Prothrombinzeit des Plasmapools gewöhnlich etwas kürzer ist als der Mittelwert der einzeln getesteten Plasmen. Dies geht offenbar auf Aktivierungsvorgänge bei der Mischung der Plasmen zurück. Will man sehr genau vorgehen, müßte von 5—10 Normalplasmen jeweils die Prothrombinzeit bestimmt werden und die Eichkurve dann mit jenem Plasma hergestellt werden, das dem Medianwert am nächsten liegt. In der Regel wird dieses Verfahren jedoch nicht angewendet, sondern der kleine Fehler, der durch die Verwendung des Pools entsteht, in Kauf genommen.

— Werte der Prothrombinzeit > 100% können mit der Eichkurvenmethode nicht quantitativ angegeben werden. Eine Extrapolation der Eichkurve über den 100%-Wert hinaus ist nicht statthaft.

— Andere Fehlermöglichkeiten:
  — Bei einer Zitratkonzentration von > 0.13 mol reicht die 0,025 mol-Kalziumlösung nicht für einen optimalen Gerinnungsablauf aus, so daß eine Verlängerung der Gerinnungszeit resultiert. Bei Patienten mit Hämatokrit über 55% muß daher bei der Blutentnahme eine geringere Zitratkonzentration verwendet werden.
  — Bei Aufbewahrung des Zitratblutes oder Zitratplasmas in Glasröhrchen oder in der Kälte kommt es zu einer Aktivierung von Faktor VII und dadurch zu einer Verkürzung der Prothrombinzeit. Dies ist vor allem bei den "high sensitivity"-Thromboplastinen wie Thrombotest der Fall (Loeliger u. Halem-Visser 1979).
  — Aufbewahrung des Plasmas bei Zimmertemperatur über 4 h führt zu einer merkbaren Verlängerung der Prothrombinzeit durch Abfall der Faktor V-Aktivität.

Interpretation. Eine Verlängerung der Prothrombinzeit findet sich:
— Bei Verminderung der Aktivität eines oder mehrerer folgender Faktoren: II, V, VII, X und Fibrinogen. Falls das verwendete Thromboplastin Faktor VII- und

X-empfindlich ist, genügt schon eine geringfügige Verminderung dieser Faktoren,
um eine Prothrombinzeitverlängerung herbeizuführen, auch gegenüber der Ver-
minderung von Faktor V ist die Prothrombinzeit empfindlich. Hingegen müssen
Prothrombin und Fibrinogen auf weniger als die Hälfte vermindert sein, bis eine
Verlängerung der Prothrombinzeit zustande kommt.
- Bei Gegenwart von Heparin. Die Prothrombinzeit ist allerdings gegenüber Hepa-
  rin nicht sehr empfindlich (Gomperts et al. 1978).
- Bei Gegenwart pathologischer Hemmstoffe der Gerinnung:
  - Bei allen Zuständen, bei denen eine Fibrinpolymerisationsstörung vorhan-
    den ist.
    - Gegenwart von Fibrin(ogen)spaltprodukten.
    - Dysfibrinogenämie (starke Verlängerung).
    - Fibrinpolymerisationsstörung bei Paraproteinämien und Lebererkran-
      kungen (geringe Verlängerung).
  - Bei Lupusinhibitoren.

Modifizierte Prothrombinzeitbestimmungen

Speziell zur Kontrolle der Antikoagulantientherapie und zur Bestimmung der Prothrombinzeit bei Lebererkrankungen wurden vor allem in Europa Reagentien entwickelt, die bei der Anwendung in den beiden genannten Indikationen gegenüber der
Prothrombinzeit nach Quick gewisse Vorteile haben.
  Die für die Durchführung der modifizierten Prothrombinzeitbestimmung verfügbaren Reagentien sind: Normotest, Thrombotest und Hepatoquick (Tabelle 35).
  Alle diese Reagentien haben folgendes gemeinsam:

- Das dem Reagens zugesetzte Thromboplastin ist verdünnt, so daß mit Normal-
  blut oder Plasma wesentlich längere Gerinnungszeiten erhalten werden als mit
  den im vorhergehenden Kapitel behandelten Thromboplastinpräparationen.
- Das Reagens enthält als Quelle von Faktor I und V absorbiertes Rinderplasma,
  wodurch das Ergebnis von der Konzentration von Fibrinogen und Faktor V im
  zu testenden Plasma oder Blut unabhängig wird.
- Die im Test eingesetzte Blutmenge ist im Verhältnis zum Reagens relativ klein
  (Relation 1:6 bis 1:25).
- Der Test kann wahlweise mit Kapillarblut, mit Zitratvollblut, aber auch mit
  Plasma durchgeführt werden.
- Auch bei langen Gerinnungszeiten erfolgt der Gerinnungseintritt schlagartig,
  so daß die Endpunktbestimmung einfach ist.
- Den Reagentien sind Eichkurven beigegeben, die sich nach allgemeiner Erfahrung
  als verläßlich erwiesen haben. Die Erstellung einer eigenen Eichkurve im Labora-
  torium ist daher nicht erforderlich. Eine Qualitätskontrolle von Tag zu Tag ist
  hingegen auch bei diesen Reagentien notwendig.

Bei der Anwendung dieser Reagentien in der Routinediagnostik sind folgende Punkte
zu beachten:

Tabelle 35. Modifizierte Prothrombinzeitbestimmungen (Zusatz von Faktor I und V zum Reagens)

Hersteller	Handelsname	Thrombo-plastin	Sonstige Zusätze	Lösung in	Blutprobe	Testansatz		Normal-bereich/s	
						Blut/Pl. μl	Reagens μl		
Nyegaard	Normotest	Kaninchenhirn	ads. Plasma Phospholipid	dest. H_2O	ZB, KB	10	250	26–33	geeignet für den Bereich 10%–150%
Nyegaard	Normotest	Kaninchenhirn	ads. Plasma Phospholipid	dest H_2O	ZB, KB	25	250	19–23	geeignet für den Bereich 5%–50%
Nyegaard	Thrombotest	Rinderhirn	ads. Plasma Phospholipid	dest. H_2O	KB	50	250	41–44	nur zur Kontrolle der Antikoagulantientherapie geeignet
Nyegaard	Thrombotest	Rinderhirn	ads. Plasma Phospholipid	3,2 mM $CaCl_2$	ZB	50	250	42–45	nur zur Kontrolle der Antikoagulantientherapie geeignet
Boehringer	Hepatoquick	Affen- und Kaninchenhirn	$BaSO_4$ ads. Plasma	10 mM $CaCl_2$	KB	20	300		geeignet für den Bereich 10%–100%
Boehringer	Hepatoquick	Affen- und Kaninchenhirn	$BaSO_4$ ads. Plasma	dest. H_2O	ZB	50 (verd.)	100		geeignet für den Bereich 10%–100%

ZB = Zitratblut; KB = Kapillarblut

- Diese Reagentien sind nicht zur Abklärung von hämorrhagischen Diathesen geeignet, da sie Faktor V- und Fibrinogen-unempfindlich sind. Auch die Prothrombinzeitverlängerung bei Dysfibrinogenämie und bei Lupus-Hemmstoffen wird durch diese Tests nicht erfaßt. Wenn auch diese genannten Störungen relativ selten sind und evtl. auch durch andere Suchtests erfaßt werden können, sollte man zur Abklärung von Patienten mit hämorrhagischen Diathesen doch in erster Linie die klassische Prothrombinzeitbestimmung nach Quick verwenden.
- Wenn auch die technische Handhabung der Tests relativ einfach und der Endpunkt sehr scharf ist, bringt die Verwendung einer fixen Eichkurve insofern Probleme mit sich, als die Gerinnungszeiten in verschiedenen Laboratorien und sogar bei verschiedenen Untersuchern je nach der angewandten Technik der Gerinnungsendpunktbestimmung differieren können und bei Ablesung des Wertes von der fixen Eichkurve zu abweichenden Ergebnissen führen können. Faktoren, die die Gerinnungszeit beeinflussen können, sind: die Art der verwendeten Pipette, Technik des Pipettierens beim Einbringen des Blutes in das Reagens, unterschiedliche Methoden zur Bestimmung des Gerinnungsendpunktes (manuelle Methoden oder verschiedene halbautomatische Methoden). Eine Reihe von im Handel befindlichen Gerinnungsautomaten ist für die Bestimmung des Gerinnungsendzeitpunktes mit diesen Methoden entweder überhaupt ungeeignet oder gibt fälschlich zu lange oder zu kurze Werte. Es muß daher sichergestellt werden, daß die angewandte Technik identisch mit der ist, mit der die Eichkurve erstellt wurde, oder es muß eine eigene laboreigene Eichkurve hergestellt werden.
- Bestimmte Methoden wie Thrombotest sind nur für ganz spezielle Fragestellungen geeignet (Kontrolle der Antikoagulantientherapie). Bei eingesandten Blutproben müssen zur Auswahl des richtigen Tests daher entsprechende Angaben vorhanden sein.

Vorteile der modifizierten Prothrombinzeitbestimmung

1. Bei Lebererkrankungen

Normotest und Hepatoquick haben sich als ausgezeichnete Methoden zur Überwachung von Patienten mit Lebererkrankungen erwiesen. Die Vorteile dieser Methoden gegenüber der konventionellen Prothrombinzeitbestimmung sind folgende:

- Die Eichkurve ist in dem für Lebererkrankungen interessanten Bereich zwischen 100 und 50% wesentlich steiler als bei der herkömmlichen Quickmethode. So beträgt der Unterschied in Sekunden zwischen 100 und 50% bei Normotest (10 μl) 16 s, bei der Quickmethode meist nur wenige Sekunden.
- Während bei Patienten mit leichter oder mittelschwerer akuter Hepatitis die Prothrombinzeit häufig keinerlei Veränderungen zeigt (Owren 1969), geben die modifizierten Prothrombinzeitbestimmungen (Normotest und Hepatoquick) die Veränderung der Leberfunktion deutlicher wieder (Owren 1969).
- Bei schweren Lebererkrankungen wird das Ergebnis durch eine eventuell vorhandene Fibrinogenverminderung oder Fibrinpolymerisationsstörung (verlängerte Thrombinzeit) nicht beeinflußt, sondern das Ergebnis entspricht etwa der Konzentration der Faktoren VII, II und X.

— Beim Leberzerfallskoma ist Normotest infolge seiner extremen Faktor VII-Emp-
  findlichkeit (Loeliger u. Halem-Visser 1979) besonders gut in der Lage, den
  raschen Faktor VII-Abfall, der oft den klinischen Erscheinungen vorausgeht, zu
  erfassen. Außerdem können mit diesen Reagentien auch noch sehr tiefe Pro-
  thrombinzeitwerte exakt gemessen werden, was prognostisch wichtig ist, da im
  Verlaufe der Erkrankung ein oft nur geringer Anstieg des Thrombotests oder
  Normotests eine mögliche Erholung der Leberfunktion signalisiert.
— Bei Longitudinalstudien bei Patienten mit Lebererkrankungen liefern standardisierte Reagentien dieser Art wesentlich konstantere Werte.
— Die gleichzeitige Bestimmung von Normotest und Thrombotest kann Hinweise auf
  das gleichzeitige Vorliegen eines Vitamin K-Mangels geben. Ein Vitamin K-Mangel ist
  dann anzunehmen, wenn Normotest wesentlich höher als Thrombotest ist. Eine derartige Diskrepanz findet sich allerdings auch gelegentlich ohne Vitamin K-Mangel.

2. Bei der Kontrolle der Antikoagulantientherapie

— Zur Kontrolle der Antikoagulantientherapie sind Thrombotest und Hepatoquick
  geeignet. Beide Reagentien sind gegenüber Veränderungen von Faktor X sehr
  empfindlich und daher gute Indikatoren des Thromboseschutzes und einer eventuellen Blutungsgefahr.
— Beide Methoden können aus Kapillarblut durchgeführt werden, was bei ambu-
  lanten Patienten die organisatorische Abwicklung wesentlich erleichtert.
— Infolge ihrer Faktor V-Unempfindlichkeit können auch in Blutproben, die mehrere Stunden bei Zimmertemperatur gestanden haben und per Post verschickt
  wurden, zuverlässige Werte erhalten werden.
— Infolge ihrer geringen Heparinempfindlichkeit (Testung des Blutes in hoher Verdünnung) wird das Ergebnis der Prothrombinzeitbestimmung bei gleichzeitiger
  Heparintherapie erst durch hohe Dosen von Heparin gestört, aber nur unbedeu-
  tend durch Heparindosen, die die Thrombinzeit auf das Doppelte bis Dreifache
  verlängern.
— Da bei beiden Reagentien die Eichkurve im Bereich zwischen 5 und 25% sehr
  steil ist, spielen kleinere Fehler bei der Endpunktbestimmung in der Größenord-
  nung von einigen Sekunden keine große Rolle.
— Die Vergleichbarkeit der Methoden von Labor zu Labor ist ausgezeichnet.

Weitere Verwendungsmöglichkeiten der modifizierten Prothrombinzeitbestimmungen

a) Infolge seines Gehaltes an Rinderthromboplastin ist der Thrombotest zur Diagnose der Hämophilie B_M geeignet.
b) Normotest und Hepatoquick erlauben auch die Erfassung von Prothrombinzeit-
   werten, die über 100% liegen (z.B. in der Schwangerschaft).
c) Die Tatsache, daß nur kleine Blutmengen erforderlich sind, wobei auch Kapillarblut verwendbar ist, machen diese Tests für die Bestimmung der Prothrombinzeit
   bei Neugeborenen und Kleinstkindern sehr brauchbar.

Technische Durchführung

In diesem Kapitel soll nicht auf die Einzelheiten der technischen Durchführung eingegangen werden, da diese auf den beigegebenen Beipackzetteln sehr ausführlich dargestellt sind, sondern nur auf einige Details eingegangen werden, die sich als praktisch wichtig erwiesen haben.

1. Normotest

Wie bei jeder Methode, bei der Zitratblut verwendet wird, muß vor der Entnahme der Blutprobe zur Bestimmung das Blut durch mehrmaliges Kippen gut gemischt werden.

Ein kritischer Punkt bei der Durchführung der Normotestbestimmung ist die Art und Weise, in der das Blut mit dem Reagens vermischt wird. Die Verwendung einer geeigneten Pipette ist für die Erreichung richtiger Resultate sehr wichtig. Nach unserer Erfahrung sind automatische Pipetten zur Durchführung des Testes am besten geeignet. Diese Pipetten ermöglichen es, das Blut mit dem Reagens rasch zu mischen. Zu beachten ist, daß vor dem Einpipettieren in das Reagens die Außenfläche der Plastikspitze sorgfältig abgewischt wird und die Pipette einmal mit dem Reagens-Blutgemisch durchgespült wird. Die Richtigkeit des Pipettenvolumens (10 μl, 25 μl) muß laufend überprüft werden. Die Zitratkonzentration des Blutes spielt bei dem Test keine kritische Rolle (das Reagens wird in destilliertem Wasser aufgelöst, gleichgültig ob Kapillarblut, Zitratblut oder Plasma verwendet wird).

Bei der Vollblutmethode beeinflußt der Hämatokrit hingegen das Ergebnis erheblich, so daß bei einem Hämatokrit unter 30% und über 50% der Wert korrigiert werden muß (die entsprechenden Korrekturfaktoren finden sich im Beipack des Reagens).

Der Test kann in Plastik- oder Glasröhrchen durchgeführt werden. Zur Bestimmung des Gerinnungsendzeitpunktes sind manuelle oder halbautomatische Häkchenmethoden geeignet, jedoch nicht optische Methoden.

2. Thrombotest

— Bei der Zubereitung des Reagens ist zu beachten, daß zur Durchführung des Testes im Kapillarblut das Reagens in destilliertem Wasser, bei Testung von Zitratblut oder Plasma in 3,2 mMol Kalziumchlorid aufzulösen ist.

— Zur Pipettierung der Blutproben eignen sich sehr gut 50 μl-Dispo-Kapillaren.

— Zur Bestimmung des Gerinnungszeitendpunktes sind manuelle Methoden oder halbautomatische Methoden (z.B. Coagulometer nach Lode) geeignet.

— Ein Korrekturfaktor ist bei Hämatokrit unter 30% und über 55% erforderlich.

Aktivierte partielle Thromboplastinzeit (APTT) (Proctor u. Rapaport 1961)

Prinzip. Die Rekalzifizierungszeit eines plättchenarmen Zitratplasmas wird unter Zugabe einer optimalen Menge eines Oberflächenaktivators und einer optimalen Menge von Lipid bei 37°C bestimmt. Unter diesen Bedingungen hängt die Gerinnungszeit nur von der Aktivität der Faktoren des endogenen Systems und der gemeinsamen Endstrecke ab. Die APTT ist somit vor allem ein Screening-Test zur Erfassung einer Aktivitätsverminderung der Faktoren des endogenen Systems, aber auch der Faktoren V, X, in geringem Ausmaß von F II und Fibrinogen. Außerdem wird die APTT durch die Gegenwart bestimmter Gerinnungsinhibitoren beeinflußt.

Reagentien

Plättchenarmes Zitratplasma. Es ist wichtig, daß das Plasma bei standardisierter g-Zahl zentrifugiert wird, da das Testergebnis durch die Zahl der Plättchen im plättchenarmen Plasma wesentlich beeinflußt wird.

APTT-Reagens. Dieses besteht aus einer oberflächenaktivierenden Substanz und einer Lipidsuspension. Die Zusammensetzung des Reagens ist je nach dem Hersteller verschieden (Tabelle 36).

0.025 molares Kalziumchlorid.

Durchführung. Die Details der Methodik hängen vom verwendeten Reagens und der Methode der Endpunktbestimmung ab.

Die in unserem Laboratorium eingeführte Methode zur APTT-Bestimmung wird wie folgt durchgeführt: 0,1 ml plättchenarmes Plasma des Patienten wird mit einer automatischen Pipette in ein vorgewärmtes Plastikröhrchen (50 :10 mm) pipettiert und 30 s bei 37°C inkubiert. Anschließend wird 0,1 ml Pathromtin (Behring-Werke) zugegeben, das Röhrchen kurz geschüttelt und die Mischung 120 s bei 37°C inkubiert. Danach wird 0,1 ml vorgewärmtes 0,025 mol Kalziumchlorid zugegeben und die Gerinnungszeit mit Hilfe des Schnitger-Gross-Koagulometers bestimmt.

Die Bestimmung der Gerinnungszeit kann sowohl in Gerinnungsautomaten verschiedenster Art als auch durch Neigen oder mit der Häkchenmethode erfolgen. Wird der Eintritt der Gerinnung manuell durch Neigen des Röhrchens festgestellt, so erfolgt bei Verwendung von Kaolin-haltigen APTT-Reagentien die Gerinnung in zwei kurz aufeinanderfolgenden Phasen. Es kommt zunächst zu einer makroskopisch erkennbaren Verklumpung der Kaolin-Partikel und anschließend zur Bildung eines festen Gerinnsels. Es empfiehlt sich, bereits die Verklumpung der Kaolin-Partikel als Gerinnungsendpunkt zu definieren, da auf diese Weise der Gerinnungsendpunkt exakter bestimmt werden kann. Mit Ellagsäure-haltigen APTT-Reagentien läßt sich eine derartige Verklumpung nicht beobachten.

Probleme und Fehlerquellen
— Bei unsachgemäßer Blutabnahme (schlechte Venenpunktion, schlechte Durchmischung mit dem Zitrat) kann die APTT aus nicht ganz geklärten Gründen fälschlich verlängert (McPhedron et al. 1974) oder verkürzt sein.

Tabelle 36. Reagentien zur Bestimmung der APTT

	Hersteller	Name	Oberflächen-aktivator	Lipid	Angegebener Normalbereich
1.	Behring	Pathromtin	Kaolin (5 mg/ml)	Extrakt aus Humanplazenta	35–45 s
2.	Behring	PTT-Reagens	Kaolin	gewaschene, homogenisierte Thrombozyten	35–45 s
3.	Behring	PTT-Reagens, optisch klar	Ellagsäure	pflanzliches Phospholipid	30–45 s
4.	Boehringer	PTT	Kaolin		30–40 s
5.	Dade	Actin TM	Ellagsäure 10×10^{-4}	Kaninchenhirnextrakt	27–35 s
6.	Hyland	APTT-Test	Kaolin	Kaninchenhirnextrakt	32–49 s
7.	Immuno		Kaolin	Schweine- u. Rinderhirnextrakt	
8.	Nyegaard	Cephotest	Ellagsäurederivat	Rinderhirnextrakt	27–35 s
9.	Goedecke	Platelin plus Aktivator	Celit	Kaninchenhirn	28–44 s
10.	Biomerieux	Aktiviertes Kephalin	Celit	Kaninchenhirnextrakt	30–45 s
11.	General Diagnostics	Automated APTT	Silizium-Mikropartikel	Kaninchenhirnextrakt	30–45 s
12.	Ortho	Activated Thrombofax	Ellagsäure	Rinderhirnkephalin	25–40 s
13.	Sigma	Rabbit brain cephalin	Kaolin	Kaninchenhirnextrakt	

- Wird Zitratplasma zu kurz oder bei zu geringer g-Zahl zentrifugiert, sind noch beträchtliche Mengen von Plättchen im „plättchenarmen" Plasma vorhanden. Unter diesen Bedingungen wird die Gerinnungszeit bei Verwendung von Kaolin kürzer, wodurch leichte Gerinnungsdefekte verschleiert werden können.
- Aufbewahrung in Glasröhrchen führt zur Verkürzung (Beckala et al. 1978), Lagerung des Plasmas über mehrere Stunden bei Zimmertemperatur (Davey u. Oates 1974) oder Einfrieren und Auftauen des Plasmas zur Verlängerung der APTT. Bei manchen Reagentien (Pathromtin) führt Frieren und Auftauen zu einer besonders starken Verlängerung der APTT, bei anderen Reagentien (Dade) ist der Effekt geringer.
- Bei Verwendung nicht vorgewärmter $CaCl_2$-Lösung ist die Gerinnungszeit um 1–2 s länger.
- Bei zu hoher Zitratkonzentration (hoher Hämatokrit!) kann die $CaCl_2$-Konzentration zu gering sein, wodurch zu lange Gerinnungszeiten oder Ungenauigkeiten zustandekommen.

- Kaolin-haltige APTT-Reagentien müssen jeweils kurz vor der Verwendung gut durch Schütteln gemischt werden, da Kaolin rasch sedimentiert.
- Bei niedriger Fibrinogenkonzentration des Plasmas kann bei der automatischen APTT-Bestimmung kein ausreichend festes Gerinnsel entstehen, so daß kein Gerinnungsendpunkt erzielt wird. Ultrakurze APTT's findet man bei Gerinnungsautomaten auf photoelektrischer Basis bei niedrigem Albumin und hohem IgM im Plasma (Gutman et al. 1980).
- Auch bei Verwendung des gleichen Lots des APTT-Reagens können erhebliche Schwankungen in der Stärke des Reagens von Tag zu Tag auftreten. Um solche Schwankungen zu erfassen, muß täglich ein Standardplasma mitgetestet werden. Als Standardplasma kann ein selbst hergestelltes Normalplasma (bei − 60°C eingefroren) oder ein kommerzielles APTT-Standardplasma verwendet werden.
- Auch bei Verwendung des gleichen Reagens sind die Ergebnisse, die mit verschiedenen Methoden der Endpunktbestimmung (manuell oder automatisch) erhalten werden, nicht unbedingt identisch. Die Unterschiede sind bei Testung von Normalplasma relativ gering (Klee et al. 1978), können bei der Testung pathologischer Proben jedoch erheblich sein (Morin u. Willoughby 1975).

Interpretation der Ergebnisse

1. Normalbereich: Bei Verwendung als Suchtest ist es unbedingt erforderlich, in jedem Laboratorium mit dem verwendeten Reagens den Normalbereich selbst zu definieren. Es ist nicht zulässig, den vom Hersteller angegebenen Normalbereich anzunehmen, da die Gerinnungszeiten auch bei gleichem Plasma und Reagens je nach der Art der Technik und sogar nach der Person des Untersuchers erheblich differieren können. Auch sind verschiedene Lots des gleichen Reagens häufig verschieden stark aktiv.

Der Normalbereich für eine bestimmte Technik, ein bestimmtes Lot des Reagens und einen bestimmten Untersucher sollte daher durch Bestimmung der APTT bei mindestens 20 Normalpersonen ermittelt werden. Als Normalbereich wird der Mittelwert ± 2 Standardabweichungen angenommen. Bei der Auswahl des Normalkollektivs sollte darauf geachtet werden, daß das Verhältnis von Frauen und Männern etwa 1:1 ist und auch ältere gesunde Personen inkludiert werden. Eine im Normalbereich gelegene APTT schließt eine Verminderung eines oder mehrerer Faktoren des endogenen Systems auf Werte unter 30% weitgehend aus, wenn nicht zum Zeitpunkt der Plasmagewinnung eine starke Gerinnungsaktivierung in vivo stattgefunden hat (z.B. bei Probeentnahme unmittelbar nach einer Operation). Aktivitätsverminderungen auf 25−60% können, aber müssen nicht, zu einer APTT-Verlängerung führen (Hathaway et al. 1979, Montgomery et al. 1976) (Abb. 8). Bei Verdacht auf eine Gerinnungsstörung muß daher auch bei normaler APTT, vor allem, wenn sie im oberen Normalbereich liegt, zumindest F VIII und F IX bestimmt werden.

2. Verlängerung der APTT. Eine Verlängerung der APTT spricht in erster Linie für einen isolierten oder kombinierten Mangel der Faktoren XII, HMW-Kininogen, Präkallikrein, XI, IX, VIII, X, V oder eine starke Verminderung von Prothrombin und Fibrinogen. Bei normaler Prothrombinzeit spricht eine Verlängerung der APTT für eine Verminderung der Faktoren VIII, IX, XI, XII, von Präkallikrein oder HMW-Kininogen. Eine verlängerte APTT kann auch durch die Gegenwart von Gerinnungsinhibitoren bedingt sein.

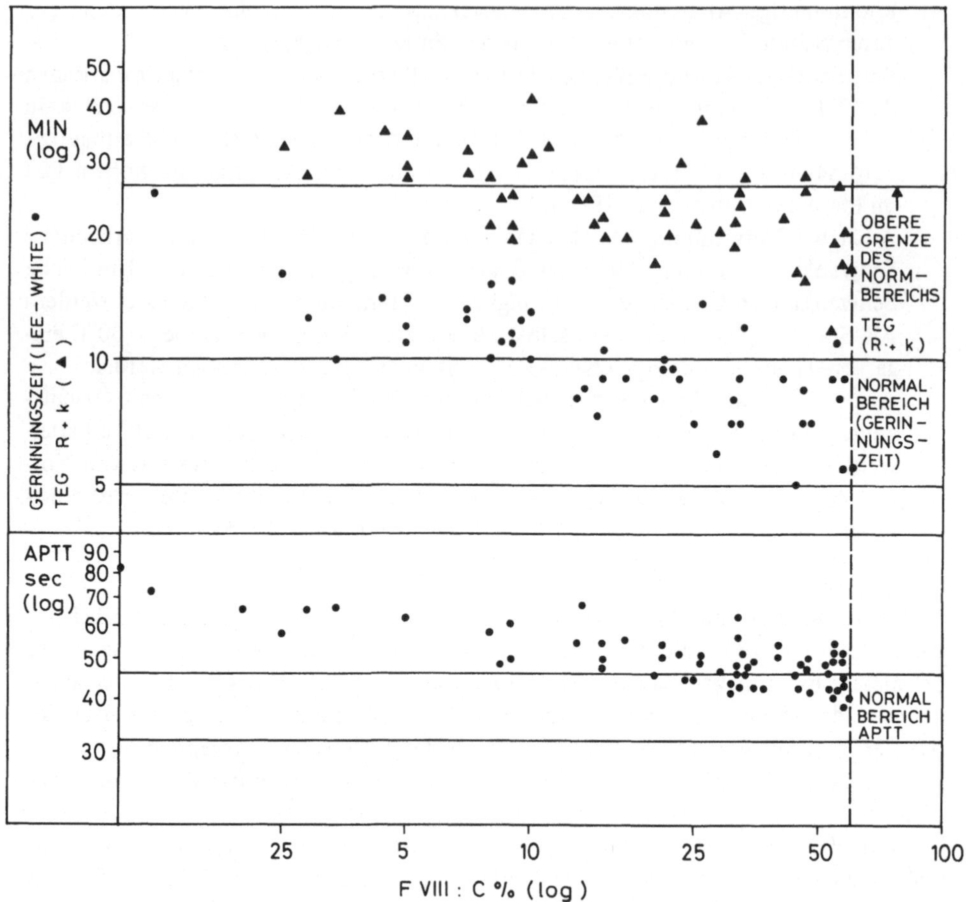

Abb. 8. Empfindlichkeit von drei Suchtests zur Erfassung des Faktor VIII-Mangels. APTT (●) (Pathromtin, Behring-Werke), Glasgerinnungszeit (●) (Lee-White) und Gerinnungszeit (R + k) im Thrombelastogramm (▲) (Hartert) wurde bei Patienten mit mittelschwerer, leichter und Subhämophilie A bestimmt. Gerinnungszeiten *(Ordinate)* und F VIII:C sind logarithmisch aufgetragen. Ein Faktor VIII-Mangel wird durch die APTT erst bei einer Verminderung unter 25%, durch die Gerinnungszeit in Glas oder im Thrombelastogramm erst bei einer Faktor VIII-Aktivität unter 7–10% mit Sicherheit angezeigt

Eine Verlängerung der APTT findet sich bei folgenden Störungen:

— Isolierter kongenitaler Mangel von HMW-Kininogen, Präkallikrein, Passavoy-Faktor oder der Faktoren XII, XI, IX, VIII, X, V (II und I).

— Erworbener isolierter Mangel eines der oben genannten Faktoren infolge Auftretens eines gegen diesen Faktor gerichteten Inhibitors.

— Kombinierter kongenitaler Mangel (z.B. kombinierter Faktor VIII- und V-Mangel) von zwei oder mehreren der oben genannten Gerinnungsfaktoren.

— Erworbener Mangel der Vitamin K-abhängigen Faktoren II, IX und X bei Patienten unter Antikoagulantientherapie oder alimentärem Vitamin K-Mangel.

- Bei Lebererkrankungen infolge Mangels der Faktoren II, V, IX und X.
- Bei Gegenwart von Heparin in der Plasmaprobe. Die Bestimmung der APTT hat sich als gute Methode zur Kontrolle der Heparin-Therapie erwiesen. Zu beachten ist jedoch die Tatsache, daß die verschiedenen APTT-Reagentien auf die Wirkung von Heparin unterschiedlich empfindlich sind (siehe unten).
- Die APTT ist auch bei Vorliegen sogenannter interferierender (oder Lupus-Inhibitoren) verlängert. Auch hier ist zu beachten, daß die verschiedenen kommerziell erhältlichen oder selbst hergestellten APTT-Reagentien unterschiedlich auf die Gegenwart des Inhibitors reagieren und bei Verwendung unempfindlicher Reagentien ein derartiger Inhibitor unter Umständen nicht erkannt wird.
- APTT-Werte, die einige Sekunden oberhalb des Normalbereichs liegen, können auch bei Personen mit normaler Aktivität aller Gerinnungsfaktoren vorkommen, da bei der üblichen Definition des „Normalbereichs" ($\bar{x} \pm 2$ SD) 5% aller Werte bei Normalpersonen außerhalb dieses Bereichs liegen müssen.

3. Verkürzung der APTT. Einer Verkürzung der APTT kommt diagnostisch nur geringe Bedeutung zu. Man findet eine Verkürzung bei fortgeschrittener Schwangerschaft, postoperativ, posttraumatisch, bei Patienten mit malignen und entzündlichen Erkrankungen. Eine Verkürzung der APTT darf nicht ohne weiteres im Sinne einer Übergerinnbarkeit des Blutes interpretiert werden. Bei älteren Personen ist die APTT im Durchschnitt kürzer (Cawkwell 1978). Fälschlich kurze APTT-Zeiten werden dann registriert, wenn die Blutabnahme technisch nicht einwandfrei war und das Blut leicht angeronnen ist.

Empfindlichkeit verschiedener APTT-Reagentien gegenüber verschiedenen Gerinnungsdefekten

a) Verschiedene Untersuchungen (Hoffmann u. Meulendijk 1978, Hathaway et al. 1979) haben gezeigt, daß die Empfindlichkeit verschiedener APTT-Reagentien auf eine Verminderung von F VIII und IX unterschiedlich ist. Ein APTT-Reagens kann als umso besser zur Erfassun eines Faktor VIII- oder IX-Mangels angesehen werden, je größer die Ratio APTT-Patientenplasma — APTT-Normalplasma ist, bzw. je größer die Differenz in Sekunden zwischen einem Patientenplasma eines Patienten mit Faktor VIII- oder IX-Mangel und einem Normalplasma ist. Die Unterschiede in der Empfindlichkeit dürften vor allem von der Art des Lipids, das im Reagens enthalten ist, möglicherweise aber auch vom Aktivator (Hathaway et al. 1979) abhängen.
Prinzipiell muß jedoch festgestellt werden, daß eine Verminderung von Faktor VIII und IX zwischen 25 und 60% durch die alleinige Bestimmung der APTT nicht mit Sicherheit erfaßt werden kann. Umgekehrt kann man sagen, daß eine im Normalbereich befindliche APTT einen leichten Faktor VIII- oder IX-Mangel auch bei Verwendung eines empfindlichen Reagens nicht mit Sicherheit ausschließt. Bei der Kontrolle der Substitutionstherapie bei Hämophilen, vor allem nach Operationen, macht man häufig die Beobachtung, daß trotz Normalisierung des F VIII-Spiegels die APTT noch verlängert ist. Dies wird auf die hohe Fibrinogenkonzentration oder Inhibitoren zurückgeführt (Bark u. Orloff 1972).

b)   Auch die Verminderung der Vitamin K-abhängigen Faktoren wird durch die verschiedenen im Handel befindlichen APTT-Reagentien verschieden gut erfaßt
(Tabelle 37). Bei Patienten mit schweren Lebererkrankungen ist der Grad der
Verlängerung der APTT deutlich abhängig von der Art des verwendeten Reagens
(Tabelle 38).

Tabelle 37. Empfindlichkeit verschiedener APTT-Reagentien auf den Antikoagulantien-
induzierten Gerinnungsdefekt (eigene Untersuchungen)

	Normal (n = 11)	AK [a] (n = 8)	Ratio
Pathromtin (Behring)	40 ± 3,9	61,3 ± 8,0	1,53
Actin (Dade)	37,1 ± 6,1	47,1 ± 3,9	1,27
APTT-Reagens (Boehringer)	34,7 ± 2,7	46,9 ± 5,4	1,35

[a] AK = Patienten mit Antikoagulantientherapie

Tabelle 38. Vergleich der Empfindlichkeit verschiedener APTT-
Reagentien bei Patienten mit Lebererkrankung (n = 10)

	Gerinnungszeit in s	Ratio
Pathromtin (Behring)	53,8 ± 6,6	1,35
Actin (Dade)	43,0 ± 7,5	1,16
APTT-Reagens (Boehringer)	42,4 ± 0,7	1,22
Normalpersonen	40,0 ± 3,9	–

Tabelle 39. Empfindlichkeit verschiedener kommerzieller PTT oder
APTT-Reagentien auf Heparin [a] (nach Poller et al. 1980)

	Heparinspiegel	
	0,06 E/ml	0,12 E/ml
Thrombofax	1,18	1,79
Thrombofax activated	1,15	1,64
Boehringer (Stago)	1,09	1,64
Platelin	1,12	1,61
Diagen platelet substitute	1,18	1,58
Pathromtin	1,09	1,55
Diagen kaolin platelet substitute	1,10	1,43
Cephotest	1,11	1,40
Hyland	1,11	1,29
Automated APTT (Gen. Diag)	1,10	1,39
Activated Cephaloplastin (Dade)	1,07	1,28

[a] Angegeben ist die Ratio der APTT eines Heparin-haltigen Plasmas
(lyophilisiert) zu Normalplasma ohne Heparin (frisch gewonnen)

c) Die Heparin-Empfindlichkeit verschiedener APTT-Reagentien ist außerordentlich verschieden (Shapiro et al. 1977, Ts'ao et al. 1979, Poller et al. 1980) (Tabelle 39). Diese Tatsache ist praktisch wichtig, da zur Kontrolle der Heparin-Therapie nur solche Reagentien verwendet werden dürfen, die eine ausreichende Empfindlichkeit gegenüber der Wirkung von Heparin aufweisen. Bei Verwendung Heparin-unempfindlicher Reagentien würde eine Überdosierung zu befürchten sein, da auch bei hohen Dosen von Heparin nur eine geringfügige Verlängerung der APTT erreicht werden kann.

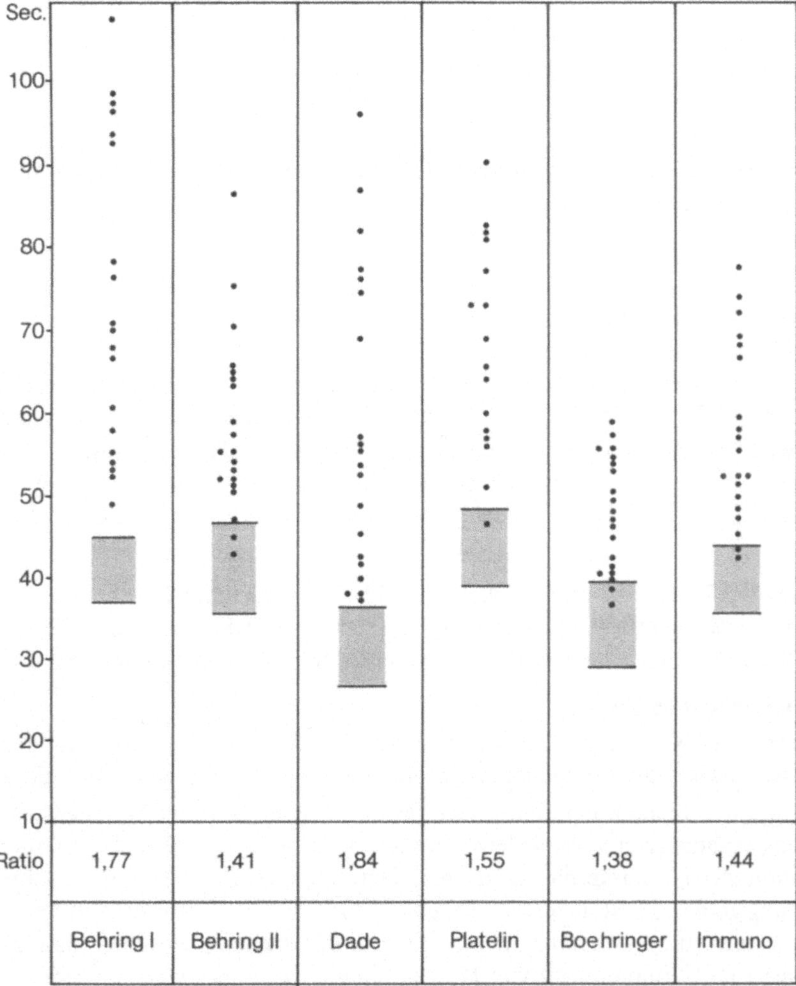

Abb. 9. Empfindlichkeit verschiedener APTT-Reagentien zur Entdeckung eines Lupus-Hemmstoffes. Auf der *Ordinate* sind die APTT's der jeweils gleichen Patienten mit Lupus-Hemmstoff unter Verwendung verschiedener Reagentien aufgetragen. Das *schraffierte Areal* kennzeichnet den jeweiligen Normalbereich. Im *unteren Bereich* der Abbildung ist die mittlere Verlängerung der APTT mit den verschiedenen Reagentien angegeben. Je höher die Ratio, desto empfindlicher das Reagens (Behring I: Kaolin-PTT-Reagens, Behring II: Pathromtin)

d) Lupus-Inhibitoren können mit Sicherheit nur mit bestimmten APTT-Reagentien erfaßt werden (Abb. 9), wobei auffallenderweise solche Reagentien, die gegenüber Verminderung von Faktor VIII, IX, von Vitamin K-abhängigen Faktoren oder gegenüber Heparin sehr empfindlich sind, gegenüber der Wirkung der Lupus-Inhibitoren unempfindlich sein können (Lechner 1978). Hat man daher den Verdacht auf das Vorliegen eines Lupus-Inhibitors, so empfiehlt es sich, neben dem routinemäßig verwendeten Reagens zusätzlich eine APTT-Bestimmung mit einem Reagens durchzuführen, das gegenüber einem Lupus-Inhibitor empfindlich ist (Abb. 9).

Thrombinzeit (TZ) (Thrombin clotting time, TCT)

Prinzip. Die Gerinnungszeit von unverdünnten Zitratplasma wird nach Zusatz einer kleinen Menge von Thrombin bestimmt.

Reagentien
— Plättchenarmes Patientenplasma,
— Thrombinlösung (ca. 4 E/ml).
Thrombinpräparationen sind kommerziell erhältlich (Thrombinreagens Roche, Thrombinreagens Behring-Werke, Thrombinreagens Boehringer). Das lyopilisierte Thrombin wird in einer entsprechenden Menge destilliertem Wasser gelöst, so daß eine Thrombinlösung von 3—4 E/ml resultiert. Die Thrombinlösung muß in einem Plastik- oder silikonisierten Röhrchen hergestellt werden, da Thrombin an Glas adsorbiert wird.

Durchführung des Testes. 0,2 ml plättchenarmes Plasma werden in Glasröhrchen oder auf eine Tüpfelplatte pipettiert und 1 min auf 37°C erwärmt. Dann wird 0,2 ml Thrombinlösung zugegeben und die Gerinnungszeit mit der Häkchenmethode bestimmt.

Probleme und Fehlerquellen
1. Normalwert: Der Normalwert der Thrombinzeit ist keine absolute Größe, sondern hängt von der Stärke der verwendeten Thrombinlösung, der Art des verwendeten Thrombins und der Technik der Gerinnungsbestimmung ab. Thrombinlösungen, die aus Thrombinpräparationen verschiedener Firmen hergestellt werden und auf Grund der Deklaration gleiche Stärke haben sollen, geben im gleichen Testsystem verschiedene Gerinnungszeiten. Es ist daher zu empfehlen, das Thrombinzeitreagens nur einer bestimmten Firma zu verwenden und die Thrombinlösung so einzustellen, daß mit Normalplasma eine Gerinnungszeit von 15 ± 2 s erhalten wird. Bei Verwendung einer Thrombinkonzentration dieser Stärke ist einerseits noch eine ausreichende Empfindlichkeit gegeben, andererseits können Verlängerungen der Thrombinzeit um das 3—4-fache noch reproduzierbar gemessen werden. Man kann für bestimmte Fragestellungen (Erfassung sehr kleiner oder hoher Heparinaktivitäten) für den Test auch schwächere (Normalwert bis 22 s) oder stärkere (Normalwert 10—12 s) Thrombinlösungen verwenden.

2. Technische Probleme:
- Die verdünnte Thrombinlösung ist instabil und muß nach spätestens 2 h Gebrauch neu angesetzt werden.
- Bei Gerinnungszeiten über 60 s ist die Reproduzierbarkeit schlecht.
- Viele automatische und halbautomatische Koagulometer sind für die Thrombinzeitbestimmung nicht geeignet.

Interpretation der Ergebnisse

1. Eine Verkürzung der Thrombinzeit ist diagnostisch ohne Bedeutung.
2. Eine Verlängerung der Thrombinzeit findet sich:

   a) Bei Vorhandensein von Heparin im Plasma. Die Thrombinzeit ist sehr empfindlich auf die Gegenwart von Heparin und kann daher zur Messung kleiner Heparinmengen im Blut, z.B. während einer Heparintherapie, verwendet werden.

   b) Bei Verminderung von Fibrinogen (< 80 mg%) (ungerinnbar bei der Afibrinogenämie).

   c) Bei Vorliegen einer Fibrinpolymerisationsstörung.
   - Bei Gegenwart von Fibrin(ogen)-Spaltprodukten. Die Thrombinzeit ist daher sehr geeignet zur Kontrolle der fibrinolytischen Therapie, wobei einerseits die Zunahme der Fibrinogenspaltprodukte, andererseits die Verminderung des Fibrinogens zur Verlängerung der Thrombinzeit beiträgt.
   - Dysfibrinogenämie: Die Thrombinzeit ist der Screening-Test für die Entdeckung einer Dysfibrinogenämie.
   - Fibrinpolymerisationsstörung bei Paraproteinämie (insbesondere IgG-Paraproteinämie), Urämie und Lebererkrankung.
   - Bei sehr hoher Fibrinogenkonzentration kann die Thrombinzeit geringgradig verlängert sein.

   d) Bei Gegenwart eines pathologischen Antithrombins (Tabelle 40)

Reptilasezeit

Reptilase ist ein thrombinähnliches Enzym, das aus dem Gift der *Bothrops atrox* gewonnen wird und aus Fibrinogen nur Fibrinopeptid A abspaltet. Die Reaktion wird durch Heparin nicht inhibiert. Die Reptilasezeit ist in erster Linie empfindlich auf die Gegenwart von Fibrin(ogen)-Spaltprodukten und quantitative und qualitative Störungen des Fibrinogens.

Reagentien
- Plättchenarmes Patientenplasma,
- Reptilasereagens (Boehringer, Mannheim) (enthält 20 BU = 50 μl Batraxobin).

Durchführung der Bestimmung. 0,3 ml Zitratplasma wird in ein Röhrchen pipettiert und ca. 1 min bei 37°C inkubiert. Dann wird 0,1 ml Reptilasereagens, das auf 37°C vorgewärmt wurde, zugegeben. Normalwert: bis 20 s.

Interpretation der Ergebnisse (Tabelle 40)

— Die Bestimmung der Reptilasezeit ist diagnostisch vor allem im Zusammenhang mit der Bestimmung der Thrombinzeit von Bedeutung.

— Eine verlängerte Thrombinzeit bei normaler Reptilasezeit spricht für die Gegenwart von Heparin in der Probe.

— Eine Verlängerung der Thrombin- *und* Reptilasezeit spricht für quantitative oder qualitative Störungen des Fibrinogens oder die Gegenwart von Fibrin(ogen)-Spaltprodukten (Arnesen et al. 1973). Die Reptilasezeit dürfte im Vergleich zur Thrombinzeit bei Gegenwart von Fibrin(ogen)-Spaltprodukten weniger stark, bei Dysfibrinogenämie relativ stärker verlängert sein (Funk et al. 1971). Eine verlängerte Reptilasezeit ist ein wichtiger Screening-Test für die Entdeckung einer Dysfibrinogenämie.

— Eine verlängerte Reptilasezeit findet sich häufig bei Patienten mit sehr hohem Fibrinogen.

Tabelle 40. Interpretation der Ergebnisse der Thrombin-, Reptilase- und Thrombinkoagulasezeitbestimmung

	Thrombinzeit	Reptilasezeit	Thrombin-koagulasezeit
Verminderung von Fibrinogen (< 80 mg/dl)	↑	↑	↑
Dysfibrinogenämie	↑	↑ ↑	↑
Heparin	↑ – ↑ ↑	⊥	⊥
Antithrombin V	↑	⊥	⊥
Antithrombin Pittsburgh (Lewis et al. 1978)	↑		
Fibrin(ogen)-Spaltprodukte	↑ – ↑ ↑	↑	↑ ↑
Paraproteinämie (IgG)	↑ – ↑ ↑	↑ – ↑ ↑	↑ – ↑ ↑
Leberzirrhose	↑	↑	↑
Hohes Fibrinogen	↑	↑	

↑ = verlängert; ↑ ↑ = stark verlängert; ⊥ = normal

Thrombinkoagulasezeit

Thrombinkoagulase ist ein thrombinähnliches Enzym, das nicht durch Heparin gehemmt wird. Die Thrombinkoagulasezeitbestimmung hat ein ähnliches Indikationsgebiet und ähnliche Aussagekraft wie die Reptilasezeit und bringt gegenüber der Reptilasezeit keine zusätzliche wesentliche Aussage diagnostischer Art, dürfte aber bei Gegenwart von Fibrin(ogen)-Spaltprodukten stärker verlängert sein als die Thrombin- und Reptilasezeit (Wenzel et al. 1974).

Plasmatauschversuch

Prinzip. Das zu untersuchende Patientenplasma wird in verschiedenen Proportionen mit einem Normalplasma gemischt und die APTT sofort nach der Mischung und nach Inkubation der Plasmaproben bei 37°C für 1 h bestimmt. Auf diese Weise kann festgestellt werden, ob das Patientenplasma eine Substanz enthält, die die APTT des Normalplasmas hemmt. Außerdem können Rückschlüsse auf die Art des Hemmstoffes (Sofortinhibition oder progressive Inhibition) und andere Charakteristika des Hemmstoffes gezogen werden (s. u.).

Reagentien. Man benötigt 3,5 ml plättchenarmes Patientenplasma und 3,5 ml plättchenarmes Zitratplasma einer Normalperson. Nach Möglichkeit sollte man frisches Plasma verwenden, da gefrorenes Plasma bei 37°C instabil ist und nach Inkubation die APTT sowohl des Normalplasmas als auch des Patientenplasmas wesentlich länger wird.

APTT-Reagens: Es soll ein Reagens verwendet werden, das sowohl Faktor VIII- und IX-empfindlich als auch gegenüber Lupusinhibitoren empfindlich ist (z.B. Actin).

Durchführung des Tests. Patientenplasma und Normalplasma werden, wie in Tabelle 41 angegeben, miteinander gemischt und von den Mischungen die APTT sofort und nach 60 min Inkubation bei 37°C bestimmt.

Die erhaltenen Ergebnisse vor und nach der Inkubation werden am besten graphisch dargestellt, indem auf der Abszisse die Prozent Patientenplasma und auf der Ordinate die APTT aufgetragen wird. Es entsteht auf diese Weise eine Kurve, aus deren Aussehen man entsprechende Schlüsse ziehen kann (Abb. 10).

Tabelle 41. Durchführung des Tauschversuchs

Inkubationsbeginn	0		10 min		20 min		30 min
Röhrchen-Nr.	1	2	3	4	5	6	7
Patientenplasma ml	1,0	0,9	0,8	0,5	0,2	0,1	0
Normalplasma ml	0,0	0,1	0,2	0,5	0,8	0,9	1,0
APTT-Testung I	0 [a]		10 min		20 min		30 min
APTT-Testung II	60 min		70 min		80 min		90 min

Dieser Modus der Durchführung ist am günstigsten bei Verwendung eines halbautomatischen Gerinnungsautomaten (Schnitger-Gros), da jeweils 2 Proben (je 2 Doppelwerte) gleichzeitig getestet werden können.

[a] Testbeginn sofort nach Herstellung der Mischung

Interpretation. Die Durchführung eines Tauschversuchs ist nur dann sinnvoll, wenn die APTT eindeutig verlängert ist. Bei Verlängerung der APTT um nur wenige Sekunden ist das Ergebnis des Tauschversuchs im allgemeinen inkonklusiv.

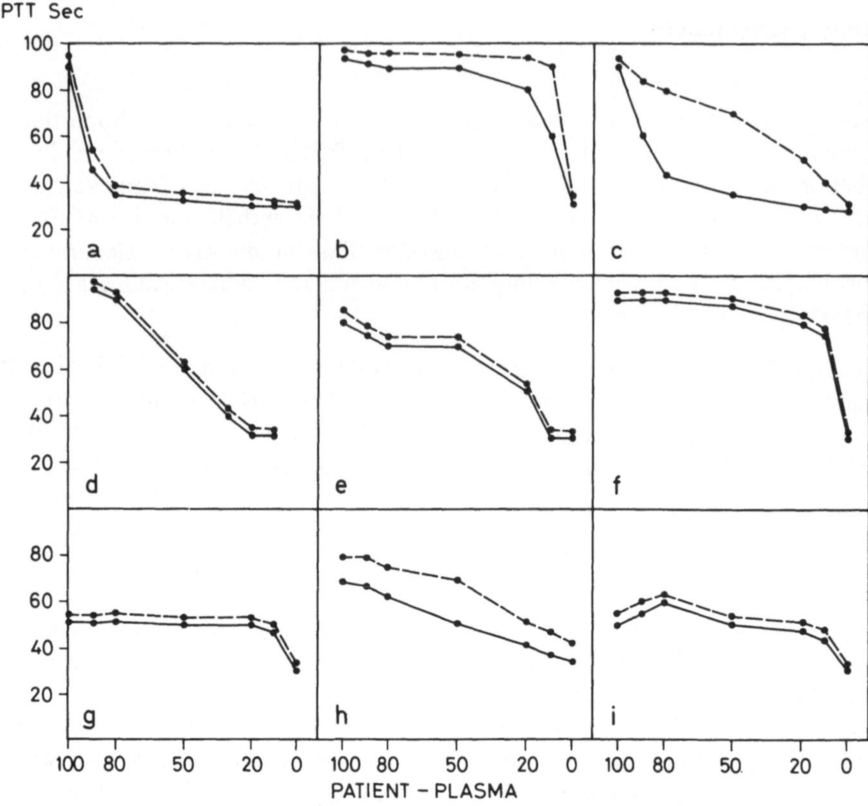

Abb. 10 a–i. Plasmatauschversuch bei verschiedenen Arten von Gerinnungshemmstoffen. *Ausgezogene Linie:* APTT-Bestimmung unmittelbar nach Herstellen der Mischungen; *gestrichelte Linie:* APTT-Bestimmung nach 60 minütiger Inkubation der Mischungen bei 37°C. a Schwere Hämophilie A ohne Hemmstoff; b Schwere Hämophilie A mit hochtitrigem Hemmstoff gegen Faktor VIII: Infolge der Stärke des Inhibitors ist eine Hemmwirkung schon unmittelbar nach Mischung erkennbar, bei Inkubation nimmt diese Hemmwirkung nur gering zu; c Schwacher Hemmstoff gegen Faktor VIII. Bei sofortiger Testung ist die Hemmung noch gering ausgeprägt, erst bei Inkubation kommt sie deutlich zum Vorschein; d–i Verschiedene Patienten mit Lupus-Hemmstoff. Das Muster der Hemmung kann von Patient zu Patient sehr verschieden sein. Der Hemmstoff kann die APTT sehr stark verlängern, läßt sich aber leicht ausverdünnen (Beispiel d) oder kann auch noch bei starker Verdünnung wirksam sein (Beispiel f). Bei anderen Hemmstoffen ist die Verlängerung der APTT verhältnismäßig gering, die Verdünnung des Inhibitorplasmas führt jedoch bis zu einer Verdünnung von 1:10 zu keiner Abnahme der Hemmwirkung (Beispiel g und i)

1. Normaler Tauschversuch

Bei Störungen im endogenen Gerinnungssystem (z.B. Faktor VIII- oder IX-Mangel) oder der gemeinsamen Endstrecke und Fehlen eines Inhibitors führt bereits der Zusatz von 10% Normalplasma zu einer deutlichen Verkürzung der APTT und bei Gegenwart von 50% Normalplasma ist die APTT gleich lang oder nur um einige Sekunden länger als die des Normalplasmas. Nach Inkubation bei 37°C für 60 min kommt es im allgemeinen in allen Plasmaproben zu einer leichten Verlängerung der APTT. Die Kurve verläuft jedoch parallel zur ersten Kurve (bei sofortiger Testung).

2. F VIII-Inhibitoren

Bei Vorliegen eines starken Hemmstoffes sieht man bereits bei sofortiger Testung der Plasmamischung, daß der Zusatz von 10% Normalplasma zu keiner oder nur einer geringen Verkürzung der verlängerten APTT führt und 10% Patientenplasma die APTT des Normalplasmas deutlich verlängern. Nach Inkubation wird die Hemmung noch deutlicher. Bei schwachen Hemmstoffen muß bei sofortiger Testung keine Hemmung nachweisbar sein, erst nach Inkubation wird eine Hemmwirkung wie oben beschrieben sichtbar. Dieses Verhalten im Tauschversuch zeigen sowohl Inhibitoren bei Hämophilie A als auch die spontanen Inhibitoren gegen Faktor VIII. Als Screening-Test zum Nachweis von Inhibitoren bei Patienten mit Hämophilie A ist der Test zu zeitaufwendig und zu wenig empfindlich und sollte durch spezifische Tests (s. später) ersetzt werden.

3. Faktor IX- und V-Inhibitoren

Bei Vorliegen dieser Hemmstoffe tritt die volle Hemmwirkung des Patientenplasmas schon unmittelbar nach Mischung der Plasmaproben ein, und es kommt zu keiner Verlängerung nach Inkubation, da die Wirkung dieser Hemmstoffe sehr wenig zeitabhängig ist.

4. Interferierende Hemmstoffe (sogenannte Lupushemmstoffe)

Bei diesen Hemmstoffen läßt sich die Hemmwirkung in den verschiedenen Mischungen sofort nachweisen, und die Inkubation führt zu keiner Veränderung des Kurvenbildes. Das Kurvenbild kann je nach der Stärke und den biologischen Eigenschaften des Inhibitors (Abb. 10) recht unterschiedlich aussehen.

Thromboplastinbildungstest (Biggs u. Douglas 1953)

Prinzip. Die Menge und Bildungsgeschwindigkeit des endogenen Prothrombinaktivators bei Mischung von verdünntem Patientenplasma und -serum in Gegenwart von Lipid und Kalzium wird semiquantitativ gemessen.

Reagentien

Adsorbiertes, verdünntes Patientenplasma: 1 ml Zitratplasma wird mit 0,1 ml einer 2%igen Aluminiumhydroxyd-suspension (Behring-Werke) versetzt und die Mischung 3–5 min in einem Wasserbad bei 37°C inkubiert. Das Aluminiumhydroxyd wird anschließend 10 min bei 2000 g abzentrifugiert. Das adsorbierte Plasma wird im Eiswasserbad aufbewahrt und unmittelbar vor dem Test 1:5 mit Owren-Puffer verdünnt.

Adsorbiertes, verdünntes Normalplasma: Zu diesem Zweck kann man 1:5 verdünntes, Aluminiumhydroxyd-adsorbiertes Normalplasma (Herstellung wie oben beschrieben) oder 1:5 verdünntes, Bariumsulfat-adsorbiertes Oxalatrinderplasma verwenden. Letzteres ist bei −20°C stabil und kann daher Monate bei −20°C als Standardreagens aufbewahrt werden.

Verdünntes Patienten- oder Normalserum: Nichtantikoaguliertes Blut (ca. 5 ml) wird 1 h bei 37°C inkubiert und durch Zentrifugation das Serum abgetrennt. Das Serum wird einige Stunden vor Ausführung des Tests 1:10 mit Owren-Puffer verdünnt.

Lipid oder Plättchen: Alle Lipidreagentien, die für die PTT verwendet werden, können für den Thromboplastinbildungstest verwendet werden. In unserem Laboratorium wird Tachostyptan (Hormonchemie, München), 1:50 in physiologischer Kochsalzlösung verdünnt, verwendet. Bei Verwendung von Plättchen im Thromboplastinbildungstest werden dreimal gewaschene Plättchen verwendet. Diese werden in folgender Weise hergestellt:

— Neun Teile Blut werden mit einem Teil 1%iger EDTA-Lösung in Silikonröhrchen gemischt, plättchenreiches Plasma hergestellt und die Plättchen dreimal mit EDTA-Lösung (1 Teil 1% EDTA/9 Teile 0,15 mol. NaCl) gewaschen. Nach der dritten Waschung wird das Plättchenpellet in physiologischer Kochsalzlösung suspendiert und die Plättchenzahl auf 200.000 und 60.000 eingestellt. Die Plättchen werden „intakt" und aufgeschlossen (dreimaliges Frieren und Tauen) getestet.

Plättchenarmes menschliches normales Zitratplasma (Substratplasma).
0,025 mol *Kalziumchloridlösung.*

Durchführung. In 10 Glasröhrchen (60:9 mm) wird je 0,1 ml plättchenarmes, normales Zitratplasma pipettiert und in ein weiteres Röhrchen ca. 1,5 ml 0,025 mol Kalziumchloridlösung gegeben. Diese Röhrchen werden bei 37°C inkubiert.
In ein Glasröhrchen (110:13 mm) werden in der folgenden Reihenfolge pipettiert:

   0,3 ml adsorbiertes, verdünntes Patientenplasma,
   0,3 ml verdünntes Patientenserum,
   0,3 ml 1:50 verdünntes Tachostyptan,
   0,3 ml 0,025 mol Kalziumchlorid.

Diese Mischung wird bei 37°C inkubiert.

Von der Inkubationsmischung werden im Abstand von je 1 min 0,1 ml entnommen und zusammen mit 0,1 ml Kalziumchlorid zum plättchenarmen Normalplasma zugegeben und die Gerinnungszeit bestimmt. Während nach 1 min Inkubation die Gerinnungszeit meist noch 40–60 s ist, kommt es bei Verwendung von Plasma und Serum von Normalpersonen innerhalb der ersten 3–4 min zu einer Verkürzung bis unter 10 s. Der Test wird solange fortgesetzt, bis die Gerinnungszeiten wieder länger werden. Ergibt der Thromboplastinbildungstest bei Verwendung von Patientenplasma und Patientenserum ein normales Ergebnis (d.h. daß die Gerinnungszeit in der 2. Stufe spätestens nach 6 min unter 10 s liegt), wird kein weiterer Test durchgeführt.
Ist der Thromboplastinbildungstest hingegen pathologisch (minimale Gerinnungszeit über 10 s oder Erreichung einer Gerinnungszeit von weniger als 10 s erst nach 6 min), wird der Test in der Weise wiederholt, daß zunächst statt des verdünnten adsorbierten Patientenplasmas verdünntes adsorbiertes Normalplasma und anschließend in einem zweiten Test statt des verdünnten Patientenserums verdünntes Normalserum eingesetzt wird. Bei bestimmten Fragestellungen kann das Patientenplasma statt des Normalplasmas auch in der 2. Stufe des Tests eingesetzt werden.

Probleme und Fehlerquellen

— Der angegebene Normalwert (Gerinnungszeit weniger als 10 s nach spätestens 6 min) ist eine Richtzeit. Jedes Laboratorium muß den laborspezifischen Normalwert durch Testung einer entsprechenden Zahl von Normalpersonen selbst etablieren.

— In der Inkubationsmischung können kleine noch vorhandene Mengen an Fibrinogen durch entstehendes Thrombin in Fibrin umgewandelt werden. Die kleinen entstehenden Fibrinflocken müssen aus der Inkubationsmischung entfernt werden.

— Bei Patienten mit schweren plasmatischen Gerinnungsstörungen (z.B. schwerer Hämophilie A und B) können noch größere Mengen von Prothrombin im verdünnten Serum vorhanden sein, die in der Inkubationsmischung zu Thrombin umgewandelt werden, wodurch in der 2. Stufe eine zusätzliche Verkürzung der Gerinnungszeit zustande kommt und dadurch der Defekt maskiert werden kann. Bei schwerer Hämophilie A ist der Thromboplastinbildungstest daher meist viel stärker pathologisch, wenn statt des Patientenserums Normalserum verwendet wird.

— Das gleichzeitige Pipettieren der Inkubationsmischung und Kalziumchlorid in das Substratplasma erfordert eine gewisse Übung. Als Alternative kann zunächst 0,1 ml Kalziumchlorid zu Normalplasma pipettiert werden und genau 10 s später 0,1 ml der Inkubationsmischung.

— Durch Einsetzen von gewaschenen Plättchen in die Inkubationsmischung anstatt des Phospholipids kann die gerinnungsfördernde Aktivität der Plättchen (Plättchenfaktor 3) gemessen werden. Eine genaue Einordnung der mit diesem Test erfaßten Störungen in die heutige Nomenklatur der Thrombopathien ist jedoch kaum möglich.

Interpretation der Ergebnisse (Tabelle 42).

1. Der Thromboplastinbildungstest war bei seiner Einführung ein großer Fortschritt, da mit dieser Methode bei Patienten mit verlängerter Gerinnungszeit eine Differenzierung zwischen Faktor VIII- und IX-Mangel sowie Mangel der Oberflächenfaktoren möglich wurde. Auch in der Diagnostik des Faktor X-Mangels war der Thromboplastinbildungstest von Nutzen.

Tabelle 42. Interpretation des Thromboplastinbildungstests

Inkubationsmischung	Patientenplasma Patientenserum	Normalplasma Patientenserum	Patientenplasma Normalserum	Normalserum Normalplasma
Substratplasma	Normalplasma	Normalplasma	Normalplasma	Patientenplasma
F VIII-Mangel	pathologisch	normal	pathologisch	normal
F IX-Mangel	pathologisch	pathologisch	normal	normal
F IX-, XII-Mangel	pathologisch	normal	normal	normal
F X-Mangel	pathologisch	normal	normal	pathologisch
F V-Mangel	pathologisch	normal	normal	pathologisch
Lupusinhibitor	normal	normal	normal	pathologisch
F VII-Mangel	normal	normal	normal	normal

Durch die Einführung der APTT und der leichteren Verfügbarkeit von spezifischen Mangelplasmen hat der Thromboplastinbildungstest wesentlich an Bedeutung verloren und wird in den meisten Laboratorien nicht mehr routinemäßig durchgeführt. Bei Nichtverfügbarkeit von entsprechenden Mangelplasmen stellt er jedoch immer noch eine wertvolle Hilfe dar.

2. Der Thromboplastinbildungstest ist eine relativ unempfindliche Methode, so daß mit Sicherheit Mangelzustände nur bei Aktivitäten unter 10–20% erfaßt werden. Der Thromboplastinbildungstest kann so adaptiert werden, daß er zur quanitativen Bestimmung von Faktor VIII brauchbar ist.

Prothrombinverbrauchstest (Mod. nach Merskey 1950)

Prinzip. Die Abnahme der Prothrombinkonzentration in gerinnendem Blut wird unter standardisierten Bedingungen gemessen. Die Menge des 1 h nach Beginn der Gerinnung noch vorhandenen Prothrombins kann als Maß der Stärke und Geschwindigkeit der Aktivierung im endogenen System verwendet werden.

Durchführung des Tests. Nach sauberer Venenpunktion und Verwerfung der ersten 2–3 ml Blut werden genau 3 ml Blut ohne Zusatz eines Antikoagulants in einem Glasröhrchen (70: 9 mm) aufgefangen, das Röhrchen sofort in ein Wasserbad von 37°C gestellt und bei 37°C inkubiert. Nach 30 min Inkubation wird das Gerinnsel mit einem Glasstab sorgfältig von der Glasoberfläche gelöst und das Blut 5 min bei 2000 g zentrifugiert. Anschließend wird das Röhrchen weiter bei 37°C inkubiert. Genau 60 min nach der Blutentnahme wird aus dem Serum eine Einstufenbestimmung von Prothrombin (s. dort) durchgeführt.

Der Test kann aus Rationalisierungsgründen so modifiziert werden, daß am Ende der Inkubation (60 min) zum Serum 1/5 Volumen 3,8%iges Natriumzitrat zugesetzt und die Mischung in einem Eisbad aufbewahrt wird, bis die Testung durchgeführt wird. Durch den Zusatz von Natriumzitrat wird der Prothrombinverbrauch gestoppt, so daß eine Testung zu einem späteren Zeitpunkt möglich ist.

Normalwerte. < 10% Serumprothrombin.

Probleme und Fehlerquellen

1. Um reproduzierbare Ergebnisse zu erhalten, müssen sorgfältig gereinigte Glasröhrchen verwendet werden. Es dürfen nur Glasröhrchen einer definierten Größe verwendet werden, die vorher speziell gereinigt wurden (Reinigung in Chromschwefelsäure und anschließend sorgfältige Spülung mit dest. Wasser), um eine gute Oberflächenaktivierung durch die Glasoberfläche zu garantieren.

2. Die Bedingungen müssen exakt eingehalten werden, insbesondere muß das Röhrchen sofort bei 37°C inkubiert werden und die Zentrifugation zeitlich exakt wie vorgeschrieben durchgeführt werden.

3. Es muß der Prothrombinspiegel im Plasma berücksichtigt werden. Am besten sollte der Prothrombinverbrauchstest nur bei solchen Patienten durchgeführt werden, die ein normales Plasmaprothrombin (normale Prothrombinzeit) haben.

Interpretation der Ergebnisse

1. Der Prothrombinverbrauchstest ist pathologisch bei Verminderung eines oder mehrerer Faktoren des endogenen Systems sowie von F X und V. Als Screening-Test für die Erfassung von Störungen im endogenen System ist der Prothrombinverbrauchstest jedoch nicht geeignet, da er eine limitierte Sensibilität gegenüber Mangelzuständen dieser Faktoren hat und weniger empfindlich als die APTT ist. Bei der Diagnostik schwerer Mangelzustände ist der Prothrombinverbrauchstest jedoch ein nützlicher zusätzlicher Test, da z.B. bei Patienten mit schwerer Hämophilie (F VIII oder IX unter 1%) der Prothrombinverbrauchstest verschieden stark pathologisch ausfallen kann. Bei schwerer Hämophilie kann das Serumprothrombin nach 1 h höher als das Plasmaprothrombin sein.

2. Bei Thrombozytopenie ist der Prothrombinverbrauchstest häufig pathologisch, wobei eine grobe negative Korrelation zwischen der Schwere der Thrombozytopenie und dem Prothrombinverbrauch besteht. Mit gewissen Einschränkungen erlaubt der Prothrombinverbrauchstest eine Beurteilung der Thrombozytenfunktion auch bei stark verminderter Thrombozytenzahl. Ein nur leicht pathologischer Prothrombinverbrauchstest bei stark verminderter Thrombozytenzahl spricht für eine gute Funktion der Thrombozyten (wie z.B. bei chronischer ITP).

3. Thrombozytopathien.

a) Beim Bernard-Soulier-Syndrom ist der Prothrombinverbrauchstest stark pathologisch, was ein wichtiger Hinweis auf das Vorliegen dieser Erkrankung ist.

b) Bestimmte Thrombozytopathien, bei denen die "coagulant activity" der Plättchen gestört ist, äußern sich nur in einem pathologischen Prothrombinverbrauch. Von Parry et al. (1980) wurden drei Familien mit einer Blutungsneigung beschrieben, bei denen als einziger Test nur der Prothrombinverbrauchstest pathologisch war. Es wurde eine gestörte Interaktion zwischen Plättchenlipid und Faktoren des endogenen Gerinnungssystems vermutet.

c) Ein pathologischer Prothrombinverbrauch findet sich auch bei Patienten mit Fehlen von F Xa-Bindungsstellen an der Thrombozytenoberfläche (Miletich et al. 1979).

Thrombelastographie (Hartert 1948)

Prinzip. Der Ablauf der Gerinnung und die Verfestigung des Gerinnsels werden optisch aufgezeichnet.

Technische Grundlagen. In einer zylindrischen Cuvette aus Stahl oder Plastik ist ein stählerner Stift mittels eines Stahldrahtes, des sog. Torsionsdrahtes, aufgehängt. Auf dem Torsionsdraht ist ein kleiner Spiegel angebracht, der die Strahlen der Lichtquelle auf einen Film reflektiert. Dieser befindet sich in einem Kymographion, das eine Umlaufgeschwindigkeit von 2 mm/min aufweist. Ein Motor bewirkt eine Hin- und Herdrehung der Cuvette um 4°45′ von jeweils 3,5 s Dauer. Daran schließt sich je eine Ruhepause von 1 s an. Der ganze Rotationszyklus beträgt somit 9 s. Das Blut befindet sich in einem freien Raum zwischen Cuvette und Stift. Solange sich noch keine Fibrinfasern gebildet haben und keine Adhäsion an der Wand der Cuvette und des Stiftes möglich ist, wird die Rotation der Cuvette nicht auf den Stift und daher auch nicht auf den Torsionsdraht und den Spiegel auf den Film übertragen. Auf dem Film wird deshalb eine gerade Linie registriert. Sobald sich die ersten Fibrinfasern bilden und an der Cuvette und dem Stift haften, wird die Rotation der Cuvette auf den Torsionsdraht und den Film weitergeleitet. Die alternierenden Rotationsbewegungen der Cuvette ergeben eine Anzahl ganz nahe beieinander liegender Linien, die jedoch vom Film nur schwach registriert werden und deshalb nicht sichtbar sind. Während der Pausen wird der Film hingegen stärker geschwärzt. Es bilden sich zwei Reihen nahe beieinander liegender Punkte, die sich als fortlaufende Linien vom Anfangsteil der Kurve abtrennen.

Durchführung. Der Thrombelastograph muß ca. eine halbe Stunde vor Benützung eingeschaltet werden. Nach einwandfreier Venenpunktion verwirft man 1–2 ml Blut und läßt dann ca. 1 ml in ein silikoniertes Röhrchen oder Plastikröhrchen abtropfen und setzt eine Stoppuhr in Gang. Mit einer silikonierten Pipette bringt man 0,36 ml Blut in die Cuvette, dreht den Stempel herunter und überschichtet mit Paraffinöl. Nun wird der Lichtstrahl eingeschaltet und die Zeit von der Blutabnahme bis zum Einschalten registriert.

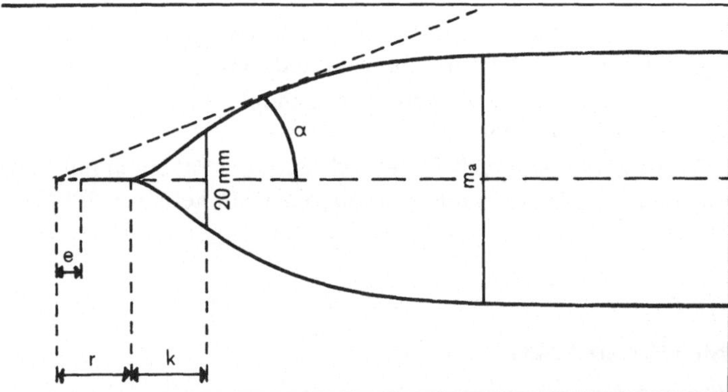

Abb. 11. Auswertung des TEG (nach Deutsch). *r* ist die Zeit in Minuten von der Blutentnahme bis der Ausschlag der Kurve 2 mm beträgt. *r* ist somit die Summe der Einfüllzeit *(e)* und der Zeitdauer bis zum Auseinanderweichen der Schenkel. Gerinnselbildungszeit *k* ist die Zeit vom Ende der Reaktionszeit, bis die beiden Schenkel des Thrombelastogramms 20 mm voneinander entfernt sind. Die maximale Amplitude *(A_{max})* ist die maximale Entfernung der beiden Schenkel in mm. Der Winkel α (wird meist nicht angegeben) ist der Winkel zwischen der Mittellinie und der an einem Kurvenschenkel angelegten Tangente

Auswertung. Das Thrombelastogramm besteht in Normalfall aus einer geraden Linie von 2–3 cm Länge, die sich in zwei symmetrische Kurvenschenkel aufsplittert. Folgende Parameter können ausgewertet werden (Abb. 11):

— Reaktionszeit (r) (Angabe in min). Sie wird in der Weise berechnet, daß die Länge der geraden Linie bis zu einem Punkt gemessen wird, an dem die beiden Kurvenschenkel 2 mm voneinander entfernt sind. Die Umrechnung in Minuten erfolgt in der Weise, daß 2 mm einer Minute gleichgesetzt werden. Zur Ermittlung der Reaktionszeit muß der durch Ausmessung der Kurve ermittelten Zeit noch die Zeit von der Blutabnahme bis zum Einschalten des Lichtstrahls dazugerechnet werden (je nach Übung 1/2 bis 1 min).

— Thrombusbildungszeit (k) ist die Zeit (in min) zwischen dem Endpunkt von r und dem Punkt, an dem die beiden Kurvenschenkel 20 mm voneinander entfernt sind.

— Maximale Amplitude (A_{max}) ist der maximale Abstand zwischen den beiden Kurvenschenkeln in mm.

— Zur Messung einer eventuellen fibrinolytischen Aktivität kann die Amplitude nach einer bestimmten Zeit (z.B. nach 2 h und 24 h) nochmals gemessen und zur maximalen Amplitude in Beziehung gesetzt werden.

Probleme und Fehlerquellen

a) Prinzipielle Probleme

— Das Hauptproblem bei der Thrombelastographie ist die mangelnde Empfindlichkeit der Methode zur Aufdeckung leichter Gerinnungsstörungen. So findet sich eine Verlängerung der Reaktionszeit und der Thrombusbildungszeit regelmäßig erst bei Faktor VIII- oder IX-Aktivitäten unter 10% (s. Abb. 8). Eine Verminderung der Amplitude findet sich zwar im Prinzip bei der Thrombopenie, jedoch kann bei Thrombozytenwerten zwischen 50.000 und 100.000/mm^3 die Amplitude noch normal sein. Es ist daher nicht möglich, die Thrombelastographie als zuverlässigen Suchtest für hämorrhagische Diathesen zu verwenden.

— Der Hämatokrit beeinflußt das Ergebnis erheblich. Bei hohem Hämatokrit kann das TEG (insbesondere die Amplitude) pathologisch sein, obwohl keine Hämostasestörung vorliegt. Umgekehrt führt ein niedriger Hämatokrit (hoher Plasmaanteil) oder eine sehr rasche Blutsenkungsgeschwindigkeit (hoher Plasmaanteil des gebildeten Gerinnsels infolge Sedimentation der Erythrozyten) zu einer Erhöhung der Amplitude im TEG.

b) Technische Fehler.
Die Vorschriften bei der Durchführung der Thrombelastographie müssen sehr sorgfältig eingehalten werden, um reproduzierbare Ergebnisse zu erhalten. Fehler können entstehen durch:

— schlechte Blutabnahme (verkürzte Reaktionszeit),

— zu geringe Temperatur der Heizplatte (Einschalten des Apparates 30 min vor Benützung erforderlich),

— mangelnde Reinigung bei Verwendung von Stahlcuvetten. Die Stahlcuvetten und der Stempel müssen mit einer Bariumsulfatsuspension in Deconex sorgfältig gereinigt, mit dest. Wasser gewaschen und dann in einem Trockenschrank getrocknet werden. Bei Verwendung von Plastikeinmalcuvetten entfällt dieser Fehler, jedoch muß darauf geachtet werden, daß die Plastikcuvetten in der Halterung fest sitzen.

— Eine fehlende Überschichtung mit Paraffinöl führt zum Abreißen des Thrombelastogramms.
— Die Zeit zwischen der Blutabnahme und dem Einschalten der Lichtquelle darf
  nicht länger als 1 min sein.

Interpretation (Abb. 12)

a) Normalwerte: Die Reaktionszeit soll weniger als 14 min, k weniger als 8 min betra-
gen. Die maximale Amplitude ist normalerweise 50 bis 65 mm. Die Normalwerte
werden jedoch in jedem Laboratorium in Abhängigkeit von der Technik (Plastik-
oder Stahlcuvetten) etwas differieren. Es muß daher in jedem Laboratorium der Normalbereich durch Testung einer entsprechenden Anzahl von Normalpersonen festgelegt werden.

b) Verlängerung von r: Eine Verlängerung der Reaktionszeit findet man bei schweren
und mittelschweren Gerinnungsstörungen, wobei eine Differenzierung der Art der
Störung nicht möglich ist. Leichte Mangelzustände sind mit dem TEG nicht mit
Sicherheit erfaßbar.

c) Eine Verkürzung der Reaktionszeit kann mit großem Vorbehalt im Sinne einer
Hyperkoagulabilität gedeutet werden. Häufig ist jedoch eine nicht korrekte Blutabnahme die Ursache der verkürzten Reaktionszeit.

d) Veränderungen der Thrombusbildungsgeschwindigkeit (k) allein sind diagnostisch
nicht sehr aussagekräftig, jedoch dürfte die Berechnung der r + k-Zeit für die Diagnostik von Gerinnungsstörungen etwas empfindlicher sein als die Bestimmung der Reaktionszeit allein.

e) Veränderungen der Amplitude:
— Eine Verminderung der Amplitude findet man bei schwerer Thrombozytopenie
  (regelmäßig erst bei einer Thrombozytenzahl unter 50.000/mm^3), bei der Thromb-

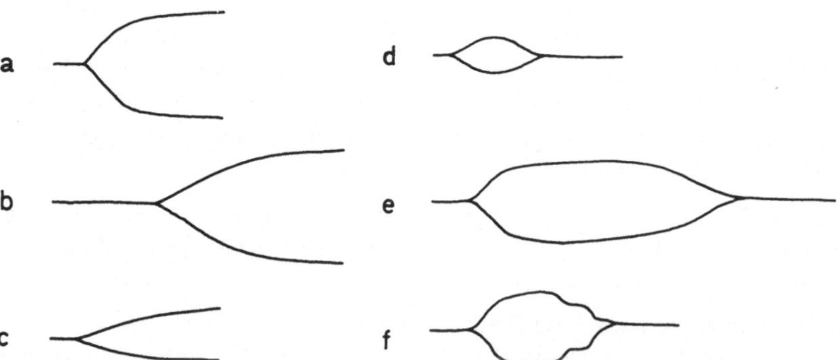

Abb.12.a–f. Typische Veränderungen des Thrombelastogramms. a Normales Thrombelastogramm;
b Gerinnungsstörung, z.B. Hämophilie A oder B (verlängertes r bei normaler Amplitude); c ver-
schmälerte Amplitude des TEG: bei Thrombozytopenie, Thrombasthenie und Faktor XIII-Mangel;
d ausgeprägte Hyperfibrinolyse (z.B. während fibrinolytischer Therapie); e leichte Hyperfibrinolyse; f Abrißphänomen: Kommt bei Patienten mit hohen Leukozytenzahlen (CML), selten auch
bei Dysfibrinogenämie vor. Es kann sich jedoch auch um einen Artefakt handeln

asthenie sowie bei schwerer Hypofibrinogenämie und Faktor XIII-Mangel. Die Thrombelastographie ist der einzige Globaltest, mit dem ein Faktor XIII-Mangel entdeckt werden kann. Allerdings führt nur der schwere Faktor XIII-Mangel (und auch dieser nicht immer) zu einer Verschmälerung der Amplitude. Eine normale Amplitude im TEG schließt daher einen Faktor XIII-Mangel nicht aus.

— Eine Erhöhung der Amplitude hat wenig Aussagekraft. Man findet sie bei erhöhtem Fibrinogen, bei Thrombozytose, aber auch dann, wenn die Erythrozyten während der Zeit, in der das Blut noch ungeronnen ist, sedimentieren. Dies ist der Fall, wenn die Blutsenkungsgeschwindigkeit sehr hoch oder die Gerinnungszeit sehr lang ist (z.B. bei der schweren Hämophilie). Es ist daher immer sehr problematisch, Schlußfolgerungen aus einer hohen Amplitude im TEG auf in vivo-Verhältnisse zu ziehen.

— Bei hyperfibrinolytischen Zuständen ist im Falle einer schweren Hypofibrinogenämie r unendlich. Ist Fibrinogen noch in ausreichender Menge vorhanden, ist die Amplitude entweder verschmälert oder normal. Es kommt jedoch im weiteren Verlauf zu einer raschen Wiederannäherung der Kurvenschenkel, so daß ein zwiebelartiges Muster entsteht. Bei einer Hyperfibrinolyse erfolgt die Wiederannäherung der Kurvenschenkel gleichmäßig und symmetrisch. Dadurch ist eine Hyperfibrinolyse vom Abrißphänomen zu trennen.

— Abrißphänomen. In manchen Fällen kommt es in unregelmäßiger Weise zu einer Wiederannäherung der Kurvenschenkel. Dieses Verhalten findet sich selten bei Dysfibrinogenämien, relativ häufig bei Patienten mit hoher Leukozytenzahl, wo es offenbar durch die Aktivität der Leukozytenproteasen zu einer Zerstörung des Gerinnsels kommt, ferner bei sehr hohen Fibrinogenkonzentrationen und wenn vergessen wurde, das Blut mit Paraffin zu überschichten.

Das Thrombelastogramm kann auch gut für experimentelle Untersuchungen verwendet werden, wobei auch plättchenarmes Plasma, plättchenreiches Plasma oder artifizielle Mischungen von Gerinnungsfaktoren getestet werden können.

Kapitel 10

Gerinnungstests: Bestimmung der Aktivität oder Konzentration der Gerinnungsfaktoren

Bestimmung von Fibrinogen (Faktor I)

1. Gerinnungsmethode nach Clauss (1957)
(in der Modifikation von Vermylen et al. 1963)

Prinzip. Das zu untersuchende Plasma wird mit Puffer verdünnt und durch eine hohe Konzentration von Thrombin zur Gerinnung gebracht. Die Gerinnungszeit in diesem System hängt weitgehend von der Konzentration des Fibrinogens im Plasma ab.

Reagentien
- Plättchenarmes Zitratplasma des Patienten,
- Veronalpuffer nach Owren,
- Thrombinlösung (400 E/ml): Der Inhalt des Fläschchens Topostasin (3000 E bovines Thrombin) wird in 7,5 ml Veronalpuffer gelöst. Die fertige Lösung kann bei $-20°C$ in Portionen eingefroren werden und ist mindestens 2 Wochen stabil. Ein Testkit, basierend auf der Methode von Clauss, ist kommerziell erhältlich (Boehringer, Mannheim).

Durchführung des Tests. 0,1 ml 1:15 mit Veronalpuffer verdünntes plättchenarmes Patientenplasma wird 30 s auf 37°C angewärmt und 0,1 ml Thrombinlösung (400 E/ml) hinzugefügt. Die Bestimmung der Gerinnungszeit erfolgt mit der Häkchenmethode, wobei als Gerinnungsendpunkt jener Zeitpunk definiert wird, bei dem ein dicker Fibrinfaden entsteht.

Berechnung des Ergebnisses. Die Berechnung des Ergebnisses erfolgt auf Grund einer Eichkurve, die mit Hilfe eines Plasmas von bekanntem Fibrinogengehalt erstellt wird. Die Verdünnung des Patientenplasmas muß so gewählt werden, daß eine Zeit zwischen 15 und 25 s erhalten wird. Ist die Gerinnungszeit unter 15 s, muß eine stärkere Verdünnung (1:30), ist die Gerinnungszeit über 25 s, eine geringere Verdünnung gewählt werden.

Probleme und Fehlerquellen
- Die Methode hat den großen Vorteil, daß das Ergebnis sehr schnell vorliegt. Ist plättchenarmes Plasma bereits vorhanden, benötigt man für die Bestimmung nur etwa 2–3 min.

- Die Reproduzierbarkeit der Methode ist ausreichend gut, wenn man mit dieser Methode Erfahrung hat. Wird die Bestimmung der Gerinnungszeit manuell durchgeführt, so besteht eine gewisse Schwierigkeit darin, den Zeitpunkt der Gerinnung exakt zu bestimmen, da häufig die Gerinnung nicht en bloc erfolgt, sondern zunächst ein zartes Gerinnsel entsteht, das im Verlauf von einigen Sekunden zu einem festen Gerinnsel wird. Die Ablesung von der Standardeichkurve ist nur dann gültig, wenn stets der gleiche Endpunkt der Gerinnselbildung gewählt wird. Bei Verwendung von Koagulometern besteht die Gefahr, daß das Gerinnsel durch das Häkchen zerrissen wird und kein Gerinnungsendpunkt erreicht wird.
- Wenn nicht einer der Störfaktoren vorliegt (s.u.), ist die Korrelation mit der Methode von Ratnoff u. Menzie (oder eine ihrer Modifikationen) sehr gut (Paar 1971, Exner et al. 1979).
- Die Gerinnungszeit in dem Testsystem hängt neben der Fibrinogenkonzentration von der Reaktivität des Fibrinogens gegenüber Thrombin und der Schnelligkeit der Fibrinpolymerisation ab. Praktisch von Bedeutung sind Fibrinpolymerisationsstörungen, bei deren Vorhandensein fälschlich tiefe Werte erhalten werden.

Dieser Fehler spielt in folgenden Situationen eine Rolle:
- Bei Vorhandensein von Fibrin(ogen)-Spaltprodukten: Charakteristischerweise werden am Beginn einer fibrinolytischen Therapie oder Arvin-Therapie zu tiefe Fibrinogenwerte erhalten, da hier bei niedrigem Fibrinogenspiegel (Plasma kann für den Test nur wenig verdünnt werden) eine hohe Konzentration von Fibrin(ogen)-Spaltprodukten vorhanden ist. Bei länger dauernder Fibrinolyse-Therapie wird dieser Fehler geringer, da die Spaltproduktkonzentration im Verhältnis zur Fibrinogenkonzentration geringer ist.
- Bei einer Fibrinpolymerisationsstörung durch Paraproteine (IgG-Myelom) ist der Fehler meist gering, da die Fibrinogenkonzentration bei diesen Patienten meist normal ist, das Plasma für den Test stark verdünnt werden kann und dadurch der Inhibitor ausverdünnt wird.
- Einen sehr geringen Fibrinogenwert mit der Clauss'schen Methode findet man charakteristischerweise bei Patienten mit Dysfibrinogenämie. Der Nachweis einer niedrigen Fibrinogenkonzentration bei der Gerinnungsmethode nach Clauss bei normalem, nur leicht vermindertem oder sogar erhöhtem Fibrinogen bei immunologischer Bestimmung gilt als klassischer Hinweis für das Vorliegen einer Dysfibrinogenämie.
- Im Prinzip würde auch eine hohe Heparinkonzentration den Test stören. Bei therapeutischen Heparin-Dosen ist die Heparin-Konzentration in der verdünnten Probe im Vergleich zur hohen Thrombinkonzentration jedoch so gering, daß sie das Ergebnis kaum beeinflußt.
- Die Clauss'sche Methode hat den Vorteil, daß auch Fibrinogenwerte unter 50 mg/dl noch zuverlässig erfaßt werden können, wenn keine Störfaktoren vorhanden sind (Exner et al. 1979). Fibrinogenkonzentrationen unter 5 mg/dl können mit Hilfe der Clauss'schen Methode nicht mehr erfaßt werden. So erhält man bei totalen Afibrinogenämien meistens mit der Clauss'schen Methode keine Gerinnung, obwohl sich mit empfindlicheren Methoden noch kleine Mengen von Fibrinogen im Plasma nachweisen lassen.

2. Fibrinogenbestimmung mit der Methode von Ratnoff u. Menzie (1951)

Das Prinzip der Methode besteht darin, daß Fibrinogen aus verdünntem plättchenarmem Plasma durch Zusatz von Thrombin zur Gerinnung gebracht wird. Das dadurch entstehende Fibrin wird isoliert, wieder aufgelöst und die Proteinkonzentration der Lösung bestimmt. Es wurde eine Reihe von Modifikationen dieser Methode beschrieben, die sich auf die Gewinnung des Fibrins (Astrup et al. 1965), den Ersatz von Thrombin durch Arvin (Exner et al. 1979) oder die Messung der Proteinkonzentration (Kjeldal-Biuret-Methode, Messung der Extinktion bei 280 nm) beziehen.

Die Methode erfordert mehrere Arbeitsschritte, ist sowohl zeitlich als auch personell relativ aufwendig. Der Vorteil der Methode besteht darin, daß das gesamte im Plasma vorhandene, mit Thrombin gerinnbare Fibrinogen erfaßt wird. Durch die lange Inkubationszeit spielt die Schnelligkeit der Reaktion zwischen Thrombin und Fibrinogen keine Rolle (Reaktivität des Fibrinogens). Die Methode wird allgemein als Referenzmethode zur Fibrinogenbestimmung angesehen und ist vor allem für die Bestimmung der Fibrinogenkonzentration in Konzentraten gut geeignet. Die Erfassung kleiner Fibrinogenmengen ist mit dieser Methode ebenfalls schwierig. Bei starker fibrinolytischer Aktivität muß durch Zusatz eines Fibrinolysehemmers dafür gesorgt werden, daß die Fibrinolyse in vitro nicht fortschreitet. Bei Dysfibrinogenämien werden stets höhere Werte als mit der Clauss-Methode erhalten, jedoch nicht selten niedrigere Werte als mit der immunologischen Methode.

3. Immunologische Bestimmung

Die immunologische Bestimmung von Fibrinogen kann entweder mit Hilfe der radialen Immundiffusion, der Laurell-Technik, nephelometrischer Techniken, dem Hämagglutinationshemmtest oder mit Hilfe des Radioimmunoassays erfolgen.

Die immunologische Bestimmung von Fibrinogen ist eine im Routinegerinnungslaboratorium zwar selten angewandte, bei bestimmten Fragestellungen jedoch wichtige Untersuchung. Sie ist bei allen ungeklärten Fibrinogenmangelzuständen durchzuführen, um abzuklären, ob ein echter Fibrinogenmangel oder eine funktionelle Abnormalität des Fibrinogens vorliegt. Läßt sich nachweisen, daß die immunologisch gemessene Konzentration von Fibrinogen erheblich höher ist als die mit der Gerinnungsmethode gemessene Fibrinogenkonzentration, ist eine Dysfibrinogenämie anzunehmen.

Für die Routinediagnostik ist die radiale Immundiffusion die am besten geeignete Methode. Zu diesem Zweck stehen fertige, bereits mit dem Antikörper versetzte, kommerziell erhältliche Platten zur Verfügung (Partigenplatten der Fa. Behring-Werke). Zum Nachweis sehr kleiner Mengen von Fibrinogen, wie bei Patienten mit schwerer Hypofibrinogenämie oder Afibrinogenämie, muß zur Quantifizierung der Hämagglutinationshemmtest oder der Radioimmunoassay herangezogen werden. Der Nachteil von immunologischen Verfahren zum Nachweis von Fibrinogen liegt einerseits im größeren zeitlichen (Mancini-Technik) und apparativen Aufwand (Laurell-Technik, Hämagglutinationshemmtest, Radioimmunoassay). Ferner muß man sich darüber im klaren sein, daß man wie mit jeder immunologischen Methode nur die Antigenkonzentration bestimmt und keinen Aufschluß über das funktionelle Verhalten des Moleküls, das für klinische Belange wesentlich relevanter ist, erhält. Eine alleinige immunologische Bestimmung von Fibrinogen erscheint daher nicht sinnvoll. Fehlinterpretationen können dadurch entstehen, daß mit allen immunologischen Methoden neben dem Fibrinogen auch die fibrinolytischen Spaltprodukte des Fibrinogens mitbestimmt werden. Während also bei Gegenwart von Spaltprodukten mit der Gerinnungsmethode zu tiefe Fibrinogenwerte erhalten werden, erhält man mit immunologischen Tests zu hohe Werte (Brittin et al. 1972).

Andere Methoden zur Bestimmung des Fibrinogens
— Hitzefibrinmethode nach Schulz (1955)
— Trübungsmessung nach Zusatz von Ammonsulfat (Parfentjev et al. 1953).
Mit beiden Methoden wird nicht nur Fibrinogen, sondern auch dessen Spaltprodukte erfaßt, so daß bei fibrinolytischer Therapie fälschlich normale Werte erhalten werden (Beck 1980). Werte unter 50 mg/dl sind nicht exakt bestimmbar.

Bestimmung von Faktor II (Prothrombin)

1. Bestimmung der Prothrombinaktivität

Es gibt eine große Zahl von Methoden, die Prothrombinaktivität zu bestimmen. Im Prinzip wird gemessen, wieviel Thrombin die zu untersuchende Probe nach entsprechender Aktivierung zu bilden vermag, wobei entweder die Initialgeschwindigkeit der Thrombinbildung (Einstufenmethode) oder die Gesamtmenge des gebildeten Thrombins nach kompletter Aktivierung (Zweistufenmethode) gemessen wird. Die gebildete Thrombinmenge kann entweder am natürlichen Substrat Fibrinogen (Gerinnungsmethoden) oder mit Hilfe von chromogenen Substraten gemessen werden. Von wesentlicher Bedeutung für das Ergebnis der Bestimmung ist die Art des Aktivators des Prothrombins, der im Test verwendet wird, da bei Prothrombindefekten die Aktivierbarkeit je nach verwendeten Aktivatoren sehr unterschiedlich sein kann (s. Tabelle 4). Die verschiedenen Aktivatoren benötigen für die Aktivierung von Prothrombin unterschiedliche „Cofaktoren" (Tabelle 43).

Tabelle 43. Bedingungen für die Aktivierung von Prothrombin durch verschiedene Aktivatoren

	VII	X	V	Ca^{++}	PL	Fibrinogen
Gewebsthromboplastin	+	+	+	+	+	+
Russel's viper venom	−	+	+	+	+	+
Taipan snake venom	−	−	−	+	+	+
Echis carinatus-Gift	−	−	−	−	−	+
Staphylocoagulase	−	−	−	−	−	+

PL = Phospholipide

a) Einstufengerinnungstest unter Verwendung von Thromboplastin als Aktivator

Prinzip. Die gerinnungsverkürzende Wirkung einer Verdünnung des Patientenplasmas in einem System, das alle Gerinnungsfaktoren mit Ausnahme von Prothrombin enthält, wird geprüft. Das System besteht aus einem natürlichen oder künstlich hergestellten Substratplasma, das die Faktoren I, V, VII und X in ausreichender Menge enthält, die Gerinnungsauslösung erfolgt durch Zusatz von Kalzium und Gewebsthromboplastin.

Reagentien

Prothrombinfreies Substratplasma. Im Prinzip könnte ein natürliches Mangelplasma verwendet werden, das aber so schwer erhältlich ist, daß seine Verwendung im Routinelaboratorium nicht möglich ist. Künstliche, prothrombinfreie oder -arme Substratplasmen werden von verschiedenen Firmen angeboten. Im Prinzip bestehen sie aus einer Mischung von Serum und bariumsulfatadsorbiertem Rinderplasma. Ein künstliches prothrombinarmes Substratplasma kann selbst in folgender Weise hergestellt werden:

In ein Glasröhrchen wird 0,1 ml Gewebsthromboplastin (selbst hergestellt oder kommerziell) vorgelegt und mit 10 ml eines frisch gewonnenen Blutes einer Normalperson rasch gemischt. Es kommt zu einer sofortigen Gerinnung. Das geronnene Blut wird 1 h bei 37°C inkubiert und der fest haftende Rand des Gerinnsels vorsichtig abgelöst. Anschließend wird 30 min bei 3000 g zentrifugiert und das überstehende Serum gewonnen. Dieses Serum ist frei von Prothrombin, enthält jedoch große Mengen an F VII und F X. Das Serum wird zunächst 1:1 mit Veronalpuffer verdünnt und dann nochmals mit dem gleichen Volumen eines bariumsulfatadsorbierten Rinderplasma (enthält Faktor V und Fibrinogen) versetzt. Die Prothrombinzeit dieses Gemisches muß über 60 s liegen, die Aktivität von F VII und X soll mehr als 25% sein. Dieses Reagens kann ohne Aktivitätsverlust mehrere Wochen bei − 20°C aufbewahrt werden.

Zu testendes Plasma. Plättchenarmes Plasma des Patienten wird mit Veronalazetatpuffer 1:20 und 1:40 verdünnt. Für die Herstellung der Eichkurve wird ein Normalplasmapool in den Verdünnungen 1:20, 1:40, 1:80 und 1:160 getestet.

Gewebsthromboplastin (selbst hergestellt oder ein kommerzielles Thromboplastin mit ausreichender Faktor VII- und X-Empfindlichkeit).

0,025 molares Kalziumchlorid. Es können jedoch auch Reagentien, bei denen Thromboplastin und Kalzium schon gemischt sind, verwendet werden.

Durchführung. 0,1 ml Substratplasma wird mit 0,1 ml einer 1:20-Verdünnung des zu untersuchenden Plasmas in ein Teströhrchen pipettiert und 30 s bei 37°C inkubiert. Anschließend wird 0,1 ml vorgewärmtes Thromboplastin und 0,1 ml 0,025 molares Kalzium oder 0,2 ml einer vorgewärmten Thromboplastin-Kalziumlösung zugegeben und die Gerinnungszeit bestimmt.

Berechnung der Ergebnisse. Die mit den verschiedenen Verdünnungen des Normalplasmas erhaltenen Gerinnungszeiten werden in einem doppelt logarithmischen System gegen die Plasmakonzentration aufgetragen, wobei eine 1:20-Verdünnung des Normalplasmas als 100% angenommen wird. Bei Testungen einer 1:20-Verdünnung des Patientenplasmas kann der Prozentwert direkt von der x-Achse abgelesen werden.

Probleme und Fehlerquellen
- Die Hauptfehlermöglichkeit besteht darin, daß das verwendete Substratplasma eine nicht ausreichende Aktivität von F VII, X, V oder Fibrinogen hat, was jedoch selten der Fall ist.
- Fälschlich tiefe Werte können erhalten werden, wenn im Plasma des Patienten ein potenter Inhibitor, der auch im exogenen System wirksam ist, vorhanden ist, wie ein hochtitriger Lupusinhibitor oder ein hochtitriger Antikörper gegen F V, der den F'V des Substratplasmas inaktivieren könnte. In Fällen von unerklärter Verminderung von Prothrombin sollte daher Patientenplasma in mehreren Verdünnungen (1:20 bis 1:160) getestet werden, um festzustellen, ob eine Parallelität der Verdünnungskurven des Normalplasmas und Patientenplasmas gegeben ist.

b) Zweistufenmethode mit Thromboplastin als Aktivator (Warner et al. 1936)

Bei diesem Test wird verdünntes, defibriniertes Plasma nach Zusatz von Faktor V, VII und X (verdünntes Rinderserum) durch Thromboplastin und Ca^{++} aktiviert und das entstehende Thrombin an Fibrinogen getestet.

Die Zweistufenmethode ist als Routinetest zu kompliziert und auch schwer zu standardisieren.

c) Einstufenprothrombinbestimmung mit Staphylocoagulase
(Soulier u. Prou Wartelle 1966)

Prinzip. Staphylocoagulase ist in der Lage, Prothrombin in Abwesenheit von Ca^{++}, Faktor V, VII und X zu Koagulasethrombin zu aktivieren.

Reagentien
- Rinderfibrinogen 0,5%,
- Staphylocoagulase (Stago-Laboratorien, Boehringer, Mannheim). Stammlösung 2000 E/ml (1 Monat bei −20°C haltbar). Die Stammlösung wird mit Veronalpuffer, pH 7,35, soweit verdünnt, daß in dem unten angegebenen System mit 1:20 verdünntem Normalplasma eine Gerinnungszeit von 40 s erhalten wird.

Durchführung des Tests. 0,1 ml Fibrinogenlösung wird in ein Teströhrchen pipettiert und 0,2 ml 1:20 verdünntes, zu untersuchendes Plasma zugegeben. Die Gerinnungsauslösung erfolgt durch Zugabe von 0,2 ml verdünnter Staphylocoagulaselösung.

Berechnung der Ergebnisse. Es wird eine Eichkurve durch Testung verschiedener Verdünnungen eines Normalplasmapools (1:20 bis 1:160) hergestellt und die Gerinnungszeit gegen die Plasmakonzentration in einem log-log-System aufgetragen. Die Verdünnung von 1:20 wird als 100% angenommen. Der in dem zu untersuchenden Plasma gefundene Gerinnungswert kann direkt in Prozent abgelesen werden.

Beurteilung. Die Bestimmung des Prothrombins mit Hilfe der Staphylocoagulase ist keine Routinemethode, sie ist jedoch wertvoll zur Differenzierung von Prothrombinmangelzuständen (s. Tabelle 4).

d) Prothrombinbestimmung mit Hilfe von Ecarin

Prothrombin kann auch mit Hilfe von Ecarin (erhältlich von Sigma) bestimmt werden, was zur Differenzierung von Dysprothrombinämien von Bedeutung ist.

2. Prothrombinbestimmung unter Verwendung synthetischer Substrate

Es handelt sich im Prinzip um Zweistufenmethoden, wobei in der 1. Stufe Thromboplastin, Stypven oder Faktor Xa als Aktivator verwendet werden. Das entstehende Thrombin wird mit den synthetischen Substraten S 2138 oder Chromozym TH bestimmt.

3. Immunologische Bestimmung

Prothrombin kann mit Hilfe eines heterologen präzipitierenden Antikörpers mit der radialen Immundiffusion (Partigen-Platten, Behring-Werke) oder mit der Laurell-Methode bestimmt werden. Decarboxyprothrombin kann durch zweidimensionale Elektrophorese unter Verwendung eines kalziumhaltigen Puffers nachgewiesen werden.

Bestimmung von Faktor V

1. Bestimmung der Faktor V-Aktivität mit der Einstufengerinnungsmethode

Prinzip. Die gerinnungszeitverkürzende Wirkung eines verdünnten Patientenplasmas wird in einem System, bestehend aus Faktor V-Mangelplasma, Thromboplastin und Kalzium getestet.

Reagentien
— *Faktor V-Mangelplasmen* sind kommerziell erhältlich, können aber auch leicht selbst hergestellt werden. Für Routinebestimmungen werden in der Regel künstlich hergestellte Faktor V-Mangelplasmen verwendet, deren Herstellung darauf beruht, daß in Oxalat- oder EDTA-Plasma Faktor V bei 37°C rasch inaktiviert wird, während die Faktoren II, VII und X sowie Fibrinogen stabil bleiben (Bloom et al. 1979).

— Verdünnungspuffer: Veronal-Azetatpuffer
— Gewebsthromboplastin oder RVV
— 0,025 mol Kalziumchlorid.

Durchführung. 0,1 ml Faktor V-Mangelplasma wird mit 0,1 ml einer 1:20-Verdünnung des Patientenplasmas 30 s bei 37°C inkubiert. Dann werden 0,2 ml vorgewärmtes Kalziumthromboplastin zugegeben und die Gerinnungszeit registriert. Die Ablesung des Prozentwertes erfolgt von einer Eichkurve, die in gleicher Weise wie bei der Faktor X- und II-Bestimmung hergestellt wird.

Probleme und Fehlerquellen
— Es muß von Zeit zu Zeit geprüft werden, ob in dem verwendeten Faktor V-Mangelreagens noch ausreichende Mengen von Prothrombin, Faktor X und VII vorhanden sind.
— Da Faktor V außerordentlich lagerungs- und temperaturlabil ist, sollten nur frische Proben untersucht werden. Beim Einfrieren und Auftauen von Plasmen geht Faktor V-Aktivität verloren. Die Faktor V-Aktivität sollte nur in Zitratplasma, jedoch nicht in Oxalat- und EDTA-Plasma getestet werden, da unter diesen Bedingungen die Faktor V-Aktivität noch rascher absinkt.

2. Immunologische Bestimmung von Faktor V

Faktor V kann immunologisch mit Hilfe eines natürlichen Faktor V-Inhibitors bestimmt werden. Die Bestimmung erfolgt mit dem Inhibitorneutralisationstest. Die immunologische Bestimmung von Faktor V ist für die Routinediagnostik nicht erforderlich, sondern dient nur zur näheren Charakterisierung des molekularen Defektes bei Faktor V-Mangel.

Bestimmung von Faktor VII

1. Bestimmung der Faktor VII-Aktivität (F VII:C) mit der Gerinnungsmethode (Einstufentest)

Prinzip. Es wird die gerinnungszeitverkürzende Wirkung von verdünntem Patientenplasma in einem System geprüft, in dem alle Faktoren des exogenen Systems und der gemeinsamen Endstrecke mit Ausnahme von Faktor VII vorhanden sind.

Reagentien
Faktor VII-Mangelplasma. Am besten geeignet sind Mangelplasmen, die von Patienten mit schwerem Faktor VII-Mangel (Faktor VII < 1%) gewonnen wurden. Derartige Plasmen sind in lyophilisierter Form kommerziell erhältlich (Fa. Dade, Sigma u.a.). Faktor VII-Mangelplasmen können auch artifiziell hergestellt werden, wobei es allerdings schwierig ist, Präparate herzustellen, die weniger als 1% Faktor VII-Aktivität bei optimaler Konzentration der Faktoren II und X besitzen (Lechner et al. 1967, Bertina et al. 1978).

Gewebsthromboplastin. Es muß darauf geachtet werden, daß ein Faktor VII-empfindliches Gewebsthromboplastin verwendet wird.

Verdünnungspuffer. Veronal-Azetat-Puffer.

Durchführung des Tests. 0,1 ml Faktor VII-Mangelplasma wird mit 0,1 ml einer 1:20-Verdünnung des Patientenplasmas 30 s bei 37°C inkubiert und dann 0,2 ml vorgewärmte Kalzium-Thromboplastinlösung zugegeben und die Gerinnungszeit bestimmt.

Die Ablesung erfolgt von der Eichkurve, die durch Testung verschiedener Verdünnungen (1:20–1:160) eines Normalplasmas hergestellt wird. Die Plasmakonzentration wird in einem doppelt logarithmischen System gegen die Gerinnungszeit aufgetragen, wobei willkürlich eine 1:20-Verdünnung des Normalplasmapools als 100% angenommen wird.

Probleme und Fehlerquellen der Methodik

— Es muß sichergestellt werden, daß das verwendete Faktor VII-Mangelplasma ausreichende Mengen der Faktoren V, II und X enthält (mindestens 40%). Ist dies nicht der Fall, ist der Test nicht mehr spezifisch für Faktor VII, sondern wird auch durch die Konzentration von Faktor II, X und V mehr oder weniger stark beeinflußt.

— Faktor VII ist sowohl durch Kälte als auch durch Glaskontakt leicht aktivierbar (Gjonaess 1972). Es sollte daher zur Faktor VII-Bestimmung nur frisches Plasma verwendet werden.

2. Bestimmung von Faktor VII mit chromogenen Substraten

Die Bestimmung von F VII mit Hilfe chromogener Substrate wird so durchgeführt, daß die Menge des gebildeten F Xa nach Zusatz von Gewebsthromboplastin und Ca^{++} zur Probe mit Hilfe des Substrats S 2222 gemessen wird. Um eine konstante Menge von F X im System zu gewährleisten, muß entweder gereinigter F X (Seligsohn et al. 1978) oder verdünntes Faktor VII-Mangelplasma (Avvisati et al. 1980) zugesetzt werden. Die mit diesen Methoden gemessenen Faktor VII-Aktivitäten korrelieren gut mit der Einstufengerinnungsmethode bei Normalpersonen, Patienten mit kongenitalem F VII-Mangel und mit oralen Antikoagulantien behandelten Patienten. Eine Aktivitätszunahme nach Glas- oder Kälteeinwirkung läßt sich bei Testung von F VII mit chromogenen Substraten nicht nachweisen (Avvisati et al. 1980).

3. Immunologische Bestimmung von Faktor VII

Mit Hilfe eines heterogenen Antiserums gegen menschlichen Faktor VII ist es möglich, Faktor VII immunologisch zu bestimmen. Da das Antiserum nicht präzipitierend ist, muß der Inhibitorneutralisationstest angewandt werden. Die Bedeutung der immunologischen Bestimmung von Faktor VII liegt darin, daß kreuzreagierendes Material (CRM) festgestellt werden kann. Eine erhöhte Ratio F VII:CRM/F VII:C findet sich bei manchen Patienten, die mit oralen Antikoagulantien behandelt werden. Für die Routinediagnostik ist die immunologische Faktor VII-Bestimmung derzeit ohne Bedeutung.

Bestimmung von Faktor X

1. Einstufengerinnungsmethode (Bachmann et al. 1958)

Prinzip. Die gerinnungsverkürzende Wirkung von verdünntem Patientenplasma wird in einem Faktor X-armen System geprüft, wobei als Aktivator entweder Thromboplastin, Russel viper venom (RVV) oder das endogene System benützt wird.

Reagentien
- Faktor X-Mangelplasma:

    a) Artifizielles Faktor X-Mangelplasma. Dieses kann entweder durch Seitzfiltration (aus Oxalatrinderplasma) oder durch Bentonitadsorption (Humanplasma) hergestellt werden. Mit beiden Verfahren wird neben Faktor X auch Faktor VII aus dem Plasma entfernt, so daß die zu erhaltenden Plasmen nicht nur Faktor X-, sondern auch Faktor VII-defizient sind. Außerdem wird durch die Absorption auch ein Teil des Prothrombins entfernt. Bei Verwendung artifizieller Faktor X-Mangelplasmen darf nur RVV als Aktivator verwendet werden, da bei Verwendung von Gewebsthromboplastin auch die Faktor VII-Aktivität des untersuchten Plasmas in die Bestimmung eingeht.

    b) Natürliches Faktor X-Mangelplasma von einem Patienten mit schwerem kongenitalem F X-Mangel. Bei Verwendung eines solchen Plasmas kann als Aktivator RVV, Gewebsthromboplastin oder das APTT-Reagens verwendet werden. Es sind allerdings nur Plasmen von Patienten mit schwerem F X-Mangel vom Typ Stuart oder Prower (s. Tabelle 6) verwendbar.

- Aktivator:
  Als Aktivator kann RVV, Thromboplastin oder ein APTT-Reagens verwendet werden. RVV benötigt für seine Wirkung Lipid. Dieses Lipid ist in den meisten kommerziellen RVV-Reagentien schon enthalten.

- Verdünnungspuffer:
  Veronalazetat-Puffer oder Veronaloxalat-Puffer (Owren)
- 0,025 mol Kalziumchlorid (ist bei Verwendung von Thromboplastin meistens schon im Thromboplastin enthalten).

Durchführung

Bei Verwendung von RVV:
0,1 ml Faktor X-Mangelplasma
0,1 ml RVV + Lipid
0,1 ml 1:20 verdünntes Patientenplasma
werden in ein Teströhrchen pipettiert und 30 s bei 37°C inkubiert. Dann wird 0,1 ml vorgewärmte 0,025 mol Kalziumchloridlösung zugegeben und die Gerinnungszeit bestimmt.

Bei Verwendung von Gewebsthromboplastin:
0,1 ml Faktor X-Mangelplasma wird mit 0,1 ml 1:20 verdünntem Patientenplasma versetzt und 30 s bei 37°C inkubiert. Dann wird 0,2 ml Kalziumthromboplastin (vorgewärmt) zugegeben und die Gerinnungszeit bestimmt.

Bei Testung im endogenen System:
0,1 ml Faktor X-Mangelplasma wird mit
0,1 ml 1:20 verdünntem Patientenplasma und
0,1 ml eines APTT-Reagens versetzt und 2 min bei 37°C inkubiert. Anschließend wird 0,1 ml 0,025 mol Kalziumchloridlösung zugegeben und die Gerinnungszeit bestimmt.

Berechnung der Ergebnisse. Die Berechnung der Ergebnisse erfolgt über eine Eichkurve, die durch Testung von Normalplasma hergestellt wird. Normalplasma (Pool von 10 gesunden Personen) wird 1:20, 1:40, 1:80 und 1:160 verdünnt und die erhaltenen Gerinnungszeiten in einem doppelt logarithmischen System gegen die Plasmakonzentration aufgetragen. Eine 1:20-Verdünnung wird als 100% angenommen. Die Ablesung des Ergebnisses in Prozent kann direkt von der Eichkurve erfolgen.

Probleme und Fehlerquellen. Die Faktor X-Bestimmung ist an und für sich eine sehr einfache Gerinnungsmethode, bei der kaum größere Fehler technischer Art gemacht werden können. Bei der Interpretation des Ergebnisses sind folgende Punkte zu beachten:

— Man muß wissen, ob das verwendete Mangelplasma ein artifizielles Mangelplasma (auch Faktor VII-vermindert) oder ein natürliches Faktor X-Mangelplasma ist. Im ersteren Fall darf nur RRV zur Testung verwendet werden. Bei Verwendung von artifiziellem Mangelplasma muß man sich davon überzeugen, daß im Mangelplasma noch eine ausreichende Menge von Prothrombin enthalten ist.

— Bei Verdacht auf angeborenen Faktor X-Mangel (verlängerte Prothrombinzeit bei normaler Aktivität von Faktor VII, V, II und I) muß die Faktor X-Aktivität an natürlichem Faktor X-Mangelplasma mit allen drei Aktivatoren gemessen werden, um den Defekt vollständig zu charakterisieren. Wenn man routinemäßig die Faktor X-Aktivität nur mit RVV bestimmt, könnte eine Variante des F X-Mangels übersehen werden (s. Tabelle 6).

2. Bestimmung von Faktor X mit Hilfe chromogener Substrate

Faktor X kann durch Aktivierung von Faktor X mit RVV und Messung des entstehenden Faktor Xa mittels des chromogenen Substrates S 2222 bestimmt werden (Aurell et al. 1977). Die mit chromogenen Substraten erhaltenen F X-Werte korrelieren sehr gut mit den mit der Gerinnungseinstufenmethode bestimmten Werten bei Patienten unter Antikoagulantientherapie (Lämmle et al. 1979) und Lebererkrankungen.

Bei Verwendung des F X-Wertes zur Kontrolle der Antikoagulantientherapie ist es ein Nachteil, daß die am Beginn der Therapie, im Vergleich zu Faktor X stärkere Faktor VII-Verminderung, nicht erfaßt wird. Außerdem könnte bei Bestimmung von Faktor X durch chromogene Substrate auch die Decarboxy-F X-Konzentration in das Ergebnis eingehen.

Messung der Faktor VIII-Aktivität (F VIII:C)

Die Faktor VIII-Aktivität kann mit Ein- oder Zweistufenmethoden gemessen werden. Bei den Einstufenmethoden wird die Geschwindigkeit der Bildung des endogenen Prothrombinaktivators, bei den Zweistufenmethoden die Menge des gebildeten Prothrombinaktivators gemessen.

1. Einstufenmethoden

*a) Einstufenmethode unter Verwendung von Hämophilie A-Plasma
als Substratplasma*

Prinzip: Die Fähigkeit des zu testenden Plasmas, die APTT des Plasmas eines Patienten mit bekannter schwerer Hämophilie A zu verkürzen, wird gemessen. Die Faktor-VIII-Aktivität der Probe wird mittels einer Eichkurve ermittelt, die durch Testung verschiedener Verdünnungen eines Normalplasmapools hergestellt wird.

Reagentien

Substratplasma. Als Substratplasma ist das plättchenarme Zitratplasma eines Patienten mit schwerer Hämophilie (F VIII < 1%) geeignet. Das Plasma darf keinen Inhibitor enthalten. Auch wenn diese beiden Bedingungen erfüllt sind, sind nicht alle Hämophilieplasmen in gleicher Weise als Substratplasma für die Einstufen-Faktor-VIII-Bestimmung geeignet. Das Substratplasma muß entweder bei einer Temperatur von $-60°C$ (oder darunter) oder lyophilisiert aufbewahrt werden.

APTT-Reagens. Für den Faktor VIII-Test muß ein Faktor VIII-empfindliches APTT-Reagens verwendet werden (s. Kapitel APTT).

Plättchenarmes Patientenplasma. Verdünnungsflüssigkeit: Zitrathaltiger Veronalpuffer (1 Teil 3,8%iges Zitrat + 9 Teile Veronalpuffer, pH 7,35).

0,05 mol Kalziumchlorid.

Durchführung der Bestimmung. In unserem Laboratorium wird die Bestimmung in folgender Weise durchgeführt:

Das für die Bestimmung erforderliche Substratplasma wird entweder bei 37°C aufgetaut oder, wenn lyophilisiert, in der entsprechenden Menge dest. Wasser aufgelöst und in einem Eiswasserbad bis zur Verwendung aufbewahrt. Aus dem zu testenden plättchenarmen Zitratplasma, das ebenfalls im Eiswasserbad aufbewahrt wird, werden Verdünnungen von 1:5, 1:10, 1:20 und 1:40 hergestellt, indem 0,1 ml Plasma mittels einer automatischen Pipette zu 0,4, 0,9, 1,9 und 3,9 ml Verdünnungspuffer, der in Plastikröhrchen vorpipettiert wurde, zugegeben wird.

Zu vier Plastikröhrchen, die in einem Schnitger-Gros-Coagulometer vorgewärmt wurden, wird je 0,1 ml Substratplasma und 0,1 ml verdünntes Patientenplasma zugegeben. Nach ca. 30 s Anwärmen wird 0,1 ml Pathromtin zugesetzt, die Mischung kurz geschüttelt und bei 37°C inkubiert. Nach genau 120 s Inkubation bei 37°C wird zu jedem Röhrchen 0,1 ml 0,05 mol Kalziumchlorid zugegeben und die Gerinnungszeit bestimmt. Um eine genaue Einhaltung der Inkubationszeit zu ermöglichen, wird praktisch so vorgegangen, daß das APTT-Reagens zu den vier Röhrchen im Abstand von 15 s zugegeben wird, so daß auch die $CaCl_2$-Zugabe jeweils im Abstand von genau 15 s erfolgt.

Berechnung der Ergebnisse. Es wird eine Eichkurve erstellt, indem Serienverdünnungen (1:5 bis 1:160) eines Normalplasmapools (Mischung gleicher Teile von frischem plättchenarmem Plasma von 10 Normalpersonen) in der oben beschriebenen Weise getestet werden. Die mit den Verdünnungen erhaltenen Gerinnungszeiten werden in einem doppelt logarithmischen System eingetragen, wobei auf der Abszisse die Plasmakonzentration, auf der Ordinate die Gerinnungszeit aufgetragen wird. Eine 1:10-Verdünnung des Plasmapools wird als 100% angenommen. Dementsprechend ist eine Verdünnung von 1:5 mit 200%, eine Verdünnung von 1:20 mit 50% etc. gleichzusetzen (s. Abb. 5).

Die Ablesung des Wertes des Patientenplasmas erfolgt in der Weise, daß der der Gerinnungszeit entsprechende Prozentwert auf der Abszisse abgelesen wird. War das Patientenplasma 1:10 verdünnt, so ist der abgelesene Wert gleichzeitig das Ergebnis in %. Wurde jedoch eine andere Verdünnung als 1:10 verwendet, muß der auf der Abszisse abgelesene Wert entsprechend umgerechnet werden, und zwar in folgender Weise: Wurde das Plasma z.B. 1:20 verdünnt, muß der Wert halbiert werden, etc. Auf diese Weise werden die mit den vier Verdünnungen erhaltenen Werte ermittelt und der Mittelwert berechnet. Die mit den verschiedenen Verdünnungen erhaltenen Prozentwerte dürfen nicht mehr als 10% vom Mittelwert abweichen. Andernfalls ist die Untersuchung evtl. mit anderen Verdünnungen zu wiederholen. Hat das zu bestimmende Plasma eine sehr niedrige Faktor VIII-Aktivität, müssen andere Verdünnungen (z.B. unverdünnt, 1:2, 1:3, 1:5) gewählt werden. Liegt die Aktivität wesentlich höher als die eines Normalplasmas, müssen höhere Verdünnungen (z.B. 1:50 bis 1:400) getestet werden.

Die Eichkurve wird nicht täglich neu erstellt. Eine neue Eichkurve muß jedoch bei Verwendung eines neuen Lots des Substratplasmas oder des APTT-Reagens erstellt werden oder wenn bei täglicher Testung des Standards eine Abweichung von mehr als 20% über 2 Tage festgestellt wird.

Zur Qualitätskontrolle wird täglich ein Standardplasma (Normalplasma bei − 60°C gelagert) mitgetestet. Als zusätzliche Qualitätskontrolle werden täglich 1−2 frische Normalplasmen mitgetestet.

Auch bei sorgfältiger Standardisierung und guter Übung ist die Einstufenmethode zur F VIII-Bestimmung nicht sehr gut reproduzierbar. Der Variationskoeffizient von Tag zu Tag beträgt ca. 20%.

Probleme und Fehlerquellen
—   Instabilität des Substratplasmas. Bei Abnahme der Faktor V-Aktivität im Substratplasma, entweder durch zu lange Lagerung bei − 20°C, unsachgemäße Lyophilisierung oder bei zu langem Stehenlassen nach Wiederauftauen oder Wiederauflösung werden die Gerinnungszeiten des Systems länger, und es werden bei Ablesung von einer früher erstellten Eichkurve zu tiefe Werte erhalten. Längeres Stehenlassen des Substratplasmas führt zur Verlängerung der Gerinnungszeiten um ca. 2 s (Elödi et al. 1978).
—   Bei Verwendung verschiedener Lots des APTT-Reagens können Differenzen in der Gerinnungszeit von mehreren Sekunden auftreten. Bei Verwendung eines neuen Lots ist daher eine neue Eichkurve zu erstellen oder mit Hilfe des Standardplasmas zu überprüfen, ob das Reagens die gleiche Aktivität hat.
—   Fehler bei der Entnahme oder Verarbeitung des zu untersuchenden Blutes. Bei nicht sachgemäßer Blutentnahme (schlechte Venenpunktion, schlechte Durchmischung des Blutes mit dem Zitrat), kann es zu makroskopisch zunächst nicht erkennbaren Gerinnungsvorgängen kommen. Dadurch kann es entweder zur Zunahme oder später zur Abnahme der Faktor VIII-Aktivität kommen. Durch

Schaumbildung beim Mischen des Blutes mit dem Zitrat wird Faktor VIII inaktiviert. Längeres Stehenlassen des zu testenden Plasmas, auch in Eiswasser, führt zu einem Aktivitätsverlust von F VIII.

— Bei Testung von Faktor VIII in Konzentraten mit Einstufenmethoden werden bei Vergleich mit Normalplasma um 20% höhere Werte im Vergleich zur Zweistufenmethode gemessen (Kirkwood u. Barrowcliffe 1978). Diese Differenz wird auf die Adsorption von F VIII an $Al(OH)_3$ bei niederer Proteinkonzentration zurückgeführt (Seghatchian et al. 1979).

— Probleme ergeben sich bei der korrekten Ermittlung sehr niedriger Faktor VIII-Aktivitätswerte, wenn das Patientenplasma unverdünnt oder nur in geringer Verdünnung in den Test eingesetzt werden muß. Dadurch werden erhebliche Mengen von Gerinnungsfaktoren aus dem Patientenplasma in das Testsystem eingebracht und dadurch die Gerinnungszeit unabhängig von der Faktor VIII-Aktivität verkürzt und dadurch höhere Faktor VIII-Werte vorgetäuscht. Exakte Werte im tiefen Faktor VIII-Bereich können nur dann erhalten werden, wenn eine Eichkurve erstellt wird, bei der Hämophilieplasma oder verdünntes Hämophilieplasma als Verdünnungsmittel verwendet wird. Diese Eichkurve verläuft wesentlich flacher als die mit Puffer erstellte Eichkurve, wodurch bei der Ablesung tiefere Werte erhalten werden.

— Schwierigkeiten bei der Ermittlung der echten Faktor VIII-Aktivität können auch dann entstehen, wenn Inhibitoren vom LE-Typ im Plasma vorhanden sind. Charakteristischerweise findet sich in diesem Fall eine Nicht-Parallelität der Verdünnungskurve des Patienten- und des Standardplasmas. Bei geringer Verdünnung des Patientenplasmas ist die APTT durch Interferenz des Inhibitors mit dem System zu lang, und es wird ein fälschlich tiefer Wert abgelesen. Eine Bestimmung der Faktor VIII-Aktivität muß in diesen Fällen so erfolgen, daß das Patientenplasma solange verdünnt wird, bis eine zum Normalplasma parallele Verdünnungskurve erhalten wird. Ähnliche Probleme treten auch bei der Testung von Plasmen von Patienten mit Faktor V- oder IX-Inhibitoren auf. Wenn der Faktor V- oder IX-Inhibitor hochtitrig ist und das Plasma in geringer Verdünnung (1:5, 1:10) getestet wird, inaktiviert der Inhibitor den Faktor V oder IX des Substratplasmas so rasch, daß eine längere Gerinnungszeit erhalten und ein fälschlich tiefer Faktor VIII-Wert abgelesen wird.

— In Gegenwart von Heparin ist die Testung der Faktor VIII-Aktivität problematisch, da einerseits in Gegenwart von Heparin Faktor VIII inaktiviert wird, andererseits in Gegenwart höherer Heparinmengen fälschlich lange Gerinnungszeiten und dadurch zu tiefe Faktor VIII-Werte gemessen werden.

— Bei Behandlung von Patienten mit aktivierten Prothrombinkomplexpräparaten werden fälschlich erhöhte Faktor VIII-Werte erhalten, da schon kleine Mengen von Faktor VIII-by-passing activity die APTT des Testsystems verkürzen und dadurch eine höhere Faktor VIII-Aktivität vortäuschen.

b) Verwendung artifizieller Faktor VIII-Mangelplasmen

Da in EDTA- und Oxalatplasma F VIII rasch inaktiviert wird, können aus solchen Plasmen F VIII-Mangelplasmen hergestellt werden, wobei allerdings der gleichzeitig inaktivierte F V dem System wieder zugesetzt werden muß (z.B. in Form von bovinem F V). Bei Verwendung von artifiziellem F VIII-Mangelplasma können gleich gute Ergebnisse wie mit Hämophilie A-Plasma erhalten werden (Chantarangkul et al. 1978). Sehr gute Faktor VIII-Mangelplasmen können auch durch Immunadsorption mit Faktor VIII-Antikörpern hergestellt werden (Furlan et al. 1979).

Modifikationen der Einstufenmethode zur Bestimmung von Faktor VIII

a) Andere Methoden zur Feststellung des Gerinnungsendpunktes

Die gebildete Faktor Xa- oder Thrombinaktivität kann auch mit chromogenen Substraten gemessen werden (Vinazzer 1980).

b) Verwendung von Hämophilieplasma als Verdünnungsmittel

Bei Verwendung von Hämophilie A-Plasma als Verdünnungsmittel wird die Eichkurve wesentlich flacher. Dadurch führen kleine Differenzen in der Gerinnungszeit zu größeren Unterschieden in der abgelesenen Faktor VIII-Aktivität. Bei niederen Faktor VIII-Aktivitäten werden jedoch nur mit dieser Methode richtige Ergebnisse erhalten.

2. Zweistufenmethoden

Die Zweistufenmethoden basieren auf dem Thromboplastinbildungstest. Normalserum, Faktor V, Phospholipid, Ca^{++} und verschiedene Verdünnungen des $Al(OH)_3$-adsorbierten Patientenplasmas werden bei $37°C$ inkubiert (1. Stufe). Die Menge des gebildeten Prothrombinaktivators wird an einem Substratplasma gemessen (2. Stufe). Die erhaltenen Gerinnungszeiten sind invers proportional der Faktor VIII-Aktivität (Austen u. Rhymes 1975). Der Test ist relativ kompliziert und zeitaufwendig, gibt aber bei guter Übung sehr verläßliche Werte. Er kann teilweise automatisiert werden (Denson 1976).

Fertige Testkits sind kommerziell erhältlich (Fa. Immuno).

Quantitative Bestimmung der Faktor VIII-Inhibitoraktivität (Bethesda-Methode) (Kasper et al. 1975)

Prinzip der Methode. Das zu testende Plasma wird in einer entsprechenden Verdünnung mit Normalplasma inkubiert. Während der Inkubation kommt es zu einer Inaktivierung von Faktor VIII, die umso stärker ist, je stärker der Inhibitor ist.

Reagentien

Gepooltes normales menschliches Zitratplasma. Plättchenarmes Zitratplasma von mehreren gesunden Personen wird zu gleichen Teilen gemischt. 3—4 ml-Portionen werden in Azetontrockeneis schnell tiefgefroren und bei − 60°C aufbewahrt. Unter diesen Bedingungen ist die F VIII-Aktivität über Monate haltbar.

Zu testendes Plasma. Als Testmaterial sollte plättchenarmes Zitratplasma des Patienten verwendet werden. Falls nur Serum vorhanden ist, sollte 1/6 Volumen 3,8%iges Natriumzitrat zugesetzt werden, die Probe auf 56°C für 3 min erhitzt und anschließend mit einem 1/10 Volumen Aluminiumhydroxydsuspension adsorbiert werden.

Faktor VIII-Test. Es muß ein spezifischer Faktor VIII-Test, entweder einer der vorher beschriebenen Einstufen-Faktor VIII-Tests oder ein Zweistufentest verwendet werden.

Durchführung des Tests. Es wird eine Inkubationsmischung aus gleichen Teilen von Normalplasma und Puffer (Kontrollprobe) oder Patientenplasma bzw. dessen Verdünnung (Testprobe) hergestellt. (Kontrollprobe: 0,2 ml gepooltes Normalplasma wird mit 0,2 ml Zitratveronalpuffer in einem Plastikröhrchen gemischt. Testprobe: 0,2 ml Normalplasma + 0,2 ml Patientenplasma in einer entsprechenden Verdünnung.)

Es empfiehlt sich, 3–4 serienweise Verdünnungen des Patientenplasmas gleichzeitig zu testen, wobei die Verdünnungen aufgrund der vermuteten Höhe des Inhibitors gewählt werden müssen. Die Röhrchen der Kontrollprobe und der Testprobe werden mit Parafilm verschlossen und 2 h bei 37°C inkubiert. Nach 2 h wird in den verschiedenen Proben die Faktor VIII-Aktivität bestimmt.

Um zu gewährleisten, daß jede Probe exakt 2 h inkubiert wird und trotzdem eine größere Anzahl von Plasmaproben auf einmal getestet werden kann, ist es erforderlich, die verschiedenen Inkubationsmischungen zeitlich gestaffelt anzusetzen. Am günstigsten hat es sich erwiesen, alle 8 min zwei Inkubationsmischungen herzustellen. Auf diese Weise können in einem Ansatz 30 Inhibitorproben getestet werden.

Berechnung der Ergebnisse. Der residuale Faktor VIII wird nach folgender Formel ermittelt:

$$\frac{\text{Faktor VIII in \% in der Testprobe nach 120 min}}{\text{Faktor VIII in \% der Kontrollprobe nach 120 min}} \times 100$$

Als 1 E/ml ist jene Aktivität des Inhibitors definiert, die zu einer 50%igen Inaktivierung von Faktor VIII (= 50% residualer Faktor VIII) führt. Um die Inhibitoraktivität der getesteten Plasmaprobe zu errechnen, geht man so vor, daß auf einer fixen Eichkurve (Abb. 13) der gefundene Wert des residualen F VIII aufgesucht und auf der Abszisse die entsprechende Inhibitoraktivität abgelesen wird. Die so erhaltene Inhibitorkonzentration muß noch mit der Verdünnung des Patientenplasmas multipliziert werden. Die Ablesung von der Eichkurve darf nur in einem Bereich zwischen 25 und 75% residualem F VIII erfolgen. Ist der residuale Faktor VIII unter 25%, muß eine höhere Verdünnung des Patientenplasmas, ist sie über 75%, eine geringere Verdünnung verwendet werden.

Fehlerquellen der Methode
Technische Fehler. Wesentlich für die Richtigkeit des Ergebnisses ist, daß die Faktor VIII-Aktivität im gepoolten Normalplasma zwischen 80 und 120% liegt und auch bei

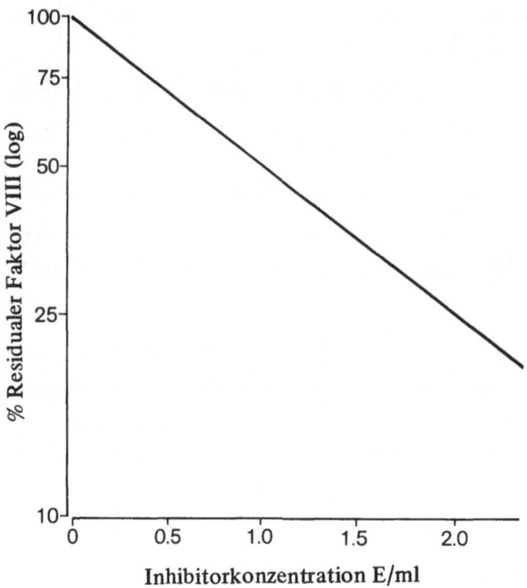

Abb. 13. Eichkurve zur Ermittlung der Inhibitorkonzentration mit der Bethesda-Methode. Auf der *Abszisse* ist die Inhibitorkonzentration (linear) und auf der *Ordinate* der residuale Faktor VIII (logarithmisch) nach 2-stündiger Inkubation (in % des Kontrollansatzes) angegeben. Bei 50% residualem Faktor VIII beträgt die Inhibitorkonzentration 1 E /ml, bei 25% residualem Faktor VIII 2 E/ml. Diese Eichkurve kann im allgemeinen nur bei hämophilen Faktor VIII-Antikörpern verwendet werden

zweistündiger Inkubation bei 37°C um nicht mehr als 25% absinkt. Bei einer stärkeren Inaktivierung von Faktor VIII während der Inkubation in der Kontrollprobe können falsche Werte erhalten werden.

Prinzipielle Fehlermöglichkeiten der Methode. Die Methode ist zwar empfindlich, sehr schwache Inhibitoren werden jedoch nicht erfaßt. Zur Erfassung solcher Inhibitoren ist eine prolongierte Inkubation über 24 h erforderlich.

Das Hauptproblem besteht darin, daß der Anstieg (slope) der Verdünnungskurven des Inhibitors bei verschiedenen Patienten, unter Umständen sogar beim gleichen Patienten zu verschiedenen Zeiten variieren kann und nicht parallel mit der Eichkurve ist. Dies findet man vor allem bei spontanen Inhibitoren (Lechner u. Korninger 1981). Infolge dieses Verhaltens divergieren die Ergebnisse je nachdem, in welchem Teil der Eichkurve man abliest (Abb. 14). Man kann diese Schwierigkeiten folgendermaßen überwinden: Man stellt eine Verdünnungsreihe des zu testenden Plasmas her, und zwar in der Weise, daß bei einer Verdünnung der residuale Faktor VIII knapp über 50% und bei einer weiteren Verdünnung unter 50% liegt. Auf diese Weise kann man graphisch ermitteln, bei welcher Verdünnung des Patientenplasmas gerade ein residualer Faktor VIII von 50% gefunden wurde, und gibt den Reziprokwert der Verdünnung als Inhibitoreinheit an.

Ein weiteres prinzipielles Problem bei dieser Methode ist die Tatsache, daß sie keine Aussage über die Behandelbarkeit des Inhibitors erlaubt. Für derartige Fragestellungen ist es wahrscheinlich nützlicher, als Faktor VIII-Quelle im Test therapeutisch verwendete Faktor VIII-Konzentrate zu verwenden, wie dies bei der Oxford-Methode der Fall ist.

Interpretation des Tests. Der Nachweis einer Faktor VIII-Inaktivierung mit diesem Test spricht bei einem Patienten, der eine angeborene Hämophilie A hat, für das Vor-

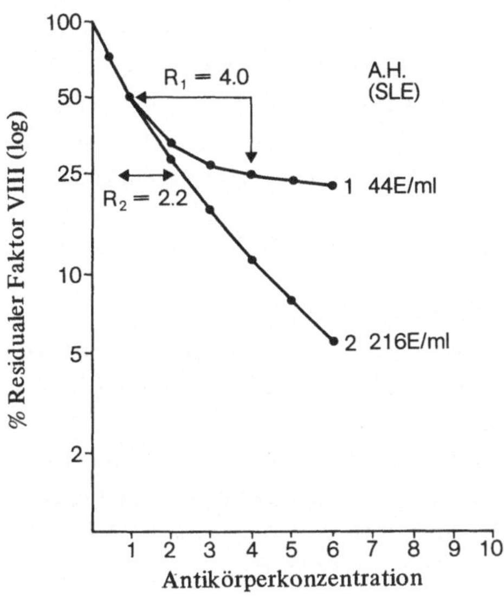

Abb. 14. Beziehung zwischen Faktor VIII-Inhibitor-Konzentration und residualem Faktor VIII (nach 2 h Inkubation des Inhibitors mit Normalplasma bei 37°C) bei spontanem Inhibitor. Die Beziehung zwischen Inhibitorkonzentration und Menge des inaktivierten Faktor VIII kann ähnlich wie bei hämophilen Antikörpern sein (s. Abb. 13), bei manchen spontanen Inhibitoren führt die Steigerung der Inhibitormenge ab einer bestimmten Konzentration zu keiner stärkeren Inaktivierung von Faktor VIII. *1* Pat. A.H., niedriger Titer; *2* Pat. A.H., hoher Titer; *R* Ratio (Quotient aus Inhibitorkonzentration, die 75% und 50% Faktor VIII inaktiviert)

handensein eines Inhibitors. Tritt ein derartiger Inhibitor bei einer vorher gerinnungsgesunden Person auf, spricht man von einem spontanen Faktor VIII-Inhibitor.

Andere Methoden der quantitativen F VIII-Inhibitorbestimmung. Neben der Bethesda-Methode ist eine Vielzahl verschiedener Methoden, die sich durch die F VIII-Quelle, Inkubationszeit und Definition der Einheit unterscheiden, in Verwendung. Inhibitoreinheiten verschiedener Laboratorien sind daher meist nicht miteinander vergleichbar. Die zunehmend häufiger verwendete Bethesda- und New Oxford-Methode (Austen u. Rhymes 1975) dürften jedoch annähernd gleiche Werte ergeben.

Bestimmung des Faktor VIII-Antigens (F VIII R:Ag, F VIII-assoziiertes Protein) mit der Laurell-Methode (Zimmermann et al. 1975)

Reagentien
— 0,04 mol Barbitalpuffer, pH 8,4: 812 ml 0,04 mol Na-Barbital (8.248 g/l) werden mit 188 ml 0,04 mol HCl gemischt.
— 1% Agarose (Behring-Werke) in 0,04 mol Barbitalpuffer, pH 8,4.
— Antiserum mit einem präzipitierenden Antikörper gegen Faktor VIII R:Ag. Das Antiserum der Behring-Werke hat sich als spezifisch und gut brauchbar erwiesen (Chediak et al. 1977).
— Plättchenarmes Zitratplasma des Patienten. Verdünnung in 0,04 mol Barbitalpuffer, pH 8,4.

Durchführung. Es werden mit 1% Agarose, die 0,4% Antiserum enthält, in der üblichen Weise Plättchen gegossen (Schichtdicke 1 mm). Mit Hilfe einer Stanze werden in einer Reihe Löcher von 3 mm Durchmesser im Abstand von 5–6 mm ausgestanzt (Absaugen der ausgestanzten Agarose mittels einer an eine Wasserstrahlpumpe angeschlossene Nadel). In jedes Loch werden 5 μl Probe (verdünntes Patienten- oder Normalplasma) eingebracht. Die Patientenplasmen werden in einer 1:2-Verdünnung, bei höherer F VIII R:Ag-Konzentration in 1:10-Verdünnung eingesetzt. Zur Erstellung der Eichkurve wird ein Normalplasmapool serienweise 1:2 bis 1:16 verdünnt (für jede Platte muß eine Eichkurve erstellt werden).

Bedingungen der Elektrophorese: 16 h mit 2 V/cm unter Wasserkühlung (14–16°C).

Da die Präzipitate sehr schwach sind, müssen sie durch folgende Behandlung sichtbar gemacht werden: Die Platten werden 5 min in 2% Tanninlösung (immer frisch herstellen) eingelegt, dann 5 min in dest. Wasser gewässert und schließlich noch 5 min mit 0,025 mol $CaCl_2$-Lösung behandelt.

Die Höhe der Zacke wird abgemessen und eine Eichkurve hergestellt, indem die Plasmakonzentration des Normalplasmapools (x-Achse) gegen die Zackenhöhe (y-Achse) linear aufgetragen wird. Die mit dem Patientenplasma erhaltene Zackenhöhe kann mit Hilfe der Eichkurve in %-Werte konvertiert werden.

Probleme und Fehlerquellen.

a) Prinzipielle Probleme. Das größte Problem bei Bestimmung von Faktor VIII R:Ag durch Elektroimmunodiffusion besteht darin, daß F VIII R:Ag kein einheitliches Protein ist, sondern ein Gemisch von Molekülen von verschiedenem Molekulargewicht und unterschiedlicher elektrophoretischer Wanderungsgeschwindigkeit. Die Höhe der Zacke in der Laurell-Elektrophorese hängt im Einzelfall daher nicht nur von der Menge des Antigens, sondern auch von der Wanderungsgeschwindigkeit des F VIII R:Ag ab. Dieses Problem spielt in zwei Situationen eine Rolle:

— Bei Varianten des von Willebrand-Syndroms, bei denen sich im Plasma wenig aggregierter F VIII R:Ag befindet (Typ II). In diesen Fällen wird trotz verminderter F VIII:C-Aktivität in der Laurell-Elektrophorese eine (scheinbar) normale Konzentration von Faktor VIII R:Ag gefunden, da die weniger aggregierten Formen von F VIII R:Ag schneller wandern (Bloom 1980). Dies läßt sich sehr gut mit der zweidimensionalen Elektrophorese demonstrieren. Bei solchen Patienten erhält man mit dem IRMA niedrigere Werte, die besser mit F VIII:RCF korrelieren (Peake u. Bloom 1977).

— Bei Einwirkung von Plasmin auf F VIII R:Ag nimmt die Höhe der Zacken in der Laurell-Methode ebenfalls zu, entweder infolge größerer Wanderungsgeschwindigkeit der degradierten Moleküle oder durch das Freiwerden neuer Antigendeterminanten. Die erhöhten Faktor VIII R:Ag-Werte bei vielen Erkrankungen könnten daher auf eine solche fibrinolytische Degradierung des F VIII R:Ag zurückzuführen sein.

b) Technische Probleme. Die Empfindlichkeit der Methode ist nicht sehr groß. Werte unter 10% können nicht mit Sicherheit bestimmt werden.

Andere Methoden zur Messung von Faktor VIII R:Ag

1. Messung von Faktor VIII R:Ag mit radioimmunologischen Methoden. Faktor VIII
R:Ag kann entweder mit dem Radioimmunoassay (Hoyer 1972, Green u. Reynolds
1977) oder mit dem immunoradiometrischen Test (Counts 1975, Ruggeri 1976,
Peake u. Bloom 1977) gemessen werden. Bezüglich der Details dieser Methoden sei
auf diese Arbeiten verwiesen. Die mit dem RIA oder IRMA erhaltenen Werte für
Faktor VIII R:Ag korrelieren im allgemeinen besser mit der Ristocetincofaktor-Aktivität. Bei jenen Fällen, in denen ein abnormes Faktor VIII R:Ag vorhanden ist (z.B.
Typ II des von Willebrand-Syndroms) werden nicht-parallele Dose-response-Kurven
beobachtet, was durch eine schwache Bindung des Antikörpers an das Antigen erklärt
wird (Bloom 1980).

2. Die Bestimmung kann auch mit Hilfe der *radialen Immundiffusion* erfolgen. Fertige Platten sind kommerziell erhältlich (Behring-Werke, Marburg).

3. Nepholometrische Bestimmung (Giddings et al. 1979).

Messung von Faktor VIII-Gerinnungsantigen (F VIII:Cag)

Bei dieser Methode werden homologe Antikörper, die von Patienten mit hochtitrigen
Antikörpern gegen Faktor VIII erhalten werden und spezifisch gegen den gerinnungsaktiven Teil von Faktor VIII gerichtet sind, für die radioimmunologische Bestimmung
verwendet. Für die Details dieser komplizierten Methode sei auf die Arbeiten von
Peake u. Bloom (1978), Lazarchik u. Hoyer (1978), Reisner et al. (1979) und Böttcher et al. (1980) verwiesen. Die Bestimmung von F VIII:Cag hat für die pränatale
Diagnostik der Hämophilie A Bedeutung erlangt. Sie erlaubt außerdem eine Aussage
darüber, ob im Plasma eines Hämophilen ein Antigenüberschuß vorhanden ist (Hämophilie A^+ oder A^-), kann aber die Aktivitätsbestimmung von Faktor VIII mit Ein-
oder Zweistufenmethoden nicht ersetzen.

Bestimmung von Ristocetincofaktor (modifiziert nach Zuzel u. Nilsson 1978)

Prinzip. Die Fähigkeit des zu untersuchenden Plasmas (bzw. dessen Verdünnungen),
die Ristocetin-induzierte Aggregation von fixierten von Willebrand-Faktor-freien
Plättchen zu beschleunigen, wird gemessen. Die Testplättchen werden mittels eines
Albumingradienten vom Plasma getrennt und mit Formaldehyd fixiert.

Reagentien
- Gepufferte Formalinlösung: 98 Vol. Tris-NaCl-Puffer, 2 Vol. konz. Formaldehyd
  (35%) werden gemischt.
- Na-Azid-Lösung: 0,05 g wird in 100 ml Tris-NaCl-Puffer gelöst.
- Albumin-Lösung 30% (Fa. Sigma, Best.-Nr. A-5004 à 50 ml). Sie wird mit 1 n HCl
  auf einen pH-Wert von ca. 6,5 eingestellt (pH-Papier).

- 0,1 mol Phosphat-NaCl-Puffer, pH 6,5: gleiche Teile 0,2 mol K-Phosphat-Puffer, pH 6,5 und 0,30 mol NaCl-Lösung werden gemischt.
- Ristocetinlösung: 42,5 mg Ristocetin (Lundbeck) wird in 0,5 ml 0,15 mol Kochsalzlösung gelöst. Da im Ansatz eine 1:50-Verdünnung erfolgt (0,02 ml zu 1,0 ml), ist die Endkonzentration von Ristocetin im Testsystem 1,7 mg/ml.
- Plättchenarmes Zitratplasma (Normalplasma oder Patientenplasma). Die Verdünnung erfolgt in von Willebrand-Plasma.
- von Willebrand-Plasma: Plättchenarmes Zitratplasma eines Patienten mit schwerem von Willebrand-Syndrom (fehlende Aggregation mit Ristocetin).
- Tris-NaCl-Puffer, pH 7,4: 1,21 g Tris werden in 950 ml dest. Wasser gelöst und mit HCl auf pH 7,4 eingestellt. Dann wird 8,76 g NaCl zugegeben und auf 1000 ml aufgefüllt.

Präparation der formalinfixierten Plättchen. Ca. 50 ml frisches Zitratblut (9 Teile Vollblut und 1 Teil 3,8%iges Natriumzitrat) werden von einem normalen Blutspender gewonnen. Zentrifugation (80 g, 20 min bei Raumtemperatur) zur Gewinnung von PRP, 30 min Inkubation von PRP bei 37°C (Freisetzung von ADP).

Gleiche Teile von kalter gepufferter Formalinlösung und PRP werden gemischt. Die Zugabe soll tropfenweise unter dauerndem Schütteln erfolgen. Das PRP-Formalingemisch muß vor Gebrauch mindestens 18 h bei 4°C aufbewahrt werden (max. Verwendungsdauer etwa 4 Wochen bei Lagerung bei 4°C).

Vorbereitung der formalinfixierten Plättchen für die Durchführung des Tests. 1 ml Albuminlösung wird mit 10 ml formalinfixierten Plättchen überschichtet und 30 min bei 800 g bei 4°C zentrifugiert. Die Thrombozyten konzentrieren sich in Form eines weißen Ringes in der Grenzschicht zwischen Plasma und Albuminlösung. Sie werden in der Weise gewonnen, daß das überstehende plättchenarme Plasma und die darunter befindliche Albuminlösung mit einer Pasteurpipette abgesaugt wird. Die so gewonnene Plättchenschicht wird in 10 ml kaltem K-Phosphat-NaCl-Puffer resuspendiert. Zugabe von Albumin und Zentrifugation wie oben beschrieben. Die auf diese Weise gewonnene Plättchenschicht wird wieder in 10 ml K-Phosphat-NaCl-Puffer resuspendiert und bei 18°C 10 min bei 2500 g zentrifugiert, anschließend in 0,5 ml K-Phosphat-NaCl-Puffer resuspendiert. Diese Thrombozytensuspension wird mit Tris-NaCl-Puffer mit Na-Azid auf $6 \times 10^5/mm^3$ Thrombozyten eingestellt.

Durchführung des Tests. Als Aggregometer wird das Universalaggregometer (Zusatz zu Eppendorf-Fotometer) nach Breddin verwendet. Papiergeschwindigkeit 30 mm/min. Zu 0,5 ml Thrombozytensuspension ($6 \times 10^5/mm^3$) wird 0,5 ml Normalplasma oder zu testende Probe in verschiedenen Verdünnungen zugegeben und die Aggregation durch Zugabe von 0,02 ml Ristocetinlösung ausgelöst.

Auswertung. Es wird die Anstiegsgeschwindigkeit (in mm) der Kurve angegeben, wobei die Berechnung in der in Abb. 19b dargestellten Weise erfolgt. Die Eichkurve wird in der Weise erstellt, daß ein Normalplasmapool serienweise bis zur Verdünnung von 1:16 mit von Willebrand-Plasma verdünnt und in dem System gestetet wird. Die Plasmakonzentration wird gegen die Anstieggeschwindigkeit (in mm) in einem semi-

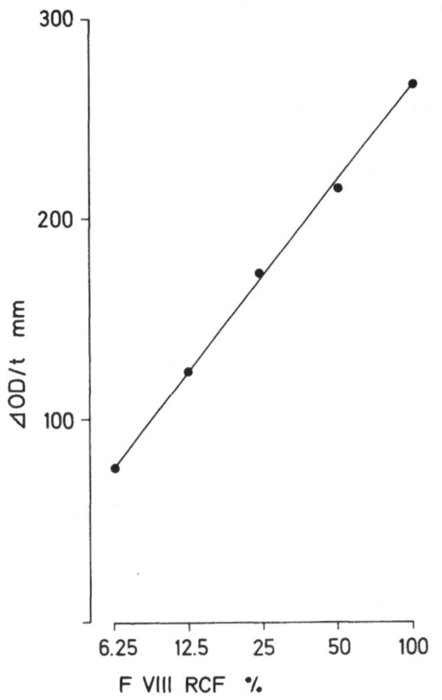

Abb. 15. Eichkurve für die Faktor VIII:RCF-Bestimmung. Die Änderung der optischen Dichte pro Zeiteinheit (ΔOD/t) wird gegen den Logarithmus der Plasmaverdünnung aufgetragen (100% = 1:2-Verdünnung des Normalplasmas)

logarithmischen System aufgetragen, wobei die Plasmakonzentration (log) auf der x-Achse und die Anstiegsgeschwindigkeit in mm auf der y-Achse linear aufgetragen werden (Abb. 15). Die mit dem Plasma des Patienten (bzw. dessen Verdünnung) erhaltenen Werte können von dieser Eichkurve abgelesen werden. Die Eichkurve muß jeden Tag neu erstellt werden.

Probleme und Fehlerquellen

— Die Herstellung der Testthrombozyten erfordert eine gewisse Erfahrung und Übung. Die beschriebene Methode muß genau eingehalten werden, damit brauchbare Testthrombozyten erhalten werden. Die formalinfixierten Thrombozyten sind bei 4°C bis zu 4 Wochen haltbar.

— Für die Erstellung der Verdünnungen ist es unbedingt erforderlich, Plasma eines Patienten mit schwerem von Willebrand-Syndrom und nicht Puffer zu verwenden, da eine Änderung der Proteinkonzentration zu einer Änderung des Aggregationsverhaltens führt.

— Es besteht keine Übereinstimmung darüber, ob die Eichkurve in einem log-log-System oder log-lin-System gezeichnet werden soll. Beide Methoden sind möglich und geben etwa vergleichbare Ergebnisse.

— Die Ristocetincofaktoraktivität ist bei Raumtemperatur in Frischplasma bis 24 h, bei −70°C bis 60 Tage stabil. Gefriertrocknen führt jedoch zu einem Verlust der Aktivität (Zuzel et al. 1978).

— Der Normalbereich ist relativ groß, Werte über 50% sind noch als normal zu betrachten.

Andere Methoden zur Bestimmung der Ristocetincofaktor-Aktivität sind der makroskopische Agglutinationstest unter Verwendung von formalinfixierten Plättchen (Brinkhous et al. 1975) und der Venomkonglutinintest nach Brinkhous et al.

Formalinfixierte Plättchen können auch tiefgefroren oder lyophilisiert werden (Brinkhous u. Read 1978, Caduff u. Straub 1979).

Bestimmung von Faktor IX

1. Messung der Faktor IX-Aktivität (F IX:C)

a) Einstufenmethoden

Einstufenmethode unter Verwendung eines Hämophilie B-Plasmas als Substratplasma

Diese Methode wird im Prinzip in gleicher Weise wie die Einstufenmethode zur Bestimmung von F VIII durchgeführt mit dem Unterschied, daß statt F VIII-Mangelplasma ein Plasma eines Patienten mit schwerer Hämophilie B (F IX unter 1%) verwendet wird. Das Hämophilie B-Plasma darf keinen Inhibitor enthalten.

Probleme und Fehlerquellen
- Die Probleme bezüglich der Stabilität der Reagentien (des Hämophilie B-Plasmas und des APTT-Reagens) sind in gleicher Weise zu beachten wie bei der Faktor VIII-Bestimmung.
- Wie bei der Faktor VIII-Bestimmung ergeben sich auch bei der Faktor IX-Bestimmung bei der Messung niedriger Aktivitäten insofern Probleme, als bei einer Ablesung von einer Eichkurve, die mit Puffer erstellt wurde, im niedrigen Bereich (bei Testung von unverdünntem Plasma) zu hohe Werte erhalten werden. Um diesen Fehler auszuschalten, muß als Verdünnungsmittel entweder Hämophilie B-Plasma, verdünntes Hämophilie B-Plasma oder eventuell Bariumsulfat-adsorbiertes Rinderplasma verwendet werden.
- Da Faktor IX sehr stabil ist, können richtige Werte auch nach längerer Aufbewahrung des Plasmas bei 4°C (oder sogar bei Zimmertemperatur) und auch mit Plasma, das bei −20°C eingefroren worden ist, erhalten werden.
- Fälschlich erhöhte Werte werden dann erhalten, wenn Plasma im Glas aufbewahrt wurde oder das Blut leicht angeronnen ist. Im Serum ist die Faktor IX-Aktivität höher als im Plasma.

b) Zweistufenmethoden

F IX kann auch mit einer Zweistufenmethode, basierend auf dem Thromboplastin-bildungstest, in ähnlicher Weise wie Faktor VIII gemessen werden. Die Werte der Einstufen- und Zweistufenbestimmung differieren nicht wesentlich voneinander (Bangham u. Brozovic 1974).

2. Immunologische Bestimmung von F IX

Die immunologische Bestimmung von Faktor IX kann entweder mit der Elektroimmunodiffusion (Laurell 1966) mit Hilfe von heterologen präzipitierenden Antiseren oder mit radioimmunologischen Methoden durchgeführt werden. Beide Methoden ergeben übereinstimmende Werte, jedoch erlaubt der Radioimmunoassay die Messung auch sehr tiefer Werte (Thomson 1977, Yang 1979). Eine semiquantitative immunologische Bestimmung kann auch mit dem Faktor IX-Inhibitorneutralisationstest unter Verwendung von homologen Antikörpern (von Patienten mit Hämophilie B und Inhibitor gegen F IX) durchgeführt werden (Denson et al. 1968). Die immunologische Bestimmung von Faktor IX kann die Aktivitätsbestimmung von Faktor IX nicht ersetzen, sie ist jedoch wertvoll für die Klassifizierung der verschiedenen Varianten der Hämophilie B, die praktisch allerdings wenig wichtig ist. Wichtig ist die gleichzeitige Bestimmung von Faktor IX-Aktivität und -Antigen bei der Diagnostik der Überträgerinnen der Hämophilie B[+] (Graham 1979).

3. Messung der Faktor IX-Inhibitor-Aktivität

Prinzip. Gleiche Teile von Normalplasma und Patientenplasma bzw. einer Verdünnung des Patientenplasmas werden 30 min bei 37°C inkubiert und es wird festgestellt, wieviel Faktor IX (in %) durch das Patientenplasma inaktiviert wird.

Reagentien
— Gepooltes, normales, humanes, plättchenarmes Zitratplasma
— Patientenplasma (Verdünnung in Imidazolpuffer)
— Die Bestimmung der Faktor IX-Aktivität erfolgt mit einem spezifischen Faktor IX-Test, am besten mit einem Einstufentest.

Durchführung des Tests. 0,2 ml gepooltes, normales, humanes Zitratplasma werden entweder mit 0,2 ml Imidazolpuffer (Kontrollprobe) oder mit verschiedenen Verdünnungen des Patientenplasmas versetzt und in verschlossenen Plastikröhrchen 30 min bei 37°C inkubiert. Nach Ende der Inkubationszeit erfolgt die Faktor IX-Bestimmung.

Berechnung der Ergebnisse. Es wird eine Bezugskurve durch Testung verschiedener Verdünnungsn eines bekannten Faktor IX-Inhibitorplasmas erstellt. Die residuale Faktor IX-Aktivität (berechnet wie bei den Faktor VIII-Inhibitoren) wird als Logarithmus auf der y-Achse und die Inhibitoreinheiten in einer arithmetischen Skala auf der x-Achse aufgetragen. Die Ablesung von der Eichkurve kann zwischen 25 und 75% erfolgen. Als eine Einheit wird jene Menge Faktor IX-Inhibitor definiert, die 75% des vorhandenen Faktor IX inaktiviert. Es besteht jedoch keine internationale Übereinkunft darüber, wie die Faktor IX-Inhibitoreinheit definiert werden soll.

Fehlermöglichkeiten. Die technischen Fehlermöglichkeiten bei der Faktor IX-Inhibitorbestimmung sind geringer als bei der Faktor VIII-Inhibitorbestimmung, da Faktor IX sowohl bei Lagerung in tiefgefrorenem Zustand als auch bei Inkubation bei 37°C wesentlich stabiler ist. Da die Inaktivierung von Faktor IX durch den Inhibitor nahezu augenblicklich erfolgt, spielt die exakte Beachtung der Inkubationszeit keine so große Rolle wie bei den Faktor VIII-Inhibitoren.

Bestimmung von Faktor XI

1. Bestimmung von Faktor XI-Aktivität (XI:C)

Die Bestimmung von F XI:C erfolgt am besten mit einer Einstufenmethode unter Verwendung des Plasmas eines Patienten mit schwerem Faktor XI-Mangel als Substratplasma. Die Durchführung des Tests und die Erstellung der Eichkurve erfolgt in gleicher Weise wie bei der Einstufen-F VIII-Bestimmung.

Probleme und Fehlerquellen
— Um eine Kontaktaktivierung zu vermeiden, muß das zu untersuchende Plasma strikt in Plastik oder Silikon verarbeitet werden.
— Da es beim Einfrieren und Wiederauftauen des Plasmas zu einer Verkürzung der APTT bei Patienten mit Faktor XI-Mangel kommen kann, sollte nur frisches Plasma verwendet werden.

Es wurden auch Methoden zur Herstellung künstlicher Faktor XI-Mangelplasmen angegeben, das künstliche Faktor XI-Mangelplasma ist qualitativ jedoch einem natürlichen Faktor XI-Mangelplasma unterlegen.

2. Immunologische Bestimmung

Faktor XI kann radioimmunologisch bestimmt werden. Da eine strikte Korrelation zwischen der Aktivität und Antigen besteht, bringt die immunologische Bestimmung in der Routinediagnostik keine Vorteile (Saito et al. 1977).

Bestimmung von Faktor XII

1. Bestimmung der Faktor XII-Aktivität (F XII:C)

Die Bestimmung von Faktor XII erfolgt am besten mit einer Einstufenmethode und Verwendung des Plasmas eines Patienten mit schwerem Faktor XII-Mangel als Substratplasma. Die Durchführung erfolgt in gleicher Weise wie bei der Faktor VIII-Bestimmung.

Die Eichkurve sollte mit Verdünnungen des Normalplasmas von 1:5 bis 1:500 erstellt werden. Die Plasmaprobe des Patienten sollte in einer Verdünnung von 1:5 und 1:50 getestet werden.

Probleme und Fehlerquellen. Die größte Fehlerquelle besteht in der Glasaktivierung von Faktor XII während der Präparation des Plasmas. Man muß daher darauf achten, daß während der Verarbeitung des Plasmas streng mit Silikon- oder Plastikmaterial gearbeitet wird.

2. Immunologische Bestimmung von Faktor XII

Faktor XII kann auch mit der Laurell-Methode oder mit radioimmunologischen Methoden bestimmt werden. Es besteht generell gute Übereinstimmung zwischen der Aktivitätsbestimmung und der immunologischen Bestimmung (Takamira et al. 1980).

Bestimmung von Präkallikrein

1. Screening-Test

Ein praktisch wichtiger Screening-Test für Präkallikreinmangel ist das Verhalten der APTT bei prolongierter Inkubation mit Kaolin. Bei Präkallikreinmangel wird die APTT bei längerer Inkubation des Plasmas mit Kaolin fortlaufend kürzer. Nach 15 min Inkubation kann ein normaler Wert erhalten werden. Dadurch läßt sich ein Präkallikreinmangel schon auf einfache Weise vom Mangel an Faktor XII, XI und HMW-Kininogen abgrenzen. Ein ähnliches Verhalten findet sich allerdings beim Passovoy-Defekt.

2. Quantitative Bestimmung der Präkallikrein-Aktivität

a) Bestimmung mit Gerinnungsmethoden (Einstufentest)

Die Präkallikreinaktivität kann mit einer Einstufenmethode unter Verwendung des Plasmas eines Patienten mit schwerem Präkallikreinmangel in ähnlicher Weise wie die Faktoren VIII–XII getestet werden. Zu beachten ist allerdings, daß die Verdünnungskurve des Normalplasmas erst ab einer Verdünnung von 1:100 linear ist. Das zu testende Plasma ist in einer Verdünnung von 1:100 und 1:200 zu testen. Die steilsten Eichkurven werden dann erhalten, wenn das Plasma nur 1 min mit dem APTT-Reagens inkubiert wird. Kaolinhaltige APTT-Reagentien ergeben steilere Eichkurven als ellagsäurehaltige APTT-Reagentien (Sibley u. Evatt 1979). Die Bestimmung kann auch mit einem künstlichen Reagens durchgeführt werden (Soulier u. Gozin 1979).

b) Bestimmung mit chromogenen Substraten

Die Bestimmung kann mit den chromogenen Substraten S 2302 oder Chromozym PK erfolgen. Im Prinzip besteht die Methode darin, daß Faktor XII im Plasma zunächst durch Dextransulphat oder Cephotest aktiviert wird und Faktor XIIa Präkallikrein zu Kallikrein aktiviert. Die entstehende Kallikreinaktivität wird mit dem chromogenen Substrat bestimmt. Der Vorteil dieser Methode besteht darin, daß kein Mangelplasma erforderlich ist und sie relativ leicht durchzuführen ist. Entsprechende Testkits sind kommerziell erhältlich (Boehringer, Mannheim).

Der Nachteil dieser Methode besteht jedoch darin, daß sie nicht spezifisch ist und auch bei schwerem Mangel an Faktor XII und HMW-Kininogen ein pathologisches Ergebnis erhalten wird. Für die Aktivierung von Präkallikrein ist eine Aktivität von 25–30% Faktor XII erforderlich (Kluft 1977).

Bestimmung von Faktor XIII

Für die Bestimmung von Faktor XIII steht eine große Anzahl von Methoden zur Verfügung, wobei allerdings die einfach durchzuführenden Methoden keine oder nur eine schlechte quantitative Messung ermöglichen.

Eine quantitative Messung ist nur durch immunologische Methoden oder mit Hilfe radiomarkierter Substanzen möglich.

1. Suchtest für schweren Faktor XIII-Mangel (Harnstofflöslichkeit des Gerinnsels)

Prinzip. Bei schwerem Faktor XIII-Mangel ist das Plasmagerinnsel in 5 mol Harnstoff löslich.

Reagentien
- Für diesen Test empfiehlt es sich, Oxalatblut zu verwenden, da das aus dem Oxalatplasma gewonnene Gerinnsel undurchsichtig ist und daher im Test leichter beurteilt werden kann.
- 5 mol Harnstoff (300 g Urea wird in 1 l dest. Wasser gelöst).
- 0,025 mol Kalziumchlorid.

Durchführung des Tests. 0,2 ml Oxalatplasma wird in 1,5 × 15 cm messenden Röhrchen mit 0,2 ml 0,025 mol Kalziumchlorid versetzt und 5–10 min bei 37°C inkubiert. Es bildet sich ein opakes Gerinnsel, zu dem 5 ml 5 mol Harnstoff zugesetzt werden. Das Gerinnsel wird über Nacht bei 37°C (in 5 mol Harnstoff) inkubiert. Am nächsten Tag wird beobachtet, ob das Gerinnsel noch vorhanden ist.

Beurteilung. Normalerweise bleibt das Gerinnsel in 5 mol Harnstoff unter den genannten Bedingungen erhalten. Bei einer Faktor XIII-Aktivität unter 1% wird das Gerinnsel in 5 mol Harnstoff gelöst.

Probleme und Fehlerquellen. Der Test ist nur geeignet zur Erfassung des schweren Faktor XIII-Mangels. Er erlaubt jedoch keine Erfassung von Konzentrationen zwischen 1% und der unteren Normalgrenze.

Die Löslichkeit des Gerinnsels kann auch bei Dysfibrinogenämie abnormal sein.

2. Semiquantitative Bestimmung von Faktor XIII mit Löslichkeitstests

a) Methode von Sigg (1966)

Prinzip. Es wird die Löslichkeit des Gerinnsels in Lösungen mit verschiedenen Monojodazetatkonzentrationen und Harnstoff in Abhängigkeit von der Zeit getestet.

Reagentien
- Plättchenarmes Oxalatplasma des Patienten. Oxalatplasma ist aus den oben genannten Gründen für den Test vorzuziehen, der Test kann jedoch auch mit Zitratplasma durchgeführt werden.
- Monojodazetat (Molekulargewicht 207,99) (Eastman, Rochester 3, New York). Es werden Lösungen verschiedener Stärke (0,035; 0,025; 0,015; 0,005 mol) hergestellt.

— 5 mol Harnstoff (Herstellung wie oben beschrieben).
— 0,025 mol Kalziumchlorid.

Durchführung des Tests. In 4 Glasröhrchen (1,5 × 15 cm) wird je 0,2 ml zu testendes plättchenarmes Oxalatplasma und 0,1 ml Monojodazetat in den oben genannten Konzentrationen zugegeben und die Mischung unter Zusatz von 0,1 ml 0,025 mol Kalziumchlorid zur Gerinnung gebracht. Das Gerinnsel wird 30 min bei 37°C inkubiert und dann 3 ml 5 mol Harnstoff dazugegeben. Nach Zugabe des 5 mol Harnstoffes wird das Gerinnsel sorgfältig mit einem kleinen Glasstab von der Glaswand gelöst, wobei es auf gar keinen Fall zerstört werden darf. Dann läßt man die Röhrchen 30 min ruhig bei 37°C in einem Wasserbad stehen. Nach 30 min werden die Röhrchen 3mal kurz und kräftig geschüttelt und der Grad der Auflösung nach der unten abgebildeten Skala beurteilt. Die Ablesung wird in gleicher Weise nach 45, 60 und 90 min nach Beginn der Inkubation wiederholt (Abb. 16).

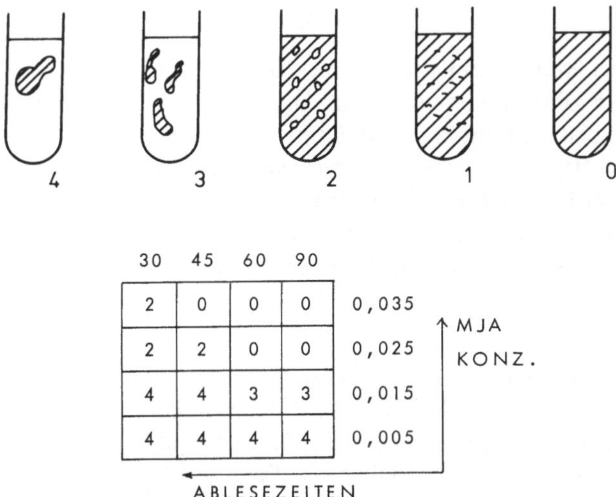

Abb. 16. Monojodazetat-Toleranztest zur semiquantitativen Bestimmung von Faktor XIII nach Sigg. Nach 30, 45, 60 und 90 min Inkubation wird die Qualität des Gerinnsels je nach dem Grad der Auflösung mit 0—4 bewertet. Die Ergebnisse werden in ein Netz eingetragen (s. Beispiel) und die Summe sämtlicher Zahlen des Netzes ermittelt

Quantitative Auswertung des Tests. Der Grad der Auflösung des Gerinnsels, der nach den abgebildeten Kriterien vorgenommen wird, wird in Abhängigkeit von der Zeit und der Monojodazetatkonzentration in einen Raster eingetragen und die Zahl der Punkte zusammengezählt.

Normalwert: 45 Punkte.

Die Methodik hat den Vorteil, daß sie verhältnismäßig einfach durchzuführen ist und ein Mangelplasma oder Arbeiten mit Isotopen nicht erforderlich sind.

Probleme und Fehlerquellen

- Die Genauigkeit der Methode ist gering, da die Ablesung nach subjektiven Kriterien erfolgt. Es können jedoch auch Verminderungen von Faktor XIII auf 50% ohne weiteres erfaßt werden.
- Bei zu niedrigem (< 80 mg/dl) und sehr hohem Fibrinogengehalt des Plasmas werden falsche Werte erhalten.
- Bei stark verlängerter Rekalzifikationszeit des Plasmas (Hämophilie) muß die Inkubationszeit nach $CaCl_2$-Zusatz verlängert werden.
- Bei Dysfibrinogenämie kann der Test pathologisch ausfallen.

b) Quantitative Bestimmung von Faktor XIII mit dem Löslichkeitstest und Verwendung von Faktor XIII-Mangelplasma (Thaler, nicht publiziert)

Prinzip. Bei Zusatz geringer Mengen von F XIII (0–0,6%) zu Faktor XIII-Mangelplasma besteht eine lineare Korrelation zwischen Faktor XIII-Aktivität und Lösungszeit in 5 mol Harnstoff.

Reagentien

- Faktor XIII-Mangelplasma (von einem Patienten mit schwerem Faktor XIII-Mangel; das Plasmagerinnsel des Patienten muß sich in 5 mol Harnstoff in weniger als 30 min auflösen). Es wird plättchenarmes Oxalatplasma gewonnen und bei − 60°C eingefroren. Die letzte Substitutionstherapie soll mehr als 4 Monate zurückliegen.
- Plättchenarmes Zitrat- oder Oxalatplasma des Patienten.
- $CaCl_2$-Thrombinlösung ($CaCl_2$ 0,025 mol Thrombin 50 E/ml).
- Verdünnungspuffer 1 Teil Na-Oxalatlösung 1,34% + 4 Teile Veronalpuffer, pH 7,8.
- 5 mol Harnstofflösung (s.o.).

Durchführung. 0,1 ml Faktor XIII-Mangelplasma wird mit 0,1 ml verdünntem Patientenplasma (Verdünnungen 1:100 bis 1:400 bei vermutlich normalem oder gering verminderter F XIII, geringere Verdünnungen bei schwerem Mangel) und 0,2 ml $CaCl_2$-Thrombinlösung versetzt und bei 37°C 30 min inkubiert. Dann werden 3 ml 5 mol Harnstoff zugesetzt, die Röhrchen verstöpselt und weiter bei 37°C inkubiert. Alle 5 min wird das Röhrchen einmal vorsichtig gekippt. Die Lösung wird zusehends milchiger, schließlich löst sich das Gerinnsel komplett auf. Dieser Zeitpunkt wird notiert. Gerinnsel mit 0,5% Faktor XIII lösen sich in 55–60 min.

Die Eichkurve wird so erstellt, daß 1:100 verdünnter Normalplasmapool in folgender Weise verdünnt wird:

Röhrchen-Nr.	1	2	3	4	5	6	7
Verdünntes Normalplasma	0	0,1	0,2	0,3	0,4	0,5	0,6
Verdünnungspuffer	1,0	0,9	0,8	0,7	0,6	0,5	0,4
F XIII %	0	0,1	0,2	0,3	0,4	0,5	0,6

und die einzelnen Verdünnungen wie beschrieben getestet werden. Abb. 17 zeigt eine Eichkurve. Jeden Tag muß eine neue Eichkurve hergestellt werden.

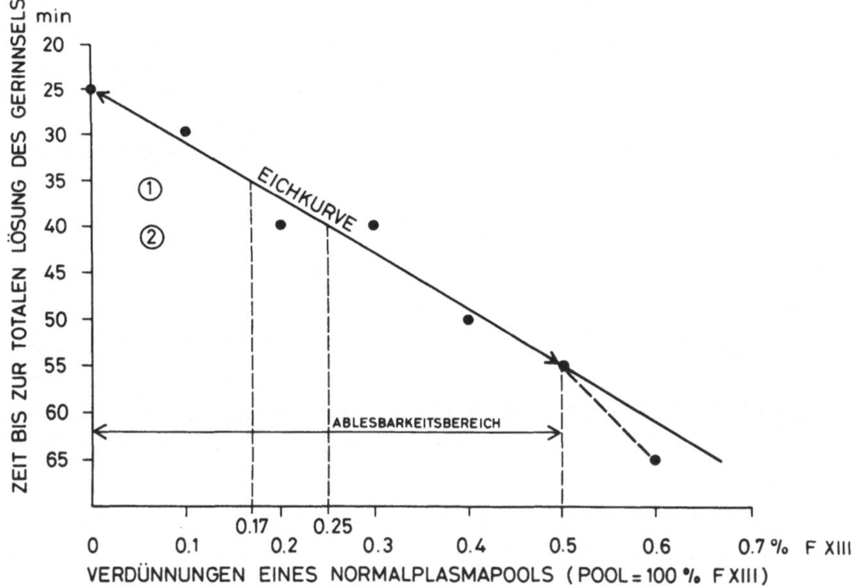

Abb. 17. Faktor XIII-Eichkurve bei der biologischen Faktor XIII-Bestimmung nach Thaler. Vom Lösungszeitpunkt einer Patientenplasmaverdünnung, der innerhalb des linearen Bereichs der Eichkurve liegt, wird über die Eichgerade der entsprechende Faktor XIII-Prozentsatz bestimmt, der zu diesem Zeitpunkt noch eine Lösung des Gerinnsels bewirkt. Dieser Prozentsatz muß dann mit der entsprechenden Verdünnung des Patientenplasmas multipliziert werden. Dadurch erhält man den Faktor XIII-Gehalt des unverdünnten Plasmas. Liegen mehrere Verdünnungsstufen desselben Patientenplasmas auf der Eichkurve, muß aus den errechneten Prozentsätzen das Mittel gezogen werden. Beispiel: *(1)* Patientenplasma 1:480 verdünnt: 480 × 0,17 = 81,6%; *(2)* Patientenplasma 1:240 verdünnt: 240 × 0,25 = 60,0%; Mittelwert 71%

Die Methode gibt klinisch sehr brauchbare Ergebnisse, ist aber nicht so genau wie die Isotopenmethoden. Der relativ hohe Verbrauch an F XIII-Mangelplasma ist ein Nachteil.

3. Immunologische Bestimmung von Faktor XIII

Sowohl die A- als auch die S-Komponente von Faktor XIII können mit Hilfe eines entsprechenden heterologen Antikörpers (Behring-Werke, Marburg) mit der Laurell-Technik bestimmt werden. Die Bedingungen der Elektrophorese sind in Tabelle 30 angegeben. Biologisch relevant ist nur die Bestimmung der A-Komponente. Die Werte stimmen sehr gut mit den Ergebnissen der Aktivitätsbestimmung überein.

4. Andere Methoden

Die Faktor XIII-Aktivität kann auch durch Messung der Inkorporation von fluoreszenz- oder radioaktiv markierten Aminen (Putrescin, Cadavarin) in Kasein oder chemisch modifiziertem Kasein gemessen werden (Lorand et al. 1969, Dvilansky et al. 1970, Schmer 1973).

Messung von Antithrombin III (AT III)

Prinzipiell sollte für die Bestimmung von AT III nur Plasma verwendet werden, da während der Gerinnung in vitro AT III verbraucht wird und bei Bestimmung im Serum nur der verbleibende Rest bestimmt wird. Eine Hitzedefibrinierung vor der Bestimmung sollte vermieden werden, da bis zu 25% der AT III-Aktivität dadurch zerstört werden kann.

1. Messung der AT III-Aktivität

Die meisten Messungen der AT III-Aktivität erfolgen in einem Zweistufensystem. In der ersten Stufe wird die AT III enthaltende Probe mit einer definierten Menge des Enzyms (Thrombin oder Faktor Xa) versetzt und nach einer definierten Inkubationszeit das überbleibende Enzym entweder in einem Gerinnungssystem oder mit Hilfe eines chromogenen Substrates bestimmt. Technisch gibt es verschiedene Möglichkeiten der Messung der AT III-Aktivität:

a)   Zweistufentest, ohne Zusatz von Heparin und Messung der initialen Inaktivierungsgeschwindigkeit. Die initiale Hemmrate wird dann gemessen, wenn im Vergleich zum Enzym ein Überschuß an AT III-Aktivität zugegeben wird. Wenn kein Heparin zugegeben wird, wird das Ergebnis auch durch andere Inhibitoren von Thrombin beeinflußt (α_2-Makroglobulin).

b)   Bei Zusatz von Heparin in dem oben genannten Zweistufensystem wird die Inaktivierung des Enzyms sehr beschleunigt, wodurch die Inkubationszeiten sehr kurz gehalten werden können. Außerdem wird der Test dadurch spezifisch, und die Antithrombin III-Aktivität kann auch in heparinisierten Proben gemessen werden.

c)   Es ist auch möglich, die Gesamtantithrombin- oder -antifaktor Xa-Inibitorkapazität in einer Probe zu messen, wenn hohe Enzymaktivitäten in der ersten Stufe zugegeben werden. Die Inkubationszeit bei solchen Tests muß relativ lang sein. sein.

d)   Die Gesamt-AT III-Aktivität kann mit Hilfe von Gel-Diffusions-Methoden gemessen werden (Doleschel 1972, Lane et al. 1975).

Für die Bestimmung der AT III-Aktivität ist eine große Anzahl von Methoden beschrieben worden (Übersicht bei Thaler u. Lechner 1981). Als Routinebestimmung hat sich die Heparinkofaktorbestimmung nach der Methode von Ødegard et al. (1975) und im geringen Maße die Anti-Faktor Xa-Bestimmung nach Ødegard et al. (1976) durchgesetzt. Eine Automatisierung der Bestimmung ist möglich (Andreasen 1980, Ødegard et al. 1978).

2. Immunologische Bestimmung

Die immunologische Bestimmung von AT III mittels monospezifischer präzipitierender Antikörper gegen gereinigtes menschliches Antithrombin III (Kaninchen oder Ziegen) ist die spezifischste Bestimmung. Die Bestimmung kann entweder mit Hilfe der radialen Immunodiffusion (Mancini), der Laurell-Elektrophorese oder nephelometrisch durchgeführt werden. Auch radioimmunologische Methoden zur Bestimmung des Antithrombin III sind verfügbar. Obwohl die immunologische Methode sehr spezifisch ist, ergibt sie nicht immer biologisch relevante Werte, da mit der Methode nur das Antigen, aber nicht die Funktion des AT III-Moleküls gemessen wird, die trotz normalem Antigen vermindert sein kann.

Um AT III-Enzymkomplexe oder abnormale Antithrombin III-Moleküle mit verminderter Affinität zu Heparin nachzuweisen, ist die zweidimensionale Immunelektrophorese erforderlich, wobei im ersten Lauf Heparin zugesetzt werden muß (Sas et al. 1975). Für die Erkennung von Antithrombin III-Thrombinkomplexen ist es von Bedeutung, welches AT III-Antiserum verwendet wird, da nicht alle Antithrombin III-Antisera mit den Komplexen reagieren (MacKay 1980).

Probleme und Fehlerquellen

a) Auswahl der Methode

— Generell als erster Test soll ein funktioneller Test (z.B. Methode von Ødegard et al. 1975) gewählt werden, insbesondere bei der Suche nach Patienten mit kongenitalem AT III-Mangel. Zur weiteren Charakterisierung eines aufgedeckten kongenitalen AT III-Mangels sind immunologische Methoden erforderlich.

— Bei der Verwendung als Leberfunktionstest ist die immunologische AT III-Bestimmung sehr nützlich und bei Longitudinalstudien aus eingefrorenen Plasmen den funktionellen Tests vorzuziehen.

— Bei Bestimmung von AT III im Harn ergeben die funktionellen Methoden keine verläßlichen Resultate, die immunologische Bestimmung ist vorzuziehen.

— Die Anti Xa-Bestimmung könnte bei der Feststellung des postoperativen Thromboserisikos aussagekräftiger sein als die Antithrombinbestimmung (Stamatakis et al. 1977).

b) Technische Probleme (Methode von Ødegard 1975)

— Lipämische Plasmen sollten bei dem Test nicht verwendet werden.

— Die Thrombinlösung muß bei 4°C aufbewahrt werden und darf nicht länger als 1 h stehen.

— Die Bestimmung kann aus Zitrat-, EDTA-Plasma und Kapillarblut (Hurlet-Birk et al. 1980) durchgeführt werden.

Kapitel 11

Tests zur Erfassung der Thrombozytenzahl und -funktion

Bestimmung der Blutungszeit

Prinzip. Durch die Bestimmung der Blutungszeit wird die Fähigkeit des Hämostasesystems, eine Blutung aus einer kleinen Hautwunde zum Stillstand zu bringen, beurteilt. Die Blutungszeit ist ein Suchtest für Störungen der primären Hämostase und bei Verminderung oder qualitativen Störungen der Plättchen verlängert.

Die Blutungszeitbestimmung ist eine schwer zu standardisierende Methode. Es wurden zahlreiche Verfahren beschrieben, die sich durch den Ort, an dem die Hautwunde gesetzt wird, die Art, wie die Wunde erzeugt wird, und andere Variable unterscheiden.

1. Blutungszeitbestimmung nach Duke 1910 (modifiziert)

Durchführung. Es wird am Oberarm des Patienten eine Blutdruckmanschette angelegt und ein Druck von 40 mm Hg erzeugt. Dann wird an der Fingerspitze des 3. oder 4. Fingers mit einer Einmallanzette eine 4 mm tiefe Stichwunde gesetzt. Das austretende Blut wird mit einem Filterpapier alle 15 s vorsichtig abgesaugt, ohne daß die Stichwunde selbst berührt wird. Als Blutungszeit wird jene Zeit bezeichnet, nach der kein Blut mehr aus der Stichwunde austritt (d.h. daß 15 s später kein Blut mehr mit Hilfe des Filterpapiers abgesaugt werden kann).

Normalwert: bis 4 min.

Probleme und Fehlerquellen
Prinzipielle Probleme. Das Hauptproblem bei der Methode nach Duke ist ihre geringe Empfindlichkeit, so daß insbesondere leichte Thrombopathien und das milde von-Willebrand-Syndrom nicht erfaßt werden (Abb. 18). Manche Autoren sind der Ansicht, daß die Methode deswegen verlassen werden sollte (Bachmann 1980),

Technische Fehler
- Die Fingerkuppe soll mit Alkohol vorsichtig gereinigt werden, es soll jedoch nicht so stark gerieben werden, daß eine Hyperämie entsteht.
- Während der Blutungszeitbestimmung darf kein Druck auf die Stelle, an der die Stichwunde gesetzt wurde, ausgeübt werden.
- Der Test ist nur dann verwendbar, wenn nach der Stichverletzung tatsächlich Blut aus der Stichstelle austritt. Tritt kein Blut aus, muß der Test an einer anderen Stelle (anderer Finger) wiederholt werden.

2. Blutungszeitbestimmung nach Borchgrevink u. Waaler 1958

Es wird wie bei der Blutungszeitbestimmung nach Duke eine Blutdruckmanschette um den Oberarm gelegt und ein Druck von 40 mm Hg eingestellt. Dann wird mit einer chirurgischen Klinge ein genau 9 mm langer und 1 mm tiefer Schnitt an der Volarseite des Unterarms gesetzt. Um einen Schnitt genau dieser Größe und Tiefe zu erreichen, muß eine entsprechende Halterung der Klinge verwendet werden. Seit einigen Jahren sind für diesen Zweck Einmalgeräte verfügbar (Thrombolette, Boehringer), die sich sehr gut bewährt haben. Das von der Schnittwunde ausströmende Blut wird mit Hilfe eines Filterpapiers alle 30 s sorgfältig abgesaugt und die Zeit bestimmt, bis kein Blut mehr aus der Wunde austritt.

Normalwert: bis 8 min.

Probleme und Fehlerquellen

— Der Patient muß darauf aufmerksam gemacht werden, daß als Folge der Prozedur eine zwar kleine, aber häufig doch deutlich sichtbare Narbe zurückbleibt. Aus diesem Grunde verzichten wir routinemäßig auf das Setzen von 3 Schnitten, wie es in der Originalmethode angegeben wurde. Die Narbenbildung kann dadurch vermindert werden, daß man die klaffenden Wundränder durch Auflegen eines Pflasters einander annähert.

— Beim Abwischen des Blutes muß sorgfältig darauf geachtet werden, daß die Wunde selbst durch das Filterpapier nicht berührt wird, sondern das Blut nur seitlich abgesaugt wird.

— Die Schnittwunde muß an einer Stelle gesetzt werden, die frei von Haaren ist.

Vor der Durchführung der Blutungszeitbestimmung nach Borchgrevink muß sichergestellt werden, daß die Patienten zumindest einige Tage vor dem Test kein Aspirin eingenommen haben. Die Blutungszeit nach Borchgrevink ist wesentlich empfindlicher als die Blutungszeit nach Duke (Abb. 18). Bei Verdacht auf eine Thrombozytenfunktionsstörung muß bei normaler Blutungszeit nach Duke daher unbedingt die Blutungszeitbestimmung nach Borchgrevink oder eine andere der folgenden genannten empfindlichen Methoden durchgeführt werden. Dies gilt vor allem für die Diagnostik der von Willebrand'schen Erkrankung.

3. Andere empfindliche Methoden der Blutungszeitbestimmung

a) Blutungszeit nach Ivy (1935) oder deren Modifikation nach Mielke et al. (1969) (standardisierte Stichverletzung am Unterarm bei 40 mm Hg-Stauung): Dieses Verfahren ist empfindlicher als die Duke-Methode, aber weniger empfindlich als das Verfahren von Borchgrevink.

b) Hämorrhagometrie nach Sutor (1971): Bei dieser Methode wird die Stelle der standardisierten Läsion (Schnitt) laufend von Flüssigkeit umspült. Man kann mit dieser Methode nicht nur die Dauer der Blutung, sondern auch die Intensität der Blutung messen und die Ergebnisse graphisch aufzeichnen.

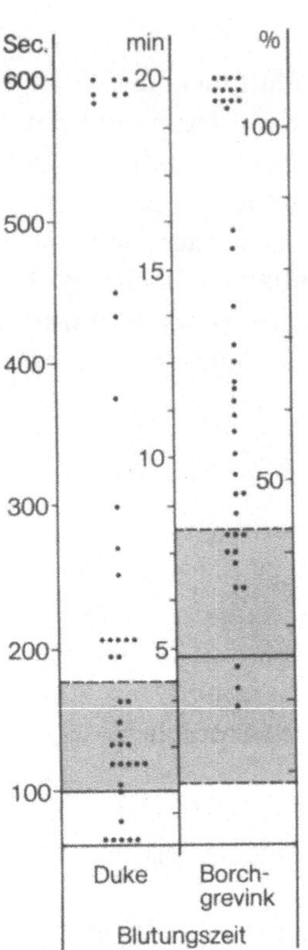

Abb. 18. Blutungszeit nach Duke und Borchgrevink bei Patienten mit von Willebrand-Syndrom. Bei den gleichen Patienten ist die Blutungszeit nach Borchgrevink häufiger und stärker verlängert als bei der Bestimmungsmethode nach Duke

Es ist nicht möglich zu sagen, welches der oben genannten Verfahren das beste ist. Auf jeden Fall empfiehlt es sich jedoch, neben einer einfachen Blutungszeitmethode (Duke) noch eine empfindliche Methode routinemäßig durchzuführen, wobei es wichtiger ist, diese Methodik gut zu standardisieren, als mehrere Methoden zu verwenden.

4. Interpretation des Ergebnisses der Blutungszeitbestimmung

Die Blutungszeit ist verlängert bei:
— Verminderung der Thrombozytenzahl, wobei die Methode nach Borchgrevink wesentlich empfindlicher als die Methode nach Duke ist. Bei Anwendung der Blutungszeitmethode nach Mielke findet sich eine gute inverse Korrelation zwischen Länge der Blutungszeit und Thrombozytenzahl zwischen 10.000 und 100.000 Plättchen/mm^3 (Harker u. Slichter 1972).
— Qualitativen Störungen der Plättchen, wie angeborenen und erworbenen Störungen der Adhäsion, Freisetzungsreaktion und Aggregation (von Willebrand'sche Erkrankung, Storage pool disease, Thrombasthenie, Urämie, Paraproteinämie usw.).
— Die Blutungszeit nach Duke ist nach Einnahme von Aggregationshemmern wie Aspirin nicht verlängert, die Blutungszeit nach Borchgrevink kann jedoch geringgradig verlängert sein.

Zählung der Thrombozyten

Zur Zählung der Plättchen wird eine Vielzahl von Methoden verwendet, die sich im Prinzip in drei Kategorien einteilen lassen:

1. Zählung der Plättchen im Blutausstrich (entweder visuell-mikroskopisch oder durch automatische Geräte): Es wird dabei die Relation der Plättchen zur Erythrozytenzahl gemessen.
2. Kammerzählung nach Hämolyse der Erythrozyten.
3. Zählung der Plättchen in automatischen oder halbautomatischen Plättchenzählgeräten, entweder aus Vollblut oder aus plättchenreichem Plasma.

Die zuverlässigste, wenn auch zeitaufwendigste Methode zur Plättchenzählung ist die Kammerzählung, die als Referenzmethode für alle anderen Plättchenzählmethoden angesehen werden kann.

1. Plättchenzählung mit dem Zählkammerverfahren
(Methode von Brecher u. Cronkite 1950)

Prinzip der Methode. Die Erythrozyten der Blutprobe werden durch Verdünnung in Ammonoxalat aufgelöst und die Plättchen in der Zählkammer mittels eines Phasenkontrastmikroskops gezählt.

Reagentien
1. *1%ige Ammonoxalatlösung.* 1 g Ammonoxalat wird in 100 ml dest. Wasser gelöst. Die Ammonoxalatlösung muß in einem verschlossenen Glaskölbchen im Eisschrank aufbewahrt werden. Die für den täglichen Gebrauch erforderliche Menge wird jeweils aus dem Glaskölbchen entnommen. Die Verdünnungsflüssigkeit muß von Zeit zu Zeit im Phasenkontrastmikroskop kontrolliert werden, um sicherzustellen, daß keine Partikel vorhanden sind, die eventuell mit Thrombozyten verwechselt werden können.
2. *Bürker-Türk-Kammer* (wie für Erythrozyten- und Leukozytenkammerzählung).
3. *Mischpipetten* (wie für die Leukozytenzählung).
4. *Pipettenschüttler* (z.B. Vibramix, Fa. Martin).
5. *Feuchte Kammer.* Als feuchte Kammer können Petri-Schalen oder abdeckbare Plastikbehälter verwendet werden, deren Boden mit einem feuchten Filterpapier oder angefeuchtetem Schaumstoff bedeckt sind und gut verschlossen werden können.
6. *Phasenkontrastmikroskop.*

Durchführung der Zählung. EDTA-Blut oder Kapillarblut wird in einer Leukozytenpipette bis zur Marke 0,5 aufgezogen, das an der Außenseite der Pipettenspitze anhaftende Blut vorsichtig entfernt und dann 1%ige Ammonoxalatlösung bis Marke 11,0 aufgezogen. Bei Verwendung von Kapillarblut für die Thrombzytenzählung wird mit Hilfe einer Einmallanzette eine Stichwunde an einer Fingerspitze gesetzt, der erste Tropfen des austretenden Blutes abgewischt und der zweite austretende Blutstropfen möglichst rasch und ohne Beimengung von Luftblasen knapp über die Marke von 0,5 aufgezogen. Anschließend wird durch leichtes Antupfen mit einem Zellstofftupfer die Blutsäule genau auf die Marke 0,5 eingestellt. Die Verdünnung mit dem 1%igen Ammonoxalat muß dann so rasch wie möglich erfolgen, damit es zu keiner Aggregation der Thrombozyten in der Pipette kommt. Nach Verdünnung der Blutprobe mit dem Ammonoxalat wird die Mischpipette zunächst mit der Hand einige Male kräftig geschüttelt, um eine gute Durchmischung zu erzielen, und anschließend die Pipette auf einen automatischen Schüttler gestellt. Nach mindestens 3 min Schütteln erfolgt die Beschickung der Zählkammer in folgender Weise: es werden zunächst 3 Tropfen des verdünnten Blutes verworfen und dann die Bürker-Türk-Zählkammer gefüllt.

Die beschickte Zählkammer wird mindestens 20 min in einer feuchten Kammer inkubiert, damit die Thrombozyten sedimentieren können. Nach dieser Inkubationszeit erfolgt die Zählung in einem Phasenkontrastmikroskop bei einer Vergrößerung von 400, wobei 5 Felder von $0,1 \times 0,1$ mm ausgezählt werden. Die Auszählung erfolgt in gleicher Weise wie bei der Erythrozytenzählung, wobei alle Thrombozyten, die innerhalb eines Feldes oder an der linken und oberen Begrenzung des Feldes gelegen sind, gezählt werden. Bei stark verminderter Thrombozytenzahl (< 50.000) müssen 10 Felder ausgezählt werden. Die Berechnung der Thrombozytenzahl erfolgt in der Weise, daß die in 5 Feldern ermittelte Zahl von Thrombozyten mit 1000 multipliziert wird (beträgt die Zahl der in 5 Felder ausgezählten Thrombozyten z.B. 100, beträgt die Thrombozytenzahl in 1 mm^3 100.000).

Normalbereich: 150.000–350.000/mm^3.

Probleme und Fehlerquellen der Methode

1. Für den Ungeübten besteht das größte Problem häufig darin, die im Phasenkontrastmikroskop sichtbaren Partikel richtig als Thrombozyten zu identifizieren. Bei Verwendung von Ammonoxalat erscheinen die Thrombozyten im Phasenkontrastmikroskop als kontrastreiche Gebilde, die charakteristischerweise einen oder mehrere Fortsätze zeigen. Mit Thrombozyten verwechselt werden können vor allem Schmutzpartikel, Zelltrümmer und in geringerem Ausmaß auch Bakterien und kleine Glassplitter. Diese Probleme entstehen vor allem dann, wenn die Thrombozytenzahl sehr niedrig ist und nur sehr wenige Thrombozyten in den Zählfeldern vorhanden sind. Verwechslungen dieser Art können dadurch vermieden werden, daß sorgfältig darauf geachtet wird, daß die Zählflüssigkeit sauber ist und auch die Zählkammer vor dem Gebrauch sorgfältig gesäubert wird. Bei einiger Übung ist es meistens sehr leicht, Thrombozyten von Schmutzpartikeln zu unterscheiden, da die Thrombozyten meistens deutliche Fortsätze zeigen, auch nach Sedimentation noch eine leichte Eigenbewegung haben. Schmutzpartikel leuchten beim Drehen der Mikrometerschraube meistens stark auf. Eine Verwechslung mit Leukozyten oder nicht hämolysierten Erythrozyten (Retikulozyten) ist kaum möglich.

2. Das Vorhandensein von Thrombozytenaggregaten in der Zählkammer. Zur Bildung von Aggregaten kann es kommen, wenn Kapillarblut oder Nativblut zur Zählung verwendet wird und die Zeit vom Aufziehen des Blutes in die Kapillare bis zur Verdünnung mit dem Ammonoxalat zu lang war. Aggregate sieht man gelegentlich auch dann, wenn die Zählung aus dem Zitratblut erfolgt (was nach Möglichkeit vermieden werden sollte, bei akuten Fällen jedoch manchmal unum-

gänglich ist). Aggregate können auch gelegentlich vorhanden sein, wenn Blut bei der Adhäsivitätsbestimmung durch die Glasperlensäule getrieben wird und dann die Thrombozyten gezählt werden (Nachwert). Wenn Aggregate in der Zählkammer vorhanden sind, kann das Ergebnis nicht gewertet werden, sondern es muß die Zählung aus einer neuen Blutprobe wiederholt werden.

3. Eine ungleichmäßige Verteilung der Thrombozyten in den einzelnen Feldern kann dann entstehen, wenn die Inkubation in der feuchten Kammer so erfolgt, daß die Zählkammer nicht genau horizontal liegt.

4. Die Zeit von der Blutentnahme bis zur Durchführung der Thrombozytenzählung ist nicht sehr kritisch, wenn die Zählung aus EDTA-Blut erfolgt. Bei Aufbewahrung des EDTA-Blutes über 24 h beträgt der Abfall der Plättchenzahl nur etwa 10%. Blutproben sollen jedoch nicht auf Eis aufbewahrt werden, und eine sorgfältige Durchmischung der Blutprobe vor Entnahme zur Zählung ist erforderlich. Wenn das Blut bereits mit der Verdünnungsflüssigkeit verdünnt wurde und sich in der Mischpipette befindet, ist es am günstigsten, wenn die Pipette auf dem Schüttler belassen wird, bis die Zählkammerbeschickung erfolgt.

2. Zählung der Thrombozyten aus dem Blutausstrich (Methode nach Fonio)

Bei dieser Methode werden aus EDTA-Blut dünne Blutausstriche verfertigt und die Zahl der Blutplättchen auf 1000 Erythrozyten ausgezählt. Die Zahl der Blutplättchen wird in Promille angegeben oder mit einem Multiplikationsfaktor entsprechend der Erythrozytenzahl multipliziert.

Der Vorteil dieser Methode besteht darin, daß nicht nur die Zahl der Plättchen, sondern auch ihre Morphologie (Anisozytose, Riesenplättchen) beurteilt werden kann. Bei großer Übung und sorgfältiger Technik ergibt diese Methode durchaus verläßliche Werte, wenn die Plättchenzahl nicht stark vermindert ist. Als Routinemethode im Gerinnungslaboratorium ist sie jedoch nicht zu empfehlen, da sie vor allem bei tiefen Thrombozytenzahlen nicht ausreichend genau ist. Die größte Fehlerquelle besteht in der Verwechslung von Blutplättchen mit Farbniederschlägen, was erfahrungsgemäß vor allem dann möglich ist, wenn die Plättchenzahl sehr niedrig ist. Bei Verdacht auf Plättchenstörungen sollte es jedoch niemals unterlassen werden, auch die Plättchen im Ausstrich morphologisch zu beurteilen.

3. Thrombozytenzählung mit automatischen und halbautomatischen Zählgeräten

In zunehmendem Maße werden in den letzten Jahren automatische oder halbautomatische Geräte angeboten, mit denen entweder nur die Thrombozytenzahl ermittelt werden kann (Thrombocounter-Coulter, Ultra-Flo 100 — Clay Adams) oder neben Erythrozyten und Leukozyten auch die Thrombozyten gezählt werden (Hämalog, Coulter S, TC 1000 Contron).

Auf die Details dieser Methoden soll nicht eingegangen werden, sondern nur einige prinzipielle Probleme erörtert werden:

1. Es ist ein unbestreitbarer Vorteil bei einem Teil der genannten Geräte (Hämalog, TC 1000, Ultra-Flo 100), daß der Zeitaufwand für die Thrombozytenzählung im Vergleich zur Kammerzählung wesentlich geringer ist. Bei jenen Zählgeräten, bei denen die Zählung aus dem plättchenreichen Plasma erfolgen muß (Thrombo-Counter, Thrombo-Zell) ist dieser Vorteil allerdings nur gering, da die Plättchen zunächst entweder durch Sedimentation oder Zentrifugation von den Erythro-zyten getrennt werden müssen und erst dann gezählt werden können.

2. Genauigkeit der Zählung: Bei fast allen derzeit angebotenen Geräten ist die Übereinstimmung der Ergebnisse mit der Kammerzählung (als Referenzmethode) im Bereich zwischen 50.000 und 300.000 relativ gut. Gelegentlich können bei derartigen Geräten aus nicht erklärlichen Gründen jedoch bei Patienten mit stark verminderter Thrombozytenzahl normale Werte und umgekehrt bei Patienten mit normaler Thrombozytenzahl stark verminderte Werte gezählt werden.
Die Genauigkeit der meisten Geräte läßt im Bereich zwischen 0 und 50.000 Thrombozyten sehr zu wünschen übrig, wobei in der Regel zu hohe Werte gezählt werden. Dieser Fehler ist vor allem bei Patienten mit hämatologischen Erkrankungen außerordentlich störend, da z.B. häufig die Entscheidung zur Thrombozyten-transfusion bei der Induktionsbehandlung akuter Leukämien (Thrombozyten-transfusion bei < 20.000 Thrombozyten) eine genaue Kenntnis der Thrombozy-tenzahl erforderlich macht. Es ist daher unseres Erachtens erforderlich, bei Patienten, bei denen mit solchen automatischen Geräten eine Thrombozytenzahl < 50.000 gezählt wird, zusätzlich eine Kammerzählung durchzuführen. Das ein-zige Gerät, bei dem nach unserer Erfahrung auch sehr niedrige Thrombozyten-werte (< 20.000) noch zuverlässig gezählt werden können, ist das Ultra-Flo 100 (Clay Adams).
Auch bei hohen Thrombozytenzahlen (> 1.000.000) versagen die meisten dieser Geräte. Hier ist das Problem insofern geringer, als dieser Fehler meist leicht fest-zustellen ist und die Untersuchung mit verdünntem Blut wiederholt werden kann.

Retraktion (modifiziert nach Benthaus 1959)

Prinzip. Die Fähigkeit eines verdünnten plättchenhaltigen Gerinnsels, Flüssigkeit zu exprimieren, wird quantitativ gemessen.

Reagentien
- 0,15 mol NaCl-Lösung (physiologische NaCl).
- 0,025 mol Kalziumchloridlösung.
- Plättchenreiches Plasma des Patienten.
- Nicht-silikonisierte Glasröhrchen (ca. 15 ml Inhalt).

Durchführung der Methode. In das Glasröhrchen werden 1,0 ml plättchenreiches Plasma des Patienten, 8 ml 0,15 mol NaCl-Lösung und 1 ml 0,025 mol Kalziumchlorid-lösung pipettiert. Das Glasröhrchen wird mit Parafilm verschlossen und durch mehrmaliges Kippen vorsichtig gemischt. Nach 5minütigem Stehen bei Raumtemperatur wird das Gerinnsel durch Rotieren des Glasröhrchens vom Glas gelöst und das Röhrchen 1 h bei 37°C im Wasserbad inkubiert. Nach der Inkubation wird das mehr oder weniger stark retrahierte Gerinnsel mit einer Pinzette aus dem Röhrchen herausgenommen. Man läßt die noch anhaftende Flüssigkeit in das Röhrchen zurücktropfen und mißt schließlich in einem 10 ml-Meßzylinder die noch im Röhrchen befindliche Flüssigkeitsmenge. Die Berechnung der Retraktion erfolgt nach der Formel:

$$\frac{\text{zurückbleibende Flüssigkeit in ml}}{10} \times 100$$

Beispiel: wenn 9,5 ml Flüssigkeit im Röhrchen zurückbleiben, so beträgt die Retraktion 9,5 : 10 $\times$ 100 = 95%.

Normalwert: über 80%.

Probleme und Fehlerquellen:

1. Da für die Gerinnselbildung Fibrinogen und ein intaktes endogenes Gerinnungssystem erforderlich ist, ergibt dieses Testsystem im Falle einer Afibrinogenämie oder Hypofibrinogenämie (Fibrinogen unter 100 mg/dl) einen fälschlich pathologischen Wert. Bei Vorliegen einer schweren Gerinnungsstörung (z.B. schwere Hämophilie) kann es vorkommen, daß der Gerinnungsvorgang nach 5 min Inkubation noch nicht abgeschlossen ist. In diesem Fall empfiehlt es sich, das Gerinnsel länger als 10 min stehen zu lassen, bis eine sichtbare Gerinnung eingetreten ist. Wenn man Retraktionsuntersuchungen bei Patienten mit schweren Gerinnungsstörungen durchführen will, kann die Methodik dadurch verbessert werden, daß im Testansatz noch 0,5–1 ml Normalplasma oder 1 ml Fibrinogenlösung (10 mg/ml) zugesetzt wird.

2. Technische Fehler können dadurch entstehen, daß das Gerinnsel nicht ausreichend von der Glaswand gelöst wird oder bei der Rotation des Glasröhrchens beschädigt wird. In diesem Fall ist das Resultat nicht verwertbar und der Ansatz muß wiederholt werden.

Interpretation des Ergebnisses

1. Die Retraktion ist vermindert bei Verminderung der Zahl der Blutplättchen (Thrombozytopenie). Eine exakte Beziehung zwischen der Blutplättchenzahl und der Retraktion läßt sich nicht aufstellen, die Retraktion ist im allgemeinen jedoch bei Blutplättchenzahlen unter 50.000 pathologisch.

2. Bei Patienten mit normaler Thrombozytenzahl ist die Retraktion in spezifischer Weise bei der Thrombasthenie vermindert. Das Ausmaß der Retraktionsstörung ist bei verschiedenen Patienten mit Thrombasthenie jedoch unterschiedlich und kann bei manchen Patienten durch Zusatz von Magnesium oder ADP ganz oder partiell korrigiert werden.

Messung der Thrombozytenausbreitung (Breddin u. Bürck 1963)

Prinzip. Die Ausbreitungsfähigkeit der Thrombozyten an einer Plastikoberfläche wird unter standardisierten Bedingungen gemessen.

Reagentien
- Plättchenreiches Plasma des Patienten.
- Verdünnungslösung: 9 Teile 0,15 mol NaCl + 1 Teil 3,8%iges Na-Zitrat.
- 35% Formaldehydlösung.
- 0,1 N $KMnO_4$-Lösung (Kaliumpermanganatlösung).
- Giemsalösung. Die Stammlösung wird vor Gebrauch filtriert und anschließend 1:10 mit Leitungswasser verdünnt (= Gebrauchslösung).
- Plastikobjektträger (Fa. Acid).
- Färbekammer, feuchte Kammer.

Durchführung. Das plättchenreiche Plasma des Patienten wird mit der Verdünnungslösung 1:30 verdünnt. Bei Patienten mit stark verminderter Thrombozytenzahl (unter 50.000) wird eine Verdünnung 1:10 hergestellt.

2 ml des verdünnten plättchenreichen Plasmas werden mit einer silikonierten Pipette auf einen alkohol-gereinigten Plastikobjektträger aufgetragen. Die Auftragung muß so erfolgen, daß mit der Pipette das Plasma gleichmäßig auf den Objektträger verteilt wird, da sich die Flüssigkeit nicht spontan auf den Plastikobjektträgern ausbreitet. An einer Schmalseite des Objektträgers wird ein etwa 1cm breiter Streifen freigelassen, der der Beschriftung dient. Der beschichtete Objektträger wird 60 min in einer feuchten Kammer inkubiert: Während dieser Zeit sedimentieren die Thrombozyten und haften zum größten Teil an der Plastikoberfläche. Anschließend wird die Flüssigkeit abgegossen und der Objektträger in eine Färbewanne gestellt, die mit Verdünnungsflüssigkeit gefüllt ist. Die Färbewanne wird zur Beschleunigung der Auswaschung mehrmals vorsichtig geschwenkt. Anschließend wird die Verdünnungsflüssigkeit aus der Färbewanne abgegossen und die Färbewanne mit 35%igem Formaldehyd gefüllt und 10 min inkubiert. Nach Fixierung mit Formaldehyd werden die Objektträger noch mit Aqua dest. nachgespült. Die Färbung kann sofort im Anschluß an die Fixierung erfolgen, die Objektträger können jedoch im trockenen Zustand aufbewahrt und die Färbung erst später durchgeführt werden.

Färbung. Die Objektträger werden 5 min in 0,1 N $KMnO_4$-Lösung gelegt, anschließend wird mit fließendem Leitungswasser gespült, bis die Farbe vollkommen entfernt ist. Nach nochmaligem Abspülen mit dest. Wasser wird 1 h mit frisch hergestellter Giemsalösung (s. Reagentien) gefärbt, anschließend wieder mit Leitungswasser bis zur vollkommenen Entfärbung gespült und mit Aqua dest. nachgespült. Man läßt die Objektträger anschließend lufttrocknen und beurteilt das Präparat mit dem Mikroskop.

Normalwerte. Normalerweise finden sich in dem Präparat etwa 3% (max. 8%) Riesenformen oder große Ausbreitungsformen, etwa 75% kleine Ausbreitungsformen und 20% (max. 40%) nicht ausgebreitete Thrombozyten (Spinnenformen).

Beurteilung des Tests. Eine relative Zunahme der nicht ausgebreiteten Formen findet sich am stärksten bei der Thrombasthenie, bei erworbener Thrombopathie (Paraproteinämie, Urämie, Osteomyelosklerose) und Bildungsstörungen der Thrombozyten (z.B. bei akuter Leukämie, aplastischer Anämie). Eine relative Zunahme gut ausgebreiteter Formen findet sich bei der chronisch idiopathischen thrombopenischen Purpura und bei der Leberzirrhose.

Der Wert der Methode besteht vor allem darin, daß die Ausbreitungsfähigkeit der Thrombozyten oft der einzige Test ist, mit dem bei Patienten mit Thrombozytopenie die Funktion der Plättchen beurteilt werden kann. Die relative Vermehrung großer Ausbreitungsformen dürfte auf die Gegenwart junger, aktiver Plättchen zurückzuführen sein und findet sich bei Zuständen, bei denen Plättchen in der Zirkulation zerstört und vermehrt nachgebildet werden. Die bei Verminderung der Thrombopoese (Leukämie, aplastische Anämie) vorhandenen nicht ausgebreiteten Formen entsprechen älteren Plättchen. Bei Vorhandensein solcher funktionsgestörter Plättchen ist die Blutungsneigung bei gleicher Thrombozytenzahl deutlich höher.

Plättchenadhäsivität

(Niessner 1972, Modifikation der Methode von Salzmann 1963 und Hellem 1970)

Prinzip. Die Retention von Plättchen in einer Glasperlensäule mit einer definierten Oberfläche wird unter den Bedingungen einer schnellen Blutströmung und in Abwesenheit von Antikoagulantien gemessen.

Reagentien

1. Glasperlensäule: Ein 17 cm langes Stück Polyäthylenschlauch (Fa. Clay Adams, New York, PE 280) mit einem Innendurchmesser von 2,15 mm (Außendurchmesser 3,25 mm) wird mit genau 1 g Glaskugeln mit einem Durchmesser von 0,25–0,30 mm (Fa. Braun, Melsungen, BRD, Katalog-Nr. 54160) gefüllt. Die Glasperlen werden vor Benützung durch 3tägige Dauerspülung mit Leitungswasser gereinigt. Anschließend werden die Kugeln in einem Trockenschrank einige Stunden getrocknet, wobei evtl. zusammengeklebte Kugeln entfernt werden. Die getrockneten Kugeln werden durch ein Haarsieb gesiebt. In den mit Glaskugeln gefüllten Schlauch wird von beiden Seiten je ein ca. 5 cm langer dünnerer Polyäthylenschlauch (Fa. Clay Adams, New York, PE 205, äußerer ϕ 2,08 mm, innerer ϕ 1,57 mm) ungefähr 5 mm vorgeschoben. Um ein Herauspressen der Glaskugeln durch die Blutsäule zu verhindern, wird über die beiden dünneren Schläuche vor dem Einschieben in das dickere Mittelstück ein ca. 12 × 12 mm großes Chiffonstück gestülpt. Nach Bestreichen der überlappenden Schlauchteile mit einem Plastikkleber (Uhu-Plast) werden die beiden Kontaktstellen mit Leukoplast umklebt.

2. Als Pumpe ist am besten eine Infusion/withdrawel-Pumpe (Havard Apparatus & Co., Dover/Mass.) geeignet, deren Geschwindigkeit stufenlos eingestellt werden kann. Es kann jedoch auch jede andere Pumpe verwendet werden, mit der eine Flußgeschwindigkeit von mehr als 6,6 ml/min bei Verwendung einer 10 ml-Spritze erreicht werden kann.

Durchführung des Tests. Nach möglichst sauberer Venenpunktion mit einer 1,2 mm-Kanüle wird 10 ml Blut in einer 10 ml-Einmal-Plastikspritze (Braun, Melsungen, BRD) gewonnen. Von diesem Blut werden 3,6 ml sofort mit 0,4 ml 2%iger EDTA-Lösung in einem Plastikröhrchen gemischt (= Vorwert) und die Spritze mit der restlichen Blutmenge ohne Zusatz von Antikoagulans direkt in die Pumpe eingesetzt und durch eine 1,6 mm-Kanüle mit der Glaskugelsäule verbunden. Das Blut wird mittels einer Pumpe mit einer Flußgeschwindigkeit von 6,6 ml/min (Kontaktzeit 5 s) durch die Glaskugelsäule getrieben. Von dem durch die Glaskugelsäule gepreßten Blut werden wieder exakt 3,6 ml in einem Plastikröhrchen, das 0,4 ml 2%ige EDTA-Lösung enthält, aufgefangen und gut vermischt (= Nachwert). Anschließend erfolgt die Thrombozytenzählung mit dem Phasenkontrastmikroskop in den beiden EDTA-Röhrchen. Die Berechnung der Plättchenadhäsivität erfolgt nach der Formel:

$$\text{Adhäsivität in Prozent} = \frac{\text{Vorwert} - \text{Nachwert}}{\text{Vorwert}} \times 100$$

Normalwert: Retention über 80%.

Probleme und Fehlerquellen
- Von größter Bedeutung ist die Reinigung der Glasperlen. Wichtig ist vor allem, daß die Glasperlen nicht mit Detergentien in Kontakt kommen. Die vorgesehene Menge von Glaskugeln (1 g) muß eine genau 16 cm lange Glasperlensäule ergeben, wodurch gewährleistet ist, daß die Packungsdichte konstant bleibt. Eine ausreichende Packungsdichte kann dadurch erreicht werden, daß die Säule während des Packens wiederholt mit Hilfe eines Waltex-Mixers in senkrechter Position geschüttelt wird.
- Da das Blut nicht antikoaguliert ist, muß die Verarbeitung der Blutprobe möglichst schnell erfolgen. Die Zeit bis zur Beendigung des Tests kann nicht ganz genau standardisiert werden, jedoch sollte der Test spätestens 120 s nach der Blutabnahme beendet sein. Schwankungen der Testzeit zwischen 60 und 120 s beeinflussen das Ergebnis nur unwesentlich.
- Bei der Thrombozytenzählung im Nachwert finden sich gelegentlich Erythrozytenfragmente, die nicht mit Thrombozyten verwechselt werden dürfen. Gelegentlich sind die Thrombozyten im Nachwert leicht aggregiert; derartige Proben dürfen nicht gewertet werden.
- Bei hohem Hämatokrit (über 60%) ist die Methode häufig technisch nicht durchführbar, da die Säule verstopft wird.
- Bei Thrombozytenzahlen über 500.000 ist die Oberfläche der Glaskugelfläche relativ zu klein, so daß wenig Anlagerungsfläche für die Thrombozyten vorhanden ist. Ein verminderter Wert bei Thrombozytenzahlen über 500.000 darf daher nicht als Zeichen einer verminderten Adhäsivität der Thrombozyten aufgefaßt werden.

Aussagekraft. Gewertet werden kann nur eine verminderte Adhäsivität, da bei dem hohen Normalwert eine erhöhte Adhäsivität nicht erfaßt werden kann. Eine verminderte Adhäsivität findet sich:

1. beim von Willebrand-Jürgens-Syndrom. Bei guter Standardisierung des Tests ist die Adhäsivität einer der empfindlichsten Tests zum Nachweis des von Willebrand-

Jürgens-Syndroms. Zur definitiven Diagnose ist jedoch die Bestimmung des Ristocetincofaktors unbedingt erforderlich.

2. Eine starke Verminderung der Adhäsivität findet sich bei der Thrombasthenie. Bei der storage pool disease ist die Adhäsivität häufig, jedoch nicht immer und nicht sehr stark vermindert.

3. Eine starke Verminderung der Adhäsivität findet sich bei der Urämie, wobei sich eine gute Korrelation zu BUN und Kreatinin findet. Bei der Makroglobulinämie ist die Adhäsivität immer, bei anderen Paraproteinämien nur bei einem Teil der Patienten pathologisch.

4. Eine Verminderung der Adhäsivität findet sich auch bei Patienten unter hochdosierter Therapie mit Penicillinderivaten sowie gelegentlich bei Patienten mit Hämophilie und hochdosierter Therapie mit Faktor VIII-Konzentraten.

5. Die Adhäsivität wird nicht beeinflußt durch Aspirin, Indomethacin, Anturan, orale Antikoagulantien und Heparin. Zusatz von Antikoagulantien wie Zitrat und Heparin in vitro zum entnommenen Blut reduziert die Adhäsivität jedoch stark.

Messung der Thrombozytenaggregation (Born 1962)

Prinzip. Die spontane oder durch Zusatz von aggregationsinduzierenden Substanzen ausgelöste Aggregation der Plättchen kann photometrisch dadurch gemessen werden, daß im plättchenreichen Plasma bei Eintreten der Thrombozytenaggregation die Lichtdurchlässigkeit zunimmt. Dieser Vorgang kann in einem Photometer mit angeschlossenem Schreiber kontinuierlich registriert werden. Als quantitatives Maß der Thrombozytenaggregation kann die Schnelligkeit der Lichtdurchlässigkeitszunahme und/oder die maximal erreichte Lichtdurchlässigkeit gemessen werden.

1. Messung der ADP-, Adrenalin-, Thrombin- und Kollagen-induzierten Plättchenaggregation

Reagentien
Plättchenreiches Plasma (PRP). Plättchenreiches Plasma wird folgendermaßen hergestellt: 9 Teile Blut, das durch saubere Venenpunktion mit einer mindestens 1,2 mm-Nadel und nach Verwerfen der ersten 2–3 ml gewonnen wird, werden mit 1 Teil 3,8%-igem Natriumzitrat in Plastik- oder Silikonröhrchen gemischt und 20 min bei 80 g bei Zimmertemperatur zentrifugiert. Der Überstand wird entweder mit silikonisierten oder Plastikpipetten abgehoben und in ein zweites Plastik- oder Silikonröhrchen transferiert. Plättchenreiches Plasma kann zur Bestimmung der Retraktion, der Aggregationsfähigkeit der Thrombozyten mit ADP, Kollagen, Thrombin, Serotonin, Adrenalin oder Ristocetin verwendet werden. Durch Verdünnung mit plättchenarmem Plasma des gleichen Patienten wird die Thrombozytenzahl auf 250 G/l eingestellt. Das plättchenreiche Plasma sollte bei Zimmertemperatur hergestellt und aufbewahrt (und nicht gekühlt) werden. Die Aggregationstests müssen bei Verwendung

von Kollagen, Adrenalin und ADP als aggregationsauslösende Substanzen innerhalb von 2 h (bei Kollagen zwischen 1 und 2 h) nach der Blutabnahme durchgeführt werden.

Aggregationsauslösende Substanzen (Tabelle 44). *Kollagen* (Kollagenreagens, Horm, Hormonchemie München, Kollagenreagens der Firma Stago, Paris, bzw. Boehringer, Mannheim): Bei Verwendung des Kollagenreagens Horm wird die gelieferte Stammlösung am besten zuerst 1:250 und 1:500 mit dem beigegebenen Puffer verdünnt und an dem PRP einer Normalperson getestet. Die Arbeitslösung, die dem Patienten-PRP zugegeben wird, sollte mit Normal-PRP einen Anstieg von 100 mm ergeben. Die dafür notwendige Endkonzentration im Ansatz liegt bei Kollagenreagens Horm zwischen 1–2 µg/ml *ADP* (Fa. Boehringer, Mannheim, Nr. 126 870, Sigma, St. Louis): Eine Stammlösung von 100 µmol wird hergestellt, indem 11,78 mg in 250 ml isotoner NaCl gelöst werden. Die Arbeitslösungen werden durch Verdünnung (1:2,5, 1:5 und 1:10) der Stammlösung mit isotoner NaCl hergestellt. Die Stammlösung kann bei $-60°C$ 3–6 Monate ohne Aktivitätsverlust aufbewahrt werden. Endkonzentration im Ansatz 0,5–2 µmol. *Adrenalin* (Suprarenin Amp. der Fa. Höchst; Sigma, St. Louis). Es wird eine Stammlösung hergestellt, indem 730 µl der Ampulle in 20 ml isotoner NaCl gelöst werden (200 µmol). Arbeitslösungen: unverdünnt, 1:2, 1:4-Verdünnung. Endkonzentration im Ansatz 2,5–10 µmol. Thrombin (Endkonzentration 0,15 E/ml).

Photometer (Aggregometer). Geeignete Aggregometer werden von einer Reihe von Firmen angeboten (Fa. Fresenius, Universalaggregometer nach Breddin, Zusatz zum Eppendorf-Photometer, Payton, Coulter u.a.).

Durchführung (Zweikanalaggregometer der Fa. Fresenius). Es wird zunächst plättchenarmes Plasma des Patienten in die Cuvette gegeben und die Basislinie auf 100% eingestellt. Dann wird 0,4 ml plättchenreiches Plasma in die Cuvette gefüllt, der Rührer eingebracht und das Rührwerk eingeschaltet. Nach etwa 2 min Rühren (zum Anwärmen der PRP) werden 20 µl der aggregationsauslösenden Substanz zugegeben und die Ver-

Tabelle 44. Normale Aggregationskurven bei Verwendung verschiedener Konzentrationen von Aggregationsinduktoren (nach Weiss 1977, mod.)

Auslöser	Endkonzentration	Kurvenform bei Normalpersonen
ADP	0,5–2 µmol	1. Eine Welle mit nachfolgender Desaggregation (niedrige Konzentration) 2. Zwei Wellen (mittlere Konzentration) 3. Große Welle ohne Desaggregation (hohe Konzentration)
Adrenalin	2,5–10 µmol	1. Eine Welle mit Desaggregation bei niedriger Konzentration 2. Biphasische Kurve bei höherer Konzentration (1. Welle klein)
Kollagen	1–2 µg/ml [a]	Eine Welle, Latenzzeit bis zum Eintritt der Aggregation
Thrombin	0,15 E/ml	Eine Welle, anschließend Gerinnung
Ristocetin	1–2 mg/ml	Eine Welle (gelegentlich zwei Wellen bei niedriger Konzentration

[a] Hormonkollagen

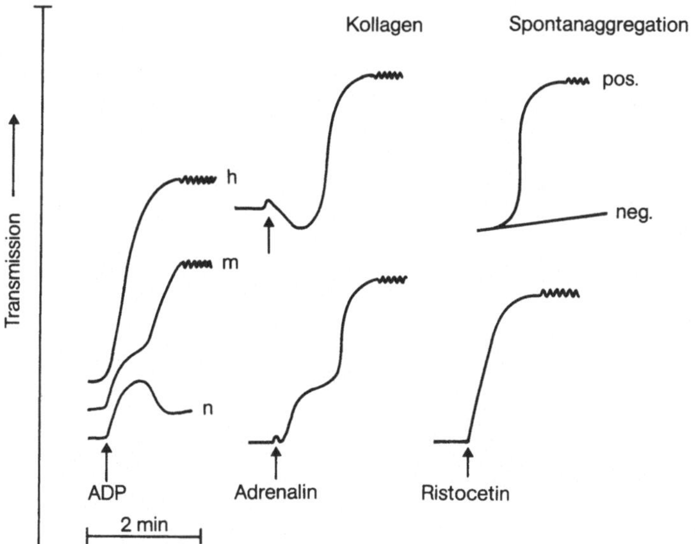

Abb. 19a. Typische Aggregationskurven nach Zusatz von verschiedenen Konzentrationen von ADP (*n* = niedrige Konzentration, *m* = mittlere Konzentration, *h* = hohe Konzentration), Adrenalin, Kollagen und Ristocetin zu plättchenreichem Plasma. Bei der Messung der Spontanaggregation wird im gleichen System kein auslösendes Agens zugegeben

änderung der Transmission mit dem Recorder kontinuierlich aufgezeichnet (Abb. 19a) (Papiergeschwindigkeit 30 mm/min). Die Aggregationskurve wird etwa 10 min lang aufgezeichnet.

Berechnung der Ergebnisse. Für jede Konzentration des aggregationsauslösenden Agens wird die maximale Aggregationsgeschwindigkeit (slope) in mm und die maximale Aggregation in % Transmissionsänderung angegeben. Die maximale Aggregationsgeschwindigkeit wird in der in Abb. 19b angegebenen Weise berechnet.

Ferner muß festgehalten werden:
— bei Kollagen-induzierter Aggregation: Latenzzeit bis zum Beginn der Aggregation,
— bei ADP und Adrenalin: Auftreten einer zweiten Welle und evtl. Desaggregation.

Probleme und Fehlerquellen

1. Prinzipielle Probleme
— Eine Interpretation des Ergebnisses ist nur dann möglich, wenn genaue Informationen über die Medikamenteneinnahme des Patienten vorhanden sind, insbesondere bezüglich der Einnahme von Aspirin und nicht-steroidalen Antirheumatika.
— Die Reproduzierbarkeit der Ergebnisse ist nicht sehr gut. Kleinere Unterschiede oder Abweichungen dürften nicht oder nur mit großer Vorsicht interpretiert werden.
— Bei Störungen der kollageninduzierten Aggregation kann der Defekt oft nur bei niedrigen Kollagenkonzentrationen nachgewiesen werden. Um Störungen der

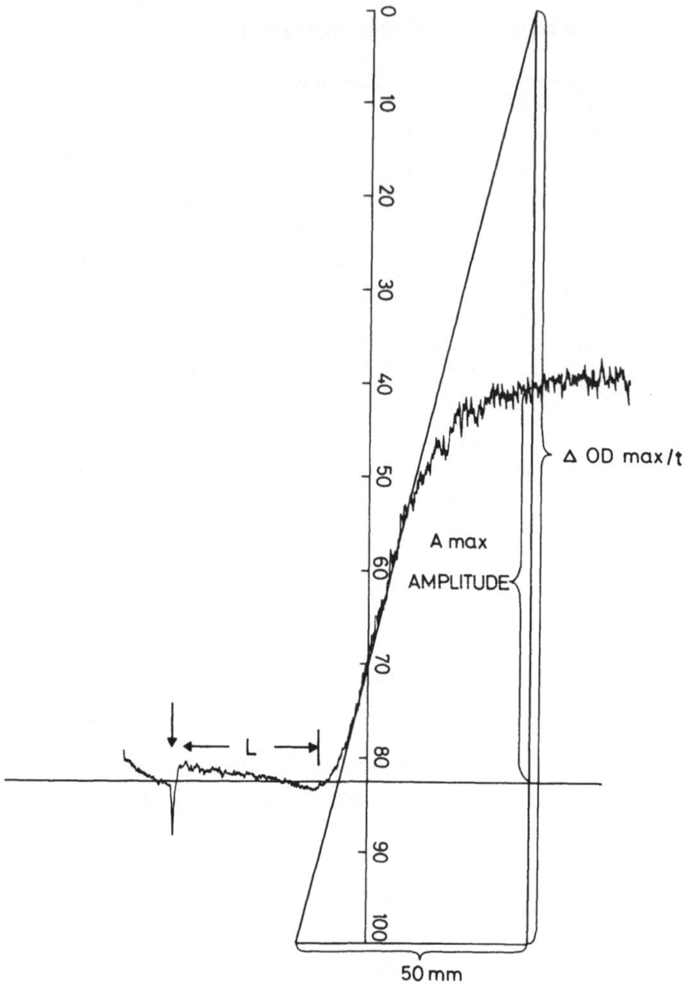

Abb. 19b. Auswertung von Aggregationskurven (am Beispiel der Kollagen-induzierten Aggregation). *L*, lag-Phase von der Zugabe des Kollagens bis zum Anstieg der Kurve. Die maximale Anstiegsgeschwindigkeit (max ΔOD/t) wird berechnet, indem eine Tangente im steilsten Teil der Kurve angelegt und ein Dreieck gebildet wird, dessen Basislinie 50 mm beträgt. Die maximale Amplitude *(A_{max})* ist die Entfernung der Basislinie zum maximalen Ausschlag der Aggregationskurve (in mm)

Kollagenaggregation zu erfassen, ist es daher empfehlenswert, jene Konzentration von Kollagen anzugeben, bei der eine bestimmte Stärke der Aggregation erreicht wird.

2.　Technische Probleme

– Um verwertbare Ergebnisse zu erhalten, müssen die Bedingungen sorgfältigst konstant gehalten werden, insbesondere muß die Zeit von der Blutentnahme bis zum Testbeginn möglichst konstant gehalten werden (Testbeginn möglichst innerhalb von 2 h).

- Die Temperatur spielt für das Ergebnis eine große Rolle. Eine zweite Welle kann nur bei einer Temperatur von 37°C beobachtet werden.
- Die Rührgeschwindigkeit beeinflußt das Ergebnis. Sie sollte um 1200 g/min liegen (Gerät von Fresenius: 1400 g/min).
- Die Plättchenzahl muß konstant gehalten werden (am besten ca. 250 G/l).
- Das Plasma darf nicht lipämisch sein.

Interpretation der Ergebnisse. Die verschiedenen Störungen der Aggregation sind in Kapitel 6 und Tabelle 20 angeführt.

2. Spontanaggregation

Als Spontanaggregation bezeichnet man die Fähigkeit der Plättchen mancher Patienten, auch ohne Zusatz eines aggregationsauslösenden Agens nur bei Rühren zu aggregieren.

Durchführung. Plättchenreiches Plasma (250 G/l) wird in eine Plastikcuvette gegeben und im Universalaggregometer von Breddin bei einer Rührgeschwindigkeit von 1400 U/min bei 37°C gerührt. Das Photometer wird zunächst gegen das plättchenarme Plasma des Patienten geeicht und nach Einsetzen des plättchenreichen Plasmas auf 100% Transmission eingestellt. Papiergeschwindigkeit 120 mm/h. Man registriert die Aggregationskurve mindestens 10 min, max. 30 min.

Beurteilung. Normalerweise kommt es nach 10minütigem Rühren nur zu einer minimalen Zunahme der Transmission (weniger als 10%). Nimmt die Transmission mehr als 10% zu, kann der Test als pathologisch angesehen werden. Bei manchen Patienten, insbesondere mit myeloproliferativen Erkrankungen, kann es nach einer kurzen Latenzzeit zu einer sehr schnellen Zunahme der Transmission bis auf 0 kommen. Eine Spontanaggregation findet man bei manchen Patienten mit myeloproliferativen Erkrankungen (Wu 1978), wobei sich als klinisches Korrelat die sogenannten blue toes (Vreeken u. Aken 1971) finden. Eine erhöhte Spontanaggregationsneigung wurde auch bei Patienten mit transitorischen ischämischen Attacken (Ten Cate 1977) und Patienten mit Venenthrombose (Wu 1976) gefunden. Während eine stark erhöhte Spontanaggregation klinisch Bedeutung haben dürfte, muß noch geklärt werden, ob eine leicht erhöhte Spontanaggregation einen klinisch relevanten Befund darstellt.

3. Rotationsinduzierte Spontanaggregation der Plättchen
(PAT III nach Breddin et al. 1975)

Für die Durchführung dieses Tests ist ein spezieller Zusatz zu einem Eppendorf-Photometer erforderlich, der als wesentlichen Bestandteil eine rotierbare Scheibencuvette enthält, in die das plättchenreiche Plasma eingefüllt wird.

Durchführung. Es wird Zitratblut in der üblichen Weise gewonnen und dieses etwa 1 h stehengelassen. Anschließend wird aus dem Zitratblut in der üblichen Weise plättchenreiches Plasma gewonnen und dieses abgehoben. 0,6 ml plättchenreiches Plasma werden in die Scheibencuvette eingesetzt und die Cuvette in Rotation versetzt. Das Photometer wird gegen Luft geeicht und auf eine Transmission von 90% eingestellt. Die Lichtdurchlässigkeit während der Rotation wird photometrisch kontinuierlich über 10 min verfolgt (Schreibergeschwindigkeit 600 mm/h). Die Auswertung der Kurve erfolgt wie in Abb. 20 angegeben.

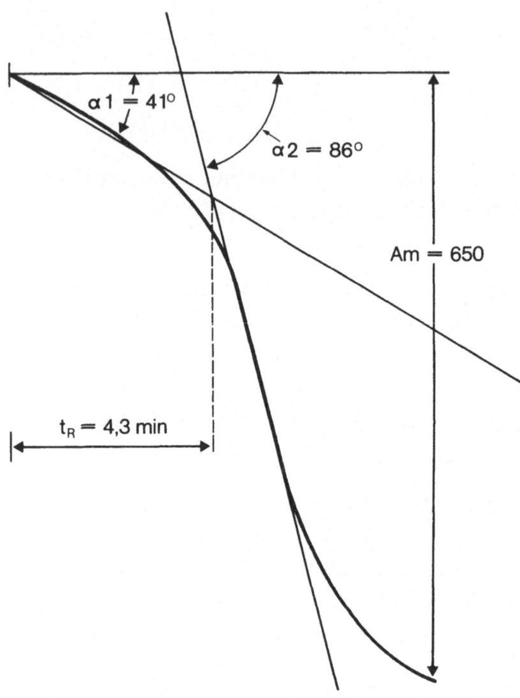

Abb. 20. Auswertung der PAT III-Kurve. Der Winkel α_1 ist der Winkel zwischen der Waagrechten und der Tangente vom Beginn der Registrierung bis zum steilsten Abfall der Aggregationskurve. Winkel α_2 (maximale Aggregationsgeschwindigkeit) ist der Winkel zwischen der Tangente zum maximalen Abfall der Kurve und der Waagrechten. Die Zeit t_R ist die Zeit vom Beginn der Rotation bis zum Beginn der maximalen Aggregation (Schnittpunkt von α_1 und α_2). A_m (Maximalamplitude) ist die Distanz von der Waagrechten bis zum Ende der Kurve. Diese Distanz hängt weitgehend von der Ausgangstrübung und Plättchenzahl ab

Beurteilung des Tests. Dieser Test ist nicht geeignet zur Abklärung von hämorrhagischen Diathesen, kann aber im beschränkten Ausmaß eine Aussage über eine erhöhte Aggregationsneigung der Plättchen geben. Bei Normalpersonen findet sich bei etwa 20% eine Aggregation, wobei mit zunehmendem Alter der Anteil von „Normalpersonen" mit „pathologischem" Test zunimmt. Eine hohe Inzidenz eines pathologischen PAT findet man bei Patienten mit schwerer Arteriosklerose, Diabetes mellitus und Herzinfarkt (Breddin et al. 1975). Einen pathologischen Test findet man jedoch auch häufig bei Frauen, die Kontrazeptiva einnehmen. Die Tatsache, daß auch bei vielen „Normalpersonen" der Test pathologisch ausfällt, schränkt seine Aussagekraft für den Einzelfall erheblich ein. Es wird derzeit geprüft, ob ein pathologischer Ausfall dieses Tests als ein unabhängiger Risikofaktor für thrombotische Erkrankungen im arteriellen System angesehen werden kann (Ziemen et al. 1980).

Kapitel 12

Fibrinolysetests und Tests zum Nachweis von löslichem Fibrin

Euglobulinlysiszeit (Chakrabarti u. Fearnley 1962)

Prinzip. Die fibrinolytische Aktivität einer Plasmaprobe wird in einem inhibitorarmen Milieu getestet, wobei die Abtrennung der Fibrinolyseinhibitoren vom Plasminogenaktivator und Fibrinogen durch Euglobulinfällung erfolgt.

Reagentien
Zitratplasma. Blut wird im Verhältnis 1:5 (!) mit 3,8%igem Natriumzitrat in einem schon vorgekühlten Plastikröhrchen gemischt und sofort in schmelzendem Eis gekühlt. Das Blut bleibt zunächst 15 min bei + 4°C stehen und wird dann 20 min bei 3000 g und 4°C abzentrifugiert. Nach der Zentrifugation wird das Röhrchen bis zur weiteren Verarbeitung des Plasmas in einem Eisbad gekühlt.

Verdünnte Essigsäure. 7,5 ml Aqua bidestillata werden mit 0,17 ml einer 1%igen Essigsäure versetzt und auf + 4°C gekühlt.

Phosphatpuffer, pH 7,6, 0,1 molar.

Thrombin. Stammlösung (1000 E/ml): 1 Flasche Topostasin (Roche) wird mit 1,5 ml 0,15 mol Kochsalzlösung versetzt. Nach Lösen des lyophilisierten Pulvers wird 1,5 ml Glyzerin zugesetzt und die Mischung bei − 20°C tiefgefroren. Gebrauchslösung (20 E/ml): 0,1 ml Stammlösung wird mit 4,9 ml 0,1 mol Phosphatpuffer, pH 7,6, versetzt (kühl halten).

Durchführung des Tests. 0,5 ml Zitratplasma wird zur verdünnten eisgekühlten Essigsäure, die in 11 X 1,5 mm messenden Glasröhrchen vorpipettiert wird, zugegeben, das Röhrchen mit Parafilm verschlossen und mehrmals vorsichtig gekippt. Anschließend wird das Röhrchen 10 min in schmelzendem Eis aufbewahrt. Es bildet sich ein Präzipitat, das 5 min bei 2000 g abzentrifugiert wird. Der Überstand wird abgegossen und anschließend das Röhrchen umgekehrt auf ein Filterpapier gestellt, damit der Rest des Überstandes abfließen kann. Anschließend wird 1 ml 0,1 mol Phosphatpuffer, pH 7,6, zugefügt und der Bodensatz mit einem Glasstab vorsichtig aufgerührt. Das Röhrchen wird anschließend sofort wieder in das Eisbad gestellt. Dann wird 0,1 ml Thrombin (20 E/ml) zugesetzt und das Röhrchen bei 4°C 5 min stehengelassen, bis sich ein Gerinnsel gebildet hat. Wenn sich das Gerinnsel gebildet hat, wird das Röhrchen in ein Wasserbad von 37°C gebracht und die Zeit gemessen, bis sich das Gerinnsel vollkommen aufgelöst hat.

Normalwert: 2−12 h.

Bemerkungen zur Technik. Um reproduzierbare Werte zu bekommen, ist es außerordentlich wichtig, die geschilderte Technik sorgfältigst einzuhalten. Insbesondere muß beachtet werden, daß bei der Gewinnung der Probe eine höhere Zitratkonzentration verwendet wird und bis zur Bildung des Gerinnsels sämtliche Prozeduren bei + 4° C durchgeführt werden müssen. Fibrinolyseaktivator ist außerordentlich wärmeempfindlich, so daß es bei Arbeiten bei höheren Temperaturen zu einem Verlust von Aktivatoraktivität kommt.

Interpretation der Euglobulinlysiszeit

1. Zuverlässige und interpretierbare Werte können nur erhalten werden, wenn die Technik sorgfältig standardisiert ist.

2. Die fibrinolytische Aktivität des Blutes, gemessen mit der Euglobulinlysiszeit, zeigt eine zirkadiane Schwankung in dem Sinne, daß die fibrinolytische Aktivität in der Frühe am geringsten ist, im Laufe des Tages zunimmt und gegen Ende des Tages am stärksten ist. Eine Interpretation von Befunden ist daher nur möglich, wenn die Tageszeit der Blutabnahme genau bekannt ist.

3. Die Lysiszeit des Gerinnsels hängt einerseits von der Menge des vorhandenen Plasminogenaktivators, dessen Aktivität gemessen werden soll, aber auch von der Fibrinogenkonzentration ab. So kommt es bei niedriger Fibrinogenkonzentration zur Bildung von nur kleinen Gerinnseln, die sich dementsprechend rascher lösen, während bei sehr hohen Fibrinogenkonzentrationen bei gleicher Aktivatorkonzentration die Lyse längere Zeit dauert.

4. Verkürzung der Euglobulinlysiszeit. Die Euglobulinlysiszeit ist stark verkürzt bei Patienten unter Streptokinase- oder Urokinasetherapie, wobei neben der erhöhten Konzentration von Aktivator auch die meist verminderte Fibrinogenkonzentration zur Verkürzung der Euglobulinlysiszeit beiträgt. Verschiedene Substanzen wie Phenformin, orale Antidiabetika und Kortison führen zu einer mäßigen Verkürzung der Euglobulinlysiszeit. Die Euglobulinlysiszeit ist gut geeignet zur Messung der Wirksamkeit oraler Fibrinolytika, wobei jedoch die spontanen zirkadianen Schwankungen der fibrinolytischen Aktivität bei der Beurteilung in Betracht gezogen werden müssen.

5. Verlängerung der Euglobulinlysiszeit: Eine Verlängerung der Euglobulinlysiszeit wurde bei verschiedenen, mit thromboembolischen Komplikationen einhergehenden Erkrankungen wie Diabetes, Hypertriglyceridämie sowie bei Patienten mit thrombotischen Erkrankungen (Venenthrombosen, Herzinfarkt, arterielle Verschlußkrankheit) gefunden. Wichtiger als der Nachweis einer verlängerten Euglobulinlysiszeit ist jedoch der Befund, daß sich bei manchen dieser Patienten eine zirkadiane Schwankung der fibrinolytischen Aktivität (Zunahme im Laufe des Tages) nicht nachweisen läßt.

Messung der fibrinolytischen Aktivität mit Fibrinplatten (Standardplatten)
(modifiziert nach Astrup u. Müllertz 1952)

Prinzip. Die fibrinolytische Aktivität wird dadurch gemessen, daß die Probe auf eine Fibrinplatte aufgebracht wird und die Größe des entstehenden Lysehofes als Maß der fibrinolytischen Aktivität verwendet wird.

Reagentien
- Phosphatpuffer, pH 7,2, Stammpuffer 0,2 mol.
- Fibrinogen: 1 g Humanfibrinogen wird aufgelöst, indem 100 ml auf etwa 30°C angewärmtes Aqua dest zugegeben wird. Anschließend werden 80 ml Aqua dest. und 20 ml 0,2 mol Phosphatpuffer, pH 7,2, zugefügt. Die Lösung des Fibrinogens wird durch leichtes Drehen der Flasche beschleunigt. Die 0,5%ige Fibrinogenlösung wird in Plastikröhrchen zu 5 ml abgefüllt und ist bei $-20°C$ über Monate stabil.
- Cialit, 0,1 g/dl.
- Thrombin, 300 E/ml (diese Lösung wird aus einer Stammlösung von 1000 E/ml hergestellt, die unter Zusatz von Glyzerin eingefroren wird).
- Agarose (0,8 g Agarose werden in 50 ml Aqua dest aufgelöst).
- Petrischalen (Plastik).

Herstellung der Fibrinplatten. Eine 7×7 cm messende Plastikpetrischale wird leicht schräg gestellt, indem sie an einem Ende auf den Deckel der Petrischale aufgelegt wird. Am tieferliegenden Ende der Petrischale wird in dieser Reihenfolge 0,2 ml Cialit, 5 ml Fibrinogenlösung (auf 37°C erwärmt) und 5 ml 1,6%ige Agarose (auf 50°C erwärmt), eingefüllt. Am oberen Ende der Petrischale werden, getrennt von den bisher genannten Reagentien, 20 μl Thrombin (300 E/ml) aufgetragen und dann der Inhalt der Petrischale durch vorsichtiges Rotieren durchgemischt. Es entsteht eine opake, gleichmäßige Schicht, die den Boden der Petrischale gedeckt. Diese Platten sind bei 4°C etwa 14 Tage haltbar.

Durchführung des Tests. In die Fibrinplatte werden zirkuläre Löcher von 3 mm Durchmesser gestanzt und die zu untersuchende Probe (8 μl) in die Löcher eingefüllt. Die Platten werden dann 24 h bei 37°C inkubiert und die Ablesung vorgenommen.

Auswertung. Es werden zwei senkrechte, aufeinanderstehende Durchmesser des Lysehofes gemessen und die Werte multipliziert (Angabe in mm^2).

Interpretation. Die Größe des Lysehofes ist parallel zur Aktivität des Plasminogenaktivators, aber auch von evtl. vorhandenem Plasmin. Normalerweise findet sich bei Auftragung von Plasma keine oder nur sehr geringe Aktivität, jedoch läßt sich bei Aufbringen des Euglobulinpräzipitates auf die Fibrinplatte auch bei Normalpersonen eine fibrinolytische Aktivität nachweisen. Eine erhöhte fibrinolytische Aktivität bei Aufbringung von Euglobulinpräzipitat, aber nicht von Plasma, findet sich nach Venenokklusion und nach Einwirkung bestimmter Medikamente wie Nikotinsäure und DDAVP.

Eine erhöhte fibrinolytische Aktivität im Plasma findet sich bei fibrinolytischer Therapie mit Streptokinase und Urokinase. Die Fibrinplatte kann auch verwendet werden, um Aktivitätsbestimmungen von Urokinase und Streptokinase in vitro durchzuführen.

Die Bestimmung der fibrinolytischen Aktivität auf der Fibrinplatte ergibt ähnliche Ergebnisse wie die Euglobulinlysiszeit. Der Vorteil der Fibrinplatte besteht jedoch darin, daß das Ergebnis unabhängig von der Fibrinogenkonzentration im Plasma des Patienten ist und fibrinolytische Substanzen auch in Abwesenheit von Fibrinogen direkt gemessen werden können.

Bestimmung der Fibrin(ogen)-Spaltprodukte (Fibrin Degradation Products, FSP, FDP)

1. Hämagglutinationshemmtest (modifiziert nach Merskey et al. 1969)

Prinzip. Die Bestimmung der Konzentration der Fibrin(ogen)-Spaltprodukte erfolgt mittels Hämagglutinationshemmtechnik, wobei die Hemmung der Hämagglutination von Fibrinogen-geladenen Erythrozyten durch ein Antifibrinogen-Antiserum gemessen wird.

Reagentien

1. 0,15 mol Phosphatpuffer, pH 6,47. Herstellung: Lösung A: 9.078 g KH_2PO_4 werden in 1000 ml dest. Wasser gelöst. Lösung B: 11,876 g $Na_2HPO_4 \cdot 2H_2O$ werden in 1000 ml heißem Aqua dest. gelöst. 7 Teile Lösung A werden mit 4 Teilen der Lösung B gemischt und das pH gegebenenfalls durch Zusatz von KH_2PO_4 oder NaH_2PO_4-Lösung auf 6,47 eingestellt. Vor Gebrauch wird der Puffer mit 0,9%igem NaCl im Verhältnis 1:1 verdünnt (= Gebrauchspuffer).

2. Albumin-Puffer 2%: 0,5 g Rinder-Albumin werden in 25 ml „Gebrauchspuffer" gelöst. Dieser Puffer muß jeden Tag frisch zubereitet werden.

3. Albumin-Puffer 0,25%: Der 2%ige Albumin-Puffer wird 1:8 in Gebrauchspuffer verdünnt.

4. Fibrinogen-beladene Erythrozyten (erhältlich von Fa. Immo, Wien, in lyophilisierter Form, jahrelang haltbar). Glutaraldehyd-stabilisierte Erythrozyten werden in 20fachem Volumen NaCl suspendiert (z.B. 0,5 ml Erythrozytenpulver in 10 ml NaCl) und 5 min bei 2000 g zentrifugiert. Nach der Zentrifugation wird der Überstand dekantiert und das Erythrozytensediment 1:1 mit physiologischer Kochsalzlösung verdünnt (= 50%ige Erythrozytensuspension). 1 Teil 50%ige Erythrozytensuspension wird mit 1 Teil 0,1%iger $CrCl_3$-Lösung in physiologischer Kochsalzlösung und 1 Teil 1:50 verdünntem normalem Humanplasma 5 min bei Zimmertemperatur unter leichtem Schwenken inkubiert und anschließend 5 min bei 2000 g zentrifugiert. Die Erythrozyten werden mit 20fachem Volumen einer 0,9%igen Kochsalzlösung 5mal gewaschen, wobei jeweils 5 min bei 2000 g zentrifugiert wird (beladene Erythrozyten-Stammsuspensionen). Die Stammerythrozytensuspensionen werden in 0,25%igem Albuminpuffer so verdünnt, daß eine 4%-Suspension entsteht (z.B. 0,5 ml Erythrozytenstammsuspension in 32 ml 0,25%

Albuminpuffer). Diese Suspension ist bei +4°C 4 Wochen haltbar. Die Erythrozyten müssen deutlich schlieren.

5. Antifibrinogenserum: Das Antifibrinogenserum (Fa. Behring-Werke) wird zunächst 1:3,5 in 0,9%igem NaCl verdünnt und diese Verdünnung weiter 1:100 in verdünntem Gebrauchspuffer verdünnt, so daß eine Endverdünnung von 1:350 resultiert.

6. Standard-Humanplasma (Behring-Werke), Endverdünnung 1:40 mit Aqua dest.

7. Probengewinnung: 1 Teil einer Thrombin-Trasylol-Mischung (250 E Thrombin/ ml und 20.000 E Trasylol/ml) wird mit 9 Teilen Blut rasch gemischt. Es kommt zur sofortigen Gerinnung. Das Gerinnsel wird 1 h bei 37°C inkubiert und anschließend 15 min bei 2500 g zentrifugiert. Das überstehende Serum kann entweder gleich weiter verarbeitet werden oder wird bei −20°C aufbewahrt.

Durchführung des Tests

1. Antiserumvorversuch. Der Test wird auf einer Mikrotiterplatte durchgeführt, wobei folgende Mischungen hergestellt werden:

Zu 0,025 ml Antifibrinogenserum-Verdünnung in 2% Albuminpuffer (1:10, 1:20, ... bis 1:1280) werden
0,025 ml 2% Albuminpuffer und anschließend
0,025 ml Erythrozytensuspension zugegeben und durch Rotieren der Platte gemischt.

Bei der Pufferkontrolle darf keine Agglutination eintreten. Es wird festgestellt, welche Antifibrinogenserumkonzentration die Erythrozyten gerade noch agglutiniert. Die vierfache Konzentration des Antiserums wird anschließend für den eigentlichen Test verwendet.

2. Durchführung des Tests mit Patientenserum. Auf einer Mikrotiterplatte wird eine Serienverdünnung des zu untersuchenden Serums von unverdünnt bis 1:1024 in 2%igem Albuminpuffer hergestellt. Zu jeder Verdünnung werden 0,025 ml der auf Grund des Vorversuches gewählten Antiserumverdünnung zugegeben und die Mischung 1 h bei 4°C inkubiert. Anschließend wird zu jeder Probe 0,025 ml der 4%igen Erythrozytensuspension hinzugegeben und die Mischung bei Zimmertemperatur stehengelassen. Die Ablesung erfolgt nach 24 h. Gleichzeitig mit den Serumproben wird eine Verdünnungsreihe des Standardhumanplasma (1:40) in gleicher Weise getestet. Außerdem werden als weitere Kontrolle 0,025 ml Patientenserum, 0,025 ml 2%iger Albuminpuffer und 0,025 ml 4%ige Erythrozytensuspension inkubiert. Die Ablesung erfolgt in der Weise, daß jene Titerstufe des Patientenserums, die noch keine Agglutination zeigt, angegeben wird (Abb. 21).

3. Berechnung des Ergebnisses. Die Bestimmung wird in gleicher Weise wie mit dem Patientenserum mit einer Probe mit bekanntem Fibrinogengehalt durchgeführt (Standardhumanplasma, Lösung von gereinigtem Fibrinogen) und festgestellt, bei welcher Verdünnung der Fibrinogenlösung gerade keine Agglutination auftritt. Die Berechnung der Fibrinogenkonzentration in dieser Verdünnung erfolgt nach der Formel

$$\frac{\text{Fibrinogen der Testlösung in } \mu g/ml}{\text{Verdünnung des Testfibrinogens}}$$

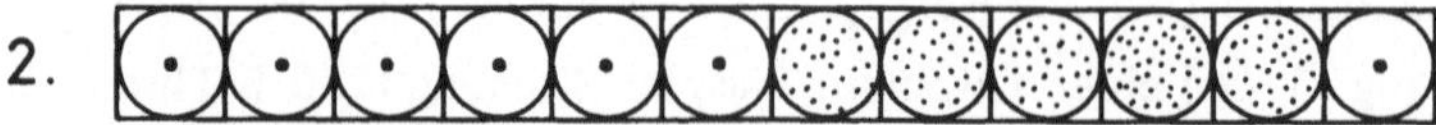

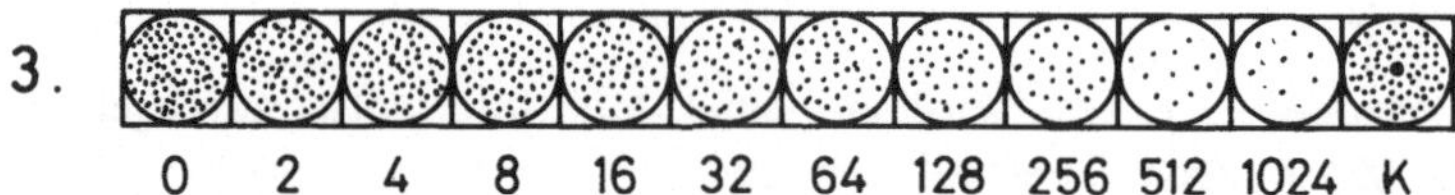

0   2   4   8 16 32 64 128 256 512 1024 K

Abb. 21. Ablesung der Agglutination auf einer Mikrotiterplatte bei Bestimmung der FDP mit dem Hämagglutinationshemmtest nach Merskey. *1.* Die gesamte Verdünnungsreihe, mit Ausnahme des Kontrollansatzes, zeigt agglutinierte Erythrozyten: Die FDP-Konzentration in der Probe ist unterhalb der Nachweisbarkeitsgrenze der Methodik (in der Regel unter 2 μg/ml); *2.* Die Probe ist bis zur Verdünnung 1:32 nicht agglutiniert (FDP erhöht); *3.* Es findet sich auch im Kontrollansatz *(K)* eine Agglutination. In diesem Fall ist eine Bestimmung der FDP mit dieser Methode nicht möglich (unspezifische Agglutination)

Beispiel: Standardplasma hat 240 mg% Fibrinogen (= 2400 μg/ml) und ergibt bei einer Verdünnung von 640 gerade keine Agglutination.

$$\text{Fibrinogenkonzentration} = \frac{2400 \ \mu\text{g/ml}}{640} = 3,75 \ \mu\text{g/ml}$$

Ergibt das zu testende Patientenserum bei einer Verdünnung von 1:4 gerade keine Agglutination, ist die Fibrin(ogen)-Antigenkonzentration in dieser Verdünnung ebenfalls 3,75 μg/ml und im unverdünnten Patientenserum 4 $\times$ 3,75 μg/ml = 15 μg/ml.

Bemerkungen zur Technik und Fehlerquellen. Die beschriebene Methode ist außerordentlich zuverlässig, erfordert jedoch sorgfältiges Arbeiten, eine genaue Beachtung aller technischen Details und eine längere Einarbeitungszeit. Die größten Schwierigkeiten für den Ungeübten bestehen darin, den Übergang von agglutinierten zu nicht agglutinierten Erythrozyten zu erkennen. Dieser Übergang ist nicht immer ganz scharf, und man muß sich durch entsprechende Übung auf ein bestimmtes Agglutinationsmuster festlegen, das man als Grenze zwischen agglutiniert und nicht agglutiniert annimmt.

Fehler bei der Durchführung der Methodik können entstehen durch:

1. Mangelhafte Beladung der Erythrozyten mit Fibrinogen oder durch zu geringe Aktivität des Antifibrinogenserums.

2. Bestimmte Patientenseren zeigen eine unspezifische Agglutination (nach unserer Erfahrung vor allem bei Patienten mit Tumoren), die ein Ablesen des Ergebnis-

ses nicht möglich macht. Man darf eine derartige unspezifische Agglutination nicht mit der spezifischen Agglutination durch das Antiserum verwechseln, wodurch ein falscher Befund vorgetäuscht werden kann. Die unspezifische Agglutination ist am deutlichsten bei der unverdünnten Serumprobe, wird bei weiterer Verdünnung geringer und kann auch im Kontrollansatz erkannt werden.

3. Falsche Werte können auch bei mangelhafter Aufbereitung der Serumprobe entstehen, wenn z.B. keine komplette Gerinnung des Blutes stattgefunden hat und noch Reste von Fibrinogen im Serum vorhanden sind. In diesem Fall wird ein zu hoher Wert von Fibrinogen-Spaltprodukten vorgetäuscht.

Interpretation der Ergebnisse.
1. Mit der beschriebenen Methode werden alle Proteine erfaßt, die eine Reaktion mit dem Antifibrinogenserum eingehen, das sind Fibrinogen, die großmolekularen Fibrinogen-Fibrinspaltprodukte X und Y; in geringerem Maß wird auch Fragment D, in sehr geringem Ausmaß Fragment E erfaßt.

2. Die normale Konzentration von Fibrin-Fibrinogenspaltprodukten im Serum beträgt $0-10\,\mu g/ml$.

3. Eine Erhöhung von Fibrin-Fibrinogenspaltprodukten findet man bei systemischer primärer oder sekundärer Fibrinolyse wie bei fibrinolytischer Therapie mit Streptokinase, Urokinase, bei Therapie mit Arwin und Defibrase sowie sehr häufig bei Patienten mit disseminierter intravasaler Gerinnung und sekundärer Fibrinolyse. Eine erhöhte Konzentration von Fibrin-Fibrinogenspaltprodukten mit der Hämagglutinationshemmtechnik findet man jedoch auch dann, wenn Fibrinogen oder Fibrin durch proteolytische Fermente anderer Art gespalten wird, wie das in Pleuraergüssen oder im Ascites der Fall ist. In solchen Fällen darf eine erhöhte Konzentration von FDP nicht als Ausdruck einer Hyperfibrinolyse angesehen werden.

4. Eine gesteigerte fibrinolytische Aktivität, z.B. nach körperlicher Aktivität, Venenokklusion, nach Verabreichung von Fenformin, Antidiabetika und Kortison geht im allgemeinen nicht mit einer Zunahme der FDP einher, obwohl die fibrinolytische Aktivität, gemessen mit der Euglobulinlysiszeit, genau so kurz sein kann wie bei Streptokinase- oder Urokinasetherapie.

Das Hauptanwendungsgebiet der FDP-Bestimmung ist die Erkennung von Zuständen primärer oder sekundärer Fibrinolyse, vor allem der Verbrauchskoagulopathie mit sekundärer Fibrinolyse. Die Hämagglutinationshemmtechnik ist als Akutbestimmung in der beschriebenen Form nicht geeignet, da das Ergebnis erst nach 24 h zur Verfügung steht. Sie ist aber sehr gut geeignet, um Verlaufskontrollen bei Patienten mit Verbrauchskoagulopathien und sekundärer Hyperfibrinolyse durchzuführen. Die FDP-Bestimmung ist als Routinemethode bei der Kontrolle der fibrinolytischen Therapie nicht erforderlich, da im allgemeinen die Fibrinogenbestimmung und die Bestimmung der Thrombin- und Reptilasezeit eine ausreichende Information zur Kontrolle der Therapie ermöglichen.

2. Andere Methoden zur Bestimmung der Fibrin(ogen)-Spaltprodukte

a) Immunologische Methoden

— Die radiale Immundiffusion ist zum Nachweis von Fibrin-Fibrinogenspaltprodukten zwar im Prinzip geeignet, jedoch außerordentlich unempfindlich, so daß sie in der Praxis keine Bedeutung erlangt hat.

— Die Laurell-Technik ist wesentlich empfindlicher als die radiale Immundiffusion (Nilehn 1967), aber doch unempfindlicher als der Hämagglutinationshemmtest. Mit Hilfe der Laurell-Technik kann im allgemeinen keine Präzipitation mit Normalseren erreicht werden, so daß nur in Seren mit erhöhtem Gehalt an FDP meßbare Werte erhalten werden. Ein entscheidender Nachteil der Laurell-Technik liegt in der Tatsache, daß die verschiedenen Fibrin-Fibrinogenspaltprodukte eine unterschiedliche Wanderungsgeschwindigkeit haben und dadurch vor allem bei hohen Spaltproduktkonzentrationen mehrere Präzipitationslinien auftreten, wodurch eine korrekte Ablesung oft nicht möglich ist.

— Hingegen ist die zweidimensionale Elektrophorese in antikörperhaltigem Gel zur Charakterisierung von auftretenden Spaltprodukten gut geeignet (Stych et al. 1972).

— Nephelometrische Methoden (Lasernephelometer) haben den Vorteil des geringen Bedarfs an Serum und Antiserum.

— Die Bestimmung einzelner Bruchstücke wie Fragment E (Gordon et al. 1975) und eines Peptides aus der Aα-Kette (Gollwitzer et al. 1977) sowie von Neoantigen (s. S. 111) könnte in praktischer Diagnostik Bedeutung erlangen.

b) Staphylokokken-Clumpingtest (Hawiger et al. 1970)

Prinzip. Bestimmte Staphylokokkenstämme werden in Gegenwart von Fibrinogen agglutiniert, wodurch ein makroskopisch sichtbares Präzipitat entsteht. Durch Verdünnung des Serums kann der Titer der FDP bestimmt werden.

Reagentien
— Staphylokokkensuspension: Nur eine bestimmte Art von Staphylokokken ist in der Lage, Fibrinogen zu agglutinieren. Präparationen von geeigneten Staphylokokken sind kommerziell erhältlich (Fa. Behring, Fa. Boehringer).
— Patientenserum wird in gleicher Weise hergestellt wie bei der Methode von Merskey.
— Verdünnungspuffer: Tris-Puffer.

Durchführung. Es wird auf Objektträgern eine Verdünnungsreihe des Patientenserums hergestellt und zu jeder Serumverdünnung ein Tropfen Staphylokokkensuspension zugefügt. Staphylokokkensuspension und Serumverdünnung werden mit der Ecke eines Objektträgers sorgfältig gemischt und 10 min bei Zimmertemperatur inkubiert. Es wird festgestellt, bis zu welcher Serumverdünnung eine Agglutination stattfindet. Eine quantitative Bestimmung ist durch gleichzeitige Bestimmung der Staphylokokkenagglutination in einer Verdünnungsreihe eines Plasmas oder Fibrinogenlösung mit bekanntem Fibrinogengehalt möglich.

Fehlerquellen
- Schlechte Zubereitung des Serums (wie bei Hämagglutinationshemmtest nach Merskey).
- Mangelhafte Aktivität der Staphylokokkenpräparation (die Aktivität der Staphylokokken kann außerordentlich variieren).

Äthanol-Gel-Test (qualitativer Nachweis von löslichem Fibrin)
(Godal u. Abildgaard 1966)

Prinzip. Im Plasma vorhandenes lösliches Fibrin wird nach Zusatz von Alkohol vernetzt, so daß ein Gel entsteht.

Reagentien
- 50%iger Äthylalkohol.
- Plättchenarmes Zitratplasma: Die Gewinnung des Zitratplasmas muß in folgender Weise erfolgen: In ein vorgekühltes Plastikröhrchen, das 0,5 ml 3,8%iges Zitrat enthält und in einem Eisbad vorgekühlt ist, werden 4,5 ml Venenblut gegeben, nach kurzem Mischen wird das Zitratblut wiederum in das Eisbad gegeben und dort 15 min inkubiert. Anschließend wird bei 4°C 20 min bei 3000 g zentrifugiert, das Plasma abgehoben und bei + 4°C bis zum Test aufbewahrt.
- Wasserbad 20°C.

Durchführung. 0,5 ml des gekühlten Zitratplasmas werden in ein Glasröhrchen (7 X 1 cm) pipettiert und in einem Wasserbad von 20°C für etwa 3 min inkubiert. Dann wird 0,15 ml 50%iger Äthylalkohol zupipettiert und durch kurzes Schütteln gründlich gemischt. Das Plasma-Äthylalkoholgemisch wird genau 10 min bei 20°C stehengelassen. Dann wird das Röhrchen aus dem Wasserbad herausgenommen und durch Neigen des Röhrchens geprüft, ob ein Gel entstanden ist. Als positives Ergebnis gilt nur die Ausbildung eines deutlichen Gels (Abb. 22).

Probleme und Fehlerquellen
Technische Probleme
- Eine sorgfältige Blutabnahme in der geschilderten Art und Kühlung der Blutprobe ist für die Erlangung reproduzierbarer Ergebnisse unbedingt erforderlich. Bei schlechter Blutabnahme infolge schlechter Venenpunktion kann der Äthanoltest fälschlich positiv sein.
- Das Röhrchen darf während der Inkubation bei 20°C nicht geneigt oder geschüttelt werden, sondern die Beurteilung hat nach genau 10 min durch einmaliges Neigen zu erfolgen. Mehrmaliges Neigen oder gar Schütteln kann zur Zerstörung des Gels führen und ein falsch negatives Ergebnis vortäuschen.
- Präzipitation von Fibrinogen allein (z.B. bei hoher Fibrinogenkonzentration) darf nicht als positives Ergebnis gewertet werden (falsch positiv).

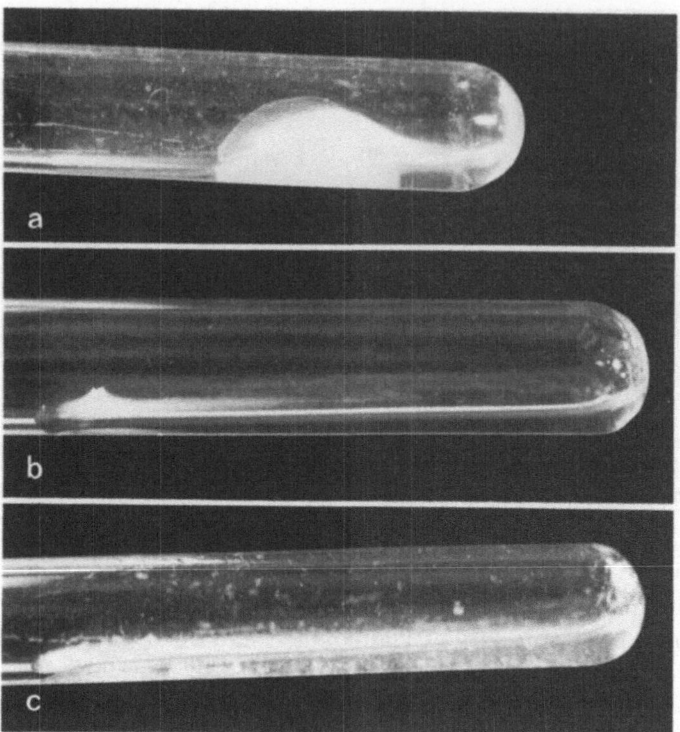

Abb. 22 a–c. Bewertung des Äthanoltests: Charakteristisch für einen positiven Äthanoltest ist die konvexe Form des Gerinnsels (a). Bei negativem Äthanoltest ist kein Gerinnsel und keine Präzipitation erkennbar (b). Bei falsch positivem Äthanoltest (hohe Fibrinogenkonzentration) findet sich kein zusammenhängendes Gerinnsel, sondern ein flockiges Präzipitat (c)

Prinzipielle Probleme
- Der Test ist nicht sehr empfindlich und wird erst positiv, wenn 1–2% des Fibrinogens in Fibrin umgewandet ist (Godal u. Kierulf 1972).
- Bei Gegenwart von großen Mengen von Fibrin(ogen)-Spaltprodukten muß mehr lösliches Fibrin vorhanden sein, damit der Test positiv wird.
- Bei sehr niedrigem Fibrinogen kann der Test trotz großer Mengen von löslichem Fibrin negativ sein (falsch negativ).

Andere in der Routine anwendbare Methoden zum Nachweis von löslichem Fibrin sind der Protaminsulfattest (Gurewich et al. 1971) und die Methode von Largo et al. (1976), bei der mit löslichem Fibrin beladene Erythrozyten verwendet werden.

Literaturverzeichnis

Akhmeteli MA, Aledort LM, Alexaniants S, Bulanov AG, Elston RC, Ginter EK, Goussev A, Graham JB, Hermans H, Larrieu MJ, Lothe F, McLaren AD, Mannucci PM, Prentice CRM, Veltkamp JJ (1977) Methods for the detection of haemophilia carriers: a memorandum. Bull WHO 55:675

Alexander B, Goldstein R, Landwehr G, Cook CD (1951) Congenital SPCA deficiency. A hitherto unrecognized coagulation defect with hemorrhage rectified by serum and serum fractions. J Clin Invest 30:237

Alkjaersig N, Fletcher AP, Lewis M, Ittyerah R (1977) Reduction of coagulation factor XIII concentration in patients with myocardial infarction, cerebral infarction and other thromboembolic disorders. Thromb Haemost 38:863

Allain JP, Frommel D (1973) Antibodies to factor VIII. I. Variations in stability of antigen-antibody complexes in hemophilia A. Blood 42:437−444

Al-Mondhiry H (1975) Disseminated intravascular coagulation. Experience in a major cancer centre. Throm Diath Haemorrh 34:181

Anderson BR, Terry WD (1968) Gamma G_4-globulin antibody causing inhibition of clotting factor VIII. Nature 217:174

Andreasen T (1980) Automated two-stage assay for determination of antithrombin III with a centrifugal analyzer. Hemostasis 9:65

Aoki N, Moroi M (1978) Abnormal plasminogen. A hereditary molecular abnormality found in a patient with recurrent thrombosis. J Clin Invest 61:1186

Aoki N, Yamanaka T (1978) The α_2-plasmin inhibitor levels in liver diseases. Clin Chim Acta 84:99

Aoki N, Sakata Y, Matsuda M, Tateno K (1980) Fibrinolytic states in a patient with congenital deficiency of α_2 plasmin inhibitor. Blood 55:483

Arnesen H, Kierulf P, Godal HC (1973) The influence of fibrinogen degradation products on the reptilase time of plasma. Scand J Haematol 11:360

Åstedt B, Isacson S, Nilsson IM, Pandolfi M (1970) Fibrinolytic activity of veins during pregnancy. Acta Obstet Gynecol Scand 49:171

Aster RH (1977) Thrombocytopenia due to sequestration of platelets. In: Williams J (ed) Hematology. McGraw-Hill, New York, p 1360

Aster RH (1977) Thrombocytopenia due to enhanced platelet destruction. In: Williams J (ed) Hematology. McGraw-Hill, New York, p 1326

Astrup T, Müllertz S (1952) The fibrin plate method for estimating fibrinolytic activity. Arch Biochem Biophys 40:346

Astrup T, Rosa AT (1974) A plasminogen proactivator-activator system in human blood effective in absence of Hageman factor. Thromb Res 4:609

Atichartakarn V, Marder VJ, Kirby EP, Budzynski AZ (1978) Effects of enzymatic degradation on the subunit composition and biologic properties of human factor VIII. Blood 51:281

Aurell L, Friberger P, Karlsson G, Claeson G (1977) A new sensitive and highly specific chromogenic substrate for factor Xa. Thromb Res 11:595

Austen EGD (1979) The structure and function of factors VIII and IX. Clin Haematol 8:31

Austen DE, Rhymes IL (1975) A laboratory manual of blood coagulation. Blackwell Sci, Oxford

Avvisatti G, Ten Cate JW, van Wijk EM, Kahle LH, Mariani G (1980) Evaluation of a new chromogenic assay for factor VII and its application in patients on oral anticoagulant treatment. Br J Haematol 45:343

Aznar J (1974) Thromboembolic accidents in patients with congenital deficiency of factor XII. Thromb Haemost 31:525

Bachmann F (1980) Diagnostic approach to mild bleeding disorders. Semin Hematol 17:292

Bachmann F, Duckert F, Koller F (1958) The Stuart-Prower factor assay and its clinical significance. Thromb Diath Haemorrh 2:24

Bamberg E, Bauer O, Herman W, Kroemer H, Lippmann M, Müller Ch, Stegmann H, Breddin K (1978) Primärer Formwandel der Thrombozyten in vitro. Blut 37:327

Bangham DR, Brozovic M (1974) Factor VIII. International units and references materials. Thromb Diath Haemorrh 31:3

Barbui T, Cartei G, Chisesi T, Dini E (1974) Electroimmunoassay of plasma subunits A and S in a case of congenital fibrin stabilizing factor deficiency. Thromb Diath Haemorrh 32:124

Barbui T, Rodeghiero F, Dini E, Mariani G, Papa ML, De Biasi R, Cordero Murillo R, Montero Umana C (1978) Subunits A and S inheritance in four families with congenital factor XIII deficiency. Br J Haematol 38:267

Bark CJ, Orloff MJ (1972) The partial thromboplastin time and factor VIII therapy. Am J Clin Pathol 57:478

Barthels M, Kiessler G (1974) Methodik und klinische Wertigkeit der Fibrinogen-Bestimmung mit der quantitativen Immunelektrophorese nach Laurell. Blut 28:122

Baugh RF, Hougie C (1977) Biochemistry of blood coagulation. In: Poller L (ed) Recent advances in blood coagulation. Churchill, Livingston, p 1

Baugh RF, Hougie C (1979) The chemistry of blood coagulation. Clin Haematol 8:3

Beck EA (1979) Congenital abnormalities of fibrinogen. Clin Haematol 8:169

Beckala HR, Leavell DE, Didisheim P (1978) A comparison of five manually operated coagulation instruments. Am J Clin Pathol 70:71

Benarous R, Lavergne JM, Labie D, Monasterio de Sanchez J, Josso F (1974) Isolation and partial characterization of a human prothrombin variant: Prothrombin Barcelona. Res Commun Chem Pathol Pharmacol 60:976

Benthaus J (1959) Über die Retraktion des Blutgerinnsels. Thromb Diath Haemorrh 3:311

Bergquist D, Nilsson IM (1979) Hereditary α_2-macroglobulin deficiency. Scand J Haematol 23:433

Bernard J, Soulier JP (1948) Sur une nouvelle variété de dystrophie thrombocytaire hémorrhagipare congénitale. Sem Hop Paris 24:3217

Bertina RM, Veltkamp JJ (1979) A genetic variant of factor IX with decreased capacity for Ca^{2+} binding. Br J Haematol 42:623

Bertina RM, Veltkamp JJ (1978) The abnormal factor IX of hemophilia B[+] variants. Thromb Haemost 40:335

Bertina RM, Orlando M, Tiedemann-Alderkamp GHJ (1978) Preparation of a human factor VII deficient plasma. Thromb Res 13:537

Beurling-Harbury C, Galvan CA (1978) Acquired decrease in platelet secretory ADP associated with increased postoperative bleedings in post-cardio-pulmonary bypass patients and in patients with severe valvular heart disease. Blood 52:13

Bezeaud A, Guillin MC, Olmeda F, Quintana M, Gomez N (1979) Prothrombin Madrid: A new familial abnormality of prothrombin. Thromb Res 16:47

Biggs R, Douglas AS (1953) The thromboplastin generation test. J Clin Pathol 6:23

Biggs R, Rizza CR (1976) The sporadic case of haemophilia A. Lancet II:431

Biggs R, Austen DEG, Denson KWE, Rizza CR, Borrett R (1972) The mode of action of antibodies which destroy factor VIII. I. Antibodies which have second-order concentration graphs. Br. J Haematol 23:125

Biggs R, Austen DEG, Denson KWE, Borrett R, Rizza CR (1972) The mode of action of antibodies which destroy factor VIII. II. Antibodies which give complex concentration graphs. Br J Haematol 23:137

Binder BR, Spragg J, Austen KF (1979) Purification and characterization of human vascular plasminogen activator derived from blood vessel perfusates. J Biol Chem 254:1998

Bini A, Collen D (1978) Measurement of plasmin-antiplasmin complex in plasma. A comparison of latex agglutination, latex agglutination inhibition and hemagglutination inhibition tests. Thromb Res 12:389

Bjorklid E, Strom-Mathisen J, Storm, E, Prydz H (1977) Localization of tissue thromboplastin in the human brain. Thromb Haemost 37:91

Blatt Ph (1977) Factor XI deficiency, juvenile rheumatoid arthritis and system lupus erythematosus. Report of the first case. Am J Med 63:289

Blatt PM, Brinkhous KM, Culp HR et al (1976) Antihemophilic factor concentrate therapy in von Willebrand's disease. Dissociation of bleeding time factor and ristocetin co-factor activities. JAMA 236:2770

Blombäck B, Johnson AJ (1972) Joint report of the subcommittee on nomenclature and on fibrinolysis, thrombolysis and intravascular coagulation. Thromb Diath Haemorrh [Suppl] 51:251

Blombäck B, Blombäck M, Edman P, Heyssel B (1966) Human fibrinopeptides: Isolation, characterization and structure. Biochim Biophys Acta 115:371

Blombäck M, Blombäck B, Mammen EF, Prasad AS (1968) Fibrinogen Detroit: a molecular defect in the N-terminal disulphide knot of human fibrinogen? Nature 218:134

Bloom AL (1972) Coagulation factor variants. Br J Haematol 23:643

Bloom AL (1977) Immunological detection of blood coagulation factors in haemorrhagic disorders. Recent Adv Haematol, p 387

Bloom AL (1977) Physiology of factor VIII. In: Poller L (ed) Recent advances in blood coagulation. Churchill, Linvinston, p 141

Bloom AL (1979) The biosynthesis of factor VIII. Clin Haematol 8:53

Bloom AL (1980) The Willebrand syndrome. Semin Hematol 17:215

Bloom AL, Peake IR (1977) Factor VIII and its inherited disorders. Br Med Bull 33:219

Bloom AL, Peake IR (1977) Molecular genetics of factor VIII and its disorders. Semin Hematol 14:319

Bloom WJ, Nesheim EM, Mann GK (1979) A rapid technique for the preparation of factor V deficient plasma. Thromb Res 15:595

Bohn H, Haupt H, Kranz T (1972) Die molekulare Struktur der fibrinstabilisierenden Faktoren des Menschen. Blut 25:235

Bolhuis PA, Sakariassen KS, Sixma JJ (1979) Platelet adhesion by subendothelium-bound factor VIII-VWF: Kinetics and molecular weight dependence. Thromb Haemost 42:270

Bolin RB, Okumurat GA, Janneson GA (1977) Changes in distribution of platelet membrane glycoproteins in patients with myeloproliferative disorders. Am J Haematol 3:63

Borchgrevink CF, Waaler BA (1958) The secondary bleeding time. A new method for the differentiation of hemorrhagic diseases. Acta Med Scand 162:362

Born GVR (1962) Aggregation of blood platelets by adenosine diphosphate and its reversal. Nature 194:927

Borne AEG von dem, Verheugt FWA, Oosterhof F, von Riesz E, Brutel de la Riviera A, Engelfriet CP (1979) A simple immunofluorescence test for the detection of platelet antibodies. Br J Haematol 39:195

Borne AEG von dem, Helmerhorst FM, van Leeuwen EF, Pegels HG, von Riesz E, Engelfriet CP (1980) Autoimmune thrombocytopenia: detection of platelet autoantibodies with the suspension immunofluorescence test. Br J Haematol 45:319

Böttcher D, Dölken G, Blum H, Hasler K (1980) Nachweis des Faktor VIII:C-Antigens mit immunradiometrischen Methoden. In: Deutsch E, Lechner K (Hrsg) Fibrinolyse, Thrombose, Hämostase: Verhandlungen des I. Kongresses für Thrombose und Blutgerinnung. Schattauer, Stuttgart New York, S 258

Brain MC (1970) Microangiopathic hemolytic anemia. Annu Rev Med 21:133

Brecher G, Cronkite EP (1950) Morphology and enumeration of human blood platelets. J Appl Physiol 3:365

Breddin K, Bürck KH (1963) Zur Klinik der Thrombozytenfunktionsprüfungen unter besonderer Berücksichtigung der Ausbreitungsfähigkeit der Thrombozyten an silikonierten Glasflächen. Thromb Diath Haemorrh 9:525

Breddin K, Grun H, Krzywanek HJ, Schremmer WP (1975) Zur Messung der „spontanen" Thrombozytenaggregation. Klin Wochenschr 53:81

Breddin K, Lechner K, Kröhl R (1975) Störungen der Blutgerinnung und Plättchenfunktion bei Lebererkrankungen. Therapiewoche 25:3113

Briet E, Loeliger EA, van Tilburg NH, Veltkamp JJ (1976) Molecular variants of factor VII. Thromb Haemost 52:289

Briet E, van Tilburg NH, Veltkamp JJ (1978) Oral contraception and the detection of carriers in haemophilia B. Thromb Res 13:379

Brinkhous KM, Read MS (1978) Preservation of platelet receptors for platelet aggregating factor/ von Willebrand factor by air drying, freezing, or lyophilization: New stable platelet preparations for von Willebrand factor assays. Thromb Res 13:591

Brinkhous KM, Read MS (1980) Use of venom coagglutinin and lyophilized platelets in testing for platelet aggregation and von Willebrand factor. Blood 55:517

Brinkhous KM, Graham JE, Cooper HA, Allain JP, Wagner RH (1975) Brief communication — Assay of von Willebrand factor in von Willebrand's disease and hemophilia. Use of a macroscopic platelet aggregation test. Thromb Res 6:267

Brittin GM, Rafinia H, Raval D, Werner M, Brown B (1972) Evaluation of single radial immunodiffusion for quantitation of plasma fibrinogen. Am J Clin Pathol 57:89

Brockhaus W, Lechner K (1978) Studies in a patient with a spontaneous inhibitor against factor V. XVII. Congress of the Int. Soc. of Hematology, Paris. Abstr. p 516

Brody JI, Haidar ME, Rossman RE (1979) A hemorrhagic syndrome in Waldenström's macroglobulinemia secondary to immunoadsorption of factor VIII. N Engl J Med 300:408

Brown Ch III, Natelson EA, Bradshaw MW et al (1974) The hemostatic defect produced by carbenicillin. N Engl Med 291:265

Brozovic M (1977) Physiological mechanisms in coagulation and fibrinolysis. Br Med Bull 33:231

Budzynski AZ, Marder VJ (1977) Degradation pathway of fibrinogen by plasmin. Thromb Haemost 38:793

Budzynski AH, Marder VJ, Parker ME, Shames P, Brizuela BS, Olexa S (1979) Antigenic markers on fragment DD, a unique plasmic derivative of human crosslinked fibrin. Blood 54:794

Burch WJ, Majerus PW (1979) The role of prostaglandins in platelet function. Semin Hematol 3:196

Burch JW, Stanford N, Majerus PW (1978) Inhibition of platelet prostaglandin synthetase by oral aspirin. J Clin Invest 61:314

Caduff T, Straub P (1979) Die Verwendung gefrorener Thrombozyten für die Bestimmung des von-Willebrand-Faktors mit Ristocetin. Schweiz Med Wochenschr 109:399

Caen JP (1980) Modern concepts of platelet function (Abstr). 18th Congress of the Internat. Soc. of Hematology, Montreal

Cash JD (1977) Disseminated intravascular coagulation. In: Poller L (ed) Recent advances in blood coagulation. Churchill, Livingston Edinburgh, p 293

Castaldi PA, Penny R (1970) A macroglobulin with inhibitory activity against coagulation factor VIII. Blood 35:370

Cawkwell RD (1978) Patient's age and the activated partial thromboplastin time test. Thromb Haemost 39:780

Cederblad G (1976) Observations of increased levels of blood coagulation factors and other plasma proteins in cholestatic liver disease. Scand J Gastroenterol 8:19

Chantarangkul V, Ingram GIC, Thron MB, Darby SC (1978) An artificial "haemophilic" plasma for one-stage factor VIII assay. Br J Haematol 40:471

Charkrabarti R, Fearnley GR (1962) The "fibrinolytic potential" as a simple measure of spontaneous fibrinolysis. J Clin Pathol 15:228

Chediak J, Maxey B, Telfer M (1977) Determination of factor VIII-related antigen using commercial antisera. Am J Clin Pathol 67:462

Chediak J, Telfer MC, Bander Laan B, Maxey B, Cohen I (1979) Cycles of agglutination-disagglutination induced by ristocetin in thrombasthenic platelets. Br J Haematol 43:113

Chediak J, Telfer MC, Jaojaroenkul J, Green D (1980) Lower factor VIII coagulant activity in daughters of subjects with hemophilia A compared to other obligate carriers. Blood 55:552

Chen JP, Schulof RS (1979) Radioimmunoassay of fibrinogen-fibrin degradation products: Assay for fragment E-related neoantigen — methodological aspects. Thromb Res 16:601

Christensen U (1980) Requirement for valid assays of clotting enzymes using chromogenic substrates. Thromb Haemost 43:169

Chung KS, Bezeaud A, Goldsmith JC, McMilla CW, Menache D, Roberts HR (1979) Congenital deficiency of blood clotting factors II, VII, IX and X. Blood 53:776

Cines DB, Schreiber AD (1979) Immune thrombocytopenia. Use of a Coombs antiglobulin test to detect IgG and C3 on platelets. N Engl J Med 300:106

Clauss A (1957) Gerinnungsphysiologische Schnellmethode zur Bestimmung des Fibrinogens. Acta Haematol (Basel) 17:237

Collen D (1976) Identification and some properties of a new fast-reacting plasmin inhibitor in human plasma. Eur J Biochem 69:209

Collen D (1980) On the regulation and control of fibrinolysis. Edward Kowalski Memorial Lecture. Thromb Haemost 43:77

Colman RW, Wong PY (1977) Participation of Hageman factor dependent pathways in human disease states. Thromb Haemost 38:751

Colman RW, Minna JD, Robboy SJ (1974) Disseminated intravascular coagulation: a problem in critical-care medicine. Heart Lung 3:789

Colman RW, Bagdasarian A, Talamo T, Scott CF, Seavey M, Guimaraes JA, Pierce JV, Kaplan AP (1975) Williams trait: Human kininogen deficiency with diminished levels of plasminogen proactivator and prekallikrein associated with abnormalities of the Hageman factor-dependent pathways. J Clin Invest 56:1650

Colombi A, Thölen H, Engelhart G, Duckert F, Hecht Y, Koller F (1967) Blutgerinnungsfaktoren als Index für den Schweregrad einer akuten Hepatitis. Schweiz Med Wochenschr 97:1716

Conard J, Samama M, Solomon Y (1972) Antithrombin III and the oestrogen content of combined oestro-progestagen contraceptives. Lancet: 1148

Cooper B, Schafer AI, Puchalky D, Handon RI (1978) Platelet resistance to prostaglandin D_2 in patients with myeloproliferative disorders. Blood 52:613

Cortelazzo S, Barbui T, Dini E, Bassan R (1980) Abnormal aggregation and increased size of platelets in myeloproliferative disorders. Thromb Haemost 43:127

Cronberg S et al (1973) Circulating anticoagulant against factors XI and XII together with massive spontaneous platelet aggregation. Scand J Haematol 10:309

Cunliffe WJ (1968) An association between cutaneous vasculitis and decreased blood-fibrinolytic activity. Lancet:1226

Dahl R, Venge P (1979) Enhancement of urokinase-induced plasminogen activation by the cationic protein of human eosinophile granulocytes. Thromb Res 14:599

Damus PS, Wallace GA (1973) Immunologic measurement of antithrombin III-heparin cofactor and α_2-macroglobulin in disseminated intravascular coagulation and hepatic failure coagulopathy. Thromb Res 6:27

Davey FR, Oates RP (1974) Evaluation of an automated method for the determination of the activated partial thromboplastin time. Am J Clin Pathol 61:834

Davidson JF (1977) Recent advances in fibrinolysis. In: Poller L (ed) Recent advances in blood coagulation. Churchill, Livingstone Edinburgh London New York, p 91

Davie EE, Fujikawa K, Kurachi K, Kisiel W (1979) The role of serin proteases in the blood coagulation cascade. Adv Enzymol 48:277

Degos L, Tobelem G, Lethielleux P, Levy-Toledano S, Caen J, Colombani J (1977) A molecular defect in platelets from patients with Bernard-Soulier syndrome. Blood 50:899

Denson KWE (1976) Techniques. In: Biggs R (ed) Human blood coagulation, haemostasis and thrombosis. 2nd edD. Blackwell Scientific, Oxford, p 602

Denson KWE (1977) The ratio of factor VIII-related antigen and factor VIII biological activity as an index of hypercoagulability and intravascular clotting. Thromb Res 10:107

Denson KWE, Borrett R, Biggs R (1971) The specific assay of prothrombin using the taipan snake venom. Br J Haematol 21:219

Denson KWE, Biggs R, Haddon ME (1969) Two types of haemophilia (A$^+$ and A$^-$): A study of 48 cases. Br J Haematol 17:163

Denson KWE, Lurie A, de Cataldo F, Mannucci PM (1970) The factor-X defect: Recognition of abnormal forms of factor X. Br J Haematol 18:317

Deppermann D, Andrassy K, Seelig H, Ritz E, Post D (1979) Evidence for dependance of beta-thromboglobulin levels on renal function. Thromb Haemost 42:416

Deutsch E (1950) Über eine eigentümliche hämorrhagische Diathese: Die Hemmkörperhämophilie. Klin Wochenschr 28:326

Deutsch E (1955) Über die Thrombokinasebildung und das Verhalten von Thrombocytenfaktor 1 bei Hypoproakzelerinämie (Parahämophilie). Wien Z Inn Med 36:355

Deutsch E (1965) Blood coagulation changes in liver diseases. In: Popper H, Schaffner F (eds) Progress in liver diseases. Grune and Stratton, New York, p 69

Deutsch E, Gabl F (1975) Die Leber als Syntheseorgan für Gerinnungs- und Fibrinolysefaktoren. In: Neumayr A (Hrsg) Aktuelle Probleme der klinischen Hepatologie. Gerhard Witzstrock, Baden-Baden Brüssel

Deutsch E, Kock M (1962) Beitrag zur Objektivierung der Diagnose hämophiler Konduktorinnen. Wien Klin Wochenschr 46:793

Deutsch E, Lechner K (1971) Die Klinik der manifesten generalisierten intravasculären Gerinnung. In: Roka L (Hrsg) Generalisierte intravaskuläre Gerinnung. Beeinflussung der Hämostase durch gefäßaktive Pharmaka. Thromb Diath Haemorrh [Suppl]:57

Deutsch E, Lechner K (1972) Gerinnungsstörungen bei paraproteinämischen Hämoblastosen. Wien Klin Wochenschr 84:253

Deutsch E, Fischer M, Neumann E (1968) Hämostase und Urämie. Biochemie und Aktivierung des Prothrombins. Kontaktaktivierung, biologisch gesehen. Niereninsuffizienz und Hämostase. Schattauer, Stuttgart, S 155

Deutsch E, Irsigler K, Lomoschitz H (1964) Studien über Gewebsthromboplastin. I. Reinigung, chemische Charakterisierung und Trennung in einen Eiweiß- und Lipoidanteil. Thromb Diath Haemoorh 12:12

Deutsch E, Neumann E, Niessner H (1976) Zur Pathogenese der hämorrhagischen Diathesen bei monoclonalen Gammopathien. In: Löffler H (Hrsg) Maligne Lymphome und monoklonale Gammopathien. Lehmanns, München, S 357

Deutsch E, Fischer M, Frischauf H, Honetz N, Lechner K, Pesendorfer F, Stych H, Weissmann (1970) Blood coagulation changes under l-asparaginase therapy. Recent results in cancer research, vol 33. Springer, Berlin Heidelberg New York, p 331

Deykin D (1966) The role of the liver in serum-induced hypercoagulability. J Clin Invest 45:256

Dixon RJ, Rosse WF (1975) Platelet antibody in autoimmune thrombocytopenia. Br J Haematol 31:129

Doleschel W (1972) Die Anwendung neuer Methoden für Untersuchungen auf dem Gebiet der Blutgerinnung. III. Mitteilung: Geldiffusionsmethode zur quantitativen Erfassung der Gesamt-Antithrombin-Kapazität des Plasmas. Wien Med Wochenschr 122:601

Donaldson VH, McAdams AJ, Stratman EJ, Glueck N (1977) Fatal vascular disease in a patient with Hageman trait and connective tissue disorder. N Engl J Med 297:1237

Downing MR, Butkowski RJ, Clark MM, Mann KG (1975) Human prothrombin activation. J Biol Chem 250:8897

Duckert F, Jung E, Schmerling DH (1960) Hitherto undescribed congenital hemorrhagic diathesis probably due to fibrin-stabilizing factor deficiency. Thromb Diath Haemorrh 5:179

Dudczak R (1980) Radioimmunologische Bestimmung von β-Thromboglobulin und Plättchen-Faktor 4. In: Deutsch E, Lechner K (Hrsg) Fibrinolyse, Thrombose, Hämostase. Verhandlungen des I. Kongresses für Thrombose und Blutgerinnung. Schattauer, Stuttgart New York, S 269

Duke WW (1910) The relation of blood platelets to hemorrhagic disease. Description of a method for determining the bleeding time and report of three cases of hemorrhagic disease relieved by transfusion. JAMA 55:1185

Dvilansky A, Britten WFH, Loewy AG (1970) Factor XIII assay by an isotope method. I. Factor XIII (transamidase) in plasma, serum, leucocytes, erythrocytes and platelets and evaluation of screening tests of clot solubility. Br J Haematol 18:399

Eckhardt T, Nossel HL (1980) Radioimmunoassay für des-Arginin-Fibrinopeptid B (des-Arg-FPB). In: Deutsch E, Lechner K (Hrsg) Fibrinolyse, Thrombose, Hämostase. Verhandlungen des I. Kongresses für Thrombose und Blutgerinnung. Schattauer, Stuttgart New York, S 246

Edy J, Collen D (1977) The interaction in human plasma of antiplasmin, the fast-reacting plasmin inhibitor, with plasmin, thrombin, trypsin and chymotrypsin. Biochim Biophys Acta 484:423

Egbring R, Andrassy K, Egli H, Meier-Lindenberg J (1971) Diagnostische und therapeutische Probleme bei congenitaler Afibrinogenämie. Blut 22:175

Egbring R, Schmidt W, Fuchs G, Havemann K (1977) Demonstration of granulocyte proteases in plasma of patients with acute leukaemia and septicaemia with coagulation defects. Blood 49:219

Egeberg O (1965) Inherited antithrombin deficiency causing thrombophilia. Thromb Diath Haemorrh 13:516

Elödi S, Varadi K, Hollan SR (1978) Some sources of error in one stage assay of factor VIII. Haemostasis 7:1

Elston RC, Graham JB, Miller CH, Reisner HM, Bouma BN (1976) Probabilistic classification of hemophilia A carriers by discriminant analysis. Thromb Res 8:683

Epstein MA, Sahed MA, Piel CF, Goodman JR, Berrfield MR, Kushner JH, Ablin RA (1972) Hereditary macrothrombocytopathia, nephritis and deafness. Am J Med 52:299

Esmon C, Jackson C (1974) The conversion of prothrombin to thrombin: IV. The function of the fragment 2 region during activation in the presence of factor V. J Biol Chem 249:7791

Esmon CT, Owen WG, Jackson CM (1974) The conversion of prothrombin to thrombin. II. Diferentiation between thrombin and factor Xa-catalysed proteolyses. J Biol Chem 249:606

Esnouf MP (1977) Biochemistry of blood coagulation. Br Med Bull 33:213

Exner T, Burridge J, Power P, Rickard KA (1979) An evaluation of currently available methods for plasma fibrinogen. Am J Clin Pathol 71:521

Fagerhol MK, Abilgaard U (1970) Immunological studies of human antithrombin III. Interference of age, sex and use of oral contraceptives and serum concentration. Scand J Haematol 1:10

Fearnley GR (1964) Measurement of spontaneous fibrinolytic activity. J Clin Pathol 17:307

Fearnley GR, Balmforth G, Fearnley E (1957) Evidence of a diurnal fibrinolytic rhythm; with a simple method of measuring natural fibrinolysis. Clin Sci Mol Med 16:645

Feinstein D, Chong MNY, Kasper CK, Rapaport SI (1969) Haemophilia A: polymorphism detectable by a factor VIII antibody. Science 163:1071

Felten A von, Straub PW, Frick PG (1969) Dysfibrinogenemia in a patient with primary hepatoma. First observation of an acquired abnormality of fibrin monomer aggregation. N Engl J Med 280:405

Fletcher AP, Biederman O, Moore D, Alkjaersig N, Sherry S (1964) Abnormal plasminogen-plasmin system activity (fibrinolysis) in patients with hepatic cirrhosis. Its cause and consequences. J Clin Invest 43:681

Fletcher AP, Alkjaersig J, O'Brien J, Tulevski VG (1970) Blood hypercoagulability and thrombosis. Trans Assoc Am Physicians 83:159

Flury W, Riesen W, Morell A, Keller H (1975) Ein Fall von Thrombozytopenie bei Morbus Waldenström mit spezifischer antithrombozytärer Eigenschaft des IgM-Paraproteins. Schweiz Med Wochenschr 105:1241

Flute PT (1977) Disorders of plasma fibrinogen synthesis. Br Med Bull 33:253

Forbes CD, Ratnoff OD (1972) Studies on plasma thromboplastin antecedent (factor XI) PTA deficiency and inhibition of PTA by plasma: pharmacological inhibitors and specific antiserum. J Lab Clin Med 79:113

Fulton AJ, Dempster J, Prentice CRM (1979) Resistance of ecarin thrombin to inhibition by antithrombin III: A dual role for ecarin. Thromb Res 15:143

Furie B, Greene E, Furie B (1977) Syndrome of acquired factor X deficiency and systemic amyloidosis. N Engl J Med 297:81

Furlan M, Feliz R, Beck EA (1979) Preparation of factor VIII deficient plasma by immunoadsorption. Vox Sang 36:342

Gaffney PJ (1977) Structure of fibrinogen and degradation products of fibrinogen and fibrin. Br Med Bull 33:245

Gaffney PJ (1977) Structure of fibrinogen and degradation products of fibrinogen and fibrin. Haemostasis 33:245

Gaffney PJ, Lane DA, Kakkar VV, Brasher M (1975) Characterisation of a soluble D dimer-E complex in crosslinked fibrin digests. Thromb Res 7:89

Gallop PM, Lian JB, Hauschka PV (1980) Carboxylated calcium-binding proteins and vitamin K. N Engl J Med 302:1460

Gandolfo GM, Afeltra A, Amoroso A, Biancolella F, Ferri GM (1977) Circulating anticoagulant aganist factor XII and platelet antibodies in systemic lupus erythematosus. Acta Haematol (Basel) 57:135

Ganguly P, Sutherland SB, Bradford HR (1978) Defective binding of thrombin to platelet in myeloid leukemia. Br J Haematol 39:599

Ganrot PO, Niléhn JE (1971) Synthesis of an abnormal prothrombin in malnutrition and biliary obstruction and during dicumarol treatment. Clin Lab Invest 28:245

Gerrard JM, Stoddard SF, Shapiro RS, Coccia PF, Ramsay NKC, Nesbit ME, Rao GHR, Krivit W, White JG (1978) Platelet storage pool deficiency and prostaglandin synthesis in chronic granulocytic leukaemia. Br J Haematol 40:597

Giddings JC, Bloom AL (1971) A study of two methods for estimating plasma fibrinogen and the effect of epsilon aminocaproic acid and protamine. J Clin Pathol 24:467

Giddings JC, Evans DJ, Bloom AL (1979) Quantitation of factor VIII related antigen (F VIII-RAG) using a laser nephelometer. Thromb Res 15:847

Giddings JC, Shearn SAM, Bloom AL (1975) The immunological localization of factor V in human tissue. Br J Haematol 29:57

Ginkel CJW van, Aken WG van, Oh JIH, Vreeken J (1978) Is leukocyte procoagulant activity generated by neutrophils or monocytes? Thromb Res 12:569

Ginsberg MH, Taylor L, Painter RG (1980) The mechanism of thrombin-induced platelet factor 4 secretion. Blood 55:661

Girolami A (1973) Factor X-Friuli coagulation disorder. First report of a patient born in Friuli after description of the disease. Blut 27:151

Girolami A (1975) Factor X-Friuli disorder. The demise of the index patient. Acta Haematol (Basel) 54:120

Girolami A, Lazzarin M, Scarpa R, Brunetti A (1971) Further studies on the abnormal factor X (factor X Friuli) coagulation disorder: A report of another family. Blood 37:534

Girolami A, Molaro G, Lazzarin M, Scarpa R, Brunetti A (1970) A "new" hemorrhagic condition due to the presence of an abnormal factor X (factor X Friuli). A study of a large kindred. Br. J Haematol 19:179

Girolami A, Sticchi A, Brunetti A (1971) Prothrombin level and activity in the abnormal factor X (factor X Friuli) hemorrhagic disorder. Thromb Diath Haemorrh 25:147

Girolami A, Sticchi A, Bareggi G (1972) Cross over electrophoresis (electrosyneresis) visualisation of the abnormal factor X (factor X-Friuli). J Lab Clin Med 80:740

Girolami A, Bareggi G, Brunetti A, Sticchi A (1974) Prothrombin Padua: a "new" congenital dysprothrombinemia. J Lab Clin Med 84:654

Girolami A, Brunetti A, Bareggi G, Bareggi C (1974) Abnormal factor X (factor X Friuli) coagulation disorder. The heterozygote population. A study of 57 subjects. Acta Haematol (Basel) 51:40

Girolami A, Falezza G, Patrassi G, Stenico M, Vettore L (1977) Factor VII Verona coagulation disorder: Double heterozygosis with an abnormal factor VII and heterozygous factor VII deficiency. Blood 50:603

Girolami A, Burul A, Fabris F, Cappellato G, Betterle C (1978) Studies on factor XIII antigen in congenital factor XIII deficiency. A tentative classification of the disease in two groups. Folia Haematol (Leipz) 105:131

Girolami A, Coccheri S, Palareti G, Poggi M, Burul A, Cappallato G (1978) Prothrombin Molise: A "new" congenital dysprothrombinemia, double heterozygosis with an abnormal prothrombin and "true" prothrombin deficiency. Blood 52:115

Girolami A, Fabris A, Dal BO Zanon R, Ghiotto G, Burul A (1978) Factor VIII Padua: A congenital coagulation disorder due to an abnormal factor VII with a peculiar activation pattern. J Lab Clin Med 91:387

Girolami A, Cattarozzi GG, Dal BO Zanon R, Cella G, Toffanin F (1979) Factor VII Padua₂: another factor VII abnormality with defective ox brain thromboplastin activation and a complex hereditary pattern. Blood 54:46

Gjønneass H (1972) Cold promoted activation of factor VII. I. Evidence for the existence of an activator. Thromb Diath Haemorrh 28:155

Gjønnaess H, Stormorken H (1970) Blood clotting, plasma kinins and fibrinolysis. Thromb Diath Haemorrh 24:308

Glazier RL, Crowell EB (1977) Factor VIII inhibitor associated with chlorpromazine-induced hepatic injury. Thromb Haemost 37:523

Glueck HI, Hong R (1965) A circulating anticoagulant in γ_{1A} multiple myeloma: its modification by penicillin. J Clin Invest 44:1866

Godal HC, Abildgaard U (1966) Gelation of soluble fibrin in plasma by ethanol. Scand J Haematol 3:342

Godal HC, Kierulf P (1971) Thrombotest and the diagnosis of disseminated intravascular coagulation (DIC). Scand J Haematol 8:446

Gollwitzer R, Hafter R, Timpl R, Graeff H (1977) Immunological assay for a carboxyterminal peptide of the fibrinogen Aα chain in normal and pathological human sera. Thromb Res 11:859

Gomperts ED, Zucker ML (1978) Heparin, brain thromboplastin and the insensitivity of the prothrombin time to heparin activity. Thromb Res 12:105

Gomperts ED, Shulman G, Lynch RS (1976) Factor VIII and factor VIII related antigen in multiple myelomatosis and related conditions. Br J Haematol 32:249

Goodnight SH, Feinstein DI, Østerud B, Rapaport SI (1971) Factor VII-antibody-neutralising material in hereditary and acquired factor VII-deficiency. Blood 38:1

Goodnight SH, Britell CW, Wuepper KD, Østerud B (1979) Circulating factor IX-antigen-inhibitor complexes in hemophilia B following infusion of a factor IX concentrate. Blood 53:93

Graham JB, Flyer P, Elston RC, Kasper CK (1979) Statistical study of genotype assignment (carrier detection) in hemophilia B. Thromb Res 15:69

Graham JB (1979) Genotype assignment (carrier detection) in the haemophilias. Clinics in Haematology 8:115

Graham JB, Barrow ES, Flyer P, Dawson DV, Elston RC (1980) Identifying carriers of mild haemophilia. Br J Haematol 44:671

Graham JE, Yount WJ, Roberts HR (1973) Immunochemical characterization of a human antibody to factor XIII. Blood 41:661

Gralnick HR (1977) Congenital disorders of fibrinogen. In: Williams J (ed) Hematology. McGraw-Hill, New York, p 1423

Gralnick HR, Abrell E (1973) Studies of the procoagulant and fibrinolytic activity of promyelocytes in acute promyelocytic leukaemia. Br J Haematol 24:89

Gralnick HR, Coller BS, Marchesi SL (1973) Immunological studies of factor VIII in haemophilia and von Willebrand's disease. Nature 244:281

Gralnick HR, Sultan Y, Coller BS (1977) Von Willebrand's disease. Combined qualitative and quantitative abnormalities. N Engl J Med 296:1024

Granelli-Piperno A, Vasalli JD, Riech E (1977) Secretion of plasminogen activator by human polymorphonuclear leucocytes: modulation by glucocorticosteroids and other effectors. J Exp Med 146:1693

Green AJ, Ratnoff OD (1974) Elevated antihemophilic factor (AHF, factor VIII) procoagulant activity and AHF-like antigen in alcoholic cirrhosis of the liver. J Lab Clin Med 83:189

Green D (1968) Spontaneous inhibitors of factor VIII. Br J Haematol 15:57

Green D, Lechner K (1981) A survey of 215 non-hemophilic patients with inhibitors to factor VIII. Thromb Haemost 45:200

Green D, Potter EV (1976) Platelet bound ristocetin aggregating factor in normal subjects and patients with von Willebrand's disease. J Lab Clin Med 87:976

Green D, Reynolds N (1977) Double-antibody radioimmuno-assay for factor VIII-related antigen. Clin Chem 23:1648–1653

Green G, Thomson JM, Poller L, Dymock IW (1975) Abnormal fibrin monomer polymerization in liver disease. Gut 16:827

Greipp PhR, Kyle RA, Bowie EJW (1979) Factor X deficiency in primary amyloidosis. Resolution after splenectomy. N Engl J Med 301:1050

Griffin JH, Cochrane CG (1979) Recent advances in the understanding of contact activation reactions. Semin Thromb Hemostas 5:254

Gugler E, Lüscher EF (1965) Platelet function in congenital afibrinogenemia. Thromb Diath Haemorrh 14:361

Gurewich V, Niewiarowski S, Hutchinson E (1971) The detection of fibrin degradation products. Application of the serial dilution protamine sulfate (SDPS) test to fibrinolytic therapy. Thromb Diath Haemoorh [Suppl] 47:137

Gutman SI, Didisheim P, Markowitz H (1980) Two new artefacts in automated coagulation training. Am J Clin Pathol 73:583

Hamilton PJ, Stalker AL, Douglas AS (1978) Disseminated intravascular coagulation: a review. J Clin Pathol 31:609

Harbaugh ME, Hill EM, Conn RB (1975) Antithrombin and antithromboplastin activity accompanying IgG myeloma.. Am J Clin Pathol 63:57

Hardisty RM (1977) Disorders of platelet function. Br Med Bull 33:207

Hardisty RM, Hutton RA (1967) Bleeding tendency associated with "new" abnormality of platelet behavior. Lancet 1:983

Harker LA, Slichter SJ (1972) Bleeding time as screening test to evaluate platelet function. N Engl J Med 287:155

Hartert H (1948) Blutgerinnungsstudien mit der Thrombelastographie, einem neuen Untersuchungsverfahren. Klin Wochenschr 26:577

Hathaway WE, Belhasen LP, Hathaway HS (1965) Evidence for a new plasma thromboplastin factor. I. Case report, coagulation studies and physicochemical properties. Blood 26:521

Hathaway WE et al (1979) Activated partial thromboplastin time and minor coagulopathies. Am J Clin Pathol 71:22

Hauch ThW, Rosse WF (1977) Platelet-bound complement (C3) in immune thrombocytopenia. Blood 50:1129

Haverkate F, Brakman P (1980) Physiologische Aktivatoren der Fibrinolyse. In: Deutsch E, Lechner K (Hrsg) Fibrinolyse, Thrombose, Hämostase. Schattauer, Stuttgart New York, S 14

Hawiger J, Niewiarowski S, Gurewich V, Thomas DP (1970) Measurement of fibrinogen and fibrin degradation products in serum by staphylococcal clumping test. J Lab Clin Med 75:93

Hawiger J et al (1979) Staphylococci-induced human platelet injury mediated by protein A and immunoglobulin G Fc fragment receptor. J Clin Invest 64:931

Hedner Y (1974) Fibrinolytic inhibitors. Thromb Diath Haemorrh [Suppl] 59:287

Heene DL (1967) Quantitative estimation of fibrin stabilizing factor. Alterations of its activity by fibrinolysis. Thromb Diath Haemorrh 17:600

Heene DL, Matthias FR (1973) Adsorption of fibrinogen derivatives on insolubilized fibrinogen and fibrinmonomer. Thromb Res 2:137

Heimburger N (1980) Biochemie des Plasminogens und der Plasminogen-Aktivierung. In: Deutsch E, Lechner K (Hrsg) Fibrinolyse, Thrombose, Hämostase. Schattauer, Stuttgart New York, S 2

Hellem AJ (1970) Platelet adhesiveness in von Willebrand's disease. Scand J Haematol 7:374

Henriksen RA, Jackson CM (1975) The chemistry and enzymology of bovine factor X. Semin Thromb Hemost 1:285

Henry RL (1977) Platelet function. Semin Thromb Hemost 4:93

Hermansky F, Pudlak P (1959) Albinism associated with hemorrhagic diathesis and unusual pigmented reticular cells in the bone marrow: Report of two cases with histochemical studies. Blood 14:162

Hersgold EJ, Martin B (1975) A rapid, quantitative determination of clottable fibrinogen unaffected by heparin. Am J Clin Pathol 63:231

Hoffmann JJML, Meulendijk PN (1978) Comparison of reagents for determining the activated partial thromboplastin time. Thromb Haemost 39:640

Holmberg L, Mannucci PM, Turesson I, Ruggeri ZM, Nilsson IM (1974) Factor VIII antigen in vessel walls in von Willebrand's disease and hemophilia A. Scand J Haematol 13:33

Holmsen H, Salganicoff L, Fukami MH (1977) Platelet behaviour and biochemistry. In: Ogston D, Bennett B (eds) Haemostasis: Biochemistry, physiology and pathology. John Wiley & Sons, London New York Sidney Toronto, p 239

Honig GR, Lindley A (1971) Deficiency of Hageman factor (factor XII) in patients with the nephrotic syndrome. J Pediatr 78:633

Hougie C (1964) Naturally occurring species specific inhibitor of human prothrombin in lupus erythematodes. Proc Soc Exp Biol Med 116:359

Hougie C (1977) Hemophilia and related conditions – congenital deficiencies of prothrombin (factor II), factor V and factors VII to XII. In: Williams WJ (ed) Hematology. McGraw-Hill, New York, p 1404

Hougie C, Barrow EM, Graham JB (1957) Stuart clotting defect. I. Segregation of an hereditary hemorrhagic state from the heterogeneous group heretofore called "stable factor" (SPCA, Proconvertin factor VII) deficiency. J Clin Invest 36:485

Hougie C, McPherson RA, Aronson L (1975) Passovoy factor: A hitherto unrecognized factor necessary for hemostasis. Lancet 2:290

Hougie C, Twomey JJ (1967) Hemophilia B_M: A new type of factor IX deficiency. Lancet 1:198

Howard MA, Firkin BG (1971) Ristocetin: a new tool in the investigation of platelet aggregation. Thromb Diath Haemorrh 26:362

Hoyer LW (1972) Immunologic studies of antihemophilic factor (AHF, factor VIII). IV. Radioimmunoassay of AHF antigen. J Lab Clin Med 80:822

Hoyer LW, Rick ME (1975) Implication of immunologic methods for measuring antihemophilic factor (factor VIII). Ann NY Acad Sci 240:97

Hoyer LW, Shainoff JR (1980) Factor VIII-related protein circulates in normal human plasma as high molecular weight multimers. Blood 55:1056

Hultin MB, London FS, Shapiro SS, Yount WJ (1977) Heterogeneity of factor VIII antibodies: further immunochemical and biologic studies. Blood 49:807

Hurlet-Birk Jensen A, Maes E, Gillet C, Legrand-Monsieur A (1980) Reliability of amidolytic assays for progressive antithrombin and heparin cofactor activities on capillary blood. Thromb Haemost 43:104

Hutton RA, Macnali AJ, Rivers R (1976) Defective platelet function associated with chronic hypoglycemia. Arch Dis Child 51:49

Hymes K, Schur PH, Karpatkin S (1980) Heavy-chain subclass of bound antiplatelet IgG in autoimmune thrombocytopenic purpura. Blood 56:84

Ingram GIC (1978) Classification of von Willebrand's disease. Lancet 2:1364

Ingram GIC (1979) The stability of the WHO reference thromboplastin NIBS & C 67/40. Thromb Haemost 42:1135

Ingram GIC, Schmidt RM (1979) Prothrombin time standardization. Report of the expert panel on oral anticoagulant control. Thromb Haemost 4:1073

Irsigler K, Lechner K, Deutsch E (1965) Studies on tissue thromboplastin. II. Species specificity. Thromb Diath Haemorrh 14:18

Italian Working Group (1977) Spectrum of von Willebrand's disease: A study of 100 cases. Br J Haematol 35:101

Jacobsen CD (1966) A family with low proteolytic capacity in plasma, probably related to a low plasminogen content. Scand J Clin Lab Invest 18:359

Jaffe EA, Hoyer LW, Nachman RL (1974) Synthesis of antihemophilic factor antigen by cultured human endothelial cells. Clin Invest 52:2757

Jäger W, Seidl S, Holtz E, Breddin K (1970) Thrombozytenfunktionen und Thrombozytenumsatz bei Patienten mit Hypersplenie. In: Lennert K, Harms D (Hrsg) Die Milz. Springer, Berlin Heidelberg New York, S 302

Johnson CA, Chung KS, McGrath KM, Bean PE, Roberts HR (1980) Characterization of a variant prothrombin in a patient congenitally deficient in factors II, VII, IX and X. Brit J Haematol 44:461

Josso F, Lavergne JM, Gouault M, Prou Wartelle O, Soulier PJ (1968) Différents états moléculaires du facteur II (prothrombine), leur étude à l'aide de la staphylocoagulase et d'anticorps anti-facteur II chez les sujets traités par les antagonistes de le vitamine K. Thromb Diath Haemorrh 20:88

Josso F, Rio Y, Beguin S (1978) Prothrombin Metz: A new variant of human prothrombin. Double heterozygosity for congenital hypoprothrombinemia and dysprothrombinemia. XVII Congress of the International Society of Hematology, Abstracts (II), p 860

Kahn MJP, Govaerts A (1974) Prothrombin Brussels, a new congenital defective protein. Thromb Res 5:141

Kaplan AP, Castellino FJ, Collen D, Wiman B, Taylor FB Jr (1978) Molecular mechanisms of fibrinolysis in man. Thromb Haemost 39:263

Karges HE, Heimburger N (1978) Immunologische Methoden in der Blutgerinnung. In: Laboratoriumsmedizin. Kirchheim, Mainz

Kasper CK, Aledort LM, Counts RB, Edson JR, Fratantoni J, Green D, Hampton JW, Hilgartner MW, Lazerson J, Levine PM, McMillan CW, Pool JG, Shapiro SS, Shulman NR, Eys J van (1975) A more uniform measurement of factor VIII inhibitors. Thromb Diath Haemorrh 34:869

Kasper CK, Østerud B, Minami JY, Shonick W, Rapaport SI (1977) Hemophilia B: Characterization of genetic variants and detection of carriers. Blood 50:351

Kasturi J, Saraya AK (1978) Platelet functions in dysproteinaemia. Acta Haematol 59:104

Kaufmann RH, Veltkamp JJ, Tilburg NH, Es LA van (1978) Acquired antithrombin III deficiency and thrombosis in the nephrotic syndrome. Am J Med 65:607

Kaywin P, McDonough, Insel P, Shattil SJ (1978) Platelet function in essential thrombocythaemia. N Engl J Med 299:505

Keenan JP, Wharton J, Sheperd AJN, Bellingham AJ (1977) Defective platelet lipid peroxidation in myeoloproliferative disorders: A possible defect of prostanglandin synthesis. Br J Haematol 35:275

Kelton JG, Blanchette VS, Wilson WE, Powers P, Mohan Pai KR, Effer SB, Barr RD (1980) Neonatal thrombocytopenia due to passive immunization: prenatal diagnosis and distinction between maternal platelet alloantibodies and autoantibodies. N Engl J Med 302:1401

Kelton JG, Neame PG, Gauldie J, Hirsh J (1979) Elevated platelet associated IgG in thrombocytopenia of septicaemia. N Engl J Med 300:760

Kerbiriou DM, Griffin JH (1979) Structure-function relationships of human high MW kininogen (HMWK), a cofactor in contact activation of human plasma. Thromb Haemost (Abstr) 42:252

Kernoff LM, Blake KCH, Shackleton D (1980) Influence of the amount of platelet-bound IgG on platelet survival and site of sequestration in autoimmune thrombocytopenia. Blood 55:730

Kernoff PBA, McNicol GP (1977) Normal and abnormal fibrinolysis. Br. Med Bull 33:239

Kierulf P, Godal HC (1972) Fibrinaemia and multiple thrombi in pancreatic carcinoma. A case studied with quantitative N-terminal analysis. Scand J Haematol 9:370

Kirkwood TBL, Barrowcliffe TW (1978) Discrepancy between one-stage and two-stage assay of factor VIII:C. Br J Haematol 40:333

Kitaguchi H, Hirata M, Hijikata A (1980) Plasminogen activator release from the perfused isolated dog leg by thrombin. Blood Vessels 11:79

Klee GG, Didsheim P, Johnson R, Giere GM (1978) An evaluation of four automated coagulation instruments. Am J Clin Pathol 70:646

Klein H, Aledort LM, Bouma BN, Hoyer LW, Zimmermann TS, DeMets DL (1977) A co-operative study for the detection of the carrier state of classic hemophilia. N Engl J Med 296:959

Kluft C (1977) Elimination of inhibition in euglobulin fibrinolysis by use of flufenamate. Involvement of C1 inactivator. Haemostasis 6:351

Kluft C (1978) C1-inactivator-resistant fibrinolytic activity in plasma euglobulin fractions: its relation to vascular activator in blood and its role in euglobulin fibrinolysis. Thromb Res 13:135

Kluft C, Trumpi-Kalshoven MM, Jie AFH, Veldhuyzen-Stolk EC (1979) Factor XII-dependent fibrinolysis: a double function of plasma kallikrein and the occurrence of previously undescribed factor XII- and kallikrein-dependent plasminogen proactivator. Thromb Haemost 41:756

Kluft C, Vellenga E, Brommer EJP (1979) Homozygous α_2-antiplasmin deficiency. Lancet 2:206

Koie K, Kamiya T. Ogata K, Kohakura M (1978) α_2-plasmin-inhibitor deficiency (Miyasato disease). Lancet 2:334

Koller F (1973) Theory and experience behind the use of coagulation tests in diagnosis and prognosis of liver disease. Scand J Gastroenterol 8:51

Kopec M, Bykowska K, Lopaciuk S, Jelenska M, Kaczanowska J, Sopata I, Wojtecka E (1980) Effects of neutral proteases from human leukocytes on structure and biological properties of human factor VIII. Thromb Haemost 43:211

Korninger C, Niessner H, Thaler E, Lechner K (1979) Wirkung von DDAVP auf Fibrinolyse und Gerinnungsparameter-Untersuchung an Normalpersonen, Hämophilen und Patienten mit von Willebrand-Jürgens-Syndrom. In: Sutor AH Hrsg) DDAVP in bleeding disorders, Minirin 1st Int. Symp. on DDAVP. Schattauer, Stuttgart New York, S 55

Korninger C, Niessner H, Lechner K (1981) Impaired fibrinolytic response to DDAVP and venous occlusion in a sub-group of patients with von Willebrand's disease. Thromb Res 46:123

Koutts J, Lavergne JM, Meyer D (1977) Immunological evidence that human factor VIII is composed to two linked moieties. Br J Haematol 37:415

Kreissel M, Oehme J (1973) Faktor XIII-Aktivität im Plasma bei akuter Leukämie im Kindesalter. Klin Paediatr 185:267

Krell W, Mahn I, Müller-Berghaus G (1979) Gel filtration of I^{125} and I^{131}-fibrinogen at 20° and 37°. Thromb Res 14:299

Krinninger B, Lechner K, Deutsch E (1980) Studien über die Faktor VIII-Affinität von hämophilen und spontanen Faktor VIII-Antikörpern. In: Deutsch E, Lechner K (Hrsg) Fibrinolyse, Thrombose, Hämostase: Verhandlungen des I. Kongresses für Thrombose und Blutgerinnung. Schattauer, Stuttgart New York, S 421

Kunicki TJ, Aster RH (1978) Deletion of the platelet-specific alloantigen PL^{A1} from platelets in Glanzmann's thrombasthenia. J Clin Invest 61:1225

Lacey JV, Penner JA (1977) Management of idiopathic thrombocytopenic purpura in the adult. Semin Thromb Haemost 3:160

Lagardę M, Byron PA, Vargafting BB, De Chavanne M (1978) Impairment of platelet thromboxane A_2 generation and of platelet release reaction in two patients with congenital deficiency of platelet cyclooxygenase. Br J Haematol 38:251

Lages B, Weiss HJ (1980) Biphasic aggregation to ADP and epinephrine in some storage pool deficient platelets: relationship to the role of endogenous ADP in platelet aggregation and secretion. Thromb Haemost 43:147

Lämmle B, Bounameaux H, Merbet BA, Eichlisberger R, Duckert F (1980) Monitoring of oral anticoagulation by an amidolytic factor X assay. A long-term study in 42 patients. Thromb Haemost 44:150

Lane DA (1981) Fibrinogen derivatives in plasma. Br J Haematol 47:329

Lane DA, Preston FE, Van Ross ME, Kakkar VV (1978) Characterization of serum fibrinogen and fibrin fragments produced during disseminated intravascular coagulation. Br J Haematol 40:609

Lane JL, Biggs R (1977) The natural inhibitors of coagulation: Antithrombin III, heparin cofactor and anti-factor Xa. In: Poller L (ed) Recent advances in blood coagulation, vol II, p 123

Lane JL, Bird P, Rizza CR (1976) A new assay for the measurement of total progressive antithrombin. Br J Haematol 30:103

Largo R, Sigg P, Felten A von, Straub PW (1974) Acquired factor IX inhibitor in a nonhaemophilic patient with autoimmune disease. Br J Haematol 26:129

Largo R, Heller V, Straub PW (1976) Detection of soluble intermediates of the fibrinogen-fibrin conversion using erythrocytes coated with fibrin monomers. Blood 47:991

Lasch HG, Krecke HJ, Rodriguez-Erdmann F, Sessner HH, Schütterle G (1961) Verbrauchskoagulopathien (Pathogenese und Therapie). Folia Haematol (Leipz) 6:325

Lasch HG, Huth K, Heene DL, Müller-Berhaus G, Hörder MH, Janzarik H, Mittermeyer C (1971) Die Klinik der Verbrauchskoagulopathie. Dtsch Med Wochenschr 96:715

Laurell CB (1966) Quantitative estimation of protein by electrophoresis in agarose gel containing antibodies. Anal Biochem 15:45

Lavergne JM, Meyer D, Koutts J, Larrieu MJ (1978) Isolation of human antibodies to factor VIII. Br J Haematol 40:631

Lazarchick J, Hoyer LW (1977) The properties of immune complexes formed by human antibodies to factor VIII. J Clin Invest 60:1070

Lazarchick J, Hoyer LW (1978) Immunoradiometric measurement of factor VIII procoagulant antigen. J Clin Invest 62:1043

Lechner K (1967) Eine einfache Methode zur Herstellung von menschlichem F VII-Mangelplasma. Thromb Diath Haemorrh [Suppl] 18:252

Lechner K (1969) A new type of coagulation inhibitor. Thromb Diath Haemorrh 21:482

Lechner K (1969) Über einen neuen Typ von Gerinnungshemmkörpern. Verh Dtsch Ges Inn Med 75:487

Lechner K (1971) Acquired inhibitors in iso- and autoimmune disease. 1. Conf Soc. Thrombosis and Hemostasis (Genf). Thromb Diath Haemorrh [Suppl] 65:227

Lechner K (1971) Factor IX inhibitors: Report of two cases and a study of the biological, chemical and immunological properties of the inhibitors. Thromb Diath Haemorrh 25:447

Lechner K (1972) Inactive factor VIII in haemophilia A and Willebrand's disease. Acta Haematol 48:257

Lechner K (1972) Immune reactive factor IX in acquired factor IX deficiency. Thromb Diath Haemorrh 27:19

Lechner K (1973) Diagnose und Therapie der Verbrauchskoagulopathie. Wien Klin Wochenschr 85:467

Lechner K (1973) Immunoreactive factor VIII in carriers of hemophilia A^+ and A^-. Thromb Diath Haemorrh 29:240

Lechner K (1974) Acquired inhibitors in nonhemophilic patients (review). Haemostasis 3:65

Lechner K (1976) Differences in the immune response in hemophilias with acquired inhibitors. In: Workshop on inhibitors to factor VIII and IX, Wien. Facultas Verlag, p 48

Lechner K (1978) Hyperkoagulabilität und Lungenembolie. Verh Dtsch Ges Inn Med 84:276

Lechner K (1980) Hemmkörperentwicklung durch Substitutionstherapie. In: Schimpf K (Hrsg) Fibrinogen, Fibrin und Fibrinkleber. Schattauer, Stuttgart New York, S 379

Lechner K, Bayer PM, Fill WD, Niessner H, Stych H, Thaler E, Thaler H, Weißkirchner R, Wewalka F (1975) Bestimmung von Gerinnungsfaktoren als Leberfunktionstest. In: Neumayr A (Hrsg) Aktuelle Probleme der klinischen Hepatologie. Witzstrock, Baden-Baden, S 41

Lechner K, Hartmann E, Schneider WHF, Spona J, Matt K (1976) Beeinflussung von Blutgerinnung und Fibrinolyse durch Oestrogen, Gestagen und eine Oestrogen-Gestagen-Komponente. Klin Wochenschr 54:431

Lechner K, Korninger C (1981) Structure, characteristics and natural history of factor VIII- and IX-inhibitors in non-hemophilicas. In: Seligsohn U, Rimon A, Horozowski H (eds) Haemophilia. Castle House Publications, p 87

Lechner K, Krinninger B (1978) Immunkoagulopathien: Pathogenese, Diagnostik und Therapie. In: Heene DL (Hrsg) Immunologische Probleme der Blutgerinnung beim von Willebrand-Jürgens-Syndrom. Schattauer, Stuttgart New York, S 78

Lechner K, Moser K, Pietschmann H, Stockinger L, Vinazzer H (1967) Zur Ultrastruktur der Thrombozyten bei der Thromboasthenie. Wien Z Inn Med 48:369

Lechner K, Ludwig E, Niessner H, Thaler E (1972) Factor VIII-inhibitor in a patient with mild hemophilia A. Haemostasis 1:261

Lechner K, Kotzaurek R, Laszlo E, Deutsch E (1975) Gerinnungsfaktoren bei Niereninsuffizienz. In: Gessler U (Hrsg) Gerinnungsstörungen und Anämie bei Nierenerkrankungen, Nephrologie in Klinik und Praxis, Bd. 3, S 85

Lechner K, Niessner H, Thaler E (1977) Coagulation abnormalities in liver disease. Semin Thromb Haemost 4:40

Lechner K, Mähr G, Margariteller P, Deutsch E (1979) Factor X Vorarlberg, a new variant of hereditary factor X deficiency. In: VII. Int. Congr. on Thrombosis and Haemostasis, London. Abstr Nr 0126

Lechner K, Niessner H, Thaler E (1980) Angeborener und erworbener Antithrombin III-Mangel – ein prädisponierender Faktor zu lokalisierter und generalisierter intravaskulärer Gerinnung. In: Deutsch E, Lechner K (Hrsg) Fibrinolyse, Thrombose, Hämostase, Verhandlungen des I. Kongresses für Thrombose und Blutgerinnung. Schattauer, Stuttgart New York, S 124

Legrand YJ, Rodriguez-Zeballos A, Kartalis G et al (1978) Adsorption of factor VIII antigen-activity complex by collagen. Thromb Res 13:909

Leone G, Accorra F, Boni P (1977) Circulating anticoagulant against factor XI and thrombocytopenia with platelet aggregation inhibition in systemic lupus erythematosus. Acta Haematol 58:240

Leporrier M, Dighiero G, Auzemery M, Binet JL (1979) Detection and quantification of platelet-bound antibodies with immunoperoxidase. Br J Haematol 42:605

Lesuk A, Terminiello L, Traver JH, Groff JL (1967) Biochemical and biophysical studies of human urokinase. Thromb Diath Haemorrh 18:293

Levanon M, Rimon S, Shari M, Ramot S, Golberg E (1972) Active and inactive factor VII in Dubin-Johnson syndrome with factor VII deficiency and coumadin administration. Br J Haematol 23:669

Levy-Toledano S, Tobelem G, Legrand G, Bredoux R, Degos L, Nurden A, Caen JP (1978) Acquired IgG antibody occurring in a thrombasthenic patient: its effect on human platelet function. Blood 51:1065

Lewis JH, Lammarino RM, Spero JA, Hasiba U (1978) Antithrombin Pittsburgh: An alpha$_1$-antitrypsin variant causing hemorrhagic disease. Blood 51:129

Lipinski B, Gurewich V (1979) α_2-plasmin inhibitor deficiency. Lancet 1:329

Loeliger EA (1979) The optimal therapeutic range in oral anticoagulation. History and proposal. Thromb Haemost 42:1141

Loeliger EA, Halem-Visser LP van (1979) Biological properties of the thromboplastins and plasmas included in the ICTH/ICSH collaborative study on prothrombin time standardization. Thromb Haemost 42:1115

Lorand L, Downey J, Gotoh T. Jacobsen A, Tobura S (1968) The transpeptidase system which crosslinks fibrin by γ-glutamyl-ϵ-lysine bonds. Biochem Biophys Res Commun 31:222

Lorand L, Urayama T, De Kiewit WC, Nossel HL (1969) Diagnostic and genetic studies on fibrin-stabilizing factor with a new assay based on amine incorporation. J Clin Invest 48:1054

Lorez HP, Richard JG, Da Prada M, Picotti GB, Pareti FI, Kapitanio A, Mannucci PM (1979) Storage pool disease: comparative fluorescence microscopical, cytochemical and biochemical studies on amine-storing organelles of human blood platelets. Br J Haematol 43:297

Low J, Dodds AJ, Biggs JC (1980) Fibrinolytic activity of gastroduodenal secretions – A possible role in upper gastrointestinal haemorrhage. Thromb Res 17:819

Luiken GA, McMillan R, Lightsey AL, Gordon P, Zevely S, Schulman I, Gribble TJ, Longmire RL (1977) Platelet-associated IgG in immune thrombocytopenic purpura. Blood 50:317

Lusher JM, Barnhart MI (1977) Congenital disorders affecting platelets. Semin Thromb Hemost 4:123

Lusher JM, Iyer R (1977) Idiopathic thrombocytopenic purpura in children. Semin Thromb Hemost 3:200

Majerus PW, Miletich JP (1978) Relationship between platelets and coagulation factors in hemostasis. Ann Rev Med 29:41

Malhotra OP (1979) Purification and characterization of dicoumarol-induced prothrombins. I. Barium citrate atypical (7-Gla) prothrombin. Thromb Res 15:427

Malmsten C, Hamberg M, Svensson J, Samuelsson B (1975) Physiological role of an endoperoxide in human platelets: hemostatic defect due to platelet cyclo-oxygenase deficiency. Proc Natl Acad Sci USA 72:1446

Malpass TW, Harker LA (1980) Acquired disorders of platelet function. Semin Hematol 17:242

Malpass TW, Files JC, Hanson SR et al (1980) Transient platelet dysfunction associated with selective α-granule depletion during cardiopulmonary bypass. Clin Res 28:494 A

Mammen EF (1974) Congenital abnormalities of the fibrinogen molecule. Semin Thromb Hemost 1:184

Mammen EF, Schmidt KP, Barnhart MI (1967) Thrombophlebitis migrans associated with circulating antibodies against fibrinogen. Thromb Diath Haemorrh 18:605

Mancini G, Carbonara AO, Heremans JF (1965) Immunochemical quantitation of antigens by simple radial immunodiffusion. Immunochemistry 2:235

Mandle R Jr, Kaplan A (1977) Hageman factor substrates. Human plasma prekallikrein mechanism of activation of Hageman factor and participation in Hageman factor-dependent fibrinolysis. J Biol Chem 252:6097

Mant JE, King EG (1979) Severe acute disseminated intravascular coagulation. Am J Med 67:557

Margolius A Jr, Jackson DP, Ratnoff OD (1961) Circulating anticoagulants: a study of 40 cases and a review of the literature. Medicine (Baltimore) 40:145

Mariani G, Mannucci PM, Mazzucconi MG, Orlando M, Ciavarella N, Ruggeri ZM, Nenci G, Hassan HJ, Romoli D (1978) Genetic variants of factor VII deficiency. XVII Congress of the International Society of Hematology (Abstr), p 860

Marsh N, Gaffney P (1980) Some observations on the release of extrinsic and intrinsic plasminogen activators during exercise in man. Haemostasis 9:238

Marx R, Thies HA (1978) Niere, Blutgerinnung und Hämostase. Schattauer, Stuttgart New York

Mazzucconi MG, Bertina RM, Romoli D, Orlando M, Avvisati G, Mariani G (1980) Factor VII activity and antigen in haemophilia B variants. Thromb Haemost 43:16

McDuffie FC, Griffin C, Niedringhaus R, Mann KG, Owen CA, Bowie EJW, Peterson J, Clark G, Hunder GG (1979) Prothrombin, thrombin and prothrombin fragments in plasma of normal individuals and of patients with laboratory evidence of disseminated intravascular coagulation. Thromb Res 16:759

McKay DG (1964) Disseminated intravascular coagulation. An intermediary mechanism of disease. Hoeber, Harper and Row, New York

McKay EJ (1980) Immunochemical analysis of active and inactive antithrombin III. Brit J Haematol 46:277

McKelvey EM, Knaan HC (1972) An IgM circulating anticoagulant with factor VIII inhibitory activity. Ann Intern Med 77:571

McMillan R (1981) Chronic idiopathic thrombocytopenic purpura. N Engl J Med 304:1135

McMillan R, Levy R, Yelenosky R, Longmire RL, Luiken GA (1978) Antibody against megakaryocytes in idiopathic thrombocytopenic purpura. JAMA 239:2460

McPhedron P, Clyne LP, Ortoli NA, Gagnon PG, Sanders FJ (1974) Prolongation of the activated partial thromboplastin time associated with poor venipuncture technique. Am J Clin Pathol 62:16

Meade TW, Chakrabarti R, Haines AP, North WRS, Stirling Y, Thompson SG (1980) Haemostatic function and cardiovascular death: early result of a prospective study. Lancet I/15:1050

Meili EO, Frick PG, Straub PW (1970) Coagulation changes during massive hepatic necrosis due to Amanita phalloides poisoning with special reference to antihemophilic globulin. Helv Med Acta 35:304

Merskey C (1950) The consumption of prothrombin during coagulation. The defect in haemophilia and thrombocytopenic purpura. J Clin Pathol 3:130

Merskey C, Kleiner GJ, Johnson AJ (1969) Quantitative estimation of split products of fibrinogen in human serum. Relation to diagnosis and treatment. Blood 28:1

Merskey C, Lalezari P, Johnson AJ (1969) A rapid, simple, sensitive method for measuring fibrinolytic split products in human serum. Proc Soc Exp Biol Med 131:871

Merskey C, Johnson AJ, Harris JU, Wang MT, Swain S (1980) Isolation of fibrinogen-fibrin related antigen from human plasma by immuno-affinity chromatography; its characterisation in normal subjects and in defibrinating patients with abruptio placentae and disseminating cancer. Br J Haematol 44:655

Meyer D (1977) Von Willebrand's disease. In: Poller L (ed) Recent advances in blood coagulation, p 183

Meyer D, Plas A, Allain JP, Sitar GM, Larrieu MJ (1975) Problems in the detection of carriers of haemophilia A. J Clin Pathol 28:690

Meyer D, Frommel D, Larrieu MJ, Zimmerman TS (1979) Selective absence of large forms of factor VIII/von Willebrand factor in acquired von Willebrand's syndrome. Response to transfusion. Blood 54:600

Miale JB (1979) Prothrombin time standardization report of the expert panel on oral anticoagulant control: a minority opinion. Thromb Haemost 42:1132

Mielke C Jr, Kaneshiro MM, Maher IA et al (1969) The standardized normal Ivy bleeding time and its prolongation by aspirin. Blood 34:204

Miletich JP, Jackson CM, Majerus PW (1977) Interaction of coagulation factor Xa with human platelets. Proc Natl Acad Sci USA 74:4033

Miletich JP, Majerus DW, Majerus PW (1978) Patients with congenital factor V deficiency have decreased factor Xa binding sites on their platelets. J Clin Invest 62:824

Miletich JP, Kane WH, Hofmann SL, Stanford N, Majerus PW (1979) Deficiency of factor Xa-factor Va-binding sites on the platelets of a patient with a bleeding disorder. Blood 54:1015

Miller CH, Graham JG, Goldin LR, Elston RC (1979) Genetics of classic von Willebrand's disease. I. Phenotypic variation within families. Blood 54:117

Miller CH, Graham JB, Goldin LR, Elston RC (1979) Genetics of classic von Willebrand's disease. II. Optimal assignment of the heterozygous genotype (diagnosis) by discriminant analysis. Blood 54:137

Milner GR, Holt PJL, Bottomley J, MacIvor (1977) Protocol therapy associated with a systemic lupus erythematosus-like syndrome and an inhibitor to factor XIII. J Clin Pathol 30:770

Mitterstieler G (1980) Urothromboplastin. In: Deutsch E, Lechner K (Hrsg) Fibrinolyse, Thrombose, Hämostase, Verhandlungen des I. Kongresses für Thrombose und Blutgerinnung (gleichzeitig 24. Tagung d. Dtsch. Arbeitsgem. f. Blutger.-Forschung. Schattauer, Stuttgart New York, S 479

Mitterstieler G, Müller W, Geir W (1978) Congenital factor V deficiency. A family study. Scand J Haematol 21:9

Montgomery RR, Dubansky AS, Hathaway WE (1976) Failure to detect mild hemophilia using activated partial thromboplastin time (APTT). Clin Res 24:A178

Montgomery RR, Otsuda A, Hathaway WE (1978) Hypoprothrombinemia: Case report. Blood 51:299

Morin RJ, Willoughby D (1975) Comparison of several activated partial thromboplastin time methods. Am J Clin Pathol 64:241

Morisato D, Gralnick HR (1980) Selective binding of the factor VIII/von Willebrand factor protein to human platelets. Blood 55:9

Moroi M, Aoki N (1976) Isolation and characterization of α_2-plasmin inhibitor from human plasma. A novel proteinase inhibitor which inhibits activator-induced clot lysis. J Biol Chem 251:5956

Moroz AL, Sniderman AD, Marpole DGF (1979) Leukocyte-plasma interaction in fibrinolysis. N Engl J Med 301:1100

Mortazavi M, Jones PK (1978) A semiautomated turbidimetric method for determination of plasma fibrinogen. Am J Clin Pathol 70:76

Mosher DF, Schad P, Kleinmann H (1979) Cross-linking of fibronectin to collagen by blood coagulation. J Clin Invest 64:781

Mourik JA van, Bolhuis PA (1978) Dispersity of human factor VIII von Willebrand factor. Thromb Res 13:15

Müller-Berghaus G (1977) Pathophysiology of generalized intravascular coagulation. Semin Thromb Hemost 3:209

Müller-Berghaus G (1980) Die Bedeutung des löslichen Fibrins für die Thrombophilie. In: Deutsch E, Lechner K (Hrsg) Fibrinolyse, Thrombose, Hämostase. Verhandlungen des I. Kongresses für Thrombose und Blutgerinnung. Schattauer, Stuttgart New York, S 112

Müller-Berghaus G, Eckhardt T (1975) The role of granulocytes in the activation of intravascular coagulation and the precipitation of soluble fibrin by endotoxin. Blood 45:631

Müller-Berghaus G, Schneeberger R (1971) Hageman factor activation in the generalized Shwartzman reaction induced by endotoxin. Brit J Haematol 21:513

Mueller-Eckhardt C (1977) Idiopathic thrombocytopenic purpura (ITP): Clinical and immunologic considerations. Semin Thromb Hemost 3:125

Mueller-Eckhardt C (1978) Die Diagnostik der Immunthrombozytopenien. Dtsch Med Wochenschr 103:2061

Mueller-Eckhardt C, Mahn I, Schulz G, Mueller-Eckhardt G (1978) Detection of platelet autoantibodies by a radio-active antiimmunoglobulin test. Vox Sang 35:357

Mueller-Eckhardt C, Kayser W, Mersh-Baumert K, Mueller-Eckhardt G, Breidenback M, Kugel HG, Graubner M (1980) The clinical significance of platelet associated IgG: a study of 298 patients with various disorders. Brit J Haematol 46:123

Müllertz S, Clemmensen I (1976) The primary inhibitor of plasmin in human plasma. Biochem J 159:545

Murano G (1980) A basic outline of blood coagulation. Semin Thromb Hemost 6:140

Murphey S, Davis JL, Walsh PN, Gardner FH (1978) Template bleeding time and clinical hemorrhage in myeloproliferative disease. Arch Intern Med 138:1251

Neame PB, Kelton JG, Walker IR, Stewart IO, Nossel HL, Hirsh J (1980) Thrombocytopenia in septicemia: the role of disseminated intravascular coagulation. Blood 56:88

Nel JC, Stevens K (1980) A new method for the simultaneous quantitation of platelet-bound immunoglobulin (IgG) and complement (C_3) employing an enzyme-linked immunosorbent assay (ELISA) procedure. Brit J Haematol 44:281

Nelsestuen GL, Suttie JW (1972) Mode of action of vitamin K. Calcium-binding properties of bovine prothrombin. Biochemistry 11:4961

Nemerson Y, Jackson CM, Aronson DL (1980) Nomenclature recommendations for factor VII. Thromb Haemost 43:175

Niemetz J (1972) Coagulant activity of leukocytes. Tissue factor activity. J Clin Invest 51:307

Niewiarowski S (1980) Relationship between low affinity platelet factor 4 ($LA\text{-}PF_4$) and β-thromboglobulin (βTG). Thromb Haemost 44:47

Niewiarowski S, Gurewich V (1971) Laboratory identification of intravascular coagulation. The serial dilution protamine sulfate test for the detection of fibrin monomer and fibrin degradation products. J Lab Clin Med 77:665

Niewiarowski S, Poplawski A, Prokopowicz J, Kanska B, Lechner K, Stockinger L (1969) Abnormalities of platelet function and ultrastructure in macrothrombocytic thrombopathia. Scand J Haematol 6:377

Niessner H (1972) Messung der Plättchenadhäsivität mit einer modifizierten Form der Hellem II-Methodik unter besonderer Berücksichtigung des v. Willebrand-Jürgens-Syndroms. Thromb Diath Haemorrh 27:434

Niessner H (1978) Das analytische Spektrum zur Diagnostik des von Willebrand-Jürgens-Syndroms. In: Heene DL (Hrsg) Immunologische Probleme der Blutgerinnung; von Willebrand-Jürgens-Syndrom. Verhandlungsbericht d. Dtsch. Arbeitsgemeinsch. f. Blutgerinnungsforschung Gießen, 1976. Schattauer, Stuttgart New York, S 199

Niessner H (1981) Das erworbene von Willebrand-Jürgens-Syndrom. In: Scharrer I, Breddin K (Hrsg) Hämostase und Atherosklerose bei Hämophilie und von Willebrand-Syndrom. Schattauer, Stuttgart New York, S 39

Niessner H, Lechner K (1979) Failure of cryoprecipitate to normalize platelet retention in hereditary and acquired von Willebrand's disease. VIIth Int. Congress on Thrombosis and Haemostasis, London. Thromb Haemost, Abstract 1064, p 442

Niessner H, Lechner K (1980) Problems of dosage schedules in urokinase therapy: effects and side-effects. In: Tilsner V, Lenau H (eds) Fibrinolysis and urokinase. Academic Press, London New York Sidney San Francisco, p 99

Nilehn JE (1967) Separation and estimation of split products of fibrinogen and fibrin in human serum. Thromb Diath Haemorrh 18:487

Nilsson IM (1977) Report of the working party on factor VIII-related antigens. Thromb Haemost 39:511

Nilsson IM, Holmberg L (1979) Von Willebrand's disease today. Clin Haematol 8:147

Nossel HL, Yudelman I, Canfield RE, Butler VP, Spanondis K, Wilner GD, Qureshi GD (1974) Measurement of fibrinopeptide A in human blood. J Clin Invest 54:43

Nurden AT, Caen JP (1975) Specific roles for platelet surface glycoproteins in platelet function. Nature 255:720

Nurden AT, Dupuis D, Lebret M, Rendu F, Kunicki T, Caen JP, Vainchenker W, Breton-Corius J (1980) Biochemical and ultrastructural studies on the platelets of two patients with the gray platelet syndrome. 18th Congress of the International Society of Hematology, Montreal

Nydegger UE, Miescher PA (1980) Bleeding due to vascular disorders. Semin Hematol 17:178

Ødegard OR, Lie M, Abildgaard U (1975) Heparin cofactor activity measured with an amidolytic method. Thromb Res 6:287

Ødegard OR, Lie M, Abildgaard U (1976) Antifactor Xa activity measured with amidolytic methods. Haemostasis 5:265

Ødegard OR, Rosenlund B, Ervik E (1978) Automated antithrombin III assay with a centrifugal analyser. Haemostasis 7:202

Oehler G, Bleyl H, Roka L (1980) Immunologische Prothrombinbestimmung bei Patienten mit Leberkrankheiten. In: Deutsch E, Lechner K (Hrsg) Fibrinolyse, Thrombose, Hämostase: Verhandlungen des I. Kongresses für Thrombose und Blutgerinnung. Schattauer, Stuttgart New York, S 415

Ogston D (1977) Biochemistry of naturally occurring plasminogen activators. In: Ogston D, Bennett B (eds) Haemostasis: Biochemistry, physiology and pathology. John Wiley, London, p 221

Okuma M, Uchino H (1979) Altered arachidonate metabolism by platelets in patients with myeloproliferative disorders. Blood 54:1258

Ørstavik KH, Laake K (1978) Factor IX in warfarin treated patients. Thromb Res 13:207

Ørstavik KH, Nilsson IM (1978) A study of acquired inhibitors of factor IX by means of precipitating rabbit antisera against factor IX. Thromb Res 12:863

Ørstavik KH, Østerud B, Prydz H, Berg K (1975) Electroimmunoassay of factor IX in hemophilia. Thromb Res 7:373

Ørstavik KH, Veltkamp JJ, Bertina RM, Hermans J (1979) Detection of carriers of haemophilia B. Br J Haematol 42:293

Østerud B, Flengsrud R (1975) Purification and some characteristics of the coagulation factor IX from human plasma. Biochem J 145:469

Owen CA Jr, Bowie EJW (1977) Chronic intravascular coagulation and fibrinolysis (ICF) syndromes (DIC). Semin Thrombos Hemost 3:268

Owren PA (1947) Parahaemophilia, haemorrhagic diathesis due to absence of a previously unknown clotting factor. Lancet 1:446

Owren PA (1969) Normotest in liver diseases. Farmakoterapi 25:46

Owren PA, Strandli OK (1964) Normotest. Farmakoterapie 25:14

Panicucci F, Sagripanti A, Conte B, Pinori E, Vispi M, Lecchini L (1980) Characterization of heterogeneity of haemophilia B for the detection of carriers. Haemostasis 9:320

Parekh VR, Mannucci PM, Ruggeri ZM (1978) Immunological heterogeneity of haemophilia B: a multicentre study of 98 kindreds. Br J Haematol 40:643

Pareti FI, Smith JB, D'Angelo A, Mari D, Capitanio A, Mannucci PM (1980) Congenital deficiency of platelet-thromboxane and vascular wall prostacyclin in a patient with aspirin-like syndrome. In: Deutsch E, Lechner K (eds) Fibrinolyse, Thrombose, Hämostase. Schattauer, Stuttgart New York, p 619

Parfentjev IA, Johnson ML, Cliffton EE (1953) The determination of plasma fibrinogen by turbidity with ammonium sulfate. Arch Biochem Biophys 46:470

Parry DH, Giddings JC, Bloom AL (1980) Familial haemostatic defect associated with reduced prothrombin consumption. Br J Haematol 44:323

Peake IR (1980) Immunoradiometric assay for factor VIII clotting antigen (VIIICAg). In: Deutsch E, Lechner K (eds) Fibrinolyse, Thrombose, Hämostase. Schattauer, Stuttgart New York, p 262

Peake IR, Bloom AL (1977) Abnormal factor VIII related antigen (FVIIIRAg) in von Willebrand's disease (vWD): Decreased precipitation by concanavalin A. Thromb Haemost 37:361

Peake IR, Bloom AL (1977) The use of immunoradiometric assay for factor VIII related antigen in the study of atypical von Willebrand's disease. Thromb Res 1:27

Peake IR, Bloom AL (1978) Immunoradiometric assay of procoagulant factor VIII antigen in plasma and serum and its reduction in hemophilia. Preliminary studies on adult and fetal blood. Lancet 1:473

Peake IR, Bloom AL, Giddings JC, Ludlam CA (1979) An immunoradiometric assay for procoagulant factor VIII antigen. Results in haemophilia, von Willebrand's disease and fetal plasma and serum. Br J Haematol 42:269

Pechet L, Tiarks CY, Stevens J, Sudhindra RR, Lipworth L (1978) Relationship of factor IX antigen and coagulant in hemophilia B patients and carriers. Thromb Haemost 40:465

Penner JA, Hassonna H, Hunter MJ, Chockley M (1979) A clinically silent antithrombin III defect in an Ann Arbor family. Thromb Haemost 42:186

Pepper DS, Allen R (1978) Isolation and characterization of human cadaver vascular endothelial activator. In: Davidson JF et al (eds) Progress in chemical fibrinolysis and thrombolysis, vol 3. Raven-Press, New York, p 91

Phillips DR, Poh Agin P (1977) Platelet membran defects in Glanzmann's thrombasthenia. Evidence for decreased amounts of two major glycoproteins. J Clin Invest 60:535

Pineo GF, Regoeczi E, Hatton MWC, Brain MC (1973) The activation of coagulation by extracts of mucus: a possible pathway of intravascular coagulation accompanying adenocarcinomas. J Lab Clin Med 82:255

Plow E, Edgington TS (1973) Immunobiology of fibrinogen: Emergence of neoantigenic expressions during physiologic cleavage in vitro and in vivo. J Clin Invest 52:273

Poller L (1977) Coagulation abnormalities in liver disease. In: Poller L (ed) Recent advances in blood coagulation. Churchill Livingstone, Edinburgh London New York, p 267

Poller L, Thomson JM, Yee KF (1978) Automated versus manual techniques for the prothrombin time test: results of proficiency assessment studies. Br J Haematol 38:391

Poller L, Thomson JM, Yee KF (1980) Heparin and partial thromboplastin time: an international survey. Br J Haematol 44:161

Poon MC, Saito H, Ratnoff OC, Forman WB, Wisnieski J (1977) Techniques for demonstration of the specificity of circulating anticoagulants against antihemophilic factor (factor VIII) with studies of two cases possibly related to diphenylhydantoin therapy. Blood 49:477

Prentice CRM, Forbes CD, Morrice S, McLaren AD (1975) Calculation of predictive odds for possible carriers of haemophilia. Thromb Diath Haemorrh 34:740

Proctor RR, Rapaport SI (1961) The partial thromboplastin time with kaolin. A simple screening test for first stage plasma clotting factor deficiencies. Am J Clin Pathol 36:212

Quick AJ (1942) Hemorrhagic diseases and the physiology of hemostasis. Charles, Springfield, Ill

Radcliffe R, Bagdasarian A, Colman R, Nemerson Y (1977) Activation of bovine factor VII by Hageman factor fragments. Blood 50:611

Ragni MV, Lewis JH, Hasiba U, Spero JA (1980) Prekallikrein (Fletcher factor) deficiency in clinical disease states. Thromb Res 17:45

Rake MO, Flute PT, Shilkin KB, Lewis ML, Winch J, Williams R (1971) Early and intensive therapy of intravascular coagulation in acute liver failure. Lancet II:1215

Rapaport SI (1977) Defibrination syndromes. In: Williams WJ et al (eds) Hematology. McGraw-Hill, New York, p 1454

Ratnoff OD (1980) The psychogenic purpuras: A review of autoerythrocyte sensitization, autosensitization to DNA, "hysterical" and factitial bleeding, and the religious stigmata. Semin Hematol 17:192

Ratnoff OD, Colopy JE (1955) Familial haemorrhagic trait associated with deficiency of clot promoting fraction of plasma. J Clin Invest 34:602

Ratnoff OD, Forman WB (1976) Criteria for the differentiation of dysfibrinogenemic states. Semin Hematol 13:141

Ratnoff OD, Menzie C (1951) A new method for the determination of fibrinogen in small samples of plasma. J Lab Clin Med 37:316

Ratnoff OD, Salah R (1978) Autologous antibodies to AHF and phenytoin. Blood 51:768

Ratnoff OD, Busse RJ, Sheaon RP (1968) The demise of John Hageman. N Engl J Med 279:760

Reich E (1975) Plasminogen activator: secretion by neoplastic cells and macrophages. In: Reich E, Rifkin DB, Shaw E (eds) Protease and biological control, vol 2. Cold Spring Harbor Laboratory, p 333

Reisner HM, Howard M, Roberts HR, Krumholz S, Yount WJ (1977) Immunochemical characterization of polyclonal human antibody to factor IX. Blood 50:11

Reisner HM, Katz HJ, Goldin LR, Barrow ES, Graham JB (1978) Use of a simple visual assay of Willebrand factor for diagnosis and carrier identification. Br J Haematol 40:339

Remuzzi G, Marchesi D, Livio M, Cavenaghi AE, Mecca G, Donati MB, Gaetano G de (1978) Altered platelet and vascular prostaglandin-generation in patients with renal failure and prolonged bleeding times. Thromb Res 13:1007

Remuzzi G, Marchesi D, Misiani R, Mecca G, Gaetano G de, Donati MB (1979) Familial deficiency of a plasma factor stimulating vascular prostacyclin activity. Thromb Res 16:517

Remuzzi G, Mecca G, Marchesi D, Livio M, Gaetano G de, Donati MB, Silver MJ (1979) Platelet hyperaggregability and the nephrotic syndrome. Thromb Res 16:345

Rendu F, Lebret M, Nurden A, Caen JP (1979) Detection of an acquired platelet storage pool disease in three patients with a myeloproliferative disorder. Thromb Haemost 42:794

Rick ME, Hoyer LW (1973) Immunologic studies of antihaemophilic factor (AHF) (factor VIII). V. Immunologic properties of AHF subunits produced by salt dissociation. Blood 42:737

Riedler GF, Straub PW, Frick PG (1971) Thrombocytopenia in septicemia. Helv Med Acta 36:23

Rijken DC, Wijngaards G, Welberger J (1980) Relationship between tissue plasminogen activator and the activator in blood and vascular wall. Thromb Res 18:815

Rijken DC, Wijngaards G, Welbergen J (1979) Biochemical and immunological characterization of plasminogen activator from human tissue. In: Davidson JF et al (eds) Progress in chemical fibrinolysis and thrombolysis, vol 4. Churchill Livingstone, Edinburgh, p 349

Rijken DC, Wijngaards G, Welbergen J (1980) Relationship between tissue plasminogen activator and the activator in blood and vascular wall. Thromb Res 18:815

Rizza CR, Rhymes IL, Austen DEG (1975) Detection of carriers of haemophilia: a "blind" study. Br J Haematol 30:44

Robboy SJ, Lewis EJ, Schur PH, Colman RW (1970) Circulating anticoagulants to factor VIII. Immunochemical studies and clinical response to factor VIII concentrates. Am J Med 49

Roberts HR (1970) Acquired inhibitors to factor IX. N Engl J Med 283:543

Roberts HR, Cederbaum AI (1971) The liver and blood coagulation: physiology and pathology. Gastroenterology 63:297

Roberts HR, Grizzle JE, McLester WD, Penick GD (1968) Genetic variants of hemophilia B: detection by means of a specific PTC-inhibitor. J Clin Invest 47:360

Rodeghiero F, Barbui T, Battista R, Chisesi T, Rigoni G, Dini E (1980) Molecular subunits and transamidase activity of factor XIII during disseminated intravascular coagulation in acute leukaemia. Thromb Haemost 43:6

Rosenthal RL, Dreskin OH, Rosenthal N (1953) New Haemophilia-like disease caused by a deficiency of third plasma thromboplastin factor. Proc Soc Exp Biol Med 82:171

Rosing DR, Brakman P, Redwood DR, Goldstein RE, Beiser GD, Astrup T, Epstein SE (1970) Blood fibrinolytic activity in man. Diurnal variation and the response to varying intensities of exercise. Circ Res 27:171

Royen EA van et al (1979) Acquired factor XII deficiency in a patient with nephrotic syndrome. Acta Med Scand 205:535

Ruggeri ZM, Mannucci PM, Jeffcoate SL, Ingram GIC (1976) Immunoradiometric assay of factor VIII-related antigen with observations in 32 patients with von Willebrand's disease. Br J Haematol 33:221

Ruggeri ZM, Paretti FI, Mannucci PM, Ciavarella N, Zimmermann TS (1980) Heightened interaction betwen platelets and factor VIII/von Willebrand factor in a new subtype of Willebrand's disease. N Engl J Med 302:1047

Saito H, Goldsmith GH (1977) Plasma thromboplastin antecedent (PTA, factor XI), a specific and sensitive radioimmunoassay. Blood 50:377

Saito H, Ratnoff OD, Waldmann R, Abraham JP (1975) Fitzgerald trait. J Clin Invest 55:1082

Saito H, Goldsmith GH, Moroi M, Aoki N (1979) Inhibitory spectrum of α_2-plasmin inhibitor. Proc Natl Acad Sci USA 76:2013

Salzmann EW (1963) Measurement of platelet adhesiveness: a simple in vitro technique demonstrating an abnormality in von Willebrand's disease. J Lab Clin Med 62:724

Salzmann EW, Neri LJ (1966) Adhesiveness of blood platelets in uremia. Thromb Diath Haemorrh 15:84

Samama M, Soria J, Soria C (1977) Congenital and acquired dysfibrinogenaemia. In: Poller L (ed) Recent advances in blood coagulation. Churchill Livingstone, Edinburgh, p 313

Sas G, Pepper DS, Cash JD (1975) Investigations on antithrombin III in normal plasma and serum. Br J Haematol 30:265

Sas G, Blasko G, Banhegyi D, Jako J, Palos LA (1974) Abnormal antithrombin III (antithrombin III Budapest) as cause of a familial thrombophilia. Thromb Diath Haemorrh 32:105

Sas G, Petö I, Banghegyi D, Domjan G, Blasko G (1980) Heterogeneity of the "classical" antithrombin III deficiency. Thromb Haemost 43:133

Schmer G (1973) A solid-phase radioassay for factor XIII activity (fibrin stabilizing factor) in human plasma. Br J Haematol 24:735

Schulz FH (1955) Eine einfache Bewertungsmethode von Leberparenchymschäden (volumetrische Fibrinbestimmung). Acta Hepatol 3:306

Schulz W, Gessler E (1975) Gerinnungsstörungen und Anämie bei Nierenerkrankungen. Nephrologie in Klinik und Praxis, Bd. 3. Dustri, München-Deisenhofen

Schwartz AL, Polmar SH, Stern RC, Cowan DH (1979) Abnormal platelet aggregation in severe combined immunodeficiency disease with adenosine deaminase deficiency. Br J Haematol 39:189

Seghatchian MJ, Kemball-Cook G, Barrowcliffe TW (1979) Absorption of factor VIII by aluminium hydroxide. Haemostasis 8:106

Seligsohn U (1978) High gene frequency of factor XI (PTA) deficiency in Ashkenazi Jews. Blood 51:1223

Seligsohn U, Østerud B, Rapaport I (1978) Factor VII measured in amidolytic and clotting assays: A method of determining the activity state of factor VII. Blood 52:978

Semeraro N, Collucci M, Telesforo P, Collen D (1978) The inhibition of plasmin by antithrombin-heparin complex. I. In human plasma in vitro. Br J Haematol 39:91

Semeraro N, Cortellazzo X, Colucci M, Barbui T (1979) A hitherto undescribed defect of platelet coagulant activity in polycythaemia vera and essential thrombocythaemia. Thromb Res 16:796

Shapiro GA, Huntzinger SW, Wilson JE (1977) Variation among commercial activated partial thromboplastin time reagents in response to heparin. Am J Clin Pathol 67:477

Shapiro SS (1979) Antibodies to blood coagulation factors. Clin Haematol 8:207

Shapiro SS, Hultin M (1975) Acquired inhibitors to the blood coagulation factors. Semin Thromb Hemost 1:336

Shapiro SS, Martinez J, Holbrun RR (1969) Congenital dysprothrombinemia: An inherited structural abnormality. J Clin Invest 48:2251

Sibley C, Evatt BL (1979) Improving the sensitivity of Fletcher factor assay. Am J Clin Pathol 71:570

Siverberg M, Dunn JT, Gaven L, Kaplan AP (1980) Autoactivation of human Hageman factor. Demonstration utilizing a synthetic substrate. J Biol Chem 255:7281

Sigg P (1966) The monoiodacetate tolerance test (MIA-test). A new quantitative method for the fibrin stabilizing factor assay. Thromb Diath Haemorrh 15:138

Sixma JJ, Wester J (1977) The hemostatic plug. Semin Hematol 14:265

Sixma JJ, Over J, Bouma BN (1978) Predominance of normal low molecular weight forms of factor VIII in "variant" von Willebrand's disease. Thromb Res 12:929

Sodetz JM, Paulson JC, McKee PA (1979) Carbohydrate composition and identification of blood group A, B and oligosaccharide structures of human factor VIII/von Willebrand factor. J Biol Chem 254:10754

Sottrup-Jensen L, Claeys H, Zajdel M, Petersen TE, Magnusson S (1978) The primary structure of human plasminogen: Isolation of two lysine-binding fragments and one "mini"-plasminogen (MW 38 000) by elastase-catalyzed specific limited proteolysis. In: Davidson JF, Rowan RM, Samama MM, Desnoyer PC (eds) Progress in chemical fibrinolysis and thrombolysis, vol 3. Raven Press, New York, p 191

Soulier JP, Prou Wartelle O (1966) Etude comparative des taux de cofacteur de la staphylocoagulase (C.R.F.) et des taux de facteur II (prothrombine) dans diverses conditions. Nouv Rev Fr Hematol Blood Cells 6:623

Soulier JP, Gozin P (1979) Assay of Fletcher factor (plasma prekallikrein) using an artificial clotting reagent and a modified chromogenic assay. Thromb Haemost 42:538

Spero JA, Lewis JH, Hasiba E (1980) Disseminated intravascular coagulation. Findings in 346 patients. Thromb Haemost 43:28

Stamatakis JD, Lawrence D, Kakkar VV (1977) Surgery, venous thrombosis and anti-Xa. Br J Surg 64:709

Steinbuch M (1980) Inhibitoren der Fibrinolyse. In: Deutsch E, Lechner K (Hrsg) Fibrinolyse, Thrombose, Hämostase. Schattauer, Stuttgart New York, S 23

Stenflo J, Fernlund P, Egen W, Roapston F (1974) Vitamin K-dependent modifications of glutamic acid residues in prothrombin. Proc Natl Acad Sci USA 71:2730

Stevens DJ, Sanfelippo MJ (1973) Evaluation of three methods for plasma fibrinogen determination. Am J Clin Pathol 60:182

Straub PW (1977) Diffuse intravascular coagulation in liver disease. Semin Thromb Haemost 4:29

Stych H, Krassnitzky O, Lechner K, Thaler E, Ludwig E, Ehringer E (1972) Charakterisierung von Fibrinspaltprodukten unter Streptokinase und Arvin. In: Sailer S (Hrsg) Aktuelle Probleme der Fibrinolyse. Holinek, S 113

Sutor AH, Bowie EJW, Thrompson JH, Didisheim P, Mertens BF, Owen CA (1971) Bleeding from standardized skin punctures: Automated technic for recording time, intensity and pattern of bleeding. Am J Clin Pathol 55:541

Suttie JW (1977) Oral anticoagulant therapy: the biosynthetic basis. Semin Hematol 14:365

Switzer MEP, McKee PA (1979) Immunologic studies of native and modified human factor VIII/von Willebrand factor. Blood 54:310

Takamiya O, Yoshioka K, Sakata M, Yoshikawa I (1980) Immunologic assay factor XII by Laurell's method. Blood Vessels 11:26

Telfer TP, Denson KW, Wright DR (1956) A new coagulation defect. Br J Haematol 2:308

Ten Cate JW (1977) In vitro spontaneous platelet aggregation in cerebro-vascular disease (Abstr). Thromb Haemost 38:174

Thaler E (1977) Disseminierte intravaskuläre Gerinnung: Antithrombin III und Heparin. Folia Haematol 104:740

Thaler E, Kleinberger G (1979) Sepsis und Blutgerinnung. Intensivmedizin 16:54

Thaler E, Lechner K (1978) Thrombophilie bei erworbenem Antithrombin III-Mangel von Patienten mit nephrotischem Syndrom. In: Marx R, Thies HA (Hrsg) Niere, Blutgerinnung und Hämostase. XXI. Hamburger Symposium über Blutgerinnung, 26. u. 27.5.1978

Thaler E, Lechner K (1981) Antithrombin III deficiency and thromboembolism. Clin Haematol 10:369

Thaler E, Balzar E, Kopsa H, Pinggera EF (1978) Acquired antithrombin III-deficiency in patients with glomerular proteinuria. Haemostasis 7:257

Thompson AR (1977) Factor IX antigen by radioimmunoassay. J Clin Invest 59:900

Thomson C, Forbes CD, Prentice DRM, Kennedy AC (1974) Changes in blood coagulation and fibrinolysis in the nephrotic syndrome. Q J Med 43:399

Todd AS (1959) The histological localization of fibrinogen activator. J Pathol 78:281

Ts'ao CH et al (1979) Whole-blood clottting time, activated partial thromboplastin time, and whole blood recalcification time as heparin monitoring tests. Am J Clin Pathol 71:17

Tschopp TB, Weiss HJ (1974) Decreased ATP, ADP and serotonin in young platelets of fawn-hooded rats with storage pool diesease. Thromb Diath Haemorrh 32:670

Tschopp TB, Weiss HJ, Baumgartner HR (1974) Decreased adhesion of platelets to subendothelium in von Willebrand's disease. J Lab Clin Med 83:296

Tullis SL, Watanabe K (1978) Platelet antithrombin deficiency: a new clinical entity. Am J Med 65:472

Tygstrup N (1973) The prognostic value of laboratory tests in liver disease. Scand J Gastroenterol 8 [Suppl 19]: 47

Veltkamp JJ, Drion ED, Loeliger EA (1968) Detection of the carrier state in hereditary coagulation disorders. Thromb Diath Haemorrh 19:403

Veltkamp JJ, Meilof J, Remmelts HG, Van der Vlerk D, Loeliger EA (1970) Another genetic variant of haemophilia B: Haemophilia B Leyden. Scand J Haematol 7:82

Vermylen C, De Vreker RA, Verstraete M (1963) A rapid enzymatic method for assay of fibrinogen fibrin polymerization time (FPT test). Clin Chim Acta 8:418

Vinazzer H (1980) Photometrische Bestimmung von Faktor VIII mit einem chromogenen Substrat. In: Landbeck G, Marx R (Hrsg) 9. Hämophilie-Symposion, Hamburg 1978. Global-Druck, Heidelberg, S 259

Vrekken J, Aken WG (1971) Spontaneous aggregation of blood platelets as a cause of idiopathic thrombosis and recurrent painful toes and fingers. Lancet II:384

Walker ID, Davidson JF, Hutton I, Lawrie TDV (1977) Disordered "fibrinolytic potential" in coronary heart disease. Thromb Res 3:509

Walsh PN, Miles CB, Pareti FI, Stewart GJ, MacFarlane DE, Johnson MM, Egan JJ (1975) Hereditary giant platelet syndrome. Absence of collagen-induced coagulant activity and deficiency of factor XI binding to platelets. Br J Haematol 29:639

Warner ED, Brinkhous KM, Smith HP (1936) A quantitative study on blood clotting prothrombin fluctuations under experimental conditions. Am J Physiol 114:667

Wautier JL, Nurden AT, Michel H, Caen JP (1977) Defective ristocetin aggregation not attributable to a von Willebrand or Bernard-Soulier type defect. Thromb Haemost 38:4

Weinger RS, Rudy C, Moake JL, Olson JD, Cimo PL (1980) Prothrombin Houston: a dysprothrombin identifiable by crossed immunoelectrofocusing and abnormal echis carinatus venom activation; Blood 55:811

Weiss HJ (1967) The effect of clinical dextran on platelet aggregation, adhesion and ADP release in man: in vivo and in vitro studies. J Lab Clin Med 69:37

Weiss HJ (1975) Platelet physiology and abnormalities of platelet function. N Engl J Med 293:531

Weiss HJ (1977) Congenital qualitative platelet disorders. In: Williams WL et al (eds) Hematology. McGaw-Hill, New York, p 1368

Weiss HJ (1977) Acquired qualitative platelet disorders. In: Williams WJ et al (eds) Hematology. McGraw-Hill, New York, p 1377

Weiss HJ (1977) Von Willebrand's disease. In: Williams WJ et al (eds) Hematology. McGraw-Hill, New York, p 1434

Weiss HJ (1980) Congenital disorders of platelet function. Semin Haematol 17:228

Weiss HJ, Tschopp TB, Baumgartner HR, Sussman II, Johnson MM, Egan JJ (1974) Decreased adhesion of giant (Bernard-Soulier) platelets to subendothelium. Further implications on the role of the von Willebrand factor in hemostasis. Am J Med 57:920

Weiss HJ, Witte LD, Kaplan KL, Lages BA, Chernoff A, Nossel HL, De Witt, Goodman S, Baumgartner HR (1979) Heterogenity in storage pool deficiency: studies on granule bound substances in 18 patients including variants deficient in α-granules, platelet factor 4, β-thromboglobulin and platelet derived growth factor. Blood 54:1296

Wenzel E, Holzhüter H, Muschietti F, Angelkort B, Ochs HG, Pusztai-Markos S, Nowak H, Stürner H (1974) Zuverlässigkeit des Fibrinogen-(Fibrin-)Spaltproduktnachweises im Plasma mit Thrombinkoagulase-, Reptilase- und Thrombin-Gerinnungszeit. Dtsch Med Wochenschr 99: 746

White GJ (1977) Platelet morphology and function. In: Williams WJ et al (eds) Hematology. McGraw-Hill, New York, p 1159

White JG, Gerrard JM (1976) Ultrastructural features of abnormal platelets. Am J Pathol 83:590

Wiggins RC, Cochrane CG (1979) The autoactivation of rabbit Hageman factor. J Exp Med 150: 1122

Williams WJ (1977) Biochemistry of plasma coagulation factors. In: Williams WJ et al (eds) Hematology. McGraw-Hill, New York, p 1227

Williams WJ (1977) Principles of coagulation tests. In: Williams WJ et al (eds) Hematology. McGraw-Hill, New York, p 1285

Williams WJ (1977) Congenital deficiency of factor XIII (fibrin-stabilizing factor). In: Williams WJ et al (eds) Hematology. McGraw-Hill, New York, p 1431

Wiman B, Wallén P (1977) The specific interaction between plasminogen and fibrin. A physiological role of the lysine binding site in plasminogen. Thromb Res 2:213

Wohl RC, Summaria L, Robbins KC (1979) Physiological activation of the human fibrinolytic system. J Biol Chem 254:9063

Woods HF, Turney J, Weston MJ (1979) Abnormal ristocetin-aggregation of platelets in uraemia and on haemodialysis therapy (Abstr). Thromb Haemost 42:125

Workman EF Jr, Lundblad RL (1977) The role of the liver in biosynthesis of the non vitamin K-dependent clotting factors. Semin Thromb Haemost 4:15

Wu K (1978) Platelet hyperaggregability and thrombosis in patients with thrombocythaemia. Ann Intern Med 88:7

Wu KK, Barnes RW, Hoak JC (1976) Platelet hyperaggregability in idiopathic recurrent deep vein thrombosis. Circulation 53:687

Wuepper KD, Miller DR, Lacombe M (1975) Flaujeac traint: deficiency of human plasma kininogen. J Clin Invest 56:1663

Yang HC (1979) Immunologic studies of factor IX (Christmas factor). II. Immunoradiometric assay of factor IX antigen. Br J Haematol 39:215

Yin ET, Gaston LW (1965) Purification and kinetic studies on a circulating anticoagulant in a suspected case of lupus erythematosus. Thromb Diath Haemorrh 14:88

Zimmerman ST, Abildgarrd CF, Meyer D (1979) The factor VIII abnormality in severe von Willebrand's disease. N Engl J Med 301:1307

Zimmerman TS, Ratnoff OD, Powell AE (1971) Immunologic differentiation of classic hemophilia (factor VIII deficiency) and von Willebrand's disease: with observations on combined deficiencies of antihemophilic factor and proaccelerin (factor V) and on an acquired circulating anticoagulant against antihemophilic factor. J Clin Invest 50:244

Zimmerman TS, Ratnoff OD, Littell AS (1971) Detection of carriers of classic hemophilia using an immunological assay for antihemophilic factor (factor VIII). J Clin Invest 50:255

Zimmerman TS, Hoyer LW, Dickson L, Edgington TS (1975) Determination of the von Willebrand's disease antigen (factor VIII-related and antigen) in plasma by quantitative immunoelectrophoresis. J Lab Clin Med 86:152

Zucker BM (1977) Platelet function. In: Williams WJ et al (eds) Hematology. McGraw-Hill, New York, p 1200

Zucker MB (1980) Die Blutplättchen. Spektrum der Wissenschaft

Zuzel M, Nilsson IM, Åberg M (1978) A method for measuring plasma ristocetin cofactor activity — normal distribution and stability during storage. Thromb Res 12:745

Sachverzeichnis

Automation in Hematology

What to Measure and Why?
Editors: D.W.Ross, G.Brecher, M.Bessis
1981. 106 figures, 45 tables. VIII, 338 pages.
(Monograph edition of the international journal Blood
Cells, Volume 6, 2–3)
DM 78,–. ISBN 3-540-10225-6

Contents: Introduction. – Biophysical Principles of Measurements. – Platelets. – Red Blood Cells. – White Blood Cells. – White Cell Differential. – Summing Up. – Subject Index.

Technical advances are paving they way for increased automation in today's medical laboratory. At the same time, they have made possible the development of sophisticated and powerful new tools for the measurement of blood cell properties. In this book, Jean Bernad, Marcel Bessis, George Brecher, Laszlo Lajtha, and Max Wintrobe moderate a series of critical discussions centering on the goals of blood cell investigation and the effects of modern technology on the diagnosis and monitoring of disease. Topics such as the red cell, reticulocytes, platelets and white cells are treated in the light of the limitations and potential benefits of new measuring techniques.

H.Begemann, J.Rastetter
Atlas der klinischen Hämatologie

Begründet von L.Heilmeyer, H.Begemann
Mit Beiträgen über die Feinstruktur der Blutzellen und ihrer Vorläufer von D.Huhn und über tropische Krankheiten von W.Mohr
3. völlig neubearbeitete Auflage. 1978. 228 Abbildungen, davon 194 farbig, 11 Tabellen.
XV, 275 Seiten.
Gebunden DM 298,–. ISBN 3-540-08702-8

Inhaltsübersicht: Methodischer Teil: Punktionstechnik. Färbeverfahren. – Bildteil: Übersicht der Zellen von Blut, Knochenmark und Lymphknoten. Blut und Knochenmark. Lymphknoten und Milz. Tumorpunktate. Anhang. Blutparasiten. Wichtigste Erreger von Tropenkrankheiten.

Die 3. Auflage dieses bekannten Atlasses der Hämatologie wurde völlig überarbeitet. Alle Mikrophotos wurden neu erstellt. Der Text wurde neu gefaßt und konzentriert. Die Abschnitte über die Lymphknoten und Milzmorphologie wurden stark überarbeitet. Neu in dieser Auflage ist das Kapitel über die Feinstruktur der Blutzellen.

Springer-Verlag
Berlin
Heidelberg
New York